Handbuch Eurocode 9 Band 2

Jetzt diesen Titel zusätzlich als E-Book downloaden und 70 % sparen!

Als Käufer dieses Buchtitels haben Sie Anspruch auf ein besonderes Kombi-Angebot: Sie können den Titel zusätzlich zum Ihnen vorliegenden gedruckten Exemplar für nur 30 % des Normalpreises als E-Book beziehen.

Der BESONDERE VORTEIL: Im E-Book recherchieren Sie in Sekundenschnelle die gewünschten Themen und Textpassagen. Denn die E-Book-Variante ist mit einer komfortablen Volltextsuche ausgestattet!

Deshalb: Zögern Sie nicht. Laden Sie sich am besten gleich Ihre persönliche E-Book-Ausgabe dieses Titels herunter.

In 3 einfachen Schritten zum E-Book:

1. Rufen Sie die Website **www.beuth.de/e-book** auf.

2. Geben Sie hier Ihren persönlichen, nur einmal verwendbaren E-Book-Code ein:

   208712BD0D77043

3. Klicken Sie das „Download-Feld" an und gehen dann weiter zum Warenkorb. Führen Sie den normalen Bestellprozess aus.

Hinweis: Der E-Book-Code wurde individuell für Sie als Erwerber dieses Buches erzeugt und darf nicht an Dritte weitergegeben werden. Mit Zurückziehung dieses Buches wird auch der damit verbundene E-Book-Code für den Download ungültig.

Handbuch Eurocode 9 Aluminiumbau
Band 2: Allgemeine Regeln Teil 2

Handbuch Eurocode 9 Aluminiumbau
Band 2: Allgemeine Regeln Teil 2

Vom DIN konsolidierte Fassung

1. Auflage 2013

Herausgeber:
DIN Deutsches Institut für Normung e. V.

Beuth Verlag GmbH · Berlin · Wien · Zürich

Herausgeber: DIN Deutsches Institut für Normung e. V.

Berlin · Wien · Zürich
Am DIN-Platz
Burggrafenstraße 6
10787 Berlin

Telefon: +49 30 2601-0
Telefax: +49 30 2601-1260
Internet: www.beuth.de
E-Mail: info@beuth.de

Titelbild: © Scott Norsworthy, Benutzung unter Lizenz von Shutterstock.com
Satz: B & B Fachübersetzergesellschaft mbH, Berlin
Druck: AZ Druck und Datentechnik GmbH, Berlin
Gedruckt auf säurefreiem, alterungsbeständigem Papier nach DIN EN ISO 9706.

ISBN 978-3-410-20871-6
ISBN (E-Book) 978-3-410-20872-3

Vorwort

Die europaweit einheitlichen Regeln für die Bemessung und Konstruktion von Ingenieurbauwerken werden Eurocodes genannt. Die vorliegenden Eurocode-Handbücher wurden im Normenausschuss Bauwesen (NABau) im DIN e. V. erarbeitet.

In den einzelnen Bänden dieser Handbücher werden themenspezifisch die Eurocodes mit den jeweils zugehörigen Nationalen Anhängen sowie einer eventuell vorhandenen Restnorm zu einem in sich geschlossenen Werk und mit fortlaufend lesbarem Text zusammengefügt, so dass der Anwender die jeweils relevanten Textpassagen auf einen Blick und an einer Stelle findet.

Die Eurocodes gehen auf ein Aktionsprogramm der Kommission der Europäischen Gemeinschaft aus dem Jahr 1975 zurück. Ziel dieses Programms ist die Beseitigung von Handelshemmnissen für Produkte und Dienstleistungen in Europa und die Vereinheitlichung technischer Regelungen im Baubereich. Diese einheitlichen Regelungen sollten eine Alternative zu den in den jeweiligen europäischen Mitgliedsstaaten geltenden nationalen Regelungen darstellen, um diese später zu ersetzen.

Somit wurden in den zurückliegenden Jahrzehnten die Bemessungsregeln im Bauwesen europäisch genormt. Als Ergebnis dieser Arbeit sind die Eurocodes entstanden. Die Eurocodes bestehen aus 58 Normen, mit insgesamt über 5 200 Seiten, ohne Nationale Anhänge.

Ziele dieser umfangreichen Normungsarbeiten waren und sind:

- Europaweit einheitliche Bemessungs- und Konstruktionskriterien
- Einheitliche Basis für Forschung und Entwicklung
- Harmonisierung national unterschiedlicher Regeln
- Einfacherer Austausch von Dienstleistungen im Bauwesen
- Ausschreibung von Bauleistungen europaweit vereinfachen.

Die beteiligten europäischen Mitgliedsstaaten einigten sich darauf, zu einigen Normeninhalten Öffnungsklauseln, sogenannte national festzulegende Parameter (en: nationally determined parameters, NDP), in den Eurocodes zuzulassen. Die entsprechenden Inhalte können national geregelt werden. Zu jedem Eurocode wird hierzu ein zugehöriger Nationaler Anhang erarbeitet, der die Anwendung der Eurocodes durch die Festlegung dieser Parameter ermöglicht. Vervollständigt werden die Festlegungen durch nicht widersprechende zusätzliche Regelungen (en: non-contradictory complementary information, NCI). Der jeweilige Eurocodeteil und der zugehörige Nationale Anhang sind dadurch ausschließlich im Zusammenhang lesbar und anwendbar.

Bis zum Jahr 2010 mussten von allen Europäischen Normungsinstituten die dem Eurocode entgegenstehenden nationalen Normen zurückgezogen werden. Damit finden in vielen europäischen Ländern die Eurocodes bereits heute ihre Anwendung.

Die Handbücher sind vom Normenausschuss Bauwesen (NABau) im DIN e. V. konsolidiert. Somit stellen die Handbücher ein für die Praxis sehr hilfreiches, effizientes neues Werk zur Verfügung, welches die Anwendung der Eurocodes für alle am Bauprozess Beteiligten wesentlich erleichtert.

Berlin, Mai 2013

DIN Deutsches Institut für Normung e. V.
Normenausschuss Bauwesen (NABau)
Dr.-Ing. Matthias Witte
Geschäftsführer

Detlef Desler
Abteilungsleiter
Technische Abteilung 2

Inhalt

Einführung

Dieses Normen-Handbuch führt die Normentexte der nachfolgenden Eurocode-Teile mit den entsprechenden Nationalen Anhängen zu einem in sich abgeschlossenen Werk, mit fortlaufend lesbarem Text, anwenderfreundlich zusammen:

- DIN EN 1999-1-3:2011-11, *Eurocode 9: Bemessung und Konstruktion von Aluminiumtragwerken – Teil 1-3: Ermüdungsbeanspruchte Tragwerke; Deutsche Fassung EN 1999-1-3:2007 + A1:2011*
- DIN EN 1999-1-3/NA:2013-01, *Nationaler Anhang – National festgelegte Parameter – Eurocode 9: Bemessung und Konstruktion von Aluminiumtragwerken – Teil 1-3: Ermüdungsbeanspruchte Tragwerke*

- DIN EN 1999-1-4:2010-05, *Eurocode 9 – Bemessung und Konstruktion von Aluminiumtragwerken – Teil 1-4: Kaltgeformte Profiltafeln; Deutsche Fassung EN 1999-1-4:2007 + AC:2009*
- DIN EN 1999-1-4/A1:2011-11, *Eurocode 9: Bemessung und Konstruktion von Aluminiumtragwerken – Teil 1-4: Kaltgeformte Profiltafeln; Deutsche Fassung EN 1999-1-4:2007/A1:2011*
- DIN EN 1999-1-4/NA:2010-12, *Nationaler Anhang – National festgelegte Parameter – Eurocode 9: Bemessung und Konstruktion von Aluminiumtragwerken – Teil 1-4: Kaltgeformte Profiltafeln*

- DIN EN 1999-1-5:2010-05, *Eurocode 9 – Bemessung und Konstruktion von Aluminiumtragwerken – Teil 1-5: Schalentragwerke; Deutsche Fassung EN 1999-1-5:2007 + AC:2009*
- DIN EN 1999-1-5/NA:2010-12, *Nationaler Anhang – National festgelegte Parameter – Eurocode 9: Bemessung und Konstruktion von Aluminiumtragwerken – Teil 1-5: Schalentragwerke*

DIN EN 1999-1-3:2011-11, DIN EN 1999-1-4:2010-05, DIN EN 1999-1-4/A1:2011-11 und DIN EN 1993-1-5:2010-05 sind die deutschen Übersetzungen der Europäischen Normen EN 1999-1-3:2007, EN 1999-1-4:2007, EN 1999-1-4/A1:2011 und EN 1999-1-5:2007 inklusive der Europäischen Berichtigungen AC:2009 bzw. A1:2011.

Die Normen der Reihe DIN EN 1999 erlauben in bestimmten Fällen die nationale Festlegung von alternativen Verfahren und Zahlenwerten von Parametern sowie zusätzlichen, dem Eurocode nicht widersprechenden Regelungen und Hinweisen. Darüber hinaus können die Nationalen Anhänge ergänzende nationale Regelungen, die der Reihe DIN EN 1999 nicht widersprechen, enthalten.

Dieses Normen-Handbuch wurde im Normenausschuss Bauwesen (NABau) im DIN Deutsches Institut für Normung e. V. erstellt.

Berlin, Mai 2013

DIN Deutsches Institut für Normung e. V.
Normenausschuss Bauwesen (NABau)
Dipl.-Ing. Susan Kempa
Teamkoordinatorin

Benutzerhinweise

Grundlage des vorliegenden Normen-Handbuchs bildet der Text der DIN EN 1999-1-3, DIN EN 1999-1-4 und DIN EN 1999-1-5. Die Festlegungen aus den Nationalen Anhängen DIN EN 1999-1-3/NA, DIN EN 1999-1-4/NA und DIN EN 1993-1-5/NA wurden immer an die zugehörige Stelle in den entsprechenden Eurocode-Teilen eingefügt.

Die Herkunft der jeweiligen Regelung im Normen-Handbuch ist wie folgt gekennzeichnet:

a) Regelungen aus DIN EN 1999-1-3, DIN EN 1999-1-4 und DIN EN 1999-1-5:

Diese Regelungen sind schwarzer Fließtext.

b) Regelungen aus DIN EN 1999-1-3/NA, DIN EN 1999-1-4/NA und DIN EN 1993-1-5/NA:

Bei den national festzulegenden Parametern (en: *National determined parameters*, NDP) wurde der Vorsatz „NDP" übernommen.

Bei den ergänzenden nicht widersprechenden Angaben (en: *non-contradictory complementary information*, NCI) wurde der Vorsatz „NCI" übernommen.

Diese Regelungen sind umrandet.

NDP Zu bzw.
NCI Zu

Gegenüber den einzelnen Normen der Reihe DIN EN 1999 und DIN EN 1999/NA wurden beim Zusammenfügen dieser Dokumente folgende Änderungen vorgenommen:

a) Die Anmerkung zur Freigabe von Festlegungen durch den Nationalen Anhang bleibt mit dem Hinweis, was festgelegt werden darf, erhalten. Die Empfehlung wird nicht in diesem Handbuch abgedruckt, sofern sie nicht übernommen wird. Der nicht übernommene Text in der Anmerkung wird als gestrichener Text dargestellt, wobei nur die Anfangs- und Endworte stehen bleiben, um den Textumfang zu reduzieren.

Beispiel:

ANMERKUNG 2B Der Nationale Anhang kann den Grenzschlankheitsgrad S_{xy} festlegen. ~~Der Grenzwert ... wird empfohlen.~~

b) Die Kennzeichnungen [AC) (AC] aus DIN EN 1999 für die eingearbeitete Änderung EN 1999/AC wurden entfernt.

November 2011

DIN EN 1999-1-3

Ersatz für
DIN V ENV 1999-2:2001-03

Eurocode 9: Bemessung und Konstruktion von Aluminiumtragwerken – Teil 1-3: Ermüdungsbeanspruchte Tragwerke; Deutsche Fassung EN 1999-1-3:2007 + A1:2011

Januar 2013

DIN EN 1999-1-3/NA

Nationaler Anhang – National festgelegte Parameter – Eurocode 9: Bemessung und Konstruktion von Aluminiumtragwerken – Teil 1-3: Ermüdungsbeanspruchte Tragwerke

Inhalt

DIN EN 1999-1-3 einschließlich Nationaler Anhang

Seite

Seite

Nationales Vorwort

Die Dokumente EN 1999-1-3:2007 und EN 1999-1-3:2007/A1:2011 wurden im Komitee CEN/TC 250/SC 9 „Eurocode 9 – Bemessung und Konstruktion von Aluminiumtragwerken“ (Sekretariat: BSI, Vereinigtes Königreich) unter deutscher Mitwirkung erarbeitet.

Im DIN Deutsches Institut für Normung e. V. war hierfür der Arbeitsausschuss NA 005-08-07 AA „Aluminiumkonstruktionen (SpA zu CEN/TC 250/SC 9 + CEN/TC 135/WG 11)“ des Normenausschusses Bauwesen (NABau) zuständig.

Die Deutsche Fassung der EN 1999-1-3:2007 wird jetzt erstmalig als DIN EN 1999-1-3 veröffentlicht, da die Publikation nur zusammen mit der nun vorliegenden Änderungen EN 1999-1-3:2007/A1:2011 erfolgen sollte.

Änderungen

Gegenüber DIN V ENV 1999-2:2001-03 wurden folgende Änderungen vorgenommen:

a) der Vornorm-Charakter wurde aufgehoben;

b) die Nummer des Normenteils wurde an die für Eurocodes geläufige Nummerierung angepasst;

c) die Stellungnahmen der nationalen Normungsinstitute von CEN zu ENV 1999-2:1998 wurden berücksichtigt und der Inhalt wurde vollständig überarbeitet.

Frühere Ausgaben

DIN V ENV 1999-2: 2001-03

Vorwort

Dieses Dokument (EN 1999-1-3:2007) wurde vom Technischen Komitee CEN/TC 250 „Eurocodes für den konstruktiven Ingenieurbau“ erarbeitet, dessen Sekretariat vom BSI gehalten wird.

Diese Europäische Norm muss den Status einer nationalen Norm erhalten, entweder durch Veröffentlichung eines identischen Textes oder durch Anerkennung bis November 2007, und etwaige entgegenstehende nationale Normen müssen bis März 2010 zurückgezogen werden.

Es wird auf die Möglichkeit hingewiesen, dass einige Texte dieses Dokuments Patentrechte berühren können. CEN [und/oder CENELEC] sind nicht dafür verantwortlich, einige oder alle diesbezüglichen Patentrechte zu identifizieren.

Dieses Dokument ersetzt ENV 1999-2:1998.

Entsprechend der CEN/CENELEC-Geschäftsordnung sind die nationalen Normungsinstitute der folgenden Länder gehalten, diese Europäische Norm zu übernehmen: Belgien, Bulgarien, Dänemark, Deutschland, Estland, Finnland, Frankreich, Griechenland, Irland, Island, Italien, Lettland, Litauen, Luxemburg, Malta, Niederlande, Norwegen, Österreich, Polen, Portugal, Rumänien, Schweden, Schweiz, Slowakei, Slowenien, Spanien, Tschechische Republik, Ungarn, Vereinigtes Königreich und Zypern.

Hintergrund des Eurocode-Programmes

Im Jahre 1975 beschloss die Kommission der Europäischen Gemeinschaften, für das Bauwesen ein Aktionsprogramm auf der Grundlage des Artikels 95 der Römischen Verträge durchzuführen. Das Ziel dieses Programms war die Beseitigung technischer Handelshemmnisse und die Harmonisierung technischer Spezifikationen.

Im Rahmen dieses Aktionsprogramms leitete die Kommission die Erarbeitung von harmonisierten technischen Regelwerken für die Tragwerksplanung von Bauwerken ein, welche zunächst als Alternative zu den in den Mitgliedsländern geltenden nationalen Regeln dienen und diese schließlich ersetzen sollten.

15 Jahre leitete die Kommission mit Hilfe eines Lenkungsausschusses mit Vertretern der Mitgliedsländer die Entwicklung des Eurocode-Programmes, das in den 80er Jahren des zwanzigsten Jahrhunderts zu der ersten Eurocode-Generation führte.

Im Jahre 1989 entschieden sich die Kommission und die Mitgliedsländer der Europäischen Union und der EFTA, die Entwicklung und Veröffentlichung der Eurocodes über eine Reihe von Mandaten an CEN zu übertragen, damit diese den Status von Europäischen Normen (EN) erhielten. Grundlage war eine Vereinbarung[1)] zwischen der Kommission und CEN. Dieser Schritt verknüpft die Eurocodes de facto mit den Regelungen der Richtlinien des Rates und mit den Kommissionsentscheidungen, die die Europäischen Normen behandeln (z. B. die Richtlinie des Rates 89/106/EWG zu Bauprodukten (Bauproduktenrichtlinie), die Richtlinien des Rates 93/37/EWG, 92/50/EWG und 89/440/EWG zur Vergabe öffentlicher Aufträge und Dienstleistungen und die entsprechenden EFTA-Richtlinien, die zur Einrichtung des Binnenmarktes eingeführt wurden).

Das Eurocode-Programm für den Konstruktiven Ingenieurbau umfasst die folgenden Normen, die in der Regel aus mehreren Teilen bestehen:

EN 1990, *Eurocode 0: Grundlagen der Tragwerksplanung*

EN 1991, *Eurocode 1: Einwirkungen auf Tragwerke*

EN 1992, *Eurocode 2: Bemessung und Konstruktion von Stahlbeton- und Spannbetontragwerken*

EN 1993, *Eurocode 3: Bemessung und Konstruktion von Stahlbauten*

EN 1994, *Eurocode 4: Bemessung und Konstruktion von Verbundtragwerken aus Stahl und Beton*

EN 1995, *Eurocode 5: Bemessung und Konstruktion von Holzbauwerken*

EN 1996, *Eurocode 6: Bemessung und Konstruktion von Mauerwerksbauten*

EN 1997, *Eurocode 7: Entwurf, Berechnung und Bemessung in der Geotechnik*

EN 1998, *Eurocode 8: Auslegung von Bauwerken gegen Erdbeben*

EN 1999, *Eurocode 9: Bemessung und Konstruktion von Aluminiumtragwerken*

Die EN-Eurocodes berücksichtigen die Verantwortlichkeit der Bauaufsichtsorgane in den Mitgliedsländern und haben deren Recht zur nationalen Festlegung sicherheitsbezogener Werte berücksichtigt, so dass diese Werte von Land zu Land unterschiedlich bleiben können.

Status und Gültigkeitsbereich der Eurocodes

Die Mitgliedstaaten der EU und der EFTA betrachten die Eurocodes als Bezugsdokumente für folgende Zwecke:

- als Mittel zum Nachweis der Übereinstimmung von Hoch- und Ingenieurbauten mit den wesentlichen Anforderungen der Richtlinie des Rates 89/106/EWG, besonders mit der wesentlichen Anforderung Nr. 1: Mechanische Festigkeit und Standsicherheit und der wesentlichen Anforderung Nr. 2: Brandschutz;
- als Grundlage für die Spezifizierung von Verträgen für die Ausführung von Bauwerken und die dazu erforderlichen Ingenieurleistungen;
- als Rahmenbedingung für die Erstellung Harmonisierter Technischer Spezifikationen für Bauprodukte (ENs und ETAs).

[1)] Vereinbarung zwischen der Kommission der Europäischen Gemeinschaften und dem Europäischen Komitee für Normung (CEN) zur Bearbeitung der Eurocodes für die Tragwerksplanung von Hochbauten und Ingenieurbauwerken (BC/CEN/03/89).

Die Eurocodes haben, da sie sich auf Bauwerke beziehen, eine direkte Verbindung zu den Grundlagendokumenten[2)], auf die in Artikel 12 der Bauproduktenrichtlinie hingewiesen wird, wenn sie auch anderer Art sind als die harmonisierten Produktnormen[3)]. Daher sind die technischen Gesichtspunkte, die sich aus den Eurocodes ergeben, von den Technischen Komitees von CEN und den Arbeitsgruppen von EOTA, die an Produktnormen arbeiten, zu beachten, damit diese Produktnormen mit den Eurocodes vollständig kompatibel sind.

Die Eurocodes liefern Regelungen für den Entwurf, die Berechnung und die Bemessung von kompletten Tragwerken und Bauteilen, die sich für die tägliche Anwendung eignen. Sie gehen auf traditionelle Bauweisen und Aspekte innovativer Anwendungen ein, liefern aber keine vollständigen Regelungen für ungewöhnliche Baulösungen und Entwurfsbedingungen. Für diese Fälle sind zusätzliche Spezialkenntnisse für den Bauplaner erforderlich.

Nationale Fassungen der Eurocodes

Die Nationale Fassung eines Eurocodes enthält den vollständigen Text des Eurocodes (einschließlich aller Anhänge), so wie von CEN veröffentlicht, möglicherweise mit einer nationalen Titelseite und einem nationalen Vorwort sowie einem (informativen) Nationalen Anhang.

Der (informative) Nationale Anhang darf nur Hinweise zu den Parametern geben, die im Eurocode für nationale Entscheidungen offen gelassen wurden. Diese so genannten national festzulegenden Parameter (NDP) gelten für die Tragwerksplanung von Hochbauten und Ingenieurbauten in dem Land, in dem sie erstellt werden.

Sie umfassen:

- Zahlenwerte für die Teilsicherheitsbeiwerte und/oder Klassen, wo die Eurocodes Alternativen eröffnen,
- Zahlenwerte, wo die Eurocodes nur Symbole angeben,
- landesspezifische geographische und klimatische Daten, die nur für ein Mitgliedsland gelten, z. B. Schneekarten,
- die Vorgehensweise, wenn die Eurocodes mehrere Verfahren zur Wahl anbieten,
- Hinweise zur Erleichterung der Anwendung der Eurocodes, soweit diese die Eurocodes ergänzen und ihnen nicht widersprechen.

Verhältnis zwischen den Eurocodes und den harmonisierten Technischen Spezifikationen für Bauprodukte (ENs und ETAs)

Es besteht die Notwendigkeit, dass die harmonisierten Technischen Spezifikationen für Bauprodukte und die technischen Regelungen für die Tragwerksplanung[4)] konsistent sind. Insbesondere sollten alle Hinweise, die mit der CE-Kennzeichnung von Bauprodukten verbunden sind und die die Eurocodes in Bezug nehmen, klar erkennen lassen, welche national festzulegenden Parameter (NDP) zugrunde liegen.

[2)] Entsprechend Artikel 3.3 der Bauproduktenrichtlinie sind die wesentlichen Anforderungen in Grundlagendokumenten zu konkretisieren, um damit die notwendigen Verbindungen zwischen den wesentlichen Anforderungen und den Mandaten für die Erstellung harmonisierter Europäischer Normen und Richtlinien für die europäische Zulassung selbst zu schaffen.

[3)] Nach Artikel 12 der Bauproduktenrichtlinie haben die Grundlagendokumente

a) die wesentlichen Anforderungen zu konkretisieren, indem die Begriffe und, soweit erforderlich, die technische Grundlage für Klassen und Anforderungsstufen vereinheitlicht werden,

b) Methoden zur Verbindung dieser Klassen oder Anforderungsstufen mit technischen Spezifikationen anzugeben, z. B. Berechnungs- oder Nachweisverfahren, technische Entwurfsregeln usw.,

c) als Bezugsdokumente für die Erstellung harmonisierter Normen oder Richtlinien für Europäische Technische Zulassungen zu dienen.

Die Eurocodes spielen de facto eine ähnliche Rolle für die wesentliche Anforderung Nr. 1 und einen Teil der wesentlichen Anforderung Nr. 2.

[4)] Siehe Artikel 3.3 und Art. 12 der Bauproduktenrichtlinie ebenso wie die Abschnitte 4.2, 4.3.1, 4.3.2 und 5.2 des Grundlagendokumentes Nr. 1.

Besondere Hinweise zu EN 1999-1-3

Es ist vorgesehen, EN 1999 gemeinsam mit den Eurocodes EN 1990 – Grundlagen der Tragwerksplanung, EN 1991 – Einwirkungen auf Tragwerke sowie EN 1992 bis EN 1999, soweit hierin auf Tragwerke aus Aluminium oder Bauteile aus Aluminium Bezug genommen wird, anzuwenden.

EN 1999-1-3 ist einer von fünf Teilen von EN 1999 (EN 1999-1-1 bis EN 1999-1-5), die jeweils spezifische Bauteile aus Aluminium, Grenzzustände oder Tragwerksarten behandeln. EN 1999-1-3 beschreibt die Grundlagen, die Anforderungen und die Regeln für die konstruktive Bemessung von Bauteilen und Tragwerken aus Aluminium, die Ermüdungsbeanspruchungen ausgesetzt sind.

Die Zahlenwerte für die Teilsicherheitsbeiwerte und andere Parameter, die die Zuverlässigkeit festlegen, gelten als Empfehlungen, mit denen ein akzeptables Zuverlässigkeitsniveau erreicht werden soll. Bei ihrer Festlegung wurde vorausgesetzt, dass ein angemessenes Niveau der Ausführungsqualität und Qualitätsprüfung vorhanden ist.

Nationaler Anhang für EN 1999-1-3

Diese Norm enthält alternative Verfahren, Zahlenwerte und Empfehlungen für Klassen zusammen mit Anmerkungen, an welchen Stellen nationale Festlegungen möglicherweise getroffen werden müssen. Deshalb sollte die jeweilige nationale Ausgabe von EN 1999-1-3 einen Nationalen Anhang mit allen national festzulegenden Parametern enthalten, die für die Bemessung und Konstruktion von Aluminiumtragwerken, die in dem Ausgabeland gebaut werden sollen, erforderlich sind.

Nationale Festlegungen sind in den folgenden Abschnitten von EN 1999-1-3 erlaubt:

- 2.1.1 (1)
- 2.2.1 (4)
- 2.3.1 (2)
- 2.3.2 (6)
- 2.4 (1)
- 3 (1)
- 4 (2)
- 5.8.1 (1)
- 5.8.2 (1)
- 6.1.3 (1)
- 6.2.1 (2)
- 6.2.1 (7)
- 6.2.1 (11)
- E (5)
- E (7)
- I.2.2 (1)
- I.2.3.2 (1)
- I.2.4 (1)
- L.2.2 (5)
- L.3 (2)
- L.4 (3)
- L.4 (4)
- L.4 (5)
- L.5.1 (1)

Vorwort der Änderung A1

Dieses Dokument (EN 1999-1-3:2007/A1:2011) wurde vom Technischen Komitee CEN/TC 250 „Eurocodes für den konstruktiven Ingenieurbau" erarbeitet, dessen Sekretariat vom BSI gehalten wird.

Diese Änderung zur Europäischen Norm EN 1999-1-3:2007 muss den Status einer nationalen Norm erhalten, entweder durch Veröffentlichung eines identischen Textes oder durch Anerkennung bis August 2012, und etwaige entgegenstehende nationale Normen müssen bis August 2012 zurückgezogen werden.

Es wird auf die Möglichkeit hingewiesen, dass einige Texte dieses Dokuments Patentrechte berühren können. CEN [und/oder CENELEC] sind nicht dafür verantwortlich, einige oder alle diesbezüglichen Patentrechte zu identifizieren.

Entsprechend der CEN/CENELEC-Geschäftsordnung sind die nationalen Normungsinstitute der folgenden Länder gehalten, diese Europäische Norm zu übernehmen: Belgien, Bulgarien, Dänemark, Deutschland, Estland, Finnland, Frankreich, Griechenland, Irland, Island, Italien, Kroatien, Lettland, Litauen, Luxemburg, Malta, Niederlande, Norwegen, Österreich, Polen, Portugal, Rumänien, Schweden, Schweiz, Slowakei, Slowenien, Spanien, Tschechische Republik, Ungarn, Vereinigtes Königreich und Zypern.

Allgemeines 1

Anwendungsbereich 1.1

Anwendungsbereich von EN 1999 1.1.1

(1)P EN 1999 gilt für den Entwurf, die Berechnung und die Bemessung von Bauwerken und Tragwerken aus Aluminium. Sie entspricht den Grundsätzen und Anforderungen an die Tragfähigkeit und Gebrauchstauglichkeit von Tragwerken sowie den Grundlagen für ihre Bemessung und Nachweise, die in EN 1990 – Grundlagen der Tragwerksplanung – enthalten sind.

(2) EN 1999 behandelt ausschließlich Anforderungen an die Tragfähigkeit, die Gebrauchstauglichkeit, die Dauerhaftigkeit und den Feuerwiderstand von Tragwerken aus Aluminium. Andere Anforderungen, wie z. B. Wärmeschutz oder Schallschutz, werden nicht behandelt.

(3) EN 1999 gilt in Verbindung mit folgenden Regelwerken:

- EN 1990: „Grundlagen der Tragwerksplanung“
- EN 1991: „Einwirkungen auf Tragwerke“
- Europäische Normen für Bauprodukte, die für Aluminiumtragwerke Verwendung finden
- EN 1090-1: „Ausführung von Stahltragwerken und Aluminiumtragwerken“ – Konformitätsnachweisverfahren für tragende Bauteile[5)]
- EN 1090-3: „Ausführung von Stahltragwerken und Aluminiumtragwerken – Teil 3: Technische Anforderungen für Aluminiumtragwerke“[6)]

(4) EN 1999 ist in fünf Teile gegliedert:

EN 1999-1-1, „Bemessung und Konstruktion von Aluminiumtragwerken – Allgemeine Bemessungsregeln“

EN 1999-1-2, „Bemessung und Konstruktion von Aluminiumtragwerken – Tragwerksbemessung für den Brandfall“

EN 1999-1-3, „Bemessung und Konstruktion von Aluminiumtragwerken – Ermüdungsbeanspruchte Tragwerke“

EN 1999-1-4, „Bemessung und Konstruktion von Aluminiumtragwerken – Kaltgeformte Profiltafeln“

EN 1999-1-5, „Bemessung und Konstruktion von Aluminiumtragwerken – Schalentragwerke“

Anwendungsbereich von EN 1999-1-3 1.1.2

(1) EN 1999-1-3 gibt die Grundlagen für die Bemessung von Tragwerken aus Aluminiumlegierungen in Bezug auf den Grenzzustand der Ermüdungsfestigkeit.

(2) EN 1999-1-3 enthält Regeln für:

- schwingbruchsichere Bemessung;
- schadenstolerante Bemessung;
- versuchsunterstützte Bemessung.

(3) Es ist vorgesehen, dass EN 1999-1-3 in Verbindung mit EN 1090-3 „Technische Anforderungen für Aluminiumtragwerke“, die die erforderlichen Anforderungen zur Erfüllung der Bemessungsannahmen während der Ausführung von Bauteilen und Tragwerken enthält, angewendet wird.

(4) Druckbehälter oder -rohrleitungen sind nicht Gegenstand von EN 1999-1-3.

(5) EN 1999-1-3 behandelt die folgenden Themen:

Kapitel 1: Allgemeines
Kapitel 2: Grundlagen der Bemessung
Kapitel 3: Werkstoffe, Produktbestandteile und Verbindungsmittel

---

5) Wird in Kürze veröffentlicht.

6) Wird in Kürze veröffentlicht.

Kapitel 4: Dauerhaftigkeit

Kapitel 5: Strukturanalyse

Kapitel 6: Ermüdungswiderstand und Detailkategorien

Anhang A: Grundlagen der Berechnung der Ermüdungsfestigkeit [normativ]

Anhang B: Hinweise für die Bewertung des Rissfortschritts durch Bruchmechanik [informativ]

Anhang C: Versuche für die Ermüdungsbemessung [informativ]

Anhang D: Spannungsanalyse [informativ]

Anhang E: Klebeverbindungen [informativ]

Anhang F: Bereich der Kurzzeitfestigkeit [informativ]

Anhang G: Einfluss des R-Verhältnisses [informativ]

Anhang H: Verbesserung der Ermüdungsfestigkeit von Schweißnähten [informativ]

Anhang I: Gussstücke [informativ]

Anhang J: Tabellen der Detailkategorien [informativ]

Anhang K: Hot-Spot-Referenz-Detail-Methode [informativ]

Literaturhinweise

1.2 Normative Verweisungen

(1) Es gelten die normativen Verweisungen aus EN 1999-1-1.

1.3 Annahmen

(1)P Es gelten die allgemeinen Annahmen nach EN 1990, 1.3.

(2)P Es gelten die Festlegungen nach EN 1999-1-1, 1.8.

(3)P Die Bemessungsverfahren gelten nur, wenn die in EN 1090-3 angegebenen Anforderungen an die Ausführung oder andere, entsprechende Bedingungen erfüllt werden.

1.4 Unterscheidung zwischen Prinzipien und Anwendungsregeln

(1)P Es gelten die Regeln nach EN 1990, 1.4.

1.5 Definitionen

1.5.1 Allgemeines

(1) Es gelten die Regeln der EN 1990, 1.5.

1.5.2 Zusätzliche Begriffe, die in EN 1999-1-3 verwendet werden

(1) Für diese Norm werden zusätzlich zu den Begriffen der EN 1990 und EN 1999-1-1 die Folgenden verwendet:

1.5.2.1 Ermüdung

Schwächung eines Bauteils infolge Rissentstehung und Rissfortschritt, hervorgerufen durch wiederholte Spannungsschwankungen

1.5.2.2 Ermüdungsbelastung

eine Reihe typischer Belastungsereignisse, beschrieben durch die Anordnung oder Bewegung von Lasten, deren Größe, Häufigkeit und Reihenfolge ihres Auftretens

1.5.2.3 Belastungsereignis

eine definierte Folge von auf das Tragwerk aufgebrachten Lasten, die für Bemessungszwecke mit einer bestimmten Auftretenshäufigkeit angenommen wird

Nennspannung 1.5.2.4

Spannung im Grundwerkstoff unmittelbar an einer potentiellen Rissstelle, berechnet nach der elastischen Spannungstheorie für Werkstoffe, d. h., dass ebene Querschnitte eben bleiben und sämtliche Spannungskonzentrations-Einflüsse nicht berücksichtigt werden

modifizierte Nennspannung 1.5.2.5

eine Nennspannung, vergrößert um den maßgebenden geometrischen Spannungskonzentrations-Beiwert K_{gt}, der die geometrischen Abweichungen des Querschnitts erfasst, die bei der Einstufung eines bestimmten Konstruktionsdetails nicht berücksichtigt wurden

Strukturspannung (auch als „geometrische Spannung" bekannt) 1.5.2.6

elastische Spannung an einer Stelle, bei Berücksichtigung sämtlicher geometrischer Kerben, jedoch unter Vernachlässigung jeder lokalen Singularität, wo der Übergangsradius gegen Null tendiert, wie z. B. an Kerben infolge kleiner Diskontinuitäten, wie Schweißnahtübergänge, Risse, rissähnliche Merkmale, normale maschinelle Bearbeitungsspuren usw. Bei der Strukturspannung handelt es sich im Prinzip um den gleichen Spannungsparameter wie bei der modifizierten Nennspannung, die aber im Allgemeinen anders berechnet wird

geometrischer Spannungskonzentrations-Beiwert 1.5.2.7

Verhältnis zwischen der geometrischen Spannung, berechnet unter der Annahme linear-elastischen Werkstoff-Verhaltens, und der Nennspannung

Hot-Spot-Spannung 1.5.2.8

geometrische Spannung an einer bestimmten Rissentstehungsstelle bei einer besonderen Geometrie des Details, wie bei einem Schweißnahtübergang an einem schrägen Hohlprofilquerschnitt-Anschluss, für die die Ermüdungsfestigkeit, ausgedrückt als Hot-Spot-Spannungsschwingbreite, meistens bekannt ist

Spannungs-Zeit-Verlauf 1.5.2.9

kontinuierlicher Verlauf, aufgezeichnet oder berechnet, für die Spannungsschwankung an einem besonderen Punkt des Tragwerks innerhalb eines bestimmten Zeitintervalls

Spannungs-Umkehr-Punkt 1.5.2.10

Spannungswert im Spannungs-Zeit-Verlauf, an dem die Spannungsänderungsrate ihr Vorzeichen ändert

Spannungsspitze 1.5.2.11

Umkehrpunkt, an dem die Spannungsänderungsrate von positiv auf negativ umschaltet

Spannungstiefpunkt 1.5.2.12

Umkehrpunkt, an dem die Spannungsänderungsrate von negativ auf positiv umschaltet

konstante Amplitude 1.5.2.13

Spannungsamplitude in einem Spannungs-Zeit-Verlauf, bei dem die Spannung sich zwischen konstanten Spannungsspitzen und konstanten Spannungstiefpunkten bewegt

variable Amplitude 1.5.2.14

Spannungsamplitude in jedem Spannungs-Zeit-Verlauf mit mehr als einem Wert der Spannungsspitzen oder Spannungstiefpunkten

Spannungsschwingspiel 1.5.2.15

Schwingspiel

Element einer Schwing-Einstufenbeanspruchung, bei dem die Spannung bei einem Wert beginnt und beim gleichen Wert endet und dabei durch ein Maximum und ein Minimum (oder in umgekehrter Folge) verläuft; auch: Element eines mit einer Zählmethode ermittelten Schwingbeanspruchungskollektivs

1.5.2.16 Schwingspiel-Zählverfahren

Ablauf zur Transformation eines Spannungs-Zeit-Verlaufs mit variabler Amplitude in ein Kollektiv von Spannungsschwingspielen, jedes mit einer bestimmten Spannungsschwingbreite, so z. B. die Reservoir-Methode und die Rainflow-Methode

1.5.2.17 Rainflow-Methode

spezielles Schwingspiel-Zählverfahren zur Ermittlung eines Kollektivs von Spannungsschwingbreiten aus einem vorhandenen Spannungs-Zeit-Verlauf

1.5.2.18 Reservoir-Methode

spezielles Schwingspiel-Zählverfahren zur Ermittlung eines Kollektivs von Spannungsschwingbreiten aus einem vorhandenen Spannungs-Zeit-Verlauf

1.5.2.19 Spannungs-Amplitude

Hälfte des Wertes der Spannungsschwingbreite

1.5.2.20 Spannungsverhältnis

Verhältnis zwischen Minimal- und Maximalspannung in einem Spannungs-Zeit-Verlauf konstanter Amplitude oder einem Schwingspiel, das aus einem Spannungs-Zeit-Verlauf variabler Amplitude hergeleitet wird

1.5.2.21 Spannungsintensitäts-Verhältnis

minimale Spannungsintensität dividiert durch die maximale Spannungsintensität, die aus einem Spannungs-Zeit-Verlauf konstanter Amplitude oder einem Schwingspiel eines Spannungs-Zeit-Verlaufs variabler Amplitude hergeleitet werden

1.5.2.22 Mittelspannung

arithmetisches Mittel der algebraischen Summe vom höchsten und niedrigsten Spannungswert

1.5.2.23 Spannungsschwingbreite

algebraische Differenz zwischen der Spannungsspitze und dem Spannungstiefpunkt in einem Spannungsschwingspiel

1.5.2.24 Spannungsintensitäts-Schwingbreite

algebraische Differenz zwischen der höchsten und niedrigsten Spannungsintensität, die aus der Spannungsspitze bzw. dem Spannungstiefpunkt in einem Spannungsschwingspiel ermittelt werden

1.5.2.25 Spannungsschwingbreiten-Kollektiv (auch als „Spannungs-Kollektiv" bekannt)

Histogramm zur Darstellung der Auftretenshäufigkeit für alle Spannungsschwingbreiten verschiedener Größe aus der Messung oder Berechnung für ein besonderes Belastungsereignis

1.5.2.26 Bemessungs-Kollektiv

Gesamtheit aller Spannungsschwingbreiten-Kollektive, die für den Ermüdungsnachweis zugrunde gelegt werden

1.5.2.27 Detailkategorie

Bezeichnung einer bestimmten Entstehungsstelle für die Ermüdung bei einer bestimmten Richtung der Spannungsschwankung, zwecks Zuordnung einer Ermüdungsfestigkeitskurve für den Ermüdungsnachweis

1.5.2.28 Lebensdauer

Lebensdauer beim Versagen, ausgedrückt als Anzahl der Schwingspiele bis zum Bruch, bei Einwirkung eines Spannungs-Zeit-Verlaufs konstanter Spannungsamplitude

Ermüdungsfestigkeitskurve (Wöhlerkurve) **1.5.2.29**

quantitative Beziehung zwischen der Spannungsschwingbreite und der Lebensdauer – in logarithmischen Koordinaten in dieser Norm –, die für den Ermüdungsnachweis einer Konstruktionsdetail-Kategorie verwendet wird

charakteristische Ermüdungsfestigkeit **1.5.2.30**

Spannungsschwingbreite bei konstanter Amplitude $\Delta\sigma_C$ für eine bestimmte Detailkategorie bei der Lebensdauer von $N_C = 2 \times 10^6$ Schwingspiele

Dauerfestigkeit **1.5.2.31**

Wert der Spannungsschwingbreite, unterhalb dem alle Spannungsschwingbreiten eines Bemessungskollektivs liegen sollten, damit ein Ermüdungsschaden ignoriert werden darf

Schwellenwert der Ermüdungsfestigkeit **1.5.2.32**

Grenzwert, unterhalb dem Spannungsschwingbreiten des Bemessungskollektivs bei der Schadensakkumulations-Berechnung vernachlässigt werden dürfen

Bemessungslebensdauer **1.5.2.33**

Bezugszeitraum, für den ein sicheres Tragwerksverhalten, d. h., dass mit ausreichender Wahrscheinlichkeit kein Versagen infolge Ermüdungsrisse eintritt, verlangt wird

sichere Lebensdauer **1.5.2.34**

Zeitraum, für den sich mit ausreichender Wahrscheinlichkeit nach einer schwingbruchsicheren Bemessung kein Versagen infolge Ermüdung ergibt

Schadenstoleranz **1.5.2.35**

Fähigkeit des Tragwerks, Ermüdungsrisse aufzunehmen, ohne dass es zum Versagen oder zur negativen Beeinträchtigung der Gebrauchstauglichkeit kommt

Ermüdungsschaden **1.5.2.36**

Verhältnis der für eine bestimmte Betriebszeit zu ertragenden Spannungsschwingspiele eines Konstruktionsdetails bei einer gegebenen Spannungsschwingbreite zur Lebensdauer unter der gleichen Beanspruchungschwingbreite

Miner-Regel **1.5.2.37**

Schadensakkumulation infolge aller Spannungsschwingspiele eines Spannungsschwingbreiten-Kollektivs (oder eines Bemessungs-Kollektivs) nach der Palmgren-Miner-Regel

schadensäquivalente Ermüdungsbelastung **1.5.2.38**

vereinfachte Ermüdungsbelastung, meist eine Einzellast bei vorgegebener Zahl der Wiederholungen, so dass diese anstelle einer realistischeren Belastungsreihe, im Rahmen bestimmter Vorraussetzungen, mit hinreichender Annäherung einen äquivalenten Ermüdungsschaden hervorruft

schadensäquivalente Spannungsschwingbreite **1.5.2.39**

durch die Einwirkung einer schadensäquivalenten Ermüdungsbelastung an einem Konstruktionsdetail hervorgerufene Spannungsschwingbreite

schadensäquivalente Ermüdungsbelastung konstanter Amplitude **1.5.2.40**

vereinfachte Ermüdungsbelastung mit konstanter Amplitude, die den gleichen Ermüdungsschaden hervorruft wie eine reelle Belastungsreihe variabler Amplitude

1.6 Symbole

A	Werkstoff-Konstante bei Berechnung der Rissfortschrittgeschwindigkeit
a	Kehlnahtdicke
a	Risslänge
a_c	Rissbreite an der Oberfläche
da/dN	Rissfortschrittsgeschwindigkeit (m/Schwingspiel)
D	Ermüdungsschaden-Wert, berechnet für eine bestimmte Betriebsdauer
D_L	Ermüdungsschaden-Wert, berechnet für die gesamte Lebensdauer
$D_{L,d}$	für die gesamte Bemessungslebensdauer berechneter Bemessungswert des Ermüdungsschadens
D_{lim}	vorgeschriebener Bemessungs-Grenzwert für D_L
$f_{v,adh}$	charakteristische Schubfestigkeit eines Klebers
K_{gt}	geometrischer Spannungskonzentrations-Beiwert
K	Spannungsintensität
ΔK	Spannungsintensitäts-Schwingbreite
k_{adh}	Beiwert der Ermüdungsfestigkeit für Klebeverbindungen
k_F	Anzahl der Standardabweichungen über dem vorhergesagten Mittelwert der Belastung
k_N	Anzahl der Standardabweichungen über dem vorhergesagten Mittelwert der Anzahl der Belastungszyklen
L_{adh}	wirksame Länge von überlappten Klebeverbindungen
l_d	minimale wahrnehmbare Risslänge
l_f	bruchkritische Risslänge
log	Logarithmus zur Basis 10
m	Neigung einer $\log\Delta\sigma - \log N$-Ermüdungsfestigkeitskurve bzw. Exponent im mathematischen Ausdruck der Rissfortschrittsgeschwindigkeit
m_1	Wert von m für $N \leq 5 \times 10^6$ Schwingspiele
m_2	Wert von m für $5 \times 10^6 < N \leq 10^8$ Schwingspiele
N	Anzahl (oder gesamte Anzahl) der Schwingspiele
N_i	vorausgesetzte Anzahl von Schwingspielen bis zum Versagen bei der Spannungsschwingbreite $\Delta\sigma_i$
N_C	Anzahl der Schwingspiele (2×10^6), bei der die charakteristische Ermüdungsfestigkeit definiert ist
N_D	Anzahl der Schwingspiele (5×10^6), bei der die Dauerfestigkeit bei konstanter Amplitude definiert ist
N_L	Anzahl der Schwingspiele (10^8), bei der der Schwellenwert der Ermüdungsfestigkeit definiert ist
n_i	Anzahl der Schwingspiele bei der Spannungsschwingbreite $\Delta\sigma_i$
P	Wahrscheinlichkeit
R	Spannungsverhältnis
t	Dicke
T_i	Inspektionsintervall
T_F	Zeitraum nach Fertigstellung, der für den Beginn der Inspektion auf Ermüdung empfohlen wird; dabei beinhaltet die Inspektion auf Ermüdung die Inspektion von Bereichen mit einer erhöhten Rissentstehungswahrscheinlichkeit

T_G Zeitraum nach Fertigstellung, der für den Beginn der allgemeinen Inspektion empfohlen wird; dabei beinhaltet die allgemeine Inspektion die Prüfung, dass sich das Tragwerk (weiterhin) in dem Zustand nach der Fertigstellung und Abnahme befindet, d. h. dass keine Verschlechterung des Zustands eingetreten ist, wie z. B. Verschlechterungen durch Hinzukommen von schädlichen Löchern und oder Schweißnähten zur Befestigung von Zusatzelementen, Schäden auf Grund von Vandalismus oder Unfällen, unerwartete Korrosion, usw.

T_f Zeit für das Wachstum eines wahrnehmbaren Risses bis zu einer versagenskritischen Größe

T_L Bemessungslebensdauer

T_S sichere Lebensdauer

y von der Rissgeometrie abhängiger Faktor in der Berechnungsformel der Rissfortschrittsgeschwindigkeit

λ_i schadensäquivalenter Beiwert, abhängig von der Lastsituation und den konstruktiven Merkmalen sowie von anderen Faktoren

γ_{Ff} Teilsicherheitsbeiwert für die Ermüdungsbelastung

γ_{Mf} Teilsicherheitsbeiwert für die Ermüdungsfestigkeit

$\Delta\sigma$ Schwingbreite der Nennspannung (Normalspannung)

ANMERKUNG Abhängig vom Kontext bezieht sich $\Delta\sigma$ entweder auf die Schnittgrößen oder auf die Ermüdungsfestigkeit.

$\Delta\tau$ effektive Schwingbreite der Schubspannung

$\Delta\sigma_i$ konstante Spannungsschwingbreite für die Hauptspannungen im Konstruktionsdetail für n_i Schwingspiele;

$\Delta\sigma_C$ Referenzwert der Ermüdungsfestigkeit bei 2×10^6 Schwingspielen (Normalspannung)

$\Delta\sigma_D$ Dauerfestigkeit

$\Delta\sigma_E$ Schwingbreite der Nennspannung aus Ermüdungsbeanspruchungen

$\Delta\sigma_{E,Ne}$ schadensäquivalente Spannungsschwingbreite konstanter Amplitude bei N_{max}

$\Delta\sigma_{E,2e}$ schadensäquivalente Spannungsschwingbreite konstanter Amplitude bei 2×10^6 Schwingspielen

$\Delta\sigma_L$ Schwellenwert der Ermüdungsfestigkeit

$\Delta\sigma_R$ Ermüdungsfestigkeit (Normalspannung)

ΔT_F empfohlenes maximales Zeitintervall für die Inspektion auf Ermüdung

ΔT_G empfohlenes maximales Zeitintervall für die allgemeine Inspektion

σ_{max}, σ_{min} Maximal- bzw. Minimalwert der Spannungen in einem Schwingspiel

σ_m Mittelspannung

1.7 Spezifikationen für die Ausführung

1.7.1 Ausführungsspezifikation

(1) Die Ausführungsspezifikation sollte alle Anforderungen an die Materialvorbereitung, Montage, Verbindung, Nachbehandlung sowie Inspektion beinhalten, um die gewünschten Ermüdungsfestigkeiten zu erreichen.

1.7.2 Betriebsbuch

(1) Das Betriebsbuch sollte enthalten:

- Einzelheiten für die Ermüdungsbelastung und die in der Bemessung angenommene Bemessungslebensdauer;

- jede erforderliche Maßnahme zur Beobachtung der Belastungshöhe und -häufigkeit im Betrieb;
- das Verbot künftiger Änderungen am Tragwerk, bspw. Bohren von Löchern oder Anbringen von Anschweißungen, ohne fachgerechte Analyse der Auswirkungen auf das Tragwerksverhalten;
- Instruktionen für den Aus- und Wiedereinbau von Bauteilen, beispielsweise das Festmachen von Befestigungsmitteln;
- akzeptable Reparaturmethoden im Falle von zufälligen Beschädigungen während des Betriebs (z. B. Kerben, Beulen, Risse etc.).

1.7.3 Prüf- und Wartungsbuch

(1) Das Prüf- und Wartungsbuch sollte einen Zeitplan jeder im Betrieb erforderlichen Inspektion von ermüdungskritischen Teilen enthalten. Besonders in Fällen, bei denen eine schadenstolerante Bemessung durchgeführt wurde, sollte dieses Folgendes enthalten:

- Die Inspektionsmethoden;
- die zu untersuchenden Stellen;
- die Häufigkeit der Inspektionen;
- die maximal zulässige Rissgröße vor einer erforderlichen Ausbesserung;
- Details akzeptabler Reparaturmethoden oder des Auswechselns von Teilen mit Ermüdungsrissen.

2 Grundlagen der Bemessung

2.1 Allgemeines

2.1.1 Grundlegende Anforderungen

(1)P Ziel der Bemessung eines Tragwerks gegen den Grenzzustand der Ermüdung ist, mit einem akzeptablen Wahrscheinlichkeitsniveau ein zufriedenstellendes Verhalten des Tragwerks während seiner gesamten Bemessungslebensdauer sicherzustellen, damit das Tragwerk während der Bemessungslebensdauer nicht infolge Ermüdung versagt bzw. es nicht wahrscheinlich ist, dass vorzeitige reparaturbedürftige Schäden durch Ermüdung entstehen. Die Bemessung von Aluminiumtragwerken gegen den Grenzzustand der Ermüdung darf auf einer der folgenden Methoden beruhen:

a) Bemessung nach dem Konzept der sicheren Lebensdauer (schwingbruchsichere Bemessung – SLD, *safe life design*) (siehe 2.2.1);

b) Bemessung nach dem Konzept der Schadenstoleranz (schadenstolerante Bemessung – DTD, *damage tolerant design*) (siehe 2.2.2).

Jede der Methoden a) und b) darf durch versuchsunterstützte Bemessung ergänzt oder ersetzt werden (siehe 2.2.3).

ANMERKUNG Der Nationale Anhang darf die Bedingungen für die Anwendung der oben angegebenen Bemessungsmethoden angeben.

NDP Zu 2.1.1 (1) Anmerkung

Das in Anhang L beschriebene Verfahren der Bemessung nach dem Konzept der Schadenstoleranz DTD-II darf nur in speziellen Fällen unter Zuziehung von Spezialisten auf dem Gebiet der Anwendung der Bruchmechanik und dann auch nur mit bauaufsichtlichem Verwendbarkeitsnachweis angewendet werden. Versuchsunterstützte Bemessung bedarf eines bauaufsichtlichen Verwendbarkeitsnachweises.

(2) Die Methode für die Bemessung gegen Ermüdung sollte unter Berücksichtigung der Nutzung des Tragwerks und der für die Bauteile festgelegten Schadensfolgeklasse gewählt werden. Insbesondere sollte die Zugänglichkeit der Bauteile für die Inspektion und die Einzelheiten der Stellen, an denen Ermüdungsrisse zu erwarten sind, berücksichtigt werden.

(3) Ein Ermüdungsnachweis der Bauteile und Tragwerke sollte in den Fällen in Erwägung gezogen werden, in denen sich die Lasten häufig ändern, insbesondere bei Lastumkehr. Situationen, in denen dies gewöhnlich geschehen kann, sind z. B. wenn

- Bauteile durch Lasten von Hebezeugen oder rollende Lasten beansprucht werden;
- Bauteile wiederholten Belastungen ausgesetzt sind, die durch Schwingungen von Maschinen verursacht werden;
- Bauteile vom Wind verursachten Schwingungen ausgesetzt sind;
- Bauteile von Menschenmengen verursachten Schwingungen ausgesetzt sind;
- bei fliegenden Bauten Beschleunigungskräfte auftreten;
- Bauteile Schwingungen ausgesetzt sind, die durch Flüssigkeitsströmungen oder Welleneinwirkungen verursacht werden.

ANMERKUNG Die in dieser Norm angegebenen Regeln bezüglich der Ermüdungsfestigkeit gelten in der Regel für die Ermüdung bei hohen Lastspielzahlen. Hinweise für die Ermüdung bei niedrigen Lastspielzahlen sind Anhang F zu entnehmen.

(4) Die Bemessungsregeln der anderen Teilen von EN 1999 gelten ebenfalls.

2.2 Bemessungsmethoden gegen Ermüdung

2.2.1 Schwingbruchsichere Bemessung (SLD)

(1) Die Methode der schwingbruchsicheren Bemessung basiert auf der Berechnung des während der Bemessungslebensdauer des Tragwerks akkumulierten Schadens oder dem Vergleich der maximalen Spannungsschwingbreite mit der Dauerfestigkeit unter Verwendung

einer standardmäßigen unteren Grenze für die Ermüdungsfestigkeit und einer oberen Grenze für die geschätzte Ermüdungsbelastung; dabei beruhen alle Berechnungen auf Bemessungswerten. Dieser Ansatz bietet eine konservative Abschätzung der Ermüdungsfestigkeit und hängt in der Regel nicht von einer betrieblichen Inspektion auf Ermüdungsschäden ab.

ANMERKUNG Arten möglicher betrieblicher Inspektionen sind L.1 zu entnehmen; sie gelten nur bei Übernahme der in Anhang J enthaltenen Ermüdungswiderstandsdaten.

(2) Die Bemessung gegen Ermüdung beinhaltet die Vorhersage von Spannung-Zeit-Verläufen an potentiellen Rissentstehungsstellen, gefolgt durch die Zählung von Belastungszyklen mit den zugehörigen Spannungsschwingbreiten und die Aufstellung von Spannungs-Kollektiven. Anhand dieser Informationen wird für das betrachtete Konstruktionsdetail mit Hilfe einschlägiger Lebensdauerdaten bei der gegebenen Spannungsschwingbreite die Bemessungslebensdauer abgeschätzt. Dieses Verfahren ist in A.2 beschrieben.

(3) Um einen ausreichenden Widerstand des Bauteils oder Tragwerks sicherzustellen, darf der Bemessung nach dem Konzept der sicheren Lebensdauer eine von zwei verschiedenen Methoden zugrunde gelegt werden. Diese beruhen

a) auf der Berechnung der linearen Schadensakkumulation, siehe (4); oder

b) dem Ansatz mit äquivalenten Spannungsschwingbreiten, siehe (5).

ANMERKUNG Eine dritte Methode für den Fall, dass alle Bemessungs-Spannungsschwingbreiten die Bemessungs-Dauerfestigkeit unterschreiten, ist in L.1 (4) angegeben.

(4) Bei der schwingbruchsicheren Bemessung auf der Grundlage der Annahme der linearen Schadensakkumulation (Miner-Regel) sollte der Ermüdungsschaden D_L aller Spannungsschwingspiele die folgende Bedingung erfüllen:

$$D_{L,d} \leq 1 \qquad (2.1\,a)$$

Dabei ist

$D_{L,d} = \Sigma n_i / N_i$, berechnet nach der in A.2 angegebenen Methode;

oder

$$D_L \leq D_{lim} \qquad (2.1\,b)$$

Dabei ist

$D_L = \Sigma n_i / N_i$, berechnet nach der in A.2 angegebenen Methode mit $\gamma_{Mf} = \gamma_{Ff} = 1{,}0$.

ANMERKUNG Der Wert für D_{lim} darf im Nationalen Anhang festgelegt werden, siehe L.4. Empfohlene Werte für D_{lim} sind in L.4 angegeben; sie gelten nur bei Übernahme der in Anhang J enthaltenen Ermüdungswiderstandsdaten.

NDP Zu 2.2.1 (4) Anmerkung

Festlegungen zu D_{lim} siehe Anhang L.4.

(5) Falls die Bemessung auf dem Ansatz mit äquivalenten Spannungsschwingbreiten ($\Delta\sigma_{E,2e}$) beruht, sollte die folgende Bedingung erfüllt werden:

$$\frac{\gamma_{Ff}\,\Delta\sigma_{E,2e}}{\Delta\sigma_C / \gamma_{Mf}} \leq 1 \qquad (2.2)$$

ANMERKUNG Empfohlene Werte für γ_{Mf} sind in L.4 angegeben. Für γ_{Ff} siehe 2.4.

2.2.2 Schadenstolerante Bemessung (DTD)

(1)P Eine schadenstolerante Bemessung erfordert, dass ein vorgeschriebenes Inspektions- und Wartungsprogramm zur Feststellung und zur Behebung von Ermüdungsschäden erstellt und während der Bemessungslebensdauer des Tragwerks befolgt wird. Die Bemessung sollte zu einer Ausführungsqualität führen, bei der davon ausgegangen werden kann, dass das Verhalten eines Tragwerks während der Bemessungslebensdauer einwandfrei ist. Die Voraussetzungen für die Anwendung dieser Methode und für die Festlegung einer Inspektionsstrategie sind A.3 zu entnehmen.

ANMERKUNG 1 Die Bemessung nach dem Konzept der Schadenstoleranz kann in solchen Anwendungen als geeignet angesehen werden, bei denen die Bewertung nach dem Konzept der sicheren Lebensdauer zeigt, dass die Ermüdung einen signifikanten Einfluss auf die Kosten der konstruktiven Ausführung hat und dass ein höheres Ermüdungsrissrisiko während der Bemessungslebensdauer hingenommen werden kann als bei Anwendung der Regeln der Bemessung nach dem Konzept der sicheren Lebensdauer. Dieser Ansatz wurde entwickelt mit dem Ziel, das gleiche Zuverlässigkeitsniveau zu erreichen wie die Bemessung nach dem Konzept der sicheren Lebensdauer.

ANMERKUNG 2 Die Bemessung nach dem Konzept der Schadenstoleranz darf mit zwei verschiedenen Ansatzvarianten, DTD-I und DTD-II, angewendet werden, siehe Anhang L.

(2) Bei der Wahl der Tragwerksart und deren baulichen Durchbildung sollten folgende Hinweise berücksichtigt werden:

- Die Details, die Werkstoffe und die Höhe der Spannungen sollten so gewählt sein, dass sich bei einer Rissbildung ein niedriger Rissfortschritt und eine hohe kritische Risslänge ergeben;
- soweit möglich, sollte eine Tragwerksart gewählt werden, bei der im Falle von Ermüdungsschäden eine Umverteilung der Schnittgrößen im Tragwerk oder im Bauteilquerschnitt stattfinden kann (Redundanzprinzip);
- rissstoppende Konstruktionsdetails sollten vorgesehen werden;
- es sollte sichergestellt werden, dass kritische Bauteile und Details für die regelmäßigen Inspektionen leicht zugänglich sind;
- es sollte sichergestellt werden, dass Risse durch Überwachung unter Kontrolle gehalten werden oder, sofern erforderlich, dass Bauteile leicht instand gesetzt oder ersetzt werden können.

2.2.3 Versuchsunterstützte Bemessung

(1) Dieser Ansatz sollte angewendet werden, wenn die erforderlichen Angaben zur Belastung, zum Tragwerkverhalten, zur Ermüdungsfestigkeit oder zum Rissfortschritt aus Normen oder anderen Quellen für eine bestimmte Anwendung nicht verfügbar sind sowie zur Optimierung von Konstruktionsdetails. Versuchsergebnisse sollten anstelle genormter Daten nur unter der Voraussetzung eingesetzt werden, dass sie unter kontrollierten Bedingungen ermittelt und angewendet wurden.

ANMERKUNG Der Nachweis für die Bemessung mit Unterstützung durch Versuche sollte entsprechend Anhang C durchgeführt werden.

2.3 Ermüdungsbelastung

2.3.1 Herkunft der Ermüdungsbelastung

(1)P Spannungsveränderungen jeglicher Herkunft sollten im Tragwerk identifiziert werden. Gewöhnliche Situationen, in denen eine Ermüdungsbelastung auftritt, sind in 2.1.1 angegeben.

ANMERKUNG Für die Begrenzung der Ermüdung bei wiederholtem lokalem Beulen siehe D.3.

(2) Die Ermüdungsbelastung sollte EN 1991 oder anderen maßgebenden Europäischen Normen entnommen werden.

ANMERKUNG Der Nationale Anhang darf Regeln zur Bestimmung der Ermüdungslasten für solche Fälle festlegen, die durch keine Europäische Norm abgedeckt sind.

NDP Zu 2.3.1 (2) Anmerkung

Es werden keine weiteren Regelungen getroffen.

(3) Dynamische Einflüsse sollten berücksichtigt werden, sofern sie nicht bereits in den Einflüssen der Ermüdungslasten enthalten sind.

2.3.2 Herleitung der Ermüdungsbelastung

(1) Zusätzlich zu den Normen, in denen die Ermüdungsbelastung behandelt wird, sind die folgenden Abschnitte zu beachten.

(2) Die Ermüdungsbelastung sollte üblicherweise durch ein Bemessungslastkollektiv beschrieben werden, welches einen Bereich von Intensitäten eines spezifischen Nutzlastereignisses und die Anzahl der Wiederholungen jeder Lastintensität während der Bemessungslebensdauer des Tragwerks definiert. Wenn zwei oder mehrere voneinander unabhängige Nutzlastereignisse zu erwarten sind, wird es erforderlich sein, die jeweilige Phasenverschiebung anzugeben.

(3) Eine realistische Bewertung der Ermüdungsbelastung ist ausschlaggebend für die Berechnung der Lebensdauer des Tragwerks. Wo keine veröffentlichten Nutzlastdaten existieren, sollten Werte für die Ermüdungsbelastung bestehender Tragwerke unter ähnlichen Beanspruchungsbedingungen angesetzt werden.

(4) Durch die kontinuierliche Messung von Beanspruchungen oder Verformungen als Stichprobe in einem geeigneten Zeitraum sollten Daten für die Ermüdungsbelastung aus der nachfolgenden Analyse des Tragwerksverhaltens abgeleitet werden. Liegen die Lastfrequenzen in der Nähe der Eigenfrequenzen des Tragwerkes, so sind die dynamischen Vergrößerungseinflüsse besonders zu beachten.

ANMERKUNG Weitere Hinweise werden in Anhang C gegeben.

(5) Das Bemessungslastkollektiv sollte auf der Grundlage gewählt werden, dass es einen geschätzten oberen Grenzwert der akkumulierten Betriebsbedingungen während der gesamten Bemessungslebensdauer des Tragwerks darstellt. Alle wahrscheinlichen betrieblichen und umweltbedingten Einflüsse aus der vorausgesehenen Nutzung des Tragwerks während der erwähnten Zeit sollten berücksichtigt werden.

(6) Der Grenzwert des Konfidenzbereiches für die Ermittlung der Intensität des Bemessungslastkollektivs sollte auf der Grundlage des vorausgesagten Mittelwerts plus k_F mal Standardabweichungen festgelegt werden. Der Grenzwert des Konfidenzbereiches für die Ermittlung der Anzahl der Schwingspiele im Bemessungslastkollektiv sollte auf der Grundlage des vorausgesagten Mittelwerts plus k_N mal Standardabweichungen festgelegt werden.

ANMERKUNG Werte für k_F und k_N dürfen im Nationalen Anhang definiert werden. Empfohlene Zahlenwerte sind $k_F = 2$ und $k_N = 2$. Siehe auch ANMERKUNG 2 in 2.4 (1).

NDP Zu 2.3.2 (6) Anmerkung

Es gelten die Empfehlungen.

2.3.3 Äquivalente Ermüdungsbelastung

(1) Eine vereinfachte äquivalente Ermüdungsbelastung darf eingesetzt werden, wenn die folgenden Voraussetzungen erfüllt sind:

a) Das Tragwerk entspricht in seiner grundlegenden Struktur und Form sowie in seinen Abmessungen denjenigen Konstruktionen, für die die äquivalente Ermüdungsbelastung ursprünglich ermittelt wurde;

b) die tatsächliche Ermüdungsbelastung entspricht bezüglich Intensität, Frequenz und Wirkungsweise derjenigen, die für die Herleitung der äquivalenten Ermüdungsbelastung eingesetzt wurde;

c) die für die Herleitung der äquivalenten Ermüdungsbelastung angenommenen Werte für m_1, m_2, N_D und N_L – siehe Bild 6.1 – entsprechen den für das nachzuweisende Detail geltenden Werten;

ANMERKUNG In manchen Fällen werden äquivalente Ermüdungslasten unter Annahme einer einfachen einheitlichen Neigung mit $m_2 = m_1$ und $\Delta\sigma_L = 0$ ermittelt. Bei vielen Anwendungen mit zahlreichen Schwingspielen niedriger Amplitude führt dies zu einer sehr konservativen Schätzung der Lebensdauer.

d) das dynamische Verhalten des Tragwerks ist ausreichend niedrig, so dass Resonanzeffekte, die von Unterschieden in Masse, Steifigkeit und Dämpfungsbeiwert beeinflusst werden, nur eine geringe Auswirkung auf die gesamte Schadensakkumulation nach der Palmgren-Miner-Regel haben.

(2) Im Fall, dass eine äquivalente Ermüdungsbelastung speziell für eine Konstruktion aus einer Aluminiumlegierung abgeleitet wird, sollten sämtliche unter (1) angesprochenen Punkte berücksichtigt werden.

2.4 Teilsicherheitsbeiwerte für Ermüdungslasten

(1) In Fällen, in denen die Ermüdungslasten F_{Ek} entsprechend den Anforderungen in 2.3.1 (2) und 2.3.2 ermittelt wurden, sollte auf diese Lasten ein Teilsicherheitsbeiwert zur Ermittlung der Bemessungslast F_{Ed} angewandt werden.

$$F_{Ed} = \gamma_{Ff} F_{Ek} \quad (2.2)$$

Dabei ist

γ_{Ff} der Teilsicherheitsbeiwert für Ermüdungslasten.

ANMERKUNG 1 Die Teilsicherheitsbeiwerte dürfen im Nationalen Anhang festgelegt werden. Der empfohlene Wert ist $\gamma_{Ff} = 1,0$.

NDP Zu 2.4 (1) Anmerkung 1

Es gilt die Empfehlung.

ANMERKUNG 2 In Fällen, in denen Ermüdungslasten auf der Grundlage anderer Konfidenzgrenzwerte als in 2.3.2 (6) angegeben definiert wurden, sind Teilsicherheitsbeiwerte für Lasten in Tabelle 2.1 gegeben. Alternative Werte dürfen im Nationalen Anhang festgelegt werden.

NDP Zu 2.4 (1) Anmerkung 2

Es gilt die Empfehlung. Es werden keine weiteren Regelungen getroffen.

Tabelle 2.1: Empfohlene Teilsicherheitsbeiwerte γ_{Ff} für die Intensität und Anzahl der Schwingspiele im Ermüdungslastkollektiv

k_F	γ_{Ff}	
	$k_N = 0$	$k_N = 2$
0	1,5	1,4
1	1,3	1,2
2	1,1	1,0

2.5 Anforderungen an die Ausführung

(1) In EN 1090-3 wird die Festlegung von Ausführungsklassen gefordert. Diese können von der Beanspruchungskategorie abhängig sein.

ANMERKUNG Hinweise zur Wahl der Ausführungsklasse und der Beanspruchungskategorie sind in EN 1999-1-1 angegeben. Hinweise zum Ausnutzungsgrad sind L.5 zu entnehmen; sie gelten nur bei Übernahme der in Anhang J enthaltenen Ermüdungswiderstandsdaten.

Werkstoffe, Produktbestandteile und Verbindungsmittel 3

(1) Die Bemessungsregeln der EN 1999-1-3 gelten – wie in EN 1999-1-1:05-2005 aufgelistet – für Produkte, die Bestandteile von Bauteilen und Tragwerken bilden, mit der Ausnahme folgender Legierungen niedriger Festigkeit: EN AW-3005, EN AW-3103, EN AW-5005, EN AW-8011A in allen Zuständen sowie EN AW-6060 im Zustand T5.

ANMERKUNG 1 Für die oben erwähnten Legierungen und Zustände niedriger Festigkeit existieren keine zuverlässigen Ermüdungsdaten.

Der Nationale Anhang kann Ermüdungsdaten für solche Legierungen beziehungsweise Zustände geben. Versuche zur Ermittlung der Daten sollten entsprechend Anhang C durchgeführt werden.

NDP Zu 3 (1) Anmerkung 1

Es werden keine weiteren Informationen gegeben.

ANMERKUNG 2 Für Gussstücke siehe Anhang I.

(2) EN 1999-1-3 deckt Bauteile mit offenen und geschlossenen Querschnitten, einschließlich solcher Teile, die aus Kombinationen solcher Bauteile aufgebaut sind, ab.

(3) EN 1999-1-3 deckt Bauteile und Tragwerke mit folgenden Verbindungsmitteln ab:

- Lichtbogen-Schweißen (Metall-Schutzgas-Schweißen und Wolfram-Inert-Gasschweißen);
- Stahlschrauben, die in EN 1999-1-1, Tabelle 3.4 aufgelistet sind.

ANMERKUNG Für Klebeverbindungen siehe Anhang E.

(4) Für die Ermüdungsbemessung und den Nachweis für Stahlschrauben bei Zug und Schub siehe EN 1993-1-9, Tabelle 8.1.

Dauerhaftigkeit 4

(1) Daten zur Ermüdungsfestigkeit in EN 1999-1-3 sind bei normaler Witterung bis zu einer Temperatur von 100 °C anwendbar. Jedoch gelten im Fall der Legierung EN AW-5083 bei Temperaturen größer als 65 °C Ermüdungsfestigkeitsdaten in EN 1999-1-3 nur unter Anwendung einer effizienten Korrosions-Schutzbeschichtung.

(2) Ermüdungsfestigkeitsdaten könnten bei manchen Typen aggressiver Umweltbedingungen nicht angewandt werden. Eine Anleitung über Werkstoffe und Umweltbedingungen geben 6.2 und 6.4.

ANMERKUNG Der Nationale Anhang darf weitere Informationen zu der lokalen Umweltbedingungen entsprechenden Lebensdauer geben.

NDP Zu 4 (2) Anmerkung

Es werden keine weiteren Regelungen getroffen.

(3) Bei Klebeverbindungen müssten gegebenenfalls besondere Umweltbedingungen und -wirkungen berücksichtigt werden.

ANMERKUNG Siehe Anhang E.

Strukturanalyse 5

Globale Analyse 5.1

Allgemeines 5.1.1

(1) Die Analysemethode sollte so gewählt werden, dass diese eine genaue Voraussage des elastischen Spannungsverhaltens der Konstruktion unter der vorgeschriebenen Ermüdungslast liefert, so dass die maximalen und minimalen Spannungsspitzen im Spannungs-Zeit-Verlauf bestimmt werden, siehe Bild 5.1.

ANMERKUNG Ein elastisches Modell für die statische Berechnung (für den Grenzzustand der Tragfähigkeit oder der Gebrauchstauglichkeit) in Übereinstimmung mit EN 1990-1-1 braucht nicht unbedingt für die Ermüdungsberechnung ausreichend zu sein.

(2) Dynamische Einflüsse sollten bei der Berechnung des Spannungs-Zeit-Verlaufs einbezogen werden, außer bei Anwendung einer äquivalenten Einwirkung, die diese Einflüsse bereits berücksichtigt.

(3) Wo das elastische Verhalten vom Dämpfungsgrad beeinflusst wird, sollte dies durch Versuche festgestellt werden.

ANMERKUNG Siehe Anhang C.

(4) Für statisch unbestimmte Tragwerke sollte keine plastische Umverteilung der Kräfte zwischen den Bauteilen angenommen werden.

(5) Der Aussteifungseffekt anderer Werkstoffe, die dauerhaft an der Aluminiumkonstruktion angebracht werden, sollte in der elastischen Analyse berücksichtigt werden.

(6) Modelle für die Globalanalyse statisch unbestimmter Tragwerke und Fachwerkrahmen mit steifen oder halbsteifen Verbindungen (z. B. Finite-Elemente-Modelle) sollten auf einem elastischen Werkstoffverhalten basieren, außer wenn Beanspruchungsdaten an Prototypen oder maßstabgetreu nachgebildeten Modellen ermittelt worden sind.

ANMERKUNG Der Ausdruck „Finite-Element-Analyse“ wird verwendet für Analyseverfahren, wo Tragwerksteile und Verbindungen durch Anordnungen von Stab-, Balken-, Membran-, Kontinuumselementen oder anderen Elementformen repräsentiert werden. Zweck der Analyse ist, den Spannungszustand zu bestimmen, bei dem Verformungskompatibilität und statisches (oder dynamisches) Gleichgewicht herrscht.

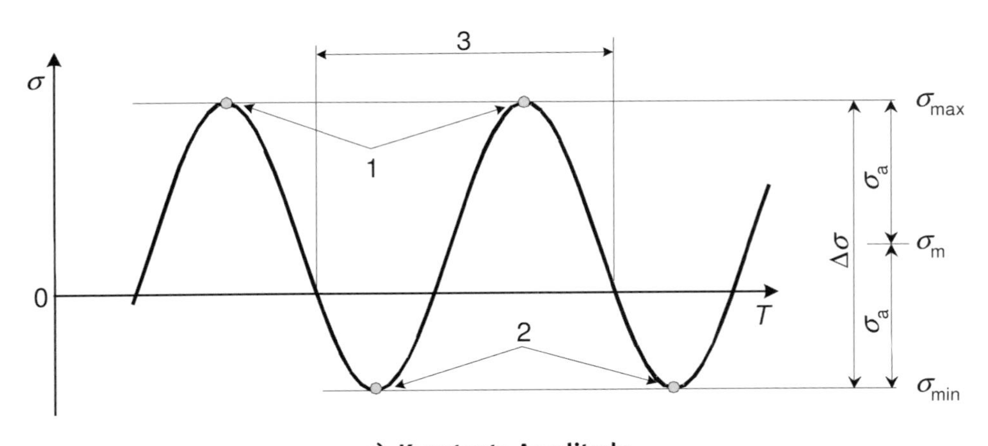

a) Konstante Amplitude

Bild 5.1: Terminologie von Spannungs-Zeit-Verläufen und Spannungsschwingspielen

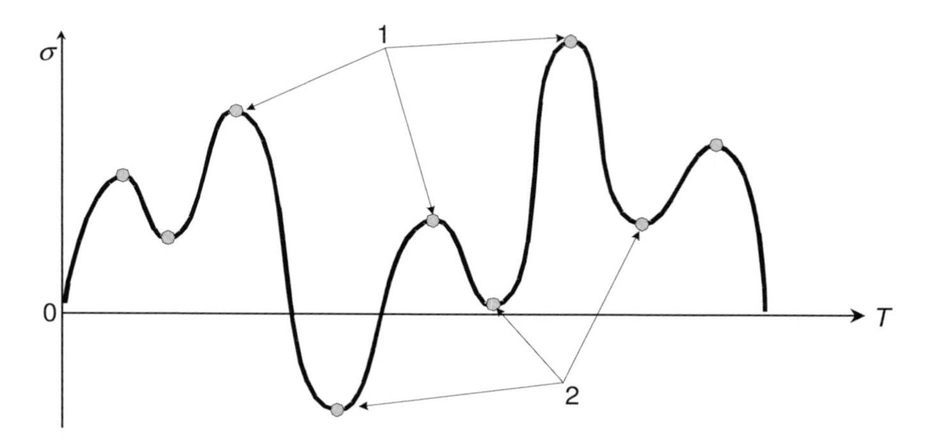

b) Variable Amplitude

Legende

1	Spannungsspitze	σ_{max}	Maximalspannung
2	Spannungstiefpunkt	σ_{min}	Minimalspannung
3	Spannungsschwingspiel	σ_m	Mittelspannung
●	Spannungs-Umkehrpunkt	$\Delta\sigma$	Spannungsschwingbreite
		σ_a	Spannungsamplitude

Bild 5.1 *(fortgesetzt)*

5.1.2 Anwendung von Balkenelementen

(1) Balkenelemente sollten bei der Globalanalyse von Balken, Rahmen oder Fachwerken eingesetzt werden, die den nachfolgenden Begrenzungen in (2) bis (7) entsprechen.

(2) Balkenelemente sollten nicht bei der Ermüdungsanalyse von ausgesteiften Plattenkonstruktionen in ebenen oder Schalenkonstruktionen oder für Guss- oder Schmiedeteile verwendet werden, es sei denn, sie haben eine einfache prismatische Form.

(3) Die Axial-, Biege-, Scher- und Torsionssteifigkeitseigenschaften der Balkenelemente sollten entsprechend der linear-elastischen Theorie berechnet werden unter der Annahme, dass ebene Querschnitte eben bleiben. Eine Verwölbung des Querschnitts infolge Torsion sollte jedoch berücksichtigt werden.

(4) Wenn Balkenelemente in Tragwerken unter Torsionsbeanspruchung mit Bauteilen aus offenen oder Hohlquerschnitten, die für Verwölbung anfällig sind, verwendet werden, sollten diese 7 Freiheitsgrade bei Berücksichtigung der Verwölbung besitzen. Alternativ sollten Schalenelemente zum Modellieren des Querschnitts verwendet werden.

(5) Die Querschnittseigenschaften der Balkenelemente in der Nähe von Bauteilstößen oder -anschlüssen sollten die wegen der Verbindungsabmessungen und der Anwesenheit weiterer Komponenten (z. B. Knoten- oder Verbindungsbleche etc.) erhöhte Steifigkeit berücksichtigen.

(6) Die Steifigkeitseigenschaften von Balkenelementen bei der Modellierung von schrägen Kreuzungen zwischen offenen Profilen oder Hohlprofilen, deren Querschnitte nicht in die Kreuzverbindung hineinragen (z. B. bei nicht ausgesteiften Rohrknoten), oder bei halbsteifer Ausbildung (z. B. angeschraubte Kopfplatte oder Winkelquerverbindungen) sollten entweder durch Schalenelemente oder durch Federverbindungen der Elemente erfasst werden. Die Federn sollten ausreichende Steifigkeit für jeden Freiheitsgrad besitzen und ihre Steifigkeit sollte entweder durch Versuche oder durch Schalenelementmodelle der Verbindung bestimmt werden.

(7) Wo Balkenelemente verwendet werden für die Modellierung eines Tragwerks mit Exzentrizitäten zwischen den Bauteilachsen an Verbindungen oder wenn Lasten und Verschiebungen exzentrisch auf Bauteile wirken, sollten steife Verbindungselemente an diesen Stellen verwendet werden, um das richtige statische Gleichgewicht beizubehalten. Ähnliche Federn wie in 5.1.2 (6) sollten nach Bedarf verwendet werden.

Anwendung von Membran-, Schalen- und Kontinuumelementen 5.1.3

(1) Membranelemente sollten nur an solchen Stellen eines Tragwerks verwendet werden, wo Biegespannungen außerhalb ihrer Ebene bekanntlich vernachlässigbar sind.

(2) Schalenelemente sollten bei allen Tragwerkstypen anwendbar sein, außer bei Guss-, Schmiede- oder maschinell geformten Teilen komplizierter Form, wo dreidimensionale Spannungsfelder vorkommen und hier Kontinuumselemente verwendet werden sollten.

(3) Wo Membran- oder Schalenelemente bei der Globalanalyse zur Berücksichtigung von größeren Spannungs-Konzentrationseinflüssen, wie unter 5.2.2 beschrieben, eingesetzt werden, sollte die Netzweite im Bauteilbereich der Rissentstehungsstelle zur vollständigen Erfassung des Einflusses ausreichend klein sein.

ANMERKUNG Siehe Anhang D.

Spannungsarten 5.2

Allgemeines 5.2.1

(1) Drei verschiedene Arten von Spannungen dürfen angewandt werden, und zwar:

a) Nennspannungen, siehe 5.2.2. Für die Herleitung von Nennspannungen siehe 5.3.1;

b) modifizierte Nennspannungen, siehe 5.2.3. Für die Herleitung von modifizierten Nennspannungen siehe 5.3.2;

c) Hot-Spot-Spannungen, siehe 5.2.4 und 5.3.3.

Nennspannungen 5.2.2

(1) Nennspannungen, siehe Bild 5.2, sollten direkt für die Bewertung von Rissentstehungsstellen in einfachen Bauteilen und Verbindungen verwendet werden, wo die folgenden Bedingungen gelten:

a) Die Konstruktionsdetails in Verbindung mit der Rissentstehungsstelle entsprechen den Detailkategorien;

b) die Detailkategorie wurde durch Versuche bestimmt, wobei die Versuchsergebnisse auf der Grundlage von Nennspannungen definiert wurden;

ANMERKUNG Versuche sollten entsprechend Anhang C durchgeführt werden.

c) große geometrische Einflüsse, wie die in 5.2.3 aufgelisteten, liegen nicht in der Nähe der Rissentstehungs-Stelle.

Modifizierte Nennspannungen 5.2.3

(1) Modifizierte Nennspannungen sollten anstelle von Nennspannungen verwendet werden, wenn die Rissentstehungsstelle sich in der Nähe einer oder mehrerer der nachfolgenden großen geometrischen Spannungskonzentrationseinflüsse (siehe Bild 5.2) befindet, unter der Voraussetzung, dass die Bedingungen 5.2.1 (a) und (b) weiter gelten:

a) Große Änderungen der Querschnittsform, z. B. Ausschnitte oder Übergangsecken;

b) große Änderungen der Steifigkeit in der Umgebung des Bauteilquerschnitts an ungesteiften, schrägen Verbindungen von offenen oder Hohlquerschnitten;

c) Richtungsänderung oder Versatz größer als in den Tabellen der Detailkategorien zugelassen;

d) nicht gleichmäßig verteilte Schubbeanspruchungen in breiten Platten;

ANMERKUNG Siehe EN 1999-1-1, K.1.

e) Verformung von Hohlbauteilen;

f) nicht-lineare, außerhalb der Ebene wirkende Biegebeanspruchungen in schlanken Bauteilen, d. h. Querschnitte der Klasse 4, wo die statische Beanspruchung sich in der Nähe der kritischen elastischen Spannung befindet, z. B. Zugfeld im Steg.

ANMERKUNG Siehe Anhang D.

(2) Die oben genannten geometrischen Spannungskonzentrationseinflüsse sollten berücksichtigt werden durch den Beiwert K_{gt}, siehe Bild 5.2, der als theoretische Spannungskonzentration beim linear-elastischen Werkstoff definiert wird, bei Vernachlässigung aller Einflüsse (lokal oder geometrisch), die bereits enthalten sind bei der $\Delta\sigma$-N-Ermüdungsfestigkeitskurve des klassifizierten konstruktiven Referenz-Details.

5.2.4 Hot-Spot-Spannungen

(1) Hot-Spot-Spannungen können nur verwendet werden, wenn die folgenden Bedingungen gelten:

a) Die Rissentstehungsstelle ist ein Schweißnahtübergang in einer Verbindung mit einer komplizierten Geometrie, wo die Nennspannungen nicht klar definiert sind;

ANMERKUNG Wegen der großen Auswirkung der Wärmeeinflusszone auf die Festigkeit von geschweißten Aluminiumbauteilen sind Erfahrungen mit Details von Stahlkonstruktionen auf Aluminium meistens nicht übertragbar.

b) eine Hot-Spot-Detailkategorie ist durch Versuche definiert und die Versuchsergebnisse sind auf der Grundlage von Hot-Spot-Spannungen für den geeigneten Belastungsfall ausgedrückt worden;

c) Schalen-Biegespannungen treten in verformungsfähigen Verbindungen entsprechend 5.1.2 (6) auf;

ANMERKUNG Siehe Anhänge C, D und K.

d) für die Herleitung von Hot-Spot-Spannungen siehe 5.3.3 und 6.2.4.

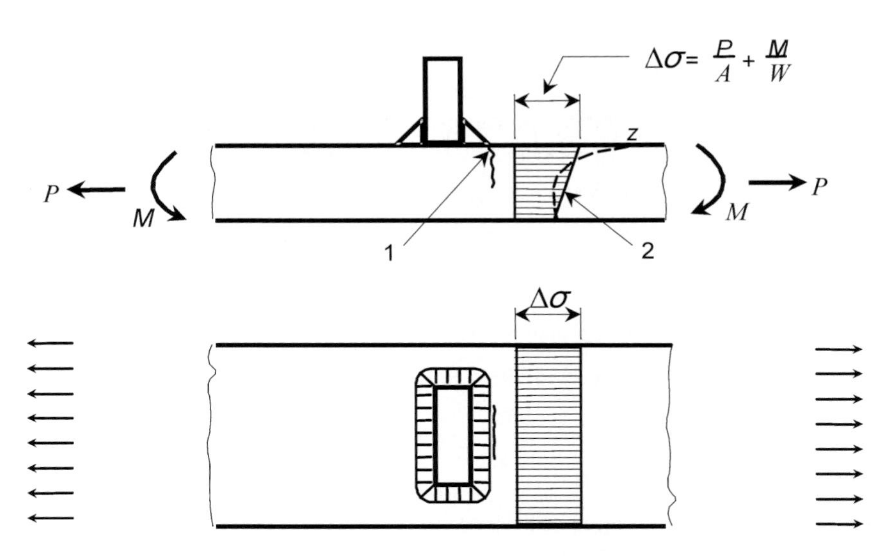

Legende

1 Rissentstehungsstelle

2 Lineare Spannungsverteilung, der Spannungserhöhungsbeiwert am Nahtübergang bei z nicht berechnet

a) Lokale Spannungskonzentration beim Schweißnahtübergang

Bild 5.2: Beispiele für Nennspannungen und modifizierte Nennspannungen

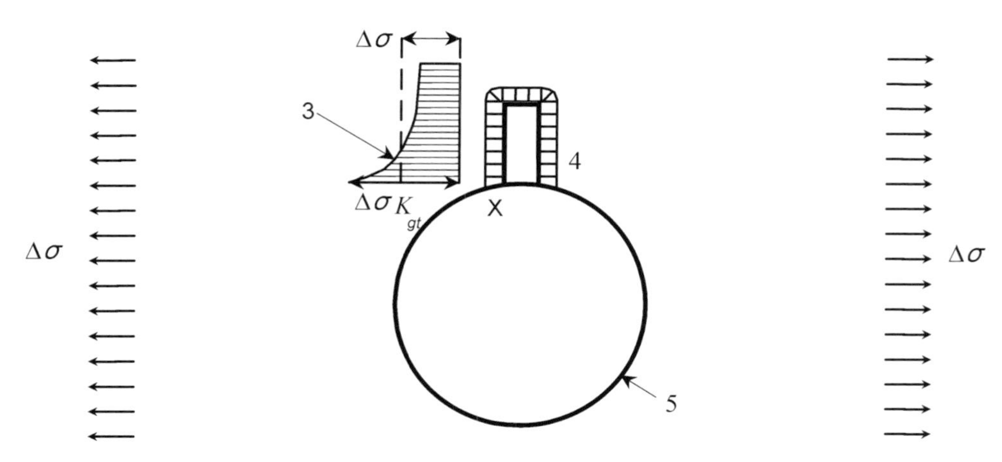

Legende

3 Nichtlineare Spannungsverteilung

4 Schweißnaht

5 große Öffnung

b) Brutto Spannungskonzentration bei großer Öffnung
$\Delta\sigma$ = Schwingbreite der Nennspannung;
$\Delta\sigma K_{gt}$ = Schwingbreite der modifizierten Nennspannung an Rissentstehungsstelle x infolge der Öffnung

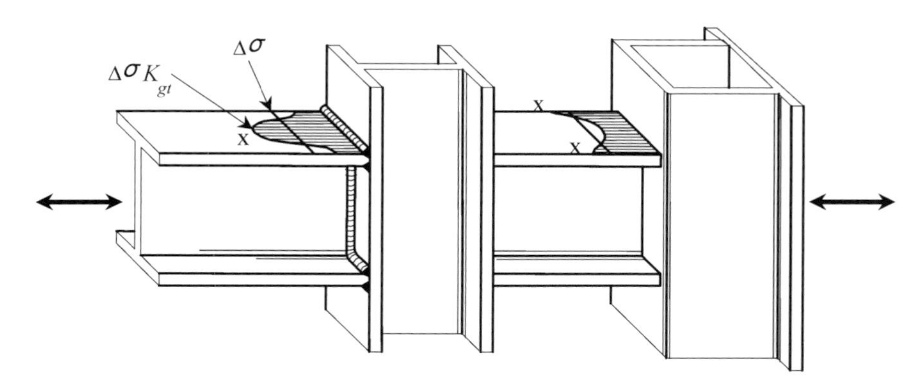

Legende

$\Delta\sigma$ Schwingbreite der Nennspannung

$\Delta\sigma K_{gt}$ modifizierte Nennspannung an Rissentstehungsstelle x infolge der geometrischen Spannungskonzentrationseffekte

c) Verbindungsbereich hoher Steifigkeit

Bild 5.2 *(fortgesetzt)*

5.3 Herleitung von Spannungen

5.3.1 Herleitung von Nennspannungen

5.3.1.1 Konstruktionsmodelle mit Balkenelementen

(1) Axial- und Schubspannungen an der Rissentstehungsstelle sollten aus den Axialkräften, Biegemomenten, Schub- und Torsionskräften an dem betrachteten Querschnitt mit Hilfe linear-elastischer Querschnittseigenschaften ermittelt werden.

(2) Querschnittsflächen und Widerstandsmomente sollten sämtliche spezifischen Anforderungen einer Detailkategorie berücksichtigen.

5.3.1.2 Konstruktionsmodelle mit Membran-, Schalen- oder Kontinuumselementen

(1) Wo die Verteilung der Axialspannung um beide Achsen eines Bauteilquerschnitts linear verläuft, dürfen die Spannungen an der Rissentstehungsstelle direkt benutzt werden.

(2) Wo die Verteilung der Axialspannung um irgendeine der Achsen eines Bauteilquerschnitts nicht linear verläuft, sollten die Spannungen entlang des Querschnitts integriert werden, um die Axialkraft und das Biegemoment zu ermitteln.

ANMERKUNG Letztere sollten zusammen mit den geeigneten Querschnittsflächen und Widerstandsmomenten für die Ermittlung der Nennspannungen verwendet werden.

5.3.2 Herleitung von modifizierten Nennspannungen

5.3.2.1 Konstruktionsmodelle mit Balkenelementen

(1) Nennspannungen sollten mit den geeigneten elastischen Spannungskonzentrationsbeiwerten K_{gt} entsprechend der Position der Rissentstehungsstelle und der Art des Spannungsfeldes multipliziert werden.

(2) K_{gt} sollte sämtliche geometrische Fehlstellen berücksichtigen, außer denjenigen, die bereits in der Detailkategorie enthalten sind.

(3) K_{gt} sollte nach einer der folgenden Methoden bestimmt werden:

a) Standardlösungen für Spannungskonzentrationsbeiwerte;

ANMERKUNG Siehe D.2.

b) Vernetzung der umgebenden Geometrie mit Schalenelementen unter Berücksichtigung von (2) und Anbringung der Nennspannungen an die Ränder;

c) Messung elastischer Beanspruchungen auf einem physikalischen Modell, das die großen geometrischen Fehlstellen beinhaltet, diejenigen Merkmale jedoch ausschließt, die bereits in der Detailkategorie enthalten sind (siehe (2)).

5.3.2.2 Konstruktionsmodelle mit Membran-, Schalen- oder Kontinuumelementen

(1) Wo die modifizierte Nennspannung aus der Globalanalyse im Bereich der Rissentstehungsstelle zu ermitteln sein wird, sollte diese auf der folgenden Grundlage gewählt werden:

a) Lokale Spannungskonzentrationen wie das bereits im Kerbfall enthaltene klassifizierte Konstruktionsdetail und das in der Detailkategorie bereits enthaltene Nahtprofil sollten ausgeschlossen werden;

b) die Netzweite im Bereich der Rissentstehungsstelle sollte ausreichend klein sein, um das allgemeine Spannungsfeld um diese Stelle herum genau vorauszusagen, jedoch ohne Berücksichtigung der Merkmale unter (a).

ANMERKUNG Siehe D.1.

5.3.3 Herleitung von Hot-Spot-Spannungen

(1) Die Hot-Spot-Spannung ist die Hauptspannung meist quer zur Schweißnahtübergangslinie und sollte im Allgemeinen durch numerische oder experimentelle Methoden berechnet werden, außer in Fällen, wo Standardlösungen vorhanden sind.

ANMERKUNG Siehe D.1.

(2) In einfachen Fällen, wie in Bild 5.2 (c), darf die Hot-Spot-Spannung der modifizierten Nennspannung gleichgesetzt und nach 5.2.3 berechnet werden.

(3) Im Allgemeinen sollte die Ermüdungsspannung an dem Schweißnahtübergang die Spannungs-Konzentrationseinflüsse, d. h. die Schweißnahtgeometrie, am klassifizierten Referenzdetail ausschließen, für Konstruktionsfälle, bei denen die Standardbeiwerte der Spannungskonzentration nicht anwendbar sind und für die somit eine besondere Analyse erforderlich ist.

Spannungsrichtung 5.3.4

(1) Die Hauptspannungsschwingbreite ist die größte algebraische Differenz zwischen den Hauptspannungen, sofern ihre Hauptebenen weniger als 45° voneinander differieren.

(2) Um entscheiden zu können, ob ein konstruktives Detail normal oder parallel zur Schweißnahtachse verläuft, ist dieses als parallel hierzu einzustufen, wenn die Zug-Hauptspannungsrichtung weniger als 45° zu der Nahtachse beträgt.

Spannungsschwingbreiten für bestimmte Rissentstehungsstellen 5.4

Grundmaterial, Schweißnähte und Verbindungen mit mechanischen Befestigungselementen 5.4.1

(1) Risse, die an Nahtübergangsstellen, Nahtüberhöhungen, Löchern von Verbindungsmitteln, Reibkontaktflächen usw. entstehen und durch den Grundwerkstoff oder voll durchgeschweißten Nahtwerkstoff fortschreiten, sollten auf der Grundlage der Nenn-Hauptspannungsschwingbreite im Bauteil an dieser Stelle berechnet werden (siehe Bild 5.3).

(2) Der lokale Spannungskonzentrationseinfluss von Nahtprofil, Schraub- und Nietlöchern etc. sind in den $\Delta\sigma$-N-Festigkeitsdaten für die maßgebende konstruktive Detailkategorie berücksichtigt.

Kehlnähte und partiell durchgeschweißte Stumpfnähte 5.4.2

(1) Risse, die an Schweißnahtwurzeln entstehen und durch die Naht fortschreiten, sollten auf der Grundlage der vektoriellen Summe $\Delta\sigma$ der Spannungen im Schweißwerkstoff, bezogen auf die effektive Nahtdicke, berechnet werden – siehe Bild 5.3.

ANMERKUNG Der Referenz-Festigkeitswert kann wie beim Konstruktionsdetail 9.2 in Tab. J.9 gewählt werden.

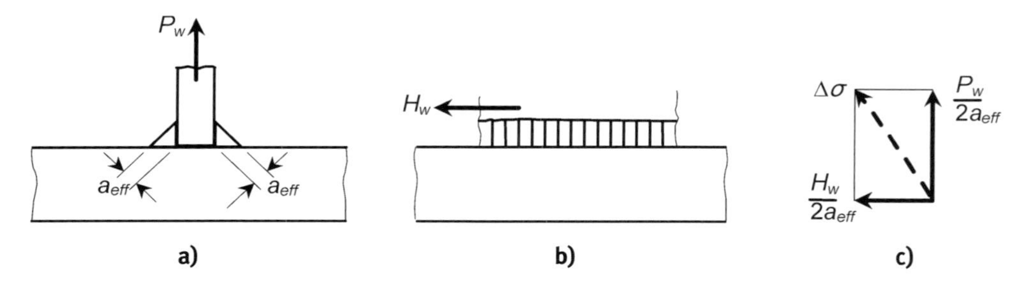

Pw und Hw sind Kräfte pro Längeneinheit

Bild 5.3: Spannungen im Nahthals

(2) In einseitigen Überlappverbindungen darf die auf die Nahtlänge bezogene Spannung auf der Grundlage der Durchschnittsfläche für Axialkräfte und eines elastischen polaren Trägheitsmomentes der Nahtgruppe, im Fall von Momentenbeanspruchung in der Ebene, berechnet werden (siehe Bild 5.4).

ANMERKUNG Der Referenz-Festigkeitswert kann wie beim Konstruktionsdetail 9.4 in Tabelle J.9 gewählt werden.

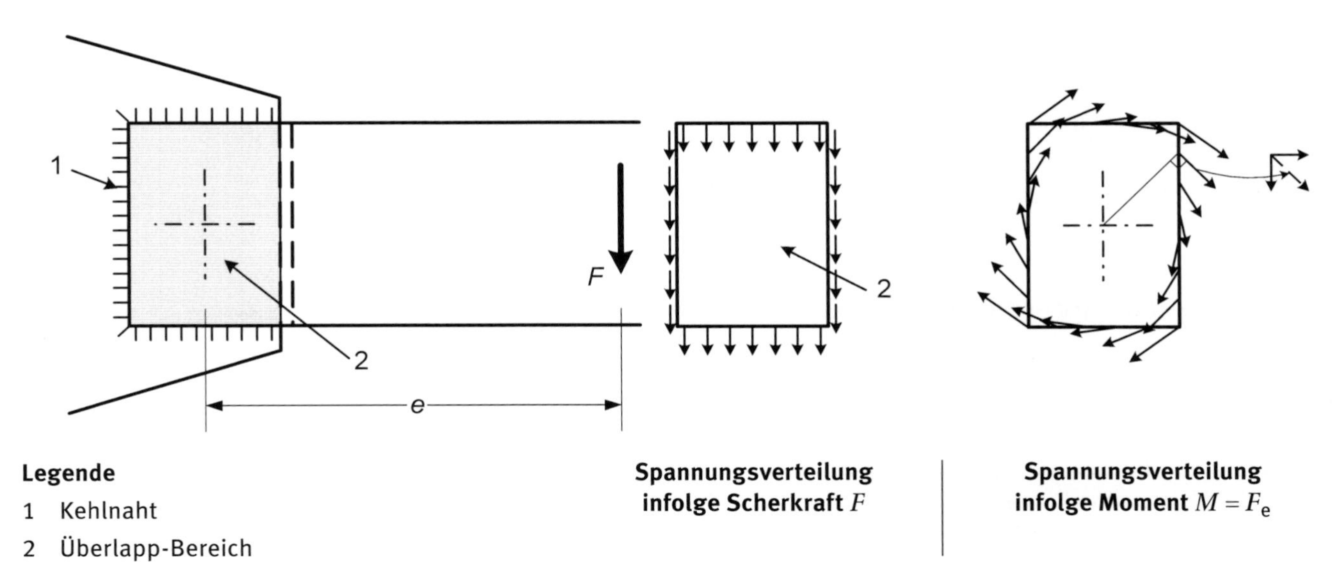

Legende

1 Kehlnaht

2 Überlapp-Bereich

Spannungsverteilung infolge Scherkraft F

Spannungsverteilung infolge Moment $M = F_e$

Bild 5.4: Spannungen in Überlappverbindungen

5.5 Klebeverbindungen

(1) Der Ermüdungsnachweis sollte eine Fehler enthaltende Oberfläche in der Kleberschicht beinhalten.

ANMERKUNG Siehe Anhang E.

5.6 Gussstücke

(1) Die Haupt-Strukturspannung sollte verwendet werden. Finite-Element-Analyse oder Dehnungsmessung im Fall komplizierter Formen, für die keine Standardlösungen vorhanden sind, könnte erforderlich sein.

5.7 Spannungskollektive

(1) Die Methoden für die Zählung von Spannungsschwingbreiten zur Herleitung von Spannungskollektiven werden im Anhang A angegeben.

5.8 Berechnung von äquivalenten Spannungsschwingbreiten für standardisierte Ermüdungsbelastungs-Modelle

5.8.1 Allgemeines

(1) Der Ermüdungsnachweis für standardisierte Ermüdungslasten, wie in EN 1991 festgelegt, sollte nach einer der folgenden Methoden durchgeführt werden:

a) Nenn-Spannungsschwingbreiten für Konstruktionsdetails aus der Beschreibung in den Detailkategorien;

b) modifizierte Nenn-Spannungsschwingbreiten bei plötzlichen Querschnitts-Änderungen in der Nähe der Rissentstehungsstelle, die nicht in den Angaben der Konstruktionsdetails beschrieben sind;

c) Strukturspannungsschwingbreiten, wo hohe Spannungsgradienten in der Nähe des Schweißnahtübergangs auftreten.

ANMERKUNG Der Nationale Anhang darf Informationen über die Anwendung von Nenn-Spannungsschwingbreiten oder modifizierten Nenn-Spannungsschwingbreiten geben.

NDP Zu 5.8.1 (1) Anmerkung
Es werden keine weiteren Informationen gegeben.

(2) Der Bemessungswert der Spannungsschwingbreite für den Ermüdungsnachweis sollte die Spannungs-Schwingbreite $\gamma_{Ff}\,\Delta\sigma_{E,2e}$ bei $N_C = 2 \times 10^6$ Schwingspielen sein.

Bemessungswert der Spannungsschwingbreite 5.8.2

(1) Der Bemessungswert für die Schwingbreite der Nennspannung $\gamma_{Ff}\Delta\sigma_{E,2e}$ sollte wie folgt ermittelt werden:

$$\gamma_{Ff}\,\Delta\sigma_{E,2e} = \lambda_1 \times \lambda_2 \times \ldots\ \lambda_i \times \ldots\ \lambda_n \times \Delta\sigma(\gamma_{Ff}\,Q_k) \quad \text{für Nennspannungen} \quad (5.1)$$

$$\gamma_{Ff}\,\Delta\sigma^{\star}{}_{E,2e} = K_{gt}\,\gamma_{Ff}\,\Delta\sigma_{E,2e} \quad \text{für modifizierte Nennspannungen} \quad (5.2)$$

Dabei ist

$\Delta\sigma(\gamma_{Ff}\,Q_k)$ die Spannungsschwingbreite aus den in EN 1991 festgelegten Ermüdungslasten;

λ_i die schadensäquivalenten Beiwerte, abhängig von der Lastsituation und den konstruktiven Merkmalen sowie von anderen Faktoren;

K_{gt} der Spannungskonzentrations-Beiwert, der die lokale Spannungserhöhung in Abhängigkeit von der Detailgeometrie berücksichtigt, die nicht in der Referenz-$\Delta\sigma_C$-N-Kurve enthalten ist, siehe 5.3.2.1.

ANMERKUNG 1 Die Werte für λ_i dürfen im Nationalen Anhang festgelegt werden.

NDP Zu 5.8.2 (1) Anmerkung 1

Es werden keine Werte für λ_i festgelegt, da solche für Aluminium noch nicht ermittelt wurden. λ_i-Werte für Stahlbauteile dürfen nicht angewendet werden.

ANMERKUNG 2 Die λ_i-Werte für Stahlbauteile dürfen nicht ohne Weiteres auf Aluminiumbauteile übertragen werden.

Ermüdungswiderstand und Detailkategorien 6

Detailkategorien 6.1

Allgemeines 6.1.1

Der Nachweis ausreichender Ermüdungsfestigkeit basiert auf Festigkeitswerten einer Anzahl von standardisierten Detailkategorien. Eine Detailkategorie kann eine oder mehrere häufig benutzte und klassifizierte Konstruktionsdetails beinhalten. Die Detailkategorien sollten durch ihre Referenz-Ermüdungsfestigkeit und den entsprechenden Wert der Neigung im Hauptbereich der linearisierten $\Delta\sigma$-N-Beziehung definiert werden, und sollten den Bestimmungen in 6.2 gerecht werden.

Einflussfaktoren für die Detailkategorien 6.1.2

(1) Die Ermüdungsfestigkeit für eine Detailkategorie sollte die folgenden Faktoren berücksichtigen:

a) die Richtung der veränderlichen Spannung relativ zum Konstruktionsdetail;

b) die Position des entstehenden Risses im Konstruktionsdetail;

c) die geometrische Anordnung und relative Proportionen des Konstruktionsdetails.

(2) Die Ermüdungsfestigkeit hängt von den folgenden Punkten ab:

a) der Produktform;

b) dem Werkstoff (außer im geschweißten Zustand);

c) der Methode der Ausführung;

d) der Qualitätsstufe (bei Schweißungen und Gussstücken);

e) der Art der Verbindung.

Konstruktionsdetails 6.1.3

(1) Konstruktionsdetails können in die folgenden drei Hauptgruppen eingeteilt werden:

a) nicht geschweißte Bauteile, geschweißte Bauteile, Schraubverbindungen;

b) Klebeverbindungen;

c) Gussstücke.

ANMERKUNG 1 Eine Reihe von Detailkategorien und Konstruktionsdetails mit $\Delta\sigma$-N-Beziehungen für die Ermüdungsfestigkeit von Bauteilen der Gruppe a) unter Umgebungstemperatur, die keinen Oberflächenschutz benötigen (siehe Tabelle 6.2), enthält Anhang J. Der Nationale Anhang darf weitere Reihen von Detailkategorien und Konstruktionsdetails in Verbindung mit Übereinstimmungskriterien unter Berücksichtigung der Regeln in 6.1.2 und 6.1.3 für solche Bauteile festlegen. Die im Anhang J angegebene Reihe von Kategorien wird empfohlen.

NDP Zu 6.1.3 (1) Anmerkung 1

Es werden keine weiteren Regelungen festgelegt. Es gelten die Empfehlungen.

ANMERKUNG 2 Der Nationale Anhang darf Konstruktionsdetails festlegen, die nicht in Anhang J erfasst sind.

NDP Zu 6.1.3 (1) Anmerkung 2

Es werden keine weiteren Konstruktionsdetails festgelegt.

ANMERKUNG 3 Für Hinweise über Gussstücke siehe Anhang I.

ANMERKUNG 4 Für Hinweise über Klebeverbindungen siehe Anhang E.

6.2 Werte der Ermüdungsfestigkeit

6.2.1 Klassifizierte Konstruktionsdetails

(1) Die verallgemeinerte Form der $\Delta\sigma$-N-Beziehung wird in Bild 6.1 gezeigt, in logarithmischen Koordinaten. Die Ermüdungsfestigkeitskurve entspricht einem unteren Grenzwert im Abstand der zweifachen Standardabweichung vom Mittelwert aus.

(2) Die Grundbeziehung für die Ermüdungsbemessung für eine Lebensdauer im Bereich zwischen 10^5 und 5×10^6 Schwingspielen wird definiert durch die Gleichung:

$$N_{\mathrm{i}} = 2 \times 10^6 \left(\frac{\Delta\sigma_{\mathrm{c}}}{\Delta\sigma_{\mathrm{i}}} \frac{1}{\gamma_{\mathrm{Ff}}\gamma_{\mathrm{Mf}}} \right)^{m_1} \quad (6.1)$$

Dabei ist

N_{i} die berechnete Anzahl von Schwingspielen bis zum Versagen bei der Spannungsschwingbreite $\Delta\sigma_{\mathrm{i}}$;

$\Delta\sigma_{\mathrm{c}}$ der Referenzwert der Ermüdungsfestigkeit bei 2×10^6 Schwingspielen, abhängig von der Detailkategorie, wozu Tabelle 6.1 standardisierte Werte gibt;

$\Delta\sigma_{\mathrm{i}}$ die konstante Spannungsschwingbreite für die Hauptspannungen im Konstruktionsdetail für n_{i} Schwingspiele;

m_1 die Neigung der $\log\Delta\sigma$-$\log N$-Ermüdungsfestigkeitskurve, abhängig von der Detailkategorie;

γ_{Ff} der Teilsicherheitsbeiwert, der Unsicherheiten in der Bestimmung des Belastungskollektivs und in der Verhaltensanalyse abdeckt;

γ_{Mf} der Teilsicherheitsbeiwert für Unsicherheiten in Werkstoffen und Ausführung (siehe 6.2.1 (4)).

ANMERKUNG 1 Für Werte von γ_{Ff} siehe 2.4.

ANMERKUNG 2 Der Zahlenwert des Teilsicherheitsbeiwerts γ_{Mf} für einen bestimmten Konstruktionsdetail-Typ darf im Nationalen Anhang festgelegt werden. Die empfohlenen Werte sind Abschnitt L.4 zu entnehmen; sie gelten nur bei Übernahme der in Anhang J enthaltenen Ermüdungswiderstandsdaten.

NDP Zu 6.2.1 (2) Anmerkung 2

Festlegungen zu γ_{Mf} siehe Anhang L.4.

ANMERKUNG 3 Für den Zahlenwert des Teilsicherheitsbeiwerts γ_{Mf} für Klebeverbindungen siehe Anhang E.

Tabelle 6.1: Liste der standardisierten $\Delta\sigma_{\mathrm{c}}$-Werte (N/mm^2) für die Verwendung innerhalb der Detailkategorien

140, 125, 112, 100, 90, 80, 71, 63, 56, 50, 45, 40, 36, 32, 28, 25, 23, 20, 18, 16, 14, 12

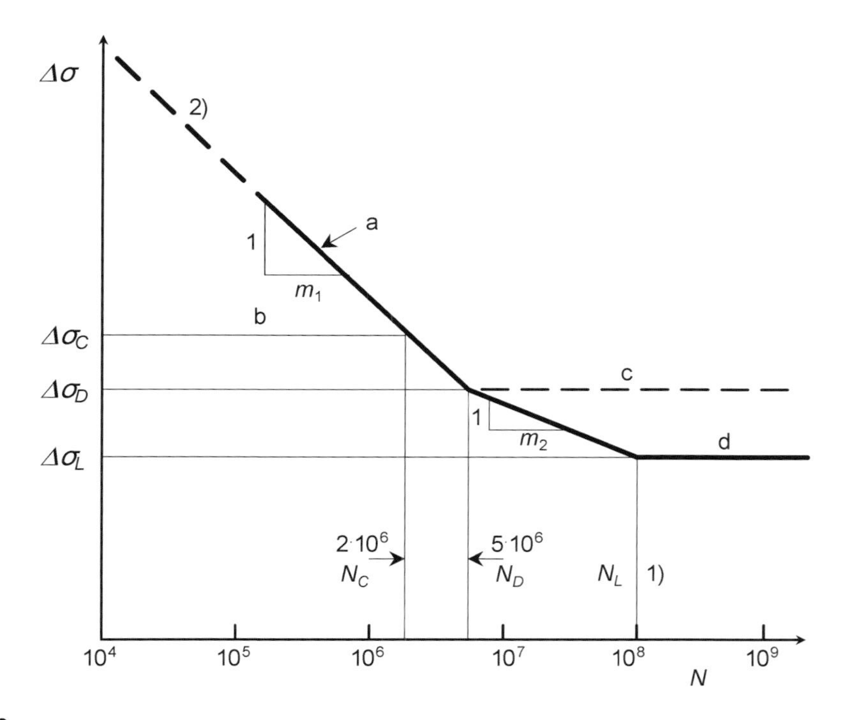

Legende

a Ermüdungsfestigkeitskurve;

b charakteristische Ermüdungsfestigkeit;

c Dauerfestigkeit;

d Schwellenwert der Ermüdungsfestigkeit

Bild 6.1: Ermüdungsfestigkeitskurve $\log\Delta\sigma - \log N$

(3) Für N_L unter bestimmten Umweltbedingungen, siehe 6.4.

(4) Die Grundbeziehung für die Ermüdungsbemessung für eine Lebensdauer im Bereich zwischen 5×10^6 und 10^8 Schwingspielen wird definiert durch die Gleichung:

$$N_i = 5 \times 10^6 \left(\frac{\Delta\sigma_c}{\Delta\sigma_i} \frac{1}{\gamma_{Ff}\gamma_{Mf}} \right)^{m_2} \left(\frac{2}{5} \right)^{\frac{m_2}{m_1}} \tag{6.2}$$

(5) Die Dauerfestigkeit bei konstanten Schwingbreiten, $\Delta\sigma_D$, tritt bei 5×10^6 Schwingspielen auf (für nicht geschweißten Werkstoff wird diese bei 2×10^6 angenommen), darunter werden Schwingspiele konstanter Spannungsamplitude als nicht schädigend angenommen. Jedoch, sofern auch einige Schwingspiele mit Spannungswerten oberhalb dieses Grenzwertes vorkommen, werden sie einen Rissfortschritt verursachen; bei wachsendem Riss werden dann auch Schwingspiele mit niedrigeren Amplituden anfangen, schadenswirksam zu werden. Aus diesem Grund sollte die Neigung der Grundkurve $\Delta\sigma$-N im Bereich zwischen 5×10^6 und 10^8 Schwingspielen für allgemeine Belastungskollektiv-Bedingungen zu m_2 geändert werden, wobei $m_2 = m_1 + 2$.

ANMERKUNG Die Anwendung des Neigungswertes $m_2 = m_1 + 2$ kann für einige Kollektive konservativ sein.

(6) Jedes Spannungsschwingspiel unterhalb des Schwellenwertes der Ermüdungsfestigkeit $\Delta\sigma_L$, der bei 10^8 Schwingspielen angenommen wird, sollte als nicht schädigend angenommen werden.

(7) Für Spannungsschwingbreiten unterhalb von 10^5 Schwingspielen können Festigkeitswerte gemäß Bild 6.1 unnötig konservativ sein für bestimmte Konstruktionsdetails.

ANMERKUNG Anhang F enthält Empfehlungen für die Ermüdungsbemessung bei Lebensdauern im Bereich unterhalb 10^5 Schwingspielen. Der Nationale Anhang darf weitere Bestimmungen festlegen.

NDP Zu 6.2.1 (7) Anmerkung

Es werden keine weiteren Regelungen getroffen.

(8) Im Bereich zwischen 10^3 und 10^5 Schwingspielen sollte ein Nachweis erbracht werden, dass die Bemessungsschwingbreite nicht in eine maximale Zugspannung resultiert, die andere Tragsicherheitsbemessungswerte für das Konstruktionsdetail übertrifft, siehe EN 1999-1-1.

(9) Um einen endlichen Bereich von Detailkategorien aufstellen und eine Auf- bzw. Abstufung von Detailkategorien in konstanten geometrischen Intervallen vornehmen zu können, wird ein Bereich von standardisierten $\Delta\sigma_c$-Werten in Tabelle 6.1 angegeben. Eine Auf- oder Abstufung um eine Detailkategorie bedeutet, dass der nächstgelegene größere oder kleinere $\Delta\sigma_c$-Wert gewählt wird und dabei m_1 und m_2 unverändert bleiben. Diese Regelung wird nicht bei Klebeverbindungen angewandt.

(10) Die Detailkategorien gelten für alle Werte der Mittelspannung, wenn nicht anders angegeben.

ANMERKUNG Siehe Anhang G für Anleitung über erhöhte Ermüdungsfestigkeitswerte für Druck- oder niedrige Zugfestigkeitswerte.

(11) Für flache Bauteile unter Biegespannungen, wo $\Delta\sigma_1$ und $\Delta\sigma_2$ (siehe Bild 6.2) vom entgegengesetzten Vorzeichen sind, können die entsprechenden Ermüdungsspannungswerte für bestimmte Konstruktionsdetails um eine oder zwei Detailkategoriestufen nach Tabelle 6.1 für $t \leq 15$ mm erhöht werden.

ANMERKUNG Der Nationale Anhang darf den Detail-Typ und den Dickenbereich, für welchen eine Erhöhung zulässig ist, sowie die Anzahl von Kategorien bestimmen. Es wird empfohlen, dass die Erhöhung nicht über 2 Kategorien hinausgeht.

NDP Zu 6.2.1 (11) Anmerkung

Bei Materialdicken bis zu 15 mm wird bei nachstehend aufgeführten Typnummern gemäß den Tabellen J.1, J.2, J.5, J.7 und J.9 eine Erhöhung der Ermüdungsspannungswerte um 1 Detailkategoriestufe zugelassen. In Fällen, bei denen $\Delta\sigma_1$ und $\Delta\sigma_2$ betragsmäßig gleich sind (reine Biegebeanspruchung), dürfen die Ermüdungsspannungswerte um 2 Detailkategoriestufen erhöht werden. Diese Regelung gilt für die Typnummern: 1.1, 1.2, 1.3, 1.4, 3.1, 3.2, 3.3, 3.4, 5.1, 5.2, 7.1.1, 7.1.2, 7.2.1, 7.2.2, 7.2.3, 7.3.1, 7.3.2, 7.4.1, 7.4.2, 7.4.3, 7.6, 9.1 und 9.4.

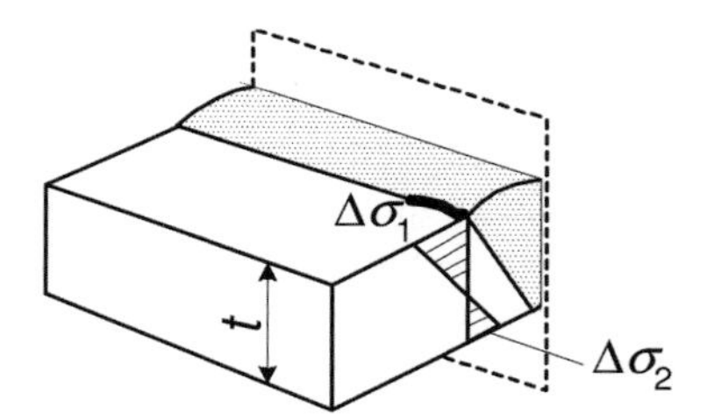

Bild 6.2: Flaches Bauteil unter Biegespannungen

6.2.2 Nicht klassifizierte Details

(1) Details, die durch eine vorliegende Detailkategorie nicht vollständig abgedeckt werden, sollten durch Verweis auf veröffentlichte Daten, wenn vorhanden, berechnet werden. Alternativ dürfen zur Überprüfung Ermüdungsversuche durchgeführt werden.

ANMERKUNG Ermüdungsversuche sollten entsprechend Anhang C durchgeführt werden.

6.2.3 Klebeverbindungen

(1) Der Bemessung von Klebeverbindungen sollten anwendungsspezifische Versuchsergebnisse unter Berücksichtigung relevanter Umweltwirkungen zugrunde gelegt werden.

ANMERKUNG Für die Bemessung von Klebeverbindungen siehe Anhang E.

6.2.4 Bestimmung der Referenzwerte für die Hot-Spot-Ermüdungsfestigkeit

(1) Die kalkulierten Hot-Spot-Spannungen sind abhängig von der angewandten Hot-Spot-Bemessungsmethode, und die Bemessungswerte für die Referenz-Hot-Spot-Ermüdungsfestigkeit sollten dem verwendeten Bemessungsverfahren entsprechen.

ANMERKUNG Anhang K enthält eine Hot-Spot-Referenz-Detail-Methode. Dieser Anhang kann in Kombination mit Anhang J verwendet werden, um die Referenzwerte der Hot-Spot-Ermüdungsfestigkeit zu bestimmen.

6.3 Einfluss der Mittelspannung

6.3.1 Allgemeines

(1) Die in den Detailkategorie-Tabellen angegebenen Ermüdungsfestigkeitswerte entsprechen hohen Zug-Mittelspannungs-Verhältnissen. Ist die Mittelspannung im Druckbereich oder im niedrigen Zugbereich, so kann unter bestimmten Bedingungen die Lebensdauer verlängert werden.

ANMERKUNG Siehe Anhang G für weitere Anleitung.

6.3.2 Grundwerkstoff und Verbindungen mit mechanischen Verbindungsmitteln

(1) Sofern die Einflüsse aus Zug-Eigenspannungen und Zwängungsspannungen aus mangelhafter Ausführung zu den einwirkenden Spannungen addiert werden, darf ein Ermüdungs-Erhöhungsbeiwert angewandt werden.

ANMERKUNG Siehe Anhang G.

6.3.3 Schweißverbindungen

(1) Bei Schweißverbindungen sollte keine Erhöhung der Ermüdungsfestigkeit wegen des Mittelspannungs-Verhältnisses erlaubt werden, außer in den folgenden Fällen:

a) Wo Versuche durchgeführt wurden, die dem wahren und endgültigen Spannungszustand im betrachteten Verbindungstyp entsprechen (Eigenspannungen und Zwängungsspannungen aus mangelhafter Ausführung einbezogen) und eine ständige Zunahme der Ermüdungsfestigkeit bei Abnahme der Mittelspannungs-Verhältnisses demonstrieren;

b) wo Techniken zur Erhöhung der Ermüdungsfestigkeit angewandt werden, die nachweislich Druckeigenspannungen erzeugen, und die einwirkende Spannung nicht von einer solchen Größe ist, dass im Betrieb die Druckeigenspannungen durch Fließen abgemindert werden.

ANMERKUNG Siehe Anhang G.

6.3.4 Klebeverbindungen

(1) Eine Erhöhung der Ermüdungsfestigkeit wegen des Mittelspannungs-Verhältnisses sollte ohne versuchstechnische Bestätigung nicht vorgenommen werden.

6.3.5 Bereich der Kurzzeitfestigkeit

(1) Für bestimmte Konstruktionsdetails können bei negativen R-Verhältnissen und bei $N < 10^5$ Schwingspielen höhere Ermüdungsfestigkeiten angewandt werden.

ANMERKUNG Siehe Anhang G.

6.3.6 Schwingspielzählung für die Berechnung des R-Verhältnisses

(1) Um maximale, minimale und Mittelspannungs-Werte für einzelne Schwingspiele eines Kollektivs zu ermitteln, ist die Reservoir-Methode, wie unter Anhang A, Bild A.2, anzuwenden.

6.4 Einfluss der Umgebung

(1) Für Kombinationen bestimmter Legierungen und Umweltbedingungen sollte die Stufe der einem Konstruktionsdetail zugeordneten Detailkategorie reduziert werden. Die in dieser Norm angegebenen Ermüdungsfestigkeits-Daten sollten im Falle von Außentemperaturen größer 65 °C oder größer 30 °C im Meeresumgebung nicht gelten, ohne dass ein effektiver Korrosionsschutz vorliegt.

ANMERKUNG Tabelle 6.2 gibt für die im Anhang G angegebenen Detailkategorien die Anzahl von Detailkategorien an, um die sie herabgestuft werden müssen entsprechend den Umweltbedingungen und der Legierung.

Tabelle 6.2: Anzahl der Detailkategoriestufen, um die $\Delta\sigma_c$ entsprechend den Umweltbedingungen und der Legierung abgemindert werden sollte

Werkstoff				Umweltatmosphäre						
				Industriell/ Städtisch		Meer			Eingetaucht	
Legierungs-serie[a]	Grund-zusammen-setzung	Schutz-bewertungen (siehe EN 1999-1-1)	Länd-lich	Mode-rat	Stark	Nicht indust-riell	Mode-rat	Stark[b]	Süß-wasser	Meeres-wasser[b]
3xxx	AlMn	A	0	0	(P) [a]	0	0	0	0	0
5xxx	AlMg	A	0	0	(P) [a]	0	0	0	0	0
5xxx	AlMgMn	A	0	0	(P) [a]	0	0	0	0	1
6xxx	AlMgSi	B	0	0	(P) [a]	0	0	1	0	2
7xxx	AlZnMg	C	0	0	(P) [a]	0	0	2	1	3

[a] (P) = sehr vom Ausmaß der Umweltbelastung abhängig. Regelmäßig erneuerter Schutz könnte erforderlich werden, um lokale Angriffe zu vermeiden, die besonders schädlich im Hinblick auf die Rissentstehung sein könnten.

[b] Der Wert von N_D sollte von 5×10^6 auf 10^7 Schwingspiele erhöht werden.

ANMERKUNG Eine Herabstufung für Detailkategorien < 25 N/mm² ist nicht erforderlich.

6.5 Techniken für die Erhöhung der Ermüdungsfestigkeit

(1) Methoden zur Erhöhung der Ermüdungsfestigkeit bestimmter konstruktiver Details dürfen verwendet werden.

ANMERKUNG Methoden zur Erhöhung der Ermüdungsfestigkeit sind im Allgemeinen teuer und bringen Schwierigkeiten der Qualitätskontrolle mit sich. Für allgemeine Konstruktionsfälle sollte man sich nicht auf sie verlassen, außer im Fall, dass Ermüdung besonders kritisch für die Gesamtwirtschaftlichkeit des Tragwerks ist; hier sollte man Expertenrat aufsuchen. Techniken für die Erhöhung der Ermüdungsfestigkeit werden eher für das Beheben vorhandener Mängel in Bemessung und Ausführung angewandt. Siehe Anhang H.

Anhang A
(normativ)
Grundlagen der Berechnung der Ermüdungsfestigkeit

Allgemeines A.1

Einfluss der Ermüdung auf die Bemessung A.1.1

(1)P Tragwerke, die häufig schwankenden Betriebslasten ausgesetzt werden, können gegen Ermüdungsversagen anfällig sein und müssen für diesen Grenzzustand nachgewiesen werden.

(2) Der Grad der Übereinstimmung mit den Kriterien zum Nachweis des Grenzzustands der Tragfähigkeit oder der Gebrauchstauglichkeit nach EN 1999-1-1 sollte nicht als Maßstab der Gefährdung durch Ermüdungsschäden herangezogen werden (siehe A.1.3).

(3) Das Ausmaß der möglichen Beeinflussung der Bemessung durch Ermüdung sollte in der Konzeptionsphase des Planungsprozesses festgestellt werden. Um eine hinreichende Genauigkeit für die Voraussage der Ermüdungssicherheit zu erreichen, ist es notwendig:

a) eine genaue Voraussage der vollständigen Folge der Betriebslasten für die gesamte Bemessungslebensdauer zu treffen;

b) das elastische Verhalten des Tragwerks unter den vorausgesagten Lasten hinreichend genau zu ermitteln;

c) die Ausbildung konstruktiver Details durchzuführen und das Herstellungsverfahren sowie das Ausmaß der Qualitätskontrolle entsprechend festzulegen. Diese Punkte können einen größeren Einfluss auf die Ermüdungsfestigkeit ausüben und brauchen evtl. eine genauere Kontrolle als bei Tragwerken, die für andere Grenzzustände bemessen werden. Für Informationen über die Ausführungsanforderungen siehe EN 1090-3.

Versagensmechanismus A.1.2

(1) Es sollte angenommen werden, dass Ermüdungsversagen meistens an hoch beanspruchten Stellen (als Folge abrupter Änderungen der geometrischen Form, Zugeigenspannungen oder scharfer, rissähnlicher Fehlstellen) entsteht. Ermüdungsrisse wachsen stufenweise unter der Last sich wiederholender Spannungsänderungen. Die Risse bleiben normalerweise stabil unter konstanter Last. Versagen tritt ein, wenn der Restquerschnitt für die Aufnahme der höchsten Last nicht ausreicht.

(2) Es sollte angenommen werden, dass Ermüdungsrisse ungefähr im rechten Winkel zur Richtung der maximalen Hauptspannungsschwingbreite fortschreiten. Die Rissfortschrittsgeschwindigkeit nimmt exponentiell zu. Aus diesem Grund ist das Risswachstum oft anfangs langsam und Ermüdungsrisse werden für den größten Teil ihrer Lebensdauer meistens schwer als signifikant zu erkennen sein. Dadurch könnten Probleme bei deren Entdeckung im Betrieb entstehen.

Mögliche Stellen für Ermüdungsrisse A.1.3

(1) Die folgenden Stellen für die Entstehung von Ermüdungsrissen bei spezifizierten Konstruktionsdetails sollten berücksichtigt werden:

a) Schweißnahtübergänge und -Wurzeln von Schmelz-Schweißnähten;

b) maschinell bearbeitete Ecken;

c) gestanzte oder gebohrte Löcher;

d) mit Schere oder Säge getrennte Kanten;

e) Flächen unter hohem Kontaktdruck (Reibkorrosion);

f) Gewindewurzeln von Befestigungsmitteln.

(2) Ermüdungsrisse vermögen auch bei nicht spezifizierten Merkmalen, die jedoch in der Praxis vorkommen können, entstehen. Die Folgenden sollten, sofern sie relevant sind, berücksichtigt werden:

a) Materialfehlstellen oder Schweißfehler;

b) Kerben oder Kratzer aus mechanisch zugefügten Schäden;

c) Korrosionsfehlstellen.

A.1.4 Bedingungen für die Ermüdungsanfälligkeit

(1) Bei der Bewertung der Wahrscheinlichkeit auf Ermüdungsanfälligkeit sollte Folgendes beachtet werden:

a) Hohes Verhältnis dynamischer zu statischen Lasten: Sich bewegende oder hebende Konstruktionen, wie Land- oder Seetransportmittel, Kräne usw., sind anfälliger für Ermüdungsprobleme als feste Konstruktionen, es sei denn, dass Letztere hauptsächlich fahrende Lasten, wie bei Brücken, aufzunehmen haben;

b) häufiges Auftreten der Last: Dies führt zu einer großen Zahl von Spannungsschwingspielen während der Bemessungslebensdauer. Schlanke Tragwerke oder Bauteile mit niedrigen natürlichen Frequenzen neigen besonders zu Resonanz und dadurch zu einer Vergrößerung der dynamischen Spannung, auch wenn die statischen Spannungen bei der Bemessung niedrig sind. Tragwerke, die hauptsächlich Strömungslasten – bspw. von Wind – ausgesetzt sind, und Tragwerke, die Maschinen stützen, sollten sorgfältig auf Resonanzeffekte überprüft werden;

c) Anwendung von Schweißen: Einige häufig verwendete Schweißdetails weisen niedrige Ermüdungsfestigkeit auf. Dies trifft nicht nur für Verbindungen zwischen Bauteilen zu, sondern auch für jede Anschweißung auf einem lasttragenden Bauteil, egal ob die resultierende Verbindung als lasttragend oder nicht betrachtet wird;

d) Komplexität des Verbindungsdetails: Komplizierte Verbindungen weisen oft hohe Spannungskonzentrationen auf als Folge der lokalen Steifigkeitsänderungen längs des Lastübertragungsweges. Während diese oft wenig Einfluss auf die statische Tragfähigkeit der Verbindung haben, so können sie einen starken Einfluss auf die Ermüdungsfestigkeit ausüben. Bei Dominanz der Ermüdung sollte die Querschnittsform des Bauteils so ausgewählt werden, dass dadurch die Gleichmäßigkeit und Einfachheit in der Bemessung der Verbindung sichergestellt werden, so dass Spannungen berechnet und entsprechende Anforderungen für die Herstellung und Inspektion gewährleistet werden können;

e) in einigen thermisch und chemisch beanspruchten Umgebungen kann die Ermüdungsfestigkeit reduziert werden, wenn die Metalloberfläche nicht geschützt wird.

A.2 Bemessung für sichere Lebensdauer

A.2.1 Voraussetzungen für die Bemessung nach sicherer Lebensdauer

(1) Der vorhergesagte Betriebsverlauf des Tragwerks sollte in Form einer Belastungsfolge und -häufigkeit vorliegen. Alternativ sollte das durch Spannungen hervorgerufene Tragwerksverhalten an allen potentiellen Rissentstehungsstellen in Form eines Spannungs-Zeit-Verlaufs vorliegen.

(2) Die Charakteristika der Ermüdungsfestigkeit aller potentiellen Rissentstehungsstellen sollten in Form von Ermüdungsfestigkeitskurven vorliegen.

(3) Alle potentielle Rissentstehungsstellen, die große Spannungsschwankungen und/oder größere Spannungskonzentrationen aufweisen, sollten nachgewiesen werden.

(4) Die bei der Herstellung der Bauteile mit potentiellen Rissentstehungsstellen benutzten Qualitätsnormen sollten den verwendeten Detailkategorien entsprechen.

(5) Der grundsätzliche Ablauf ist wie folgt (siehe Bild A.1):

a) Ermittlung eines oberen Grenzwertes des Schätzwertes der Betriebslastenfolge für die Bemessungslebensdauer des Tragwerks (siehe 2.3);

b) Schätzung des resultierenden Spannung-Zeit-Verlaufes an der nachzuweisenden potentiellen Rissentstehungsstelle ab (siehe A.2.3);

c) wo Nennspannungen vorkommen, Modifizierung des Spannung-Zeit-Verlaufes in jedem Bereich der geometrischen Spannungskonzentration, die noch nicht in der Detailkategorie enthalten ist, durch Anwendung eines geeigneten Spannungskonzentrationsbeiwerts (siehe 5.3.2);

d) Reduzierung des Spannung-Zeit-Verlaufes auf eine äquivalente Anzahl von Schwingspielen (n_i) verschiedener Spannungsschwingbreiten $\Delta\sigma_i$ durch Anwendung eines Schwingspielzählverfahrens (siehe A.2.3);

e) Anordnen der Schwingspiele in abnehmender Reihenfolge der Schwingbreite $\Delta\sigma_i$, so dass ein Spannungsschwingbreiten-Kollektiv entsteht, wobei $i = 1, 2, 3$ usw. für das erste, zweite, dritte Teilkollektiv steht (siehe A.2.3);

f) Klassifizierung des Konstruktionsdetails in Übereinstimmung mit der festgelegten Reihe von Detailkategorien. Für die geeignete Detailkategorie und die entsprechende $\Delta\sigma$-N-Beziehung Bestimmung der zulässigen Lebensdauer (N_i) für die Bemessungs-Spannungsschwingbreite ($\Delta\sigma_i$);

g) Berechnung des Gesamtschadens $D_{L,d}$ aller Schwingspiele auf Basis linearer Schadensakkumulation, wobei:

$$D_{L,d} = \sum \frac{n_i}{N_i} \tag{A.1}$$

h) Berechnung der sicheren Lebensdauer T_S:

$$T_S = \frac{T_L}{D_{L,d}} \tag{A.2}$$

wobei die Bemessungslebensdauer T_L die gleichen Einheiten wie T_S hat;

i) ist T_S kleiner als T_L, so sind eine oder mehrere der folgenden Maßnahmen durchzuführen:
- Neubemessung des Tragwerks oder Bauteils mit dem Ziel, die Spannungshöhe zu reduzieren;
- Ersetzen des Konstruktionsdetails durch ein anderes aus einer höheren Kategorie;
- Durchführung der Bemessung nach dem Konzept der Schadenstoleranz, sofern geeignet (siehe A.3).

Schwingspielzählung — A.2.2

(1) Die Schwingspielzählung ist ein Verfahren zur Aufschlüsselung eines komplizierten Spannungs-Zeit-Verlaufs in ein einfacher handhabbares Schwingspielkollektiv mit Angabe der Spannungsschwingbreite $\Delta\sigma$, Anzahl der Schwingspiele n und, falls notwendig, des R-Verhältnisses.

(2) Für kurze Spannungs-Zeit-Verläufe, wo sich einfache Einwirkungsereignisse mehrmals wiederholen, wird die Reservoir-Methode empfohlen. Sie ist leicht zu veranschaulichen und einfach zu benutzen (siehe Bild A.2). Wo lange Spannungs-Zeit-Verläufe benutzt werden müssen, wie solche, die aus in realen Bauwerken gemessenen Beanspruchungen ermittelt wurden (siehe Anhang C), wird die Rainflow-Methode empfohlen. Beide Methoden sind zur Computeranalyse geeignet.

Herleitung des Spannungs-Kollektivs — A.2.3

(1) Die Auflistung der Schwingspiele in abnehmender Reihenfolge der Spannungsschwingbreite $\Delta\sigma$ ergibt ein Spannungs-Kollektiv. Für eine leichtere Berechnung kann es erforderlich sein, ein kompliziertes Kollektiv in wenigere Blöcke zu vereinfachen. Eine konservative Methode ist das Zusammentragen mehrerer Blöcke in größere Blöcke mit der gleichen Gesamtzahl der Schwingspiele, dabei jedoch mit der höchsten vorkommenden Spannungsschwingbreite. Genauer ist es, den gewichteten Durchschnitt aller Blöcke in einer Gruppe mit dem Exponenten m zu berechnen, wobei m die Neigung der am wahrscheinlichsten zu benutzenden $\Delta\sigma$-N Kurve ist (siehe Bild A.3). Die Verwendung eines arithmetischen Mittelwerts wird immer nicht konservativ sein.

a) System, Konstruktionsdetail X-X und Belastung

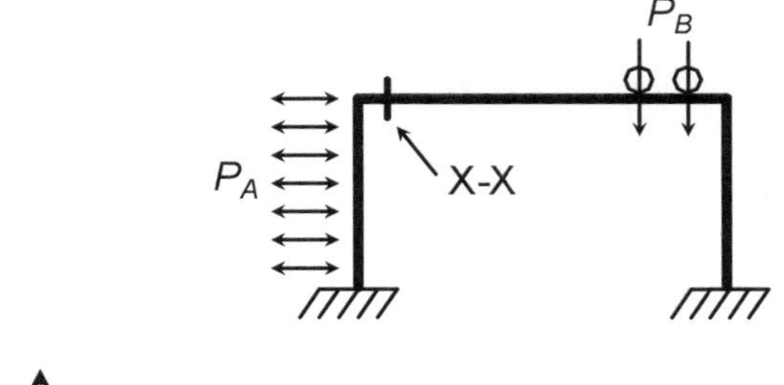

b) Typischer Belastungszyklus (n-mal wiederholt für die Bemessung). T = Zeit

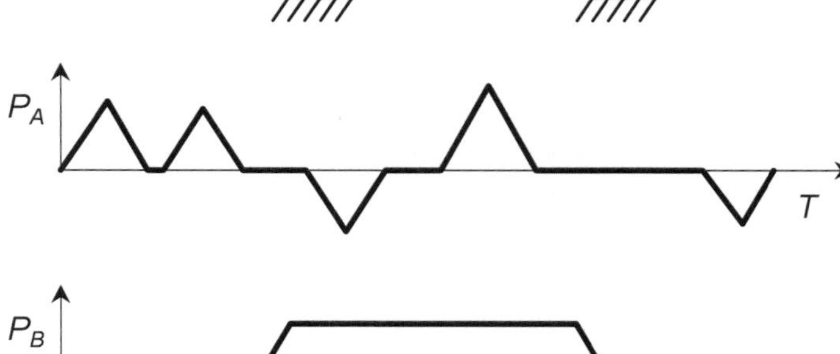

c) Spannungs-Zeit-Verlauf bei Detail X-X

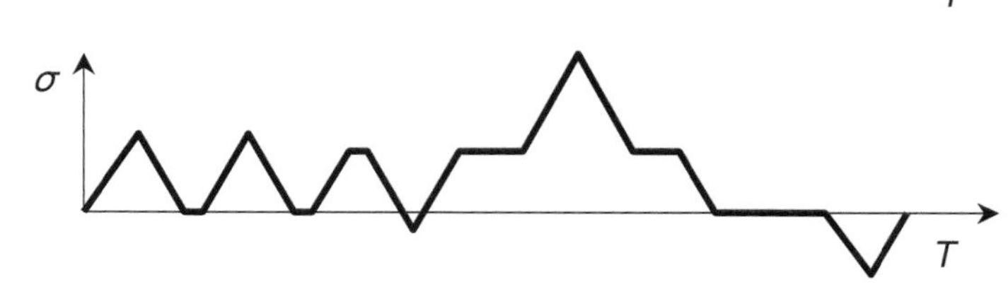

d) Schwingspielzählung, Reservoir-Methode

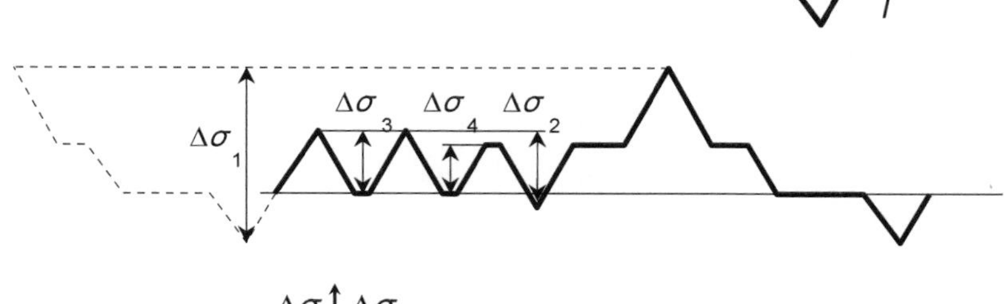

e) Spannungsschwingbreiten-Kollektiv

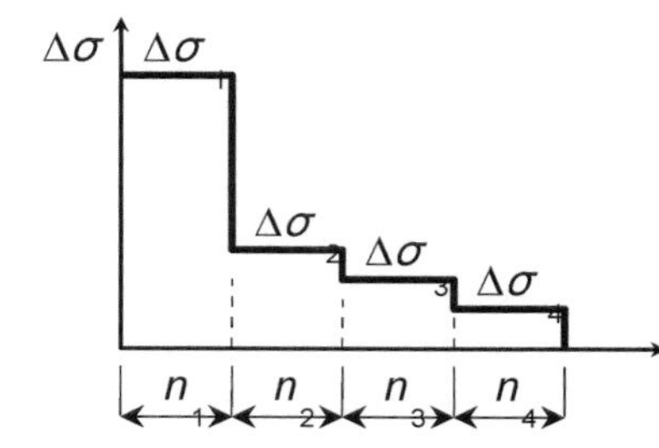

f) N_i = Schwingspiele bis zum Versagen bei einer Spannungsschwingbreitenhöhe von $\Delta\sigma_i$; $\log\Delta\sigma - \log N$-Bemessungslinie für Konstruktionsdetail X-X

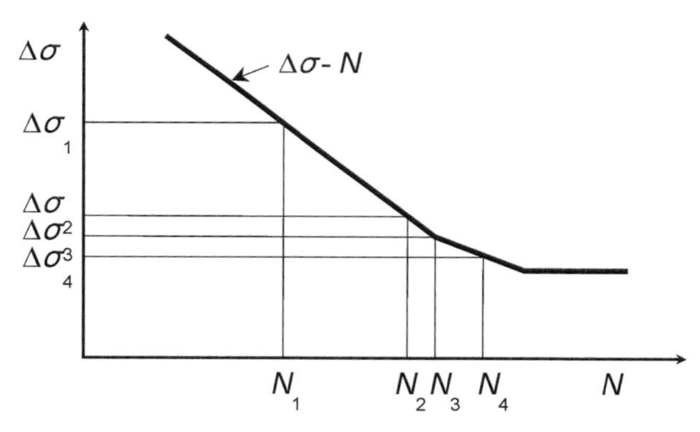

g) Schadensakkumulation, Palmgren-Miner-Regel

$$\sum\frac{n_i}{N_i} = \frac{n_1}{N_1} + \frac{n_2}{N_2} + \ldots + \frac{n_n}{N_n} = D$$

Bild A.1: Ermüdungs-Bewertungs-Verfahren

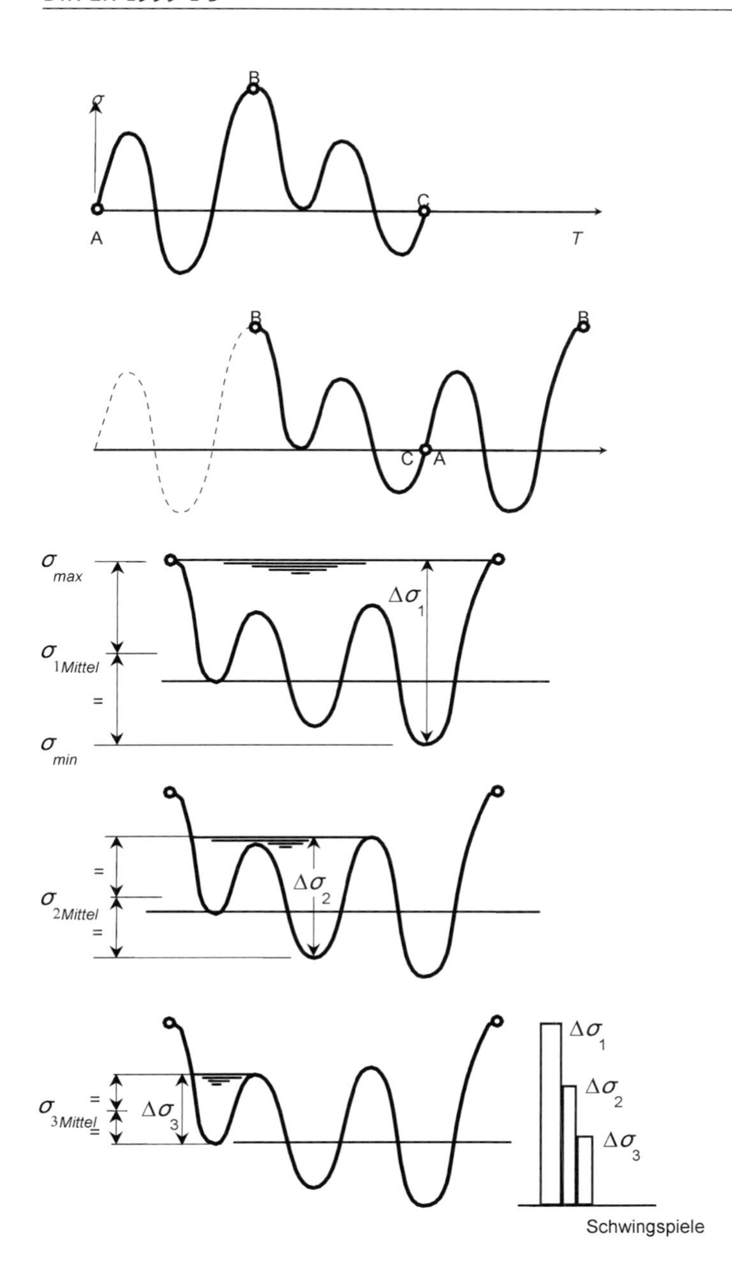

1. Schritt: Bestimmung des Spannungs-Zeit-Verlaufs des Belastungsereignisses. Ermittlung der Spitze B.

2. Schritt: Verschiebung des Abschnitts links von B nach rechts im Spannungs-Zeit-Verlauf.

3. Schritt: Befüllung des „Reservoirs" mit „Wasser". Die größte Tiefe ergibt das größte Schwingspiel.

4. Schritt: Ablassen des Wasser an der tiefsten Stelle. Suchen des nächsten größten Tiefenwertes. Dies wird das zweitgrößte Schwingspiel sein.

5. Schritt: Und so weiter. Wiederholung des Prozesses, bis das ganze „Wasser" abgelassen ist. Die Gesamtheit aller Schwingspiele bildet das Spannungs-Kollektiv für den oben ermittelten Spannungs-Zeit-Verlauf.

Bild A.2: Das Reservoir-Schwingspielzählverfahren

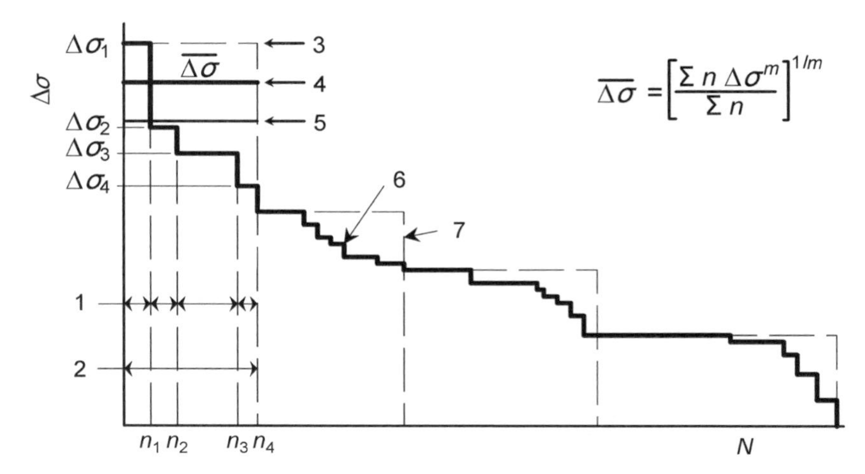

Legende

1 Original-Blöcke;

2 Vereinfachter Block; $\Delta\sigma$ Spannungsschwingbreite;
N kumulierte Häufigkeit (alle Schwingspiele);

3 Belastungsspitze (konservativ);

4 Gewichtetes Mittel (am genauesten);

5 Arithmetisches Mittel (nicht konservativ)

6 Registriertes Kollektiv;

7 Vereinfachtes Kollektiv für die Bemessung

Bild A.3: Vereinfachtes Spannungsschwingbreiten-Kollektiv

A.3 Schadenstolerante Bemessung

A.3.1 Voraussetzungen für schadenstolerante Bemessung

(1) Eine schadenstolerante Bemessung sollte nur unter den folgenden Bedingungen vorgenommen werden:

a) Die Entstehungsstellen für Ermüdungsrisse sollten sich auf oder in der Nähe einer Oberfläche befinden, die im Betrieb leicht zugänglich sein sollte;

b) praktische Inspektionsmethoden sollten vorhanden sein, die zum Auffinden der Risse und zu ihrer Größenbestimmung taugen, bevor sie ihre versagenskritische Größe erreicht haben. Siehe 1.7.3;

c) die Vorgehensweise in A.3.2 sollte angewendet werden, um die Mindest-Inspektionshäufigkeit und die maximal zulässige Rissgröße vor einer erforderlichen Korrektur zu bestimmen;

ANMERKUNG Ein weiteres Verfahren zur Bestimmung der Inspektionshäufigkeit ist L.2 und L.3 zu entnehmen; es gilt nur bei Übernahme der in Anhang J enthaltenen Ermüdungswiderstandsdaten.

d) das Wartungsbuch sollte für jede potentielle Rissstelle die in 1.7.3 aufgelisteten Informationen spezifizieren.

A.3.2 Festlegung der Inspektionsstrategie bei schadenstoleranter Bemessung

(1) An jeder potentiellen Rissentstehungsstelle, wo die nach Gleichung (A.2) berechnete sichere Lebensdauer T_S kleiner ist als die Bemessungslebensdauer T_L, sollte das Inspektionsintervall T_i berechnet werden.

(2) Das Wartungsbuch sollte festlegen, dass die erste Inspektion an jeder potentiellen Rissentstehungsstelle vor Ablauf der sicheren Lebensdauer stattfinden sollte.

(3) Das Wartungsbuch sollte festlegen, dass nachfolgende Inspektionen in regelmäßigen Intervallen T_i stattfinden sollten:

$$T_i \leq 0{,}5\ T_f \tag{A.3}$$

wobei T_f die errechnete Zeit für einen Riss ist, der an der nachzuweisenden Stelle entstanden ist, um von einer auf der Oberfläche wahrnehmbaren Länge l_d bis zu einer bruchkritischen Länge l_f (siehe Bild A.4) zu wachsen.

ANMERKUNG Die angenommene minimale exponierte Länge eines Oberflächenrisses sollte die Zugänglichkeit, Position, den wahrscheinlichen Oberflächenzustand und die Inspektionsmethode berücksichtigen. Wenn nicht durch spezifische Versuche nachgewiesen wird, dass kürzere Längen mit einer Wahrscheinlichkeit höher als 90 % entdeckt werden können, so sollte die angenommene Länge l_d nicht niedriger als der Wert in Tabelle A.1 angesetzt werden, wobei die volle Risslänge für eine Inspektion zugänglich ist.

(4) In Fällen, wo irgendein dauerhaft eingebautes Konstruktions- oder anderes Bauteil die vollständige Zugänglichkeit des Risses behindert, sollte die abgedeckte Risslänge zum geeigneten Wert aus Tabelle A.1 addiert werden, um den Rechenwert für l_d zu ermitteln.

(5) Wo schwere, dicke Konstruktionsteile zur Anwendung kommen und die Entstehungsstelle sich auf einer unzugänglichen Oberfläche befindet (z. B. die Wurzel einer einseitig auf einer Rohrwand geschweißten Stumpfnaht), könnte die Planung einer Inspektionsstrategie geeignet sein, die auf eine Ultraschalluntersuchung basiert, für die Entdeckung und Messung von Rissen, bevor diese zur zugänglichen Oberfläche gelangen. Ein solches Verfahren sollte nicht ohne vorherige experimentelle Untersuchung und Auswertung unternommen werden.

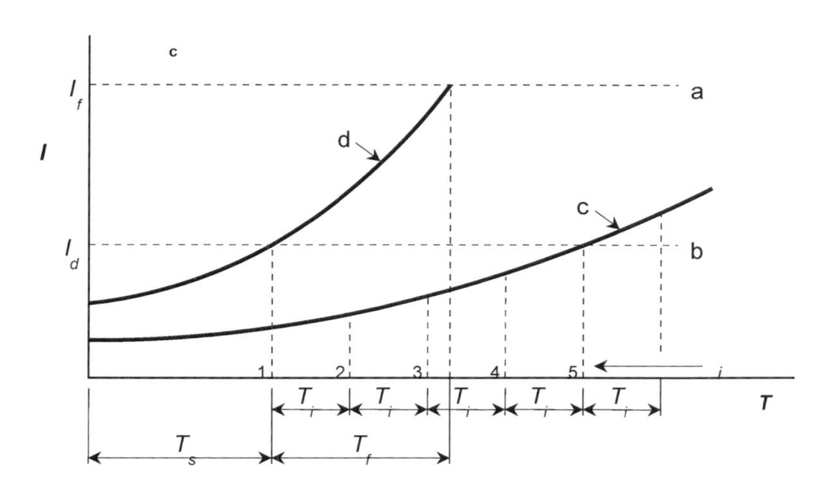

Legende

a Bruchkritische Länge;

b Angenommene kleinste wahrnehmbare Länge;

c Tatsächliche Risswachstumskurve;

d Angenommene Kurve für schnellstes Wachstum, siehe Anhang B für obere Grenze;

i Inspektionsnummer;

T_i Inspektionsintervall;

T_s Zeitintervall bis zur Erreichung der wahrnehmbaren Risslänge;

T_f Zeitintervall, in dem der Riss von der kleinsten wahrnehmbaren Länge bis zur bruchkritischen Länge wächst

Bild A.4: Inspektionsstrategie für schadenstolerante Bemessung

Tabelle A.1: Empfohlene sichere wahrnehmbare Längen von Oberflächenrissen l_d in mm

Inspektionsmethode	Rissstelle		
	Ebene glatte Oberfläche	Raue Oberfläche, Nahtüberhöhung	Scharfe Ecke, Nahtübergangsstelle
Visuell, mit Vergrößerungslinse	20	30	50
Farbeindringprüfung	5	10	15
ANMERKUNG Die oberen Werte setzen eine Beobachtungsmöglichkeit aus der Nähe, gute Lichtverhältnisse und das Entfernen von Anstrichen auf der Oberfläche voraus.			

(6) Der Wert von l_f sollte so festgelegt werden, dass der Nettoquerschnitt – bei Berücksichtigung des wahrscheinlichen Rissprofils durch die Wanddicke – die maximalen statischen Dehnungskräfte aus der mit dem Sicherheitsbeiwert multiplizierten Belastung aufnehmen sollte, entsprechend der Berechnung nach EN 1999-1-1, ohne ein instabiles Risswachstum zu entwickeln.

(7) T_f sollte durch Berechnung und/oder Versuche folgendermaßen abgeschätzt werden, bei Annahme einer um den Sicherheitsbeiwert vervielfachten Belastung (siehe 2.4):

a) Die Berechnungsmethode sollte auf bruchmechanischen Grundlagen basieren (siehe Anhang B). Eine obere Grenze, definiert als Mittelwert zuzüglich zwei Standardabweichungen, sollte bei der Beziehung des Risswachstums angewandt werden. Alternativ können spezifische Risswachstumsdaten aus Standardprüfkörpern aus dem gleichen Werkstoff wie im Bereich des Risswachstums gewonnen werden. In diesem Fall sollte die Rissfortschrittsgeschwindigkeit um den entsprechenden Ermüdungsversuchsbeiwert F multipliziert werden (siehe Tabelle C.1);

b) wo das Risswachstum aus Tragwerks- oder Komponenten-Versuchen bei Simulation des richtigen Werkstoffs, der Geometrie und Herstellungsmethode ermittelt wird, sollte der Versuchskörper durch die relevante Belastungsstruktur beansprucht werden (siehe Anhang C);

c) die zwischen den Risslängen l_d und l_f registrierten Risswachstumsgeschwindigkeiten sollten um den Ermüdungsversuchsbeiwert F multipliziert werden (siehe Tabelle C.1).

(8) Das Wartungsbuch sollte die Maßnahmen für den Fall der Entdeckung eines Ermüdungsrisses während einer Routineinspektion folgendermaßen festlegen:

a) Wenn die gemessene Risslänge weniger als l_d beträgt, ist keine Ausbesserung notwendig;

b) wenn die gemessene Risslänge gleich oder größer als l_d ist, sollte das Bauteil bezüglich seiner Tauglichkeit für den Verwendungszweck bewertet werden, um festzustellen, wie lange das Tragwerk mit Sicherheit und ohne Ausbesserung oder Auswechseln im Betrieb belassen werden darf. Wird der Betrieb fortgesetzt, so sollte eine Erhöhung der Inspektionshäufigkeit an der fraglichen Stelle in Erwägung gezogen werden;

c) wenn die gemessene Risslänge größer als l_f ist, so sollte das Tragwerk sofort aus dem Betrieb genommen werden.

(9) Weitere Hinweise finden sich in Anhang L für den Fall, dass die Ermüdungswiderstandsdaten aus Anhang J übernommen werden.

Anhang B
(informativ)
Hinweise für die Bewertung des Rissfortschritts durch Bruchmechanik

Geltungsbereich B.1

(1) Ziel dieses Anhangs ist es, Information bereitzustellen über die Anwendung der Bruchmechanik zur Bewertung des Fortschritts von Ermüdungsrissen von scharfen, ebenen Fehlstellen. Die Hauptanwendungen sind in der Bewertung von:

- bekannten Fehlern (inklusive im Betrieb entdeckte Fehler);
- angenommenen Fehlern (beinhaltet die Berücksichtigung der Originalverbindung oder die Grenzen der Fehlererkennung bei der Anwendung zerstörungsfreier Prüfverfahren);
- der Toleranz gegenüber Fehlern (beinhaltet die Bewertung von Herstellungsfehlern bezüglich ihrer Eignung für den vorgesehenen Einsatz (fitness-for-purpose) in Verbindung mit bestimmten Betriebsanforderungen).

(2) Die Methode deckt den Rissfortschritt senkrecht zur Haupt-Zugspannungs-Richtung (Modus 1).

Grundlagen B.2

Fehlerabmessungen B.2.1

(1) Es wird angenommen, dass der Ermüdungsfortschritt an einem vorhandenen ebenen Fehler mit scharfer Rissfront, senkrecht zur Richtung der Haupt-Zug-Spannungsschwingbreite $\Delta\sigma$ an dieser Stelle anfängt.

(2) Die Abmessungen für vorhandene Fehler werden in Bild B.1 gezeigt in Abhängigkeit davon, ob diese bereits zur Oberfläche gedrungen oder innere Fehler im Werkstoff sind.

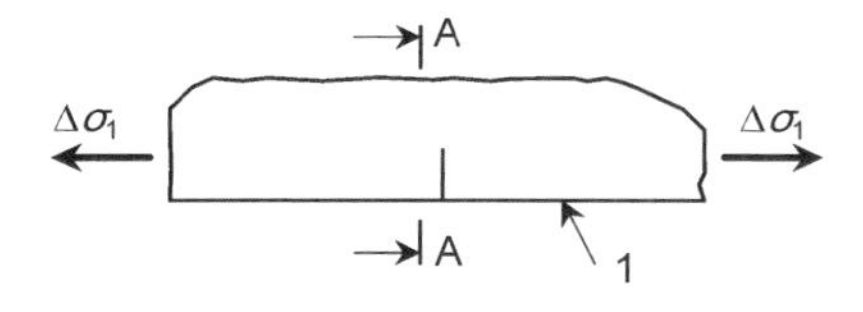

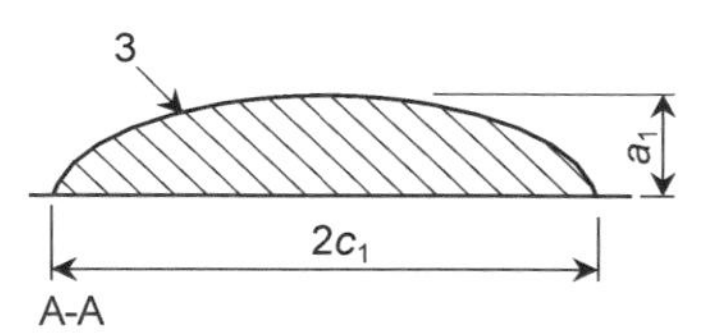

Legende

1 freie Oberfläche

2 Fehler

a) Fehler bis zur Oberfläche reichend

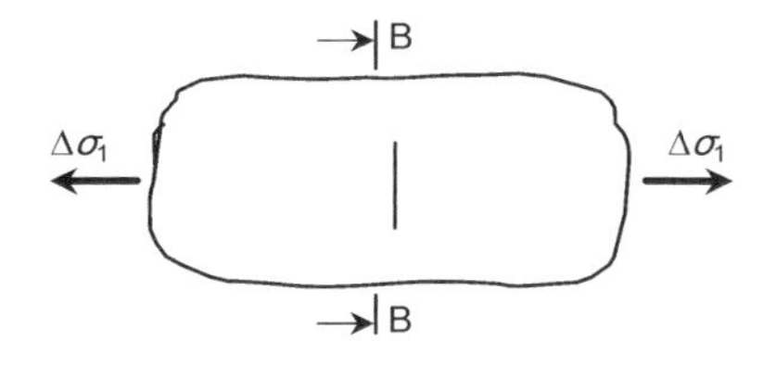

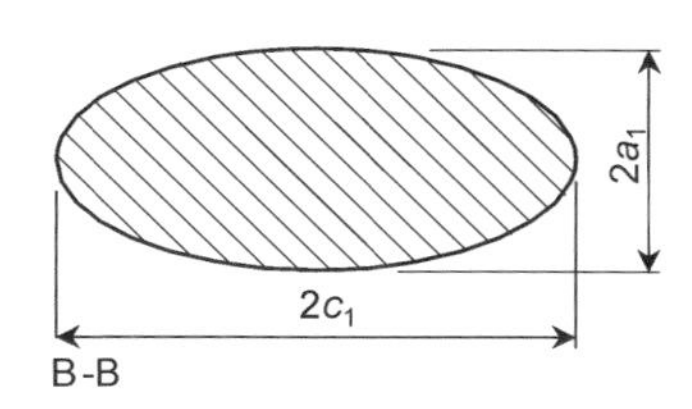

b) Innerer Fehler

Bild B.1: Vorhandener ebener Fehler

B.2.2 Rissfortschrittsabhängigkeit

(1) Unter der Einwirkung der zyklisch wiederholten Spannungsschwingbreite $\Delta\sigma$ schreitet die Rissfront in den Werkstoff fort entsprechend der Rissfortschrittsregel. Die Rissfortschrittsgeschwindigkeit beträgt in Richtung der Abmessung „a“:

$$\frac{da}{dN} = A \times \left(\Delta\sigma\, a^{0,5} y\right)^{m} \tag{B.1}$$

Dabei ist

A die Werkstoff-Konstante der Rissfortschrittsgeschwindigkeit;

m der Exponent der Rissfortschrittsgeschwindigkeit;

y der Geometriefaktor, abhängig von Rissform, -Orientierung und Oberflächengrenzverhältnissen.

ANMERKUNG Die Einheiten für Spannungsintensitäts-Beiwerte ΔK sind $\text{Nmm}^{-2}\ \text{m}^{0,5}$ [$\text{MPam}^{0,5}$] und für Rissfortschrittsgeschwindigkeiten da/dN ist es [m/Schwingspiel]. Werte in B.3 gelten nur für diese Einheiten.

(2) Obige Gleichung kann transformiert werden in:

$$\frac{da}{dN} = A\,\Delta K^{\mathrm{m}} \tag{B.2}$$

wobei ΔK ist die Spannungsintensitäts-Schwingbreite ist gleich $\Delta\sigma\, a^{0,5}\, y$.

(3) Nach Anwendung einer Anzahl von N Schwingspielen der Spannungsschwingbreite $\Delta\sigma$ wird der Riss von Abmessung a_1 zur Abmessung a_2 wachsen entsprechend folgender Integration:

$$N = \int_{a_1}^{a_2} \frac{da}{A\,\Delta K^{\mathrm{m}}} \tag{B.3}$$

(4) Für den allgemeinen Fall sind A, ΔK und m von „a“ abhängig.

B.3 Rissfortschrittsdaten A und m

(1) A und m werden aus Rissfortschrittsmessungen an standardisierten gekerbten Proben mit LT-, TL- oder ST-Ausrichtung (Beispiel siehe in Bild B.2) unter Anwendung standardisierter Prüfverfahren ermittelt. Die Probenform sollte eine sein, für die eine genaue Spannungsintensität-Beiwert(K)-Lösung (d. h. das Verhältnis zwischen der vorkommenden Einwirkung und Rissgröße „a“) vorhanden ist.

ANMERKUNG Für weitere Information über standardisierte Testverfahren siehe Literaturangabe B.1.

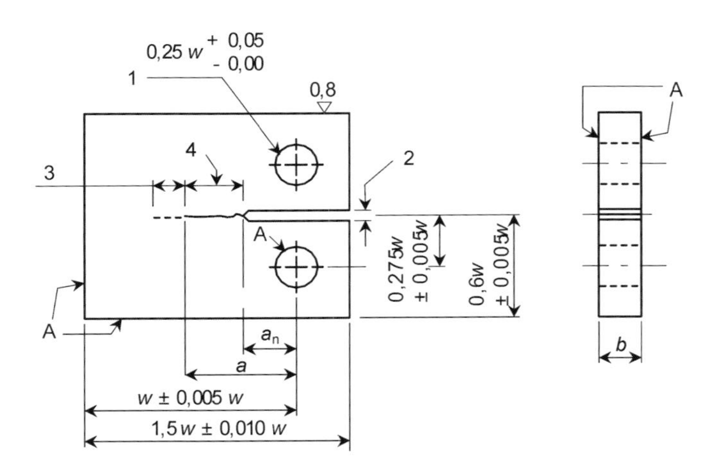

Legende

1 Lochdurchmesser

2 Spaltbreite

3 Risszuwachs

4 Ermüdungs-Vorriss

Empfohlene Dicke $w/20 \leq b \leq w/4$

Bild B.2: Typische Versuchsprobe für Rissfortpflanzung (Beispiel aus Literaturangabe B.3)

(2) Die Versuche werden mit konstantem Spannungsintensitäts-Verhältnis $R = K_{min}/K_{max}$ entweder für konstantes R oder konstantes K_{max} und genauer Messung des Rissfortschritts von der Kerbe aus durchgeführt, wobei dies durch rechnergesteuerte zyklische Einwirkung auf die Probe erfolgt.

ANMERKUNG Für weitere Information über die Prüfbedingungen siehe Literaturangabe B.2.

(3) Werden bestimmte Werte für die Risslänge „a" ermittelt, so wird eine Ausgleichskurve an die Daten angepasst mithilfe der Methode, die in der Prüfnorm beschrieben ist. Die Rissfortschrittsgeschwindigkeit da/dN für eine gegebene Risslänge wird dann hieraus als die Neigung der Kurve am Punkt „a" berechnet.

(4) Der entsprechende Wert der Spannungsintensitäts-Schwingbreite ΔK wird durch Anwendung der maßgebenden K-Lösung für den Testkörper in Verbindung mit der vorkommenden Einwirkungs-Schwingbreite ermittelt. Die Ergebnisse da/dN werden in Abhängigkeit von ΔK auf logarithmischen Skalen aufgezeichnet.

(5) Für eine allgemeine Anwendung könnten Rissfortschrittskurven für verschiedene R-Werte notwendig sein. Bild B.3 zeigt eine typische Gruppe von da/dN-ΔK-Kurven für die bei Strangpressprofilen verwendete Aluminium-Knetlegierung EN AW-6005A T6. In Bild B.3 (a) war die Prüfbedingung ein konstantes Spannungsintensitätsverhältnis K_{min}/K_{max}, und in Bild B.3 (b) wird das Ergebnis der Prüfung bei konstantem $K_{max} = 10$ Nmm^{-2}m^{0,5} mit den konservativen Ästen der Kurven aus Bild B.3 (a) kombiniert. Diese Kombination der Ergebnisse aus den konstant R- und konstant K-Werten ist eine ingenieurmäßige konservative Annäherung und kann zur Abschätzung der Ermüdungslebensdauer bei hohen Eigenspannungen oder bei der Bewertung von kurzen Ermüdungsrissen verwendet werden. Die Werte für m und A in Bild B.3 werden in Tabellen B.1 (a) und (b) angegeben.

(6) In Bild B.4 (a) werden die konstant R-Rissfortschrittsgeschwindigkeiten von Aluminiumknetlegierungen für $R = 0,1$ aufgezeichnet und in Bild B.4 (b) die entsprechenden Daten für $R = 0,8$ gegeben. Bild B.5 zeigt die Gruppe von konstant R-Rissfortschrittsgeschwindigkeits-Kurven von drei Formgusslegierungen bei $R = 0,1$ und $R = 0,8$. Bild B.6 stellt die kombinierten Daten von konstant R- und konstant K_{max}-Prüfungen von Aluminiumknetlegierungen bei $R = 0,1$ und $R = 0,8$ dar. Die Werte von m und A für die Obergrenzen der Einhüllenden der Rissfortschrittsgeschwindigkeits-Kurven in Bildern B.4 bis B.6 sind in den Tabellen B.2 bis B.4 entsprechend enthalten.

ANMERKUNG Für weitere da/dN zu ΔK-Werte siehe die Literaturangaben B.3 und B.4.

(7) Korrosive Umgebung kann A und m beeinflussen. Prüfergebnisse unter Bedingungen von Raumfeuchtigkeit werden geeignet für die Abdeckung der meisten normalen atmosphärischen Bedingungen sein.

B.4 Geometriefunktion y

(1) Die Geometriefunktion y hängt von den Rissabmessungen (Form und Länge), den Abmessungen der Oberflächengrenzen des umgebenden Werkstoffs und der Spannungsstruktur im Bereich des Rissfortschritts ab.

(2) Diese Information kann aus Finite-Element-Analysen des Konstruktionsdetails unter Anwendung von Rissspitzen-Elementen ermittelt werden. Die Spannungsintensität für verschiedene Risslängen wird durch Anwendung des J-Integral-Verfahrens berechnet. Alternativ kann diese aus dem Verschiebungs- oder Spannungsfeld um die Rissspitze oder der gesamten elastischen Deformationsenergie berechnet werden.

(3) Veröffentlichte Lösungen für häufig verwendete Geometrien (Grundmaterial und Schweißverbindungen) sind eine alternative Quelle von y-Werten. Standarddaten werden oft in Form von Y angegeben, wobei $Y = y\pi^{0,5}$. Ein typisches Beispiel für einen bis zur Oberfläche reichenden Riss in einer Platte zeigt Bild B.7 (a). Geht der Riss von einer Nahtübergangsstelle auf der Plattenoberfläche aus, so kann eine weitere Anpassung für die lokalen Spannungskonzentrationseinflüsse durch den Vergrößerungsfaktors M_K vorgenommen werden (siehe Bild B.7 (b)).

ANMERKUNG Für weitere Information über veröffentlichte Lösungen für y siehe die Literaturangaben B.1 und B.5.

(4) Das Produkt aus Y für die einfache Platte und M_K für die Nahtübergangsstelle gibt die Änderung von y an bei wachsendem Riss durch die Materialdicke (siehe Bild B.7 (c)).

B.5 Integration des Rissfortschritts

(1) Für den allgemeinen Fall eines Spannungs-Zeit-Verlaufs variabler Amplitude muss ein Spannungs-Kollektiv ermittelt werden (siehe 2.2.1). In der Praxis sollte das Gesamtkollektiv mit mindestens einer zehnmaligen Wiederholung identischer Folgen angewandt werden, die alle die gleiche Spannungsschwingbreite und gleiches R-Verhältnis, aber nur ein Zehntel der Anzahl der Spannungsschwingspiele aufweisen. Der Block mit der höchsten Spannungsschwingbreite sollte als erster in jeder der Folgen angesetzt werden (siehe Bild A.3). Der stufenweise ermittelte Rissfortschritt wird aus dem Rissfortschrittsgeschwindigkeits-Polygon für das maßgebende R-Verhältnis berechnet, für jeden einzelnen Block von Spannungsschwingspielen konstanter Amplitude.

(2) Im Bereich von Schweißnähten, außer im Fall, dass Verteilung und Größe der Eigenspannungen tatsächlich bekannt sind, sollte eine Rissfortschrittskurve mit entweder hohem R-Verhältnis (R = 0,8) oder mit K_{max} = konstant zur Anwendung kommen.

(3) Die Risslänge „a“ wird auf dieser Grundlage integriert, bis die maximal benötigte Risslänge a_2 erreicht wird und die Nummern berechnet werden.

B.6 Ermittlung der maximalen Risslänge a_2

(1) Diese wird meist auf der Grundlage des Zerreißens im Nettoquerschnitt unter der maximalen angewandten Zugeinwirkung, mithilfe des maßgebenden Teilsicherheitsbeiwerts, siehe EN 1999-1-1, bestimmt.

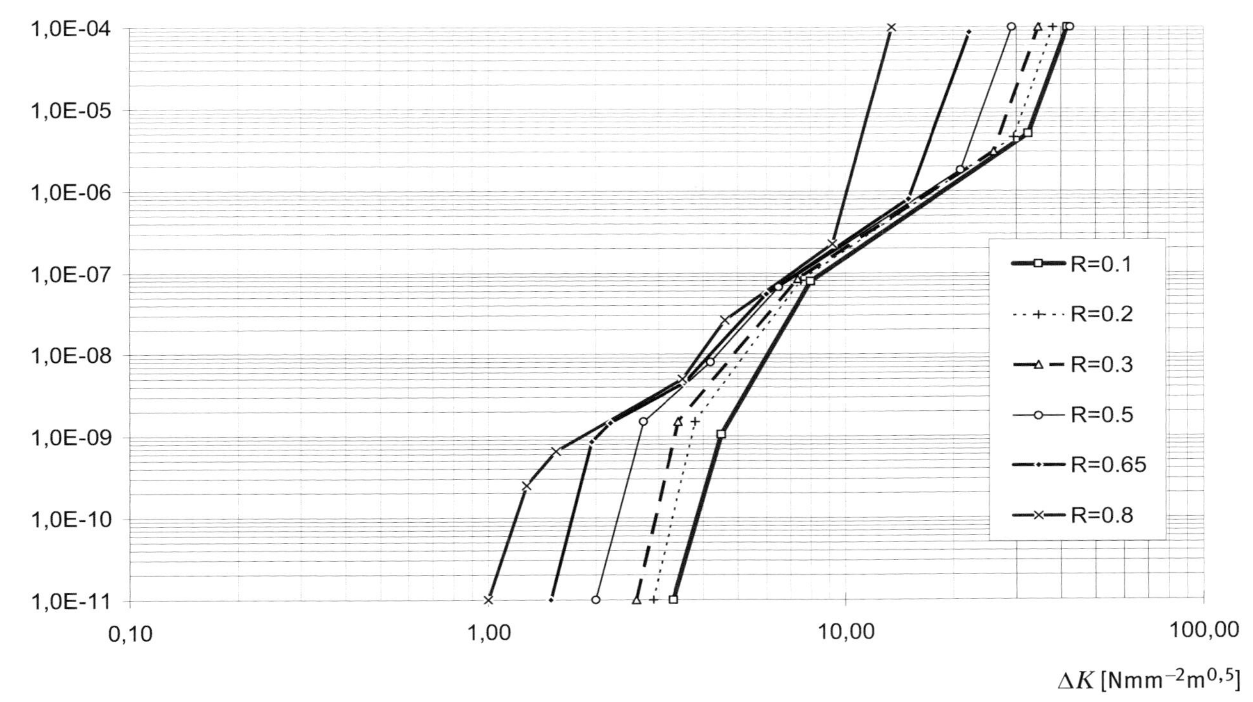

a) $R = K_{min}/K_{max}$ = **konstant**

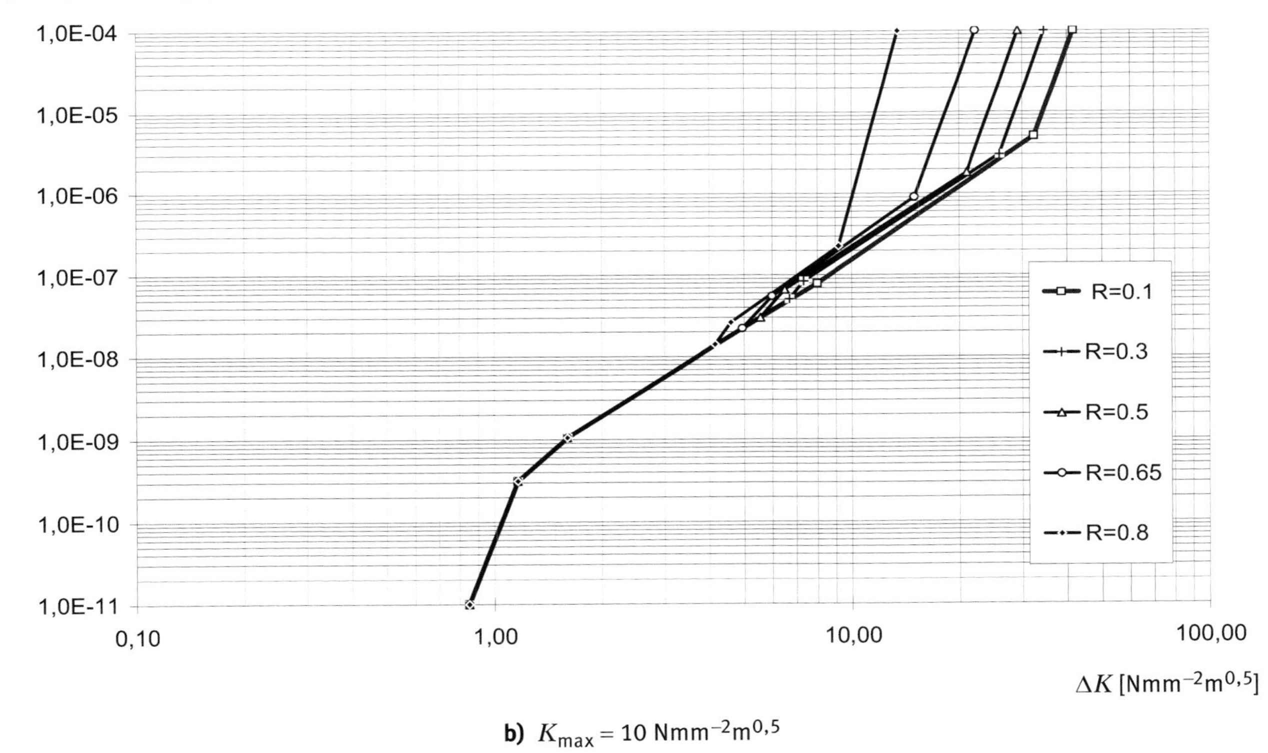

b) K_{max} = 10 $Nmm^{-2}m^{0,5}$

Bild B.3: Typische Ermüdungs-Risswachstums-Kurven für die Aluminiumlegierung EN AW-6005A T6 LT

Tabelle B.1 (a): Ermüdungs-Risswachstumsdaten für EN AW-6005A T6 LT,
$R = K_{min}/K_{max}$ = konstant

R-Verhältnis	Spannungsintensität ΔK [$Nmm^{-2}m^{0,5}$]	m	A	R-Verhältnis	Spannungsintensität ΔK [$Nmm^{-2}m^{0,5}$]	m	A
0,100	3,30	15,00	1,65789E-19	0,500	2,00	16,29	1,24322E-16
	4,50	7,52	1,29310E-14		2,72	3,85	3,17444E-11
	8,00	2,96	1,67380E-10		4,20	4,87	7,41477E-12
	32,4	12,0	4,10031E-24		6,50	2,81	3,50674E-10
	41,61	12,0	4,10031E-24		21,00	12,23	1,21158E-22
	60,00	12,0	4,10031E-24		29,17	12,23	1,21158E-22
					42,50	12,23	1,21158E-22
0,200	2,90	18,53	2,67965E-20	0,650	1,50	16,93	1,04285E-14
	3,80	5,87	5,94979E-13		1,95	4,43	4,41861E-11
	7,50	2,93	2,22754E-10		2,20	2,39	2,20681E-10
	29,60	12,43	2,25338E-24		3,55	4,77	1,06838E-11
	37,98	12,43	2,25338E-24		6,00	3,05	2,32639E-10
	55,00	12,43	2,25338E-24		15,00	12,00	6,08450E-21
					22,18	12,00	6,08450E-21
0,300	2,60	18,67	1,77471E-19	0,800	1,00	13,03	9,99999E-12
	3,40	5,24	2,47080E-12		1,28	4,99	7,28970E-11
	7,35	2,82	3,06087E-10		1,55	2,50	2,16851E-11
	26,00	12,40	8,41151E-24		3,50	6,03	2,61124E-12
	34,49	12,40	8,41151E-24		4,60	3,12	2,22506E-10
	50,00	12,40	8,41151E-24		9,20	15,93	9,83032E-23
					13,48	15,93	9,83032E-23

Tabelle B.1 (b): Ermüdungs-Risswachstumsdaten für EN AW-6005A-T6 LT, $K_{max} = 10$ Nmm^{-2}m^{0,5} = konstant

R-Verhältnis	Spannungsintensität ΔK [Nmm^{-2}m^{0,5}]	m	A	R-Verhältnis	Spannungsintensität ΔK [Nmm^{-2}m^{0,5}]	m	A
0,100	0,85	11,09	6,06810E-11	0,500	0,85	11,09	6,06910E-11
	1,16	3,74	1,80712E-10		1,16	3,74	1,80712E-10
	1,60	2,69	2,96984E-10		1,60	2,70	2,95817E-10
	8,00	2,96	1,67380E-10		5,55	5,09	4,92250E-12
	32,40	12,0	4,10322E-24		6,50	2,81	3,50674E-10
	41,61	12,0	4,10322E-24		21,00	12,20	1,20951E-22
					29,17	12,20	1,20951E-22
0,300	0,85	11,09	6,06910E-11	0,650	0,85	11,09	6,06910E-11
	1,16	3,74	1,80712E-10		1,16	3,74	1,80712E-10
	1,60	2,71	2,93585E-10		1,60	2,69	2,96037E-10
	6,70	5,52	1,41317E-12		4,95	4,76	1,08127E-11
	7,35	2,82	3,06087E-10		6,00	3,05	2,32639E-10
	26,00	12,40	8,42100E-24		15,00	12,04	6,08100E-21
	34,49	12,40	8,42100E-24		22,18	12,04	6,08100E-21
				0,800	0,85	11,09	6,06910E-11
					1,16	3,74	1,80712E-10
					1,60	2,72	2,92718E-10
					4,15	6,01	2,68983E-10
					4,60	3,12	2,22506E-10
					9,20	15,93	9,81913E-23
					13,48	15,93	9,81913E-23

da/dN [m/Schwingspiel]

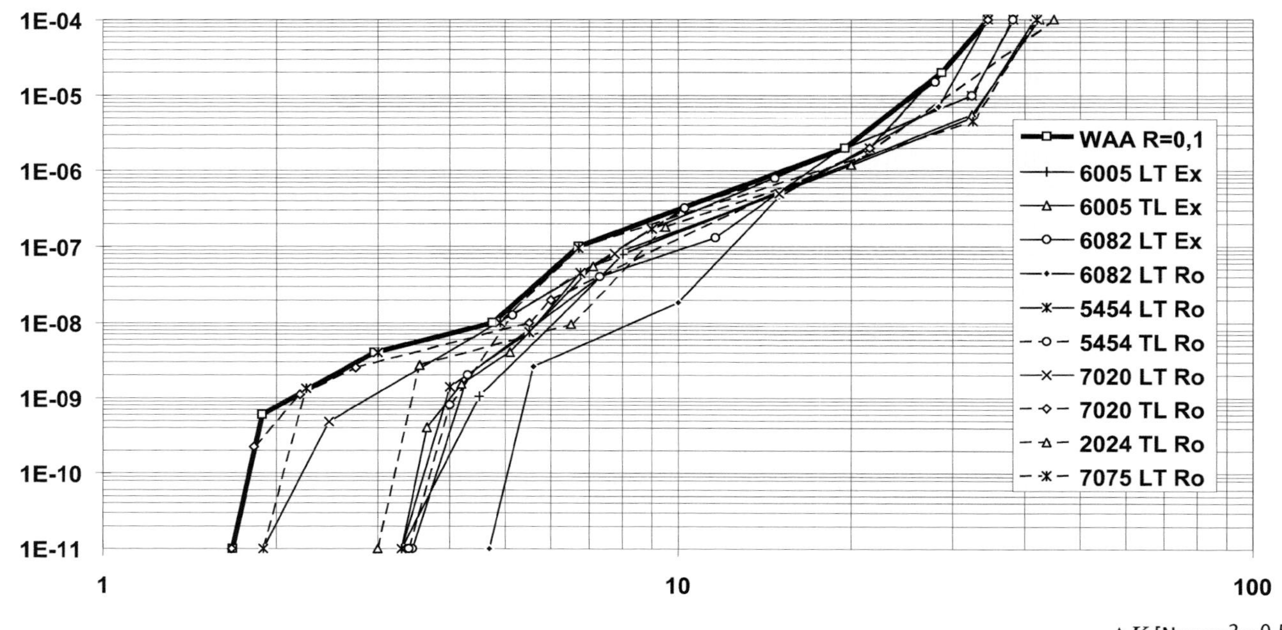

ΔK [Nmm^{-2}m^{0,5}]

a) $R = 0,1$

da/dN [m/Schwingspiel]

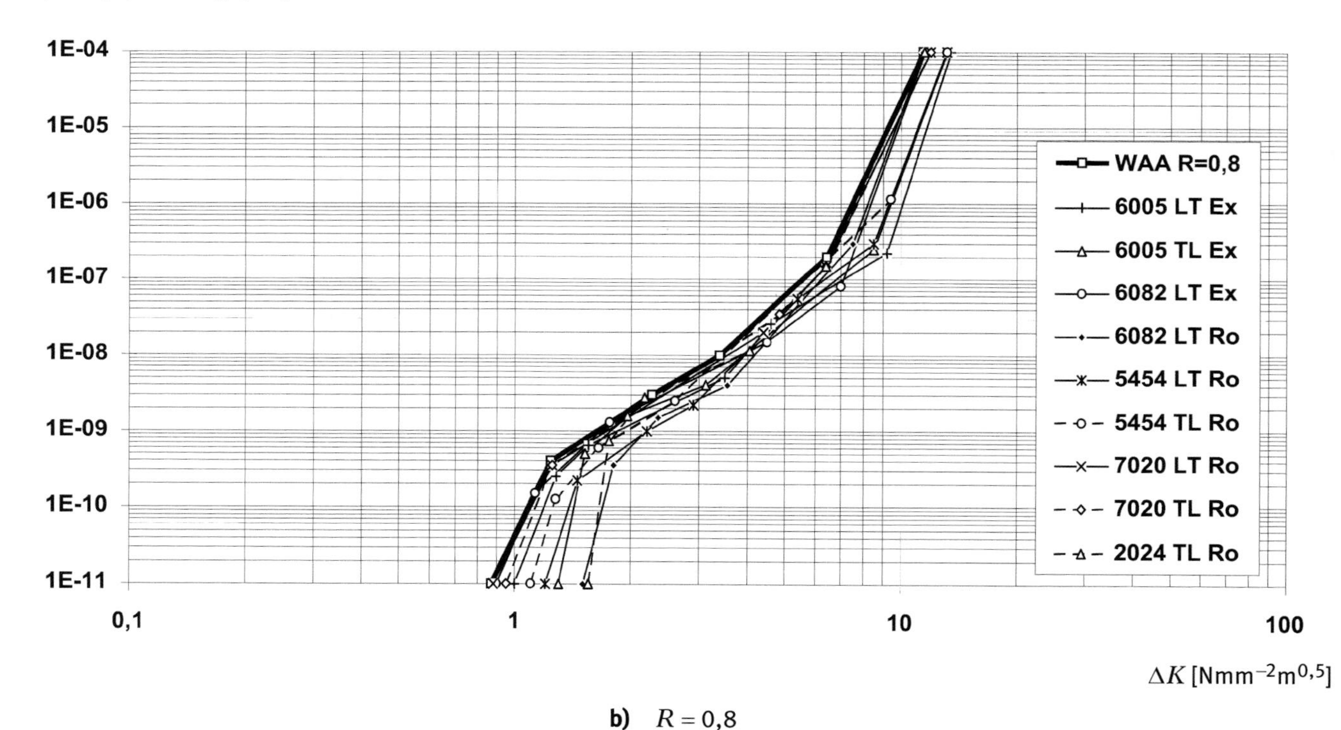

ΔK [Nmm^{-2}m^{0,5}]

b) $R = 0,8$

Bild B.4: Typische Ermüdungs-Risswachstums-Kurven für verschiedene Knetlegierungen

ANMERKUNG Die Legierungen 2024 TL Ro und 7075 LT Ro werden für Anwendungen im Bereich des Hoch- und Ingenieurbaus nicht empfohlen. Sie dienen hier nur zum Vergleich.

da/dN [m/Schwingspiel]

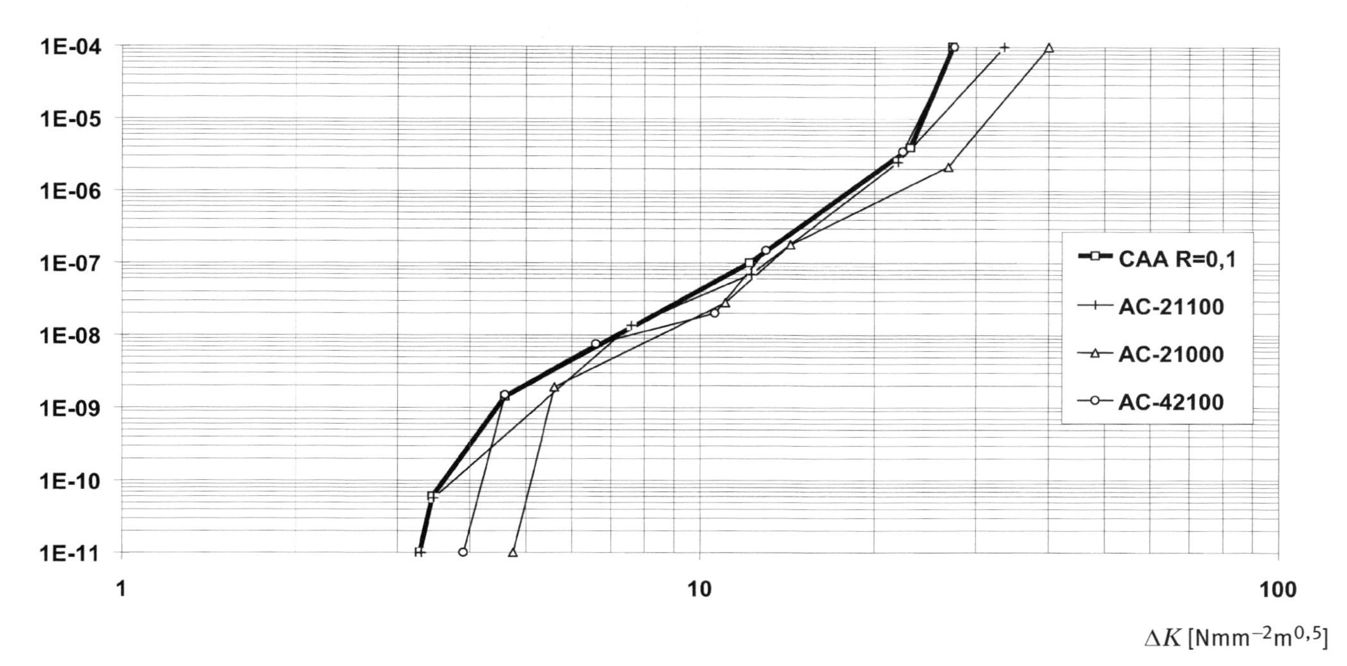

a) $R = 0{,}1$

da/dN [m/Schwingspiel]

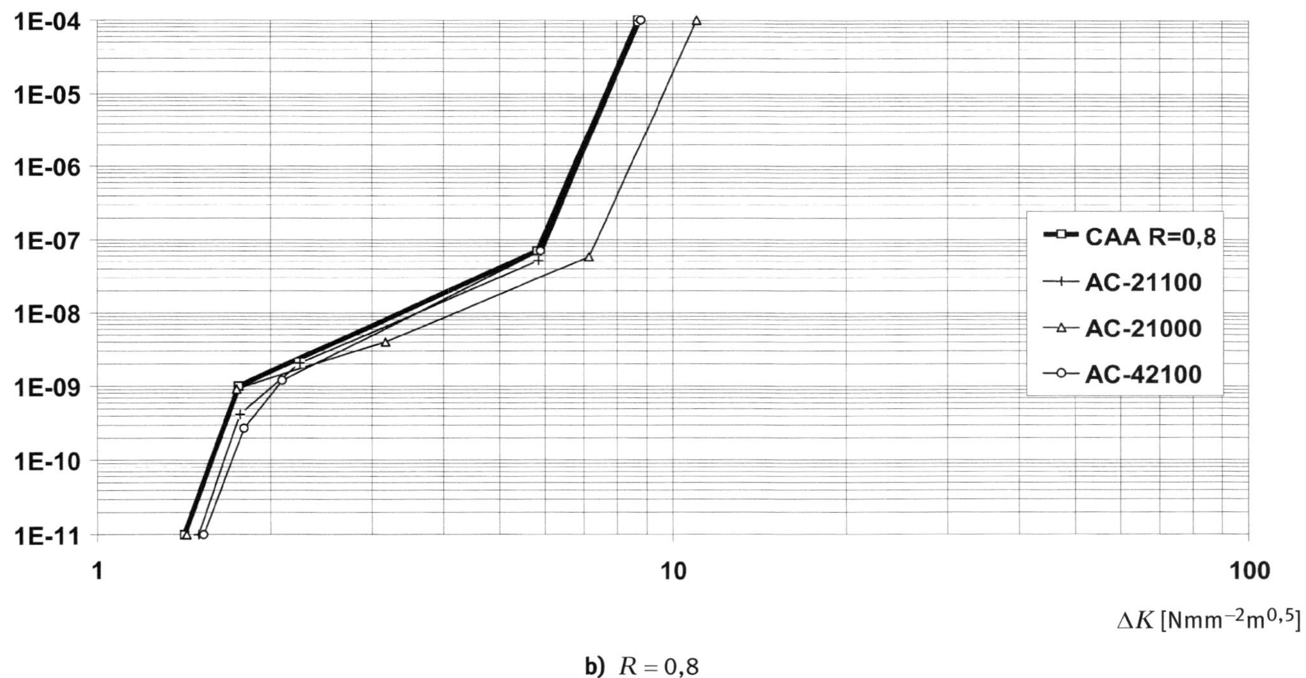

b) $R = 0{,}8$

Bild B.5: Typische Ermüdungs-Risswachstums-Kurven für verschiedene Gusslegierungen

ANMERKUNG Die Legierungen AC-21100 und AC-211000 werden für Anwendungen im Bereich des Hoch- und Ingenieurbaus nicht empfohlen. Sie dienen hier nur zum Vergleich.

da/dN [m/Schwingspiel]

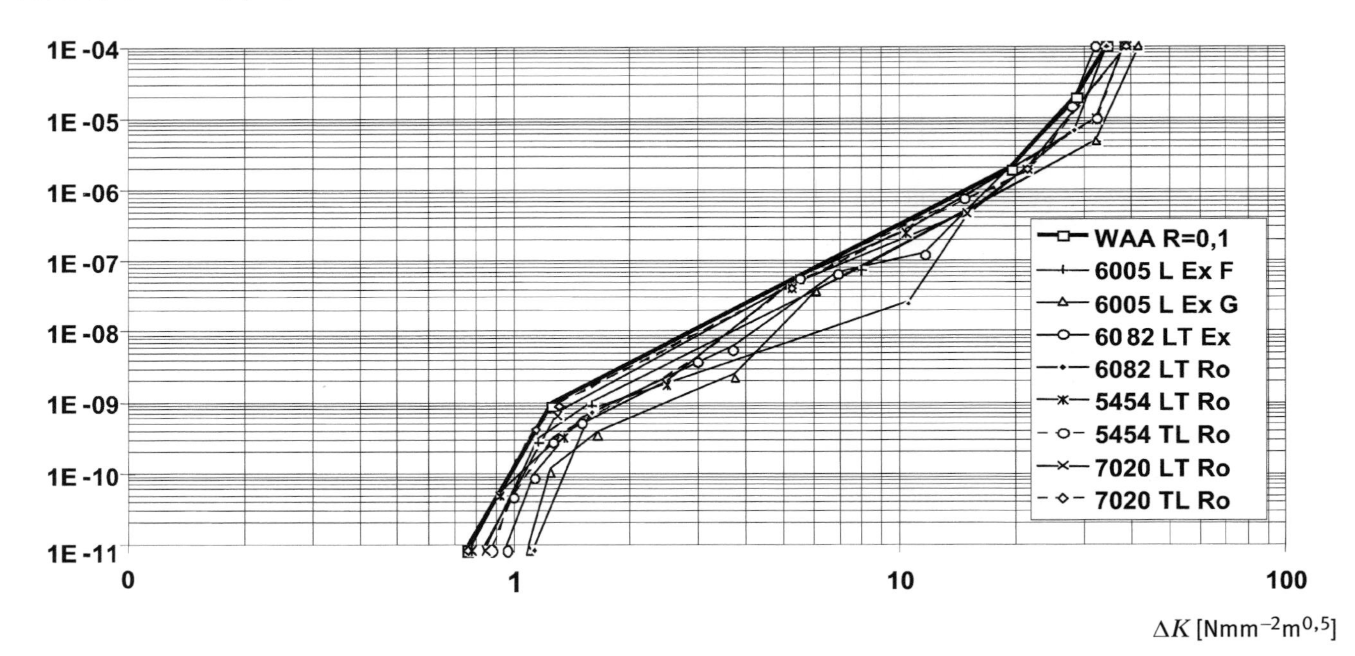

a) $R = 0{,}1$; $K_{max} = 10$ Nmm^{-2}m^{0,5}

da/dN [m/Schwingspiel]

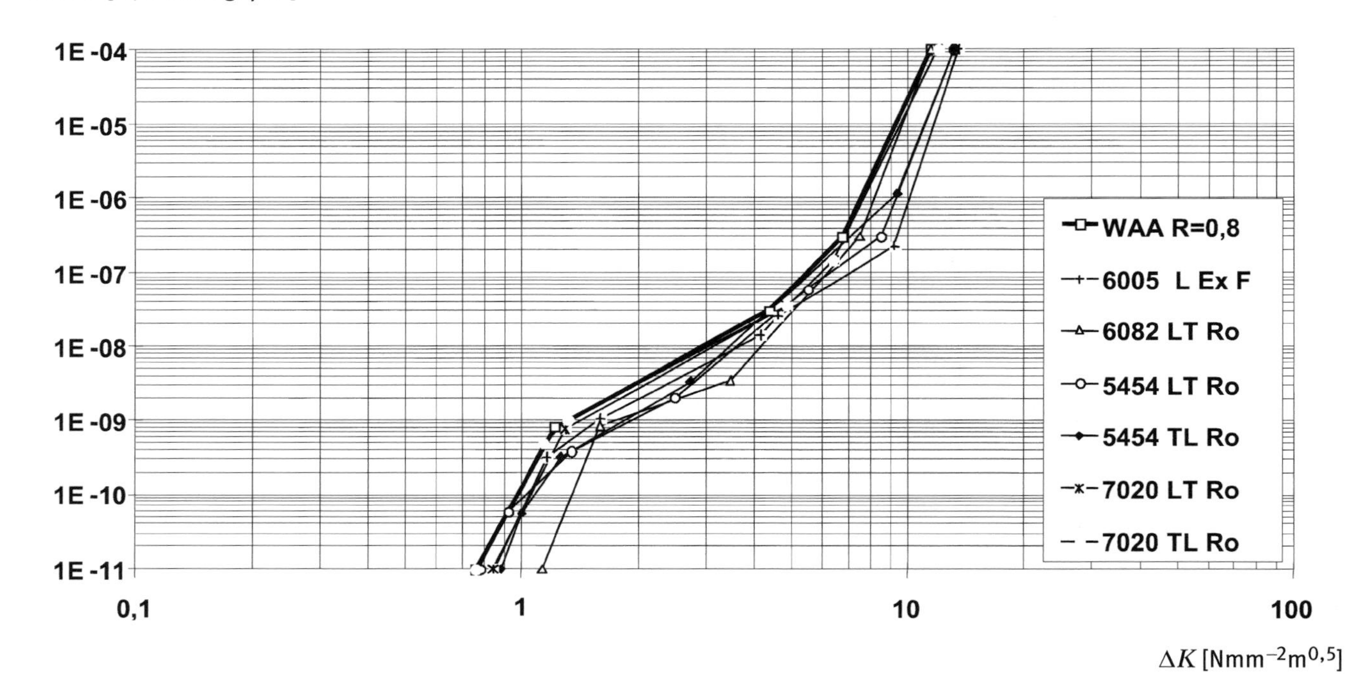

b) $R = 0{,}8$; $K_{max} = 10$ Nmm^{-2}m^{0,5}

Bild B.6: Ermüdungs-Risswachstums-Kurven für verschieden Knetlegierungen

Tabelle B.2: Ermüdungs-Risswachstumsdaten für Knetlegierungen, $R = K_{min}/K_{max}$ = konstant

R-Verhältnis	Spannungsintensität ΔK [$Nmm^{-2}m^{0,5}$]	m	A
a) 0,100	1,68	34,8	1,47182E-19
	1,89	4,23	4,06474E-11
	2,96	1,94	4,88644E-10
	4,75	6,69	2,95135E-13
	6,70	2,80	4,82538E-10
	19,51	5,96	4,12350E-14
	28,70	8,74	3,57541E-18
	34,50	8,74	3,57541E-18
b) 0,800	0,87	10,43	4,27579E-11
	1,24	3,33	1,95935E-10
	2,27	2,98	2,60324E-10
	3,40	4,69	3,24644E-11
	6,44	10,8	3,73040E-16
	11,45	10,8	3,73040E-16

ANMERKUNG Diese Werte stammen aus einer oberen Umhüllenden der Kurven in Bild B.4(a) and (b).

Tabelle B.3: Ermüdungs-Risswachstumsdaten für Gusslegierungen, $R = K_{min}/K_{max}$ = konstant

R-Verhältnis	Spannungsintensität ΔK [$Nmm^{-2}m^{0,5}$]	m	A
a) 0,100	3,28	35,46	5,10219E-30
	3,45	11,01	7,18429E-17
	4,60	4,37	1,82159E-12
	12,18	5,78	5,37156E-14
	23,07	19,12	3,47503E-32
	27,30	19,12	3,47503E-32
b) 0,800	1,42	21,24	6,08486E-15
	1,76	3,55	1,34235E-10
	5,82	18,1	1,05480E-21
	8,70	18,1	1,05480E-21

ANMERKUNG Diese Werte stammen aus einer oberen Umhüllenden der Kurven in Bild B.5 (a) und (b).

Tabelle B.4: Ermüdungs-Risswachstumsdaten für Knetlegierungen, $K_{max} = 10$ Nmm^{-2}m^{0,5} = konstant

R-**Verhältnis**	**Spannungsintensität** ΔK [Nmm^{-2}m^{0,5}]	m	A
0,100	0,76	9,13	1,21148E-10
	1,26	2,77	5,26618E-10
	19,50	5,95	4,18975E-14
	28,71	8,79	3,07173E-18
	34,48	8,79	3,07173E-18
0,800	0,76	9,27	1,27475E-10
	1,22	2,84	4,56026E-10
	4,37	5,28	1,24266E-11
	6,76	11,02	2,12818E-16
	11,45	11,02	2,12818E-16

ANMERKUNG Diese Werte stammen aus einer oberen Umhüllenden der Kurven in Bild B.6 (a) und (b).

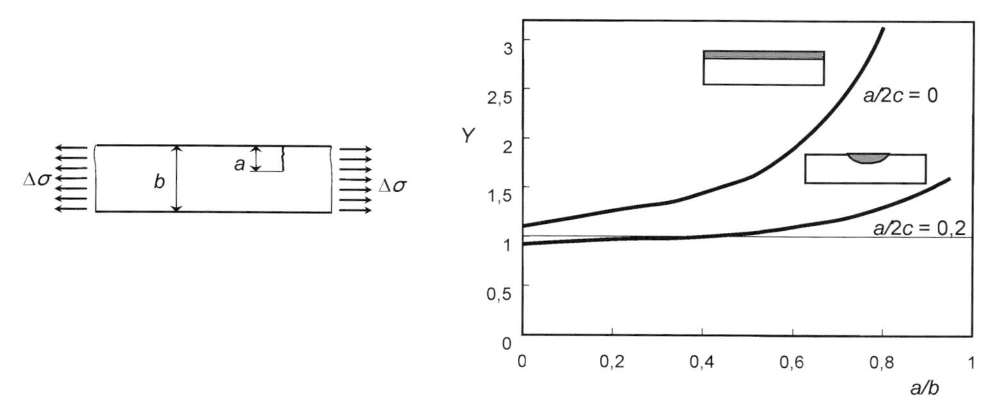

a) Y**-Wert für einfache Platte;** a/b **= Risstiefenverhältnis**

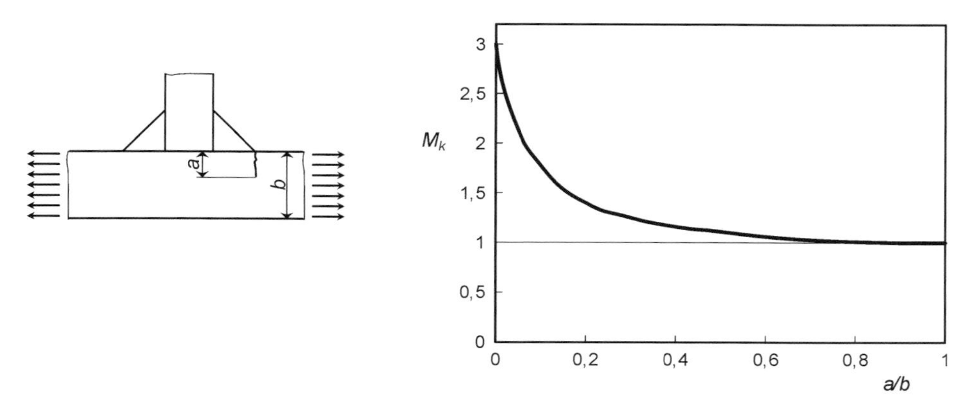

b) M_k**-Wert für Spannungskonzentration an der Nahtübergangsstelle**

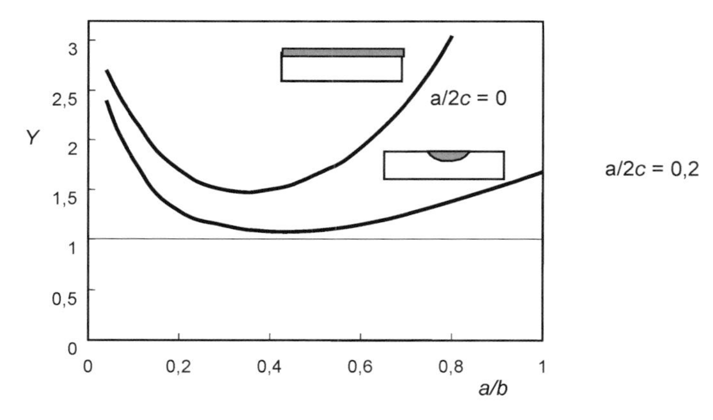

c) Y**-Wert für die Schweißverbindung**

Bild B.7: Anwendung typischer geometrischer Standardlösungen für Y und M_k

Anhang C
(informativ)
Versuche für die Ermüdungsbemessung

NDP Zu Anhang C

Der Anhang bleibt informativ – siehe aber auch die Ausführungen bei NDP zu 2.1.1 (1) betreffend versuchsunterstützte Bemessung.

Allgemeines C.1

(1) Wo es keine ausreichenden Daten für den vollständigen Nachweis eines Tragwerks durch Berechnungen nach 2.2.1 oder 2.2.2 gibt, sollten zusätzliche Nachweise durch ein spezielles Versuchsprogramm erbracht werden. In diesem Fall könnten Versuchsergebnisse aus einem oder mehreren nachfolgenden Gründen erforderlich werden:

a) Der vorkommende Last-Zeit-Verlauf oder -Kollektiv, für entweder Einzel- oder Mehrfach-Lasten, ist nicht vorhanden und kann mit praktischen Tragwerksberechnungsmethoden nicht ermittelt werden (siehe 2.3.1 und 2.3.2). Dies könnte insbesondere bei sich bewegenden, hydraulisch oder aerodynamisch belasteten Konstruktionen der Fall sein, wo dynamische Effekte und Resonanzeffekte vorkommen können;

b) die Tragwerksgeometrie ist so komplex, dass Schätzungen für auf die Bauteile wirkenden Kräfte oder lokale Spannungsfelder mit praktischen Berechnungsmethoden nicht ermittelt werden können (siehe 5.2 und 5.4);

c) die Werkstoffe, Abmessungsdetails oder Herstellungsverfahren von Bauteilen oder Verbindungen sind anders als in den Tabellen der Detailkategorien angegeben;

d) Rissfortschrittsdaten werden bei der schadenstoleranten Bemessung benötigt.

(2) Die Prüfung darf an vollständigen Prototypen, an Tragwerken, die mit dem zu erbauenden Tragwerk gleichwertig sind, oder an ihren Komponenten durchgeführt werden. Die Art aus dem Versuch ermittelter Informationen sollte den Grad berücksichtigen, zu dem die Belastung, Materialien, Konstruktionsdetails und Herstellungsverfahren des Versuchskörpers oder seiner Komponenten das zu erbauende Tragwerk wiedergeben.

(3) Versuchsergebnisse sollten anstatt Standarddaten nur dann verwendet werden, wenn diese unter Verwendung überwachter Prozessbedingungen ermittelt werden und zur Ausführung kommen.

Ermittlung von Belastungsdaten C.2

Feste Tragwerke unter mechanischen Belastungen C.2.1

(1) Diese umfassen Tragwerke wie Brücken, Kranbahnen und Maschinenfundamente. Vorhandene ähnliche Tragwerke, die den gleichen Belastungsquellen ausgesetzt sind, dürfen zur Ermittlung von Amplitude, Phase und Frequenz der einwirkenden Lasten benutzt werden.

(2) Beanspruchungs-, Verformungs- oder Beschleunigungsgeber, an ausgewählten Bauteilen angebracht, die unter bekannten Lasten geeicht wurden, können den Kräfteablauf über einen typischen Betriebsabschnitt des Tragwerks registrieren, unter Benutzung analoger oder digitaler Datenermittlungsapparaturen. Die Bauteile sollten so gewählt werden, dass die Hauptbelastungsanteile unabhängig voneinander mit Hilfe von Einflussbeiwerten aus den Eichbelastungen abgeleitet werden können.

(3) Alternativ können Kräftemessdosen an den Schnittstellen zwischen den einwirkenden Lasten und dem Tragwerk angebracht und so ein kontinuierlicher Schrieb mit Hilfe der gleichen Geräte ermittelt werden.

(4) Das Massen-, Steifigkeits- und logarithmische Dekrement des Prüftragwerks sollte innerhalb von 30 % des entsprechenden in der endgültigen Bemessung sein und die natürliche Frequenz der Schwingungsformen, die die größten Beanspruchungsschwankungen verursachen, sollte innerhalb von 10 % sein. Ist dies nicht der Fall, so sollte das Belastungsverhalten an einer der endgültigen Bemessung entsprechenden Konstruktion nachträglich nachgewiesen werden.

(5) Die Frequenzkomponente des während der Betriebsperiode ermittelten Lastkollektivs sollte mit dem Verhältnis der Bemessungslebensdauer über der Betriebsabschnittslebensdauer multipliziert werden, um das endgültige Bemessungskollektiv zu ermitteln. Eine Erhöhung der Intensität oder Frequenzen oder eine statistische Extrapolation von der gemessenen Periode auf die Bemessungslebensdauer sollte ebenfalls nach Bedarf vorgenommen werden.

C.2.2 Feste Tragwerke unter Umweltbelastungen

(1) Diese umfassen Tragwerke wie Maste, Schornsteine und Aufbauten bei Off-shore-Konstruktionen. Die Methoden der Ermittlung des Belastungskollektivs sind im Wesentlichen die gleichen wie in C.2.1, außer dass der Betriebsabschnitt im Allgemeinen länger sein muss, um ein repräsentatives Kollektiv der Umweltbelastungen, z. B. aus Wind- oder Welleneinwirkung, zu bekommen. Der Ermüdungsschaden wird oft hauptsächlich durch einen bestimmten Abschnitt des gesamten Belastungskollektivs verursacht, infolge Flüssigkeitsströmung induzierter Resonanzeffekte. Meist hängt dies von der Richtung, Frequenz und Dämpfung sehr stark ab. Aus diesem Grund ist eine große Genauigkeit bei der Simulation von sowohl der Tragwerkseigenschaften (Masse, Steifigkeit, Dämpfung) wie der aerodynamischen Eigenschaften (Querschnittsgeometrie) notwendig.

(2) Es wird empfohlen, die Belastung nachträglich an einem der endgültigen Bemessung entsprechenden Tragwerk nachzuweisen, falls die ursprünglichen Belastungsdaten an Tragwerken ermittelt wurden mit Unterschieden größer als 10 % in natürlicher Frequenz oder Dämpfung oder falls die Querschnittsform nicht identisch ist.

(3) Ein endgültiges Bemessungskollektiv bezüglich Richtung, Intensität und Frequenz der Belastung kann ermittelt werden, wenn man durch Vergleich meteorologischer Beobachtungen während einer typischen Bemessungslebensdauer für das Tragwerk die Belastungsdaten aus dem beobachteten Betriebsabschnitt passend modifiziert.

C.2.3 Bewegliche Konstruktionen

(1) Diese umfassen Konstruktionen wie fahrende Kräne und andere Konstruktionen auf Rädern, Fahrzeuge und schwimmende Konstruktionen. Bei diesen Konstruktionstypen sollte die Fahrbahngeometrie bezüglich Form und Amplitude von Wellen und Frequenz ausreichend definiert sein, da diese einen signifikanten Einfluss auf die dynamische Belastung des Tragwerks ausübt.

(2) Andere Lasteinflüsse wie Be- und Entladungsvorgänge können unter Verwendung der in C.2.1 formulierten Grundlagen gemessen werden.

(3) Laufflächen für Ad-hoc-Prüfstrecken dürfen für die Ermittlung von Last-Zeit-Verläufen für die Bemessung von Prototypen eingesetzt werden. Lastdaten früherer Tragwerke sollten mit Vorsicht eingesetzt werden, da kleine Änderungen, insbesondere z. B. bei der Bemessung von Laufkatzen, das dynamische Reaktionsverhalten grundlegend verändern können. Es wird empfohlen, die Belastung für die endgültige Bemessung nachzuweisen, wenn kein Ermüdungsfestigkeitsversuch am Großbauteil vorgenommen wird (siehe C.3).

C.3 Ermittlung der Spannungsdaten

C.3.1 Versuchsergebnisse aus Bauteilen

(1) Sofern bei einfachen Bauteilen die Hauptkomponenten der Kräfte im Bauteil leicht berechnet oder gemessen werden können, wird es treffend sein, Bauteile mit der zu analysierenden Verbindung oder dem Konstruktionsdetail zu prüfen.

(2) Ein geeigneter Prüfkörper identischer Abmessungen wie in der endgültigen Bemessung sollte entsprechend der vereinfachten geometrischen Spannungsbewertung (siehe Anhang D) gemessen werden, durch Anwendung einer passenden Methode wie z. B. Dehnungsmessstreifen mit elektrischem Widerstand, Moiré-Netz oder thermoelastische Verfahren. Die Bauteilenden sollten in ausreichender Entfernung von dem betrachteten Bereich sein, so dass lokale Effekte bei Lasteinbringung die Spannungsverteilung an gleicher Stelle nicht beeinflussen. Die Kraftkomponenten und die Spannungsgradienten im betrachteten Bereich sollten identisch mit denen im Gesamttragwerk sein.

(3) Einflussbeiwerte können aus statisch eingesetzten Lasten ermittelt werden, die die Ermittlung der Spannungsverteilung für jede erwünschte Kombination von Lastkomponenten ermöglichen. Falls erforderlich, können die Beiwerte aus verkleinerten Prüfkörpern ermittelt werden, sofern das gesamte Bauteil gleichmäßig verkleinert worden ist.

C.3.2 Versuchsergebnisse aus Tragwerken

(1) Bei bestimmten Tragwerkstypen wie Schalentragwerken könnte es durch die Kontinuität des Konstruktionswerkstoffs nicht praktisch sein, Bauteile mit einfachen Einwirkungen zu isolieren. In einem solchen Fall sollten Spannungsdaten aus Prototypen oder Tragwerken aus der Produktionsserie ermittelt werden.

(2) Ähnliche Messmethoden dürfen angewendet werden wie bei der Bauteilprüfung. Für die häufigste Verwendung wird empfohlen, statische Lasten als unabhängige Komponenten anzubringen, so dass die Spannungen durch Anwendung der einzelnen Einflussbeiwerte für den betrachteten Ort miteinander kombiniert werden können. Die Last sollte einen Shakedown-Zyklus vor Ermittlung der Einflussbeiwerte durchlaufen.

C.3.3 Bestätigung des Spannungs-Zeit-Verlaufs

(1) Die gleiche Methode wie in C.3.2 beschrieben darf für den Nachweis des Spannungs-Zeit-Verlaufs an einer Stelle während der Prototyp-Prüfung unter einer bestimmten Belastung verwendet werden. In diesem Fall sollten Datenermittlungsgeräte wie in C.2.1 verwendet werden, entweder für das Aufnehmen des gesamten Spannungs-Zeit-Verlaufs oder für die Durchführung einer Zyklenzählung. Letztere kann zur Lebensdauerabschätzung verwendet werden, wenn die geeignete $\Delta\sigma$-N-Kurve gewählt worden ist.

(2) Eine weitere Option, die bei nicht sicheren Last-Zeit-Verläufen verwendet werden darf, besteht in der dauerhaften Anbringung eines Zyklenzählgerätes an dem Tragwerk im Betrieb.

C.4 Ermittlung von Lebensdauerdaten

C.4.1 Bauteilprüfung

(1) Wenn Kraftkollektive oder Spannungs-Zeit-Verläufe bekannt sind, kann durch Bauteilversuche die Bemessung kritischer Tragwerksteile bestätigt werden. Das zu prüfende Bauteil sollte in genau den gleichen Abmessungen und nach denselben Verfahren wie das in der endgültigen Ausführung hergestellt werden. All diese Aspekte sollten vor der Herstellung des Prüfbauteils vollständig dokumentiert werden. Zusätzlich sollten die zerstörungsfreien Prüfmethoden und die Abnahmekriterien dokumentiert werden, zusammen mit dem Prüfbericht zur Qualität der zu prüfenden Verbindungen.

(2) Die Probekörper sollten in ähnlicher Weise wie in C.2.1 beschrieben belastet werden. Dehnungsmessstreifen, insbesondere im Fall von Bauteilen, sollten verwendet werden zur Bestätigung, dass die Spannungsschwankungen wie erforderlich vorkommen. Die Anordnung der Dehnungsmessstreifen sollte so sein, dass diese den richtigen Spannungsparameter registrieren. Wenn die Nennspannung registriert wird, sollte der Messstreifen mindestens 10 mm entfernt von allen Schweißnahtübergangsstellen sein. Bei steilen Spannungsgradienten sollte die Verwendung von drei Messstreifen eine Interpolation ermöglichen.

(3) Die Ermittlung von Bemessungslebensdauerwerten durch Versuche sollte den gleichen statistischen Bewertungsverfahren folgen, die in 6.2 zur Ermittlung der Ermüdungsfestigkeitswerte verwendet wurden. Meistens beinhaltet dies eine statistische Bewertung, basie-

rend auf Schätzwerten für die mittlere und Standardabweichung, unter Annahme einer Normalverteilung der beobachteten logarithmischen Lebensdauer-Schwingspielzahl (abhängige Variable) für vorhandene logarithmische Spannungswerte (unabhängige Variable) bzw. einer linearen $\log\Delta\sigma - \log N$-Regressionsanalyse für unterschiedliche Lebensdauerbereiche, siehe Bild 6.1. Dabei wird eine Mittelwert-Regressionslinie oder eine charakteristische Regressionslinie für eine bestimmte Überlebenswahrscheinlichkeit (meistens etwa 97,7 % oder zwei Standardabweichungen vom Mittelwert entfernt) bestimmt. Für Bemessungszwecke wird die Letztere parallel zur ersten angenommen. Die oben definierte charakteristische Regressionslinie sollte nicht höher als 80 % des Ermüdungsfestigkeits-Mittelwerts sein. Dies erlaubt eine breitere Streuung in der Herstellung als normalerweise in einer einzigen Reihe von Ermüdungsproben erwartet wird.

(4) Es sollte im Auge behalten werden, dass dieses vereinfachte Ermittlungsverfahren oft verwendet wird, obwohl es bei kleinen Probengrößen möglicherweise unzuverlässig ist. Für entsprechende Korrekturbeiwerte geben die Methoden unter C.4.3 Hinweise.

(5) Für eine schadenstolerante Bemessung sollte ein Protokoll des Ermüdungsrisswachstums mit Anzahl der Schwingspiele aufgenommen werden.

(6) Alternativ, wenn der Bemessungsspannungs-Zeit-Verlauf bekannt und eine Prüfmöglichkeit mit variabler Amplitude vorhanden ist, darf der Prüfkörper mit dem Spannungs-Zeit-Verlauf ohne den entsprechenden Sicherheitsbeiwert geprüft werden.

C.4.2 Großbauteilprüfung

(1) Die Großbauteilprüfung (Prüfung von Tragwerken im Originalmaßstab) darf unter tatsächlichen Betriebsbedingungen oder in einer Prüfeinrichtung vorgenommen werden, wobei die Prüflastkomponenten hydraulisch oder durch andere Methoden aufgebracht werden.

(2) Die angewandten Lasten sollten nicht höher als die Nennlasten sein.

(3) Wenn die Betriebslasten auf zufällige Weise zwischen Grenzwerten variieren, sollten diese in Vereinbarung zwischen Lieferanten und Erwerbenden durch eine äquivalente Lastenfolge repräsentiert werden.

(4) Alternativ sollten die Prüflasten gleich den mit keinem Beiwert erhöhten Lasten sein.

(5) Die Lastanbringung auf die Probe sollte für das Tragwerk oder Bauteil genau die während des Betriebs erwarteten Bedingungen hervorrufen.

(6) Die Prüfung sollte bis zum Bruch oder Unvermögen der Probe, die Gesamtprüflast aufzunehmen, infolge eingetretenen Schadens, fortgesetzt werden.

(7) Die Anzahl der angebrachten Prüflast(en)wiederholungen bis zum Versagen sollte genau gezählt und zusammen mit Beobachtungen des Rissfortschritts aufgenommen werden.

C.4.3 Akzeptanzkriterien

(1) Das Akzeptanzkriterium hängt davon ab, ob das Tragwerk entsprechend dem Konzept der sicheren Lebensdauer, siehe unten auf (2) bis (7), oder entsprechend dem der Schadenstoleranz ausgelegt werden soll, siehe unten auf (11).

(2) Für die Akzeptanz einer schwingbruchsicheren Bemessung sollte die Lebensdauer bis zum Versagen aus Versuchsergebnissen, nach einer Anpassung entsprechend der vorhandenen Probenzahl, nicht kleiner sein als die nach A.2.1 definierte Bemessungslebensdauer, und zwar folgendermaßen:

$$T_{\mathrm{L}} = \frac{T_{\mathrm{m}}}{F} \quad \text{(C.1)}$$

Dabei ist

- T_{L} die Bemessungslebensdauer (in Schwingspielen);
- T_{m} der Mittelwert der Lebensdauer zum Versagen nach Versuchen bestimmt (in Schwingspielen);
- F der Ermüdungsversuch-Beiwert, abhängig von der tatsächlich vorhandenen Anzahl der Versuchsergebnisse, wie in Tabelle C.1 definiert.

(3) Bei der Abschätzung von Werten für den Beiwert F werden die folgenden allgemeinen statistischen Prinzipien und Annahmen angewandt. Ein charakteristischer statistischer Wert wird durch den folgenden Ausdruck ermittelt:

$$x_{\mathrm{c}} = \mu_{\mathrm{m}} - K\sigma \qquad \text{(C.2)}$$

wobei K von der Wahrscheinlichkeitsverteilung und der erforderlichen Überlebenswahrscheinlichkeit abhängt bei einer statistischen Verteilung mit dem Mittelwert μ und der Standardabweichung σ. In der Praxis können nur Schätzungen für den Mittelwert und die Standardabweichung errechnet werden, d. h. x_{m} und s entsprechend, für einen Versuchsumfang n. Entsprechend sollten Korrekturbeiwerte angewandt werden, die die Konfidenzintervalle sowohl für den Mittewert wie für die Varianz (oder Standardabweichung) ausdrücken. Die vorhergehende Beziehung kann dann folgendermaßen ausgedrückt werden:

$$x_{\mathrm{c}} = x_{\mathrm{m}} - k\, s \qquad \text{(C.3)}$$

Dabei ist

$k = k_1\, k_2 + k_3$

k_1 der theoretische Wert der Verteilung, der zu einer bestimmten Überlebenswahrscheinlichkeit gehört;

k_2 die Korrektur für das Konfidenzintervall der Standardabweichung;

k_3 die Korrektur für das Konfidenzintervall des Mittelwerts;

k_2 und k_3 sind abhängig von der Standardabweichung s, dem Versuchsumfang n und dem vorgeschriebenen Konfidenzniveau.

Im Allgemeinen ist

$$k = k_1 k_2 + k_3 = z_{(1-\alpha/2)} \sqrt{\frac{n}{\chi^2_{(\alpha/2,n-1)}}} + \frac{t_{(1-\alpha/2,n-1)}}{\sqrt{n}} \qquad \text{(C.4)}$$

Dabei ist

n der Versuchsumfang;

α das Konfidenzniveau oder der Wert der Wahrscheinlichkeit (im Fall der Normalverteilung);

$z_{(1-\alpha/2)}$ der Wert der Normal-Wahrscheinlichkeitsverteilung bei einer vorgegebenen Versagenswahrscheinlichkeit von $(1-\alpha/2)$, entsprechend einer beiderseitigen Wahrscheinlichkeit von $(1-\alpha)$;

$\chi^2_{(\alpha/2,n-1)}$ der Wert der Chi-Quadrat-Wahrscheinlichkeitsverteilung bei einem vorgegebenen Konfidenzintervall von $\alpha/2$ und $n-1$ Freiheitsgrade;

$t_{(1-\alpha/2,n-1)}$ der Wert der t-Wahrscheinlichkeitsverteilung für eine vorgegebene Wahrscheinlichkeit von $(1-\alpha/2)$, entsprechend einer beiderseitigen Wahrscheinlichkeit von $(1-\alpha)$ und $n-1$ Freiheitsgraden.

Im Rahmen dieser Regeln werden die folgenden Annahmen gemacht:

- Der Wert der Standardabweichung ist aus vorherigen Erfahrungen bekannt, d. h., dieser basiert auf einem ausreichend großen Versuchsumfang;
- dies erlaubt für k_2 den Wert gleich 1 zu setzen;
- ausreichende Kenntnis über die herrschende Verteilung ist vorhanden oder es gibt keine signifikante Abweichung von der Normalverteilung; und
- bei der Korrektur für das Konfidenzintervall des Mittelwerts darf die t-Verteilung durch die Normalverteilung ersetzt werden.

(4) Beim allgemeinen Fall von mehreren Proben, die alle bis zum Versagen untersucht werden, wird dann der Ausdruck (C.3) zu

$$k = k_1 + k_3 = z_{(1-\alpha/2)} + \frac{z_{(1-\alpha/2)}}{\sqrt{n}} \qquad \text{(C.5)}$$

(5) Im Fall von mehreren gleichzeitig geprüften Proben bis zum Versagen der ersten Probe, um den Wert k abzuschätzen, wird angenommen, dass

- Die sich ergebende Lebensdauer der ersten Probe – entspricht T_L aus dem Ausdruck (C.1) – befindet sich auf der oberen Grenze der entsprechenden Verteilung;
- die erforderliche Lebensdauer oder Bemessungslebensdauer – entspricht T_m aus dem Ausdruck (C.1) – befindet sich auf der unteren Grenze der entsprechenden Verteilung.

Die untere Grenze wird bestimmt aus $x_m - k_1\, s$, mit k_1 entsprechend dem Ausdruck in (C.4). Die obere Grenze wird entsprechend aus $x_m + k_4\, s$ bestimmt. Der zugehörige Wert von k_4 wird mit der Annahme bestimmt, dass, wenn die Überlebenswahrscheinlichkeit von einer Probe beim Versagen an der entsprechenden Lebensdauer gleich P ist, die Überlebenswahrscheinlichkeit von n Proben auf dem gleichen Niveau gleich P^n sein wird. Um auf der sicheren Seite zu sein, wird ein ausreichend niedriger Wert von $P^n = c$ definiert und k_4 wird aus der Normalverteilung bei $c^{1/n}$ Wahrscheinlichkeit bei entsprechenden Werten n errechnet.

Der Beiwert k wird dann errechnet aus

$$k = k_1 + k_2 = z_{(1-\alpha/2)} + z_p \qquad \text{(C.6)}$$

(6) Aus dem Ausdruck (C.1) wird der folgende Ausdruck ermittelt:

$$\log T_L = \log T_m - \log F \qquad \text{(C.7)}$$

der beim Vergleich zum Ausdruck (C.2) Folgendes ergibt:

$$\log F = k\, s \qquad \text{(C.8)}$$

oder

$$F = 10^{\,ks} \qquad \text{(C.9)}$$

und F aus Tabelle C.1.

(7) Der Wert der Standardabweichung muss abgeschätzt werden. Vorherige Erfahrung mit ähnlichen Konstruktionsfällen liefert zuverlässigere Werte. Vorhandene Daten (Literatur in C.1 und C.2) für verschiedene geschweißte Konstruktionsdetails in Aluminium ergeben einen Bereich verschiedener Werte $s_{\log\Delta\sigma}$ für die Standardabweichung. Für eine entsprechende durchschnittliche Neigung von $m = 4$ für die Regressionslinie können diese zu entsprechenden $s_{\log N}$-Werten transformiert werden für den Lebensdauerbereich bis zum Grenzwert von 5×10^6 Schwingspielen für die Dauerfestigkeit bei konstanter Amplitude der Beanspruchung. Für Lebensdauerwerte bis zu 10^8 Schwingspielen kann es zweckmäßig sein, entsprechend der Neigung von $m + 2$ größere Werte der Streuung zu benutzen. Man braucht spezielle Überlegungen über dieser Grenze hinaus.

(8) Die Werte für F, errechnet auf der Grundlage der oben beschriebenen statistischen Verhältnisse, werden in Tabelle C.1 angegeben und gelten für identische Proben, die alle bis zum Versagen untersucht werden.

(9) Die Werte in Tabelle C.1 basieren auf einer Überlebenswahrscheinlichkeit von 95 % und einem Konfidenzniveau von 0,95 für die Normalverteilung und einem Wert von $s_{\log N} = 0{,}18$ für die Standardabweichung. Im Fall des Versagens der ersten Probe wird ein Wert der Überlebenswahrscheinlichkeit von $P^n = 5$ % angenommen.

(10) Kriterien für die Korrektur der gemessenen Lebensdauer und für die Abnahme werden von Anwendung zu Anwendung verschieden sein und sollten mit dem für die Abnahme verantwortlichen Ingenieur vereinbart werden.

(11) Die Akzeptanz einer schadenstoleranten Bemessung hängt von der Lebensdauer ab, bei der ein Riss eine Länge erreicht, welche bei einer während des Betriebs anwendbaren Inspektionsmethode erfasst werden könnte. Diese hängt auch ab von der Rissgeschwindigkeit, von der Bedeutung kritischer Risslängen und von den Folgen für die Restsicherheit der Konstruktion und den Reparaturkosten.

Tabelle C.1: Ermüdungsversuchs-Beiwert F

Versuchsergebnisse	Anzahl der untersuchten Proben n											
	1	2	3	4	5	6	8	10	15	20	30	100
Identische Proben, alle bis zum Versagen geprüft.	3,91	3,20	2,93	2,78	2,68	2,61	2,52	2,45	2,36	2,30	2,24	2,12
Identische Proben, alle gleichzeitig geprüft. Erste Probe versagt.	3,91	2,71	2,27	2,03	1,88	1,77	1,61	1,51	1,36	1,26	1,15	0,91

Rissfortschrittsdaten C.5

Hinweise für die Ermittlung von Risswachstumsdaten werden in Anhang B gegeben.

Berichterstattung C.6

(1) Beim Abschluss eines jeden Versuchs, durchgeführt in Anlehnung an diesen Abschnitt, sollte ein Zertifikat ausgestellt werden, folgende Informationen enthaltend:

a) Name und Adresse der Prüfanstalt;

b) Akkreditierungsangaben für die Prüfanstalt (wo angebracht);

c) Prüfdatum;

d) Name(n) der Person(en), die für die Prüfung verantwortlich sind;

e) Beschreibung der untersuchten Probe durch

1) Verweis auf Seriennummer, wo möglich; oder
2) Verweis auf Zeichnungsnummer(n), wo möglich; oder
3) Beschreibung durch Skizzen oder Diagramme oder
4) Bildaufnahmen;

f) Beschreibung der aufgebrachten Lastanordnungen samt Verweise auf weitere Europäische Normen, wo zweckmäßig;

g) Aufzeichnung der Lastereignisse und der gemessenen Reaktionen auf Belastung, d. h. Durchbiegungen, Dehnung, Lebensdauer;

h) Summe der Lasten und Deformationen und Spannung an kritischen Punkten für die Abnahme der Konstruktion;

i) Aufzeichnung der Lebensdauer und Versagensart;

j) Aufzeichnung der beobachteten Punkte mit Verweis auf e) 2 bis 4) oben;

k) Notierung jedes beobachteten in Bezug auf Sicherheit oder Gebrauchstauglichkeit relevanten Verhaltens des Prüfobjekts, d. h. Art und Ort der Risse in der Ermüdungsprüfung;

l) Aufzeichnung der Umweltbedingungen zur Versuchszeit, wo relevant;

m) Bescheinigung einer akkreditierten Kalibrierstelle für alle eingesetzten Messgeräte;

n) Erklärung über Zweck oder Ziele der Prüfung;

o) Aussage über Entsprechung oder Nichtentsprechung mit relevanten Abnahmekriterien, wo geeignet;

p) Aufzeichnung der Namen und der Funktion der für die Prüfung und Aufstellung des Berichts zuständigen Personen;

q) Seriennummer des Berichts und Ausstellungsdatum.

Anhang D
(informativ)
Spannungsanalyse

NDP Zu Anhang D

Abschnitt D.1 ist informativ.

Abschnitte D.2 und D.3 sind normativ.

D.1 Anwendung von finiten Elementen für die Ermüdungsanalyse

D.1.1 Elementtypen

D.1.1.1 Balkenelemente

(1) Balkenelemente werden hauptsächlich für die Analyse von Nennspannungen in Rahmen und ähnlichen Tragwerken verwendet. Ein konventionelles Balkenelement für die Analyse von dreidimensionalen Rahmen hat 6 Freiheitsgrade an jedem Endknoten: drei Verschiebungen und drei Rotationen. Dieses Element kann das Torsionsverhalten nur in solchen Fällen korrekt beschreiben, in denen der Querschnitt gegen Verwölbung nicht anfällig ist oder eine Verwölbung sich frei entwickeln kann. Eine Analyse der Wölbspannungen ist unmöglich, wenn offene dünnwandige Tragwerke analysiert werden.

(2) Meist sind die Balkenelemente an den Knotenpunkten steif miteinander verbunden. Alternativ können auch frei drehbare Verbindungen spezifiziert werden. In vielen Tragwerken sind die Verbindungen jedoch halbsteif. Zusätzlich ist in Rohrverbindungen die Steifigkeit ungleichmäßig verteilt, was weitere Biegemomente verursacht. Solche Konstruktionsmerkmale verlangen ausgefeilteres Modellieren als nur mit steifen oder frei drehbaren Verbindungen.

D.1.1.2 Membranelemente

(1) Membranelemente sind für das Modellieren in der Ebene beanspruchter Plattenkonstruktionen vorgesehen. Sie können keine Schalenbiegespannungen behandeln. Drei- oder viereckige Plattenelemente sind geeignet für die Berechnung von Membrannennspannungsfeldern in großen ausgesteiften Plattenkonstruktionen.

D.1.1.3 Dünne Schalenelemente

(1) Finite-Elemente-Programme beinhalten verschiedene Typen von dünnen Schalenelementen. Diese umfassen flache Elemente, Elemente mit einfacher oder zweifacher Krümmung. Die Deformationsfelder werden meist linear (4-Knoten-Element) oder parabolisch (8-Knoten-Element) formuliert. Im Allgemeinen sind dünne Schalenelemente geeignet für die Berechnung der elastischen Strukturspannungen nach der Schalentheorie. Die Spannung in der Mittelebene ist der Membranspannung gleich, die Spannungen in der oberen und unteren Oberfläche sind superponierte Membran- und Schalenbiegespannungen.

(2) Dünne Schalenelemente können nur die Mittelebenen der Platten modellieren. Die tatsächliche Materialdicke wird nur als eine Eigenschaft für das Element angegeben. Es gibt auch dünne Schalenelemente mit abnehmender Dicke, die beispielsweise für das Modellieren von Tragwerken aus Gussbauteilen geeignet sind. Der wichtigste Nachteil von dünnen Schalenelementen ist, dass diese die wahre Steifigkeit und Spannungsverteilung innerhalb und in der Umgebung der Schweißzone sich kreuzender Schalen nicht modellieren können.

D.1.1.4 Dicke Schalenelemente

(1) Einige Finite-Elemente-Pakete beinhalten auch so genannte dicke Schalenelemente. Diese erlauben die Erfassung von Schubquerdeformationen in Dickenrichtung der Schale. Dicke Schalenelemente funktionieren besser als dünne Schalenelemente in bspw. solchen Konstruktionsdetails, bei denen die Entfernung zwischen benachbarten Schalenkreuzungen kurz ist und dies zu signifikanten Schubspannungen führt.

D.1.1.5 Elemente mit ebenem Dehnungszustand

(1) Manchmal ist es nützlich, lokale Spannungsfelder um Kerben mit einem 2-D-Modell zu studieren. Ein Querschnitt von der Einheitsdicke kann dann als zweidimensionale Struktur mit Hilfe von Elementen mit ebenem Dehnungszustand modelliert werden.

D.1.2 Weitere Hinweise für die Anwendung finiter Elemente

(1) Kontinuumselemente sind für das Modellieren von Strukturen mit dreidimensionalen Spannungs- und Dehnungsfeldern notwendig. Gekrümmte isoparametrische 20-Knoten-Elemente sind im Allgemeinen die geeignetsten. In geschweißten Bauteilen sind diese manchmal für das Modellieren der Kreuzungszone von Platten oder Schalen erforderlich.

(2) Kontinuumselemente mit linearer Verformung werden wegen unzureichender Konvergenz bei einer Netzverfeinerung nicht empfohlen.

(3) Vollwandige Bauteile mit Form eines vierseitigen Tetraeders und zehn Knoten sind sehr effektiv in der automatischen Netzbildung und haben ein gutes Konvergenzverhalten.

D.2 Spannungskonzentrationsbeiwerte

(1) Werte für Spannungskonzentrationsbeiwerte und Kerbfaktoren für üblich vorkommende Geometrien können aus veröffentlichten Daten entnommen werden (siehe Literaturangaben D.1 und D.2).

(2) Typische Werte von K_{gt} für Eckradien in flachen Plattenelementen werden in Bild D.1 angegeben.

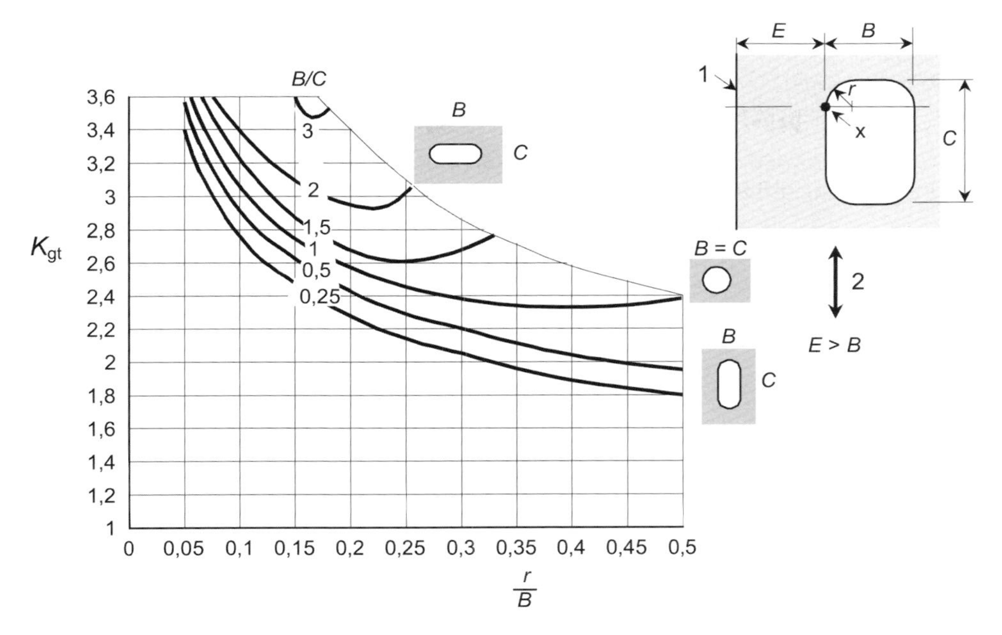

Legende

1 Freie Kante

2 Wirkrichtung der Spannung

a) Ermüdungs-Spannungskonzentrations-Beiwert K bezogen auf Nennspannung am Punkt x für nicht verstärkte Öffnungen

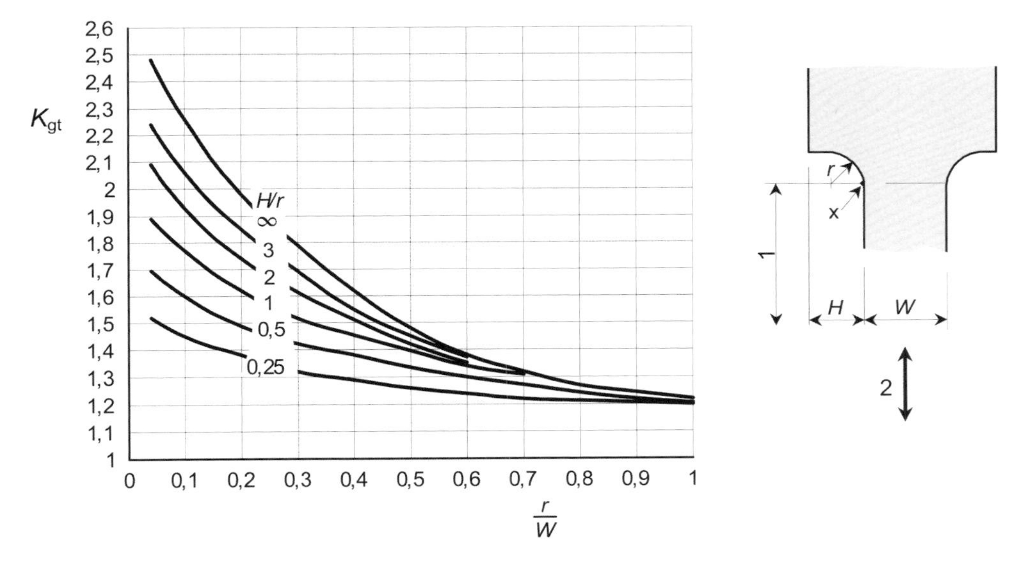

Legende

1 Länge der geraden Strecke $> 2r$;

2 Wirkrichtung der Spannung

b) Ermüdungs-Spannungskonzentrations-Beiwert K bezogen auf Nennspannung am Punkt x für Ausrundungen an Querschnittsübergängen

Bild D.1: Typische Spannungskonzentrations-Beiwerte für Eckenausrundungen in flachen Platten

D.3 Ermüdungsbegrenzung bei wiederholtem lokalem Beulen

(1) Die Schlankheit der Plattenelemente sollte begrenzt werden, um wiederholtes lokales Beulen, das an oder vor Kanten-Anschlüssen zur Ermüdung führen könnte, zu vermeiden.

(2) Übermäßiges wiederholtes örtliches Beulen darf vernachlässigt werden, wenn die folgende Anforderung erfüllt ist:

$$\sqrt{\left(\frac{\sigma_{x,Ed,ser}}{k_\sigma \sigma_E}\right)^2 + \left(\frac{1{,}1\,\tau_{x,Ed,ser}}{k_x \sigma_E}\right)^2} \leq 1{,}1 \tag{D.1}$$

Dabei sind

$\sigma_{x,Ed,ser}$, $\tau_{x,Ed,ser}$ die Spannungen für die häufige Lastkombination;

k_σ, k_x die linearen elastischen Beulwerte unter Annahme von frei dehnbaren Kanten beim Plattenelement;

$\sigma_E = 0{,}904\, E\, (t_w/b_w)^2$

t_w, b_w die Dicke und die Tiefe des Stegbleches.

ANMERKUNG In der Literatur kann der Begriff „Stegatmen" vorkommen, der gleichbedeutend ist mit wiederholtem lokalem Beulen.

Anhang E
(informativ)
Klebeverbindungen

NDP Zu Anhang E

Anhang E darf nicht angewendet werden (s. a. NDP zu Anhang M (Klebetechnik)) in DIN EN 1999-1-1/NA. Daher werden keine weiteren Empfehlungen getroffen.

~~(1) Die Bemessung von Klebeverbindungen sollte ...~~

Anhang F
(informativ)
Bereich der Kurzzeitfestigkeit

NDP Zu Anhang F
Anhang F ist normativ.

Einleitung F.1

(1) Wo signifikanter Schaden durch hohe Spannungsschwingbreiten verursacht wird, die in weniger als 10^5 Schwingspielen auftreten, könnten die in 6.2 angegebenen $\Delta\sigma$-N-Kurven für bestimmte Konstruktionsdetails und R-Verhältnisse unnötig konservativ sein. Die unten angegebenen Daten dürfen zu einer genaueren Lebensdauer-Abschätzung eingesetzt werden.

Modifikation der $\Delta\sigma$-N-Kurven F.2

(1) Für die Lebensdauer zwischen 10^3 und 10^5 Schwingspielen darf die Ermüdungsfestigkeitskurve wie folgt definiert werden:

$$N_{\mathrm{i}} = \left(\frac{\Delta\sigma_{\mathrm{c}}}{\Delta\sigma_{\mathrm{i}}} \frac{1}{\gamma_{\mathrm{Ff}}\gamma_{\mathrm{Mf}}} \right)^{m_0} \times 20^{m_0/m_1} \times 10^5 \qquad \text{(F.1)}$$

Dabei ist

N_{i} berechnete Schwingspielzahl zum Versagen auf einer Spannungsschwingbreite $\Delta\sigma_{\mathrm{i}}$;

$\Delta\sigma_{\mathrm{c}}$ Bezugswert der Ermüdungsfestigkeit bei 2×10^6 Schwingspielen in Abhängigkeit von der Detailkategorie;

$\Delta\sigma_{\mathrm{i}}$ Spannungsschwingbreite für die Hauptspannungen beim Detail, konstant für alle Schwingspiele;

m_0 logarithmische Neigung der $\Delta\sigma$-N-Kurve im Bereich von 10^3 und 10^5 Schwingspielen, abhängig von der Detailkategorie, Legierung und R-Wert;

m_1 logarithmische Neigung der $\Delta\sigma$-N-Kurve, abhängig von der Detailkategorie;

γ_{Ff} Teilsicherheitsbeiwert für die Berücksichtigung von Unsicherheiten im Belastungskollektiv und Analyse des Tragwerksverhaltens (siehe 2.4);

γ_{Mf} Teilsicherheitsbeiwert für Unsicherheiten bei Werkstoffen und der Ausführung (siehe 6.2.1 (2)).

Versuchsergebnisse F.3

(1) Tabelle F.1 gibt Werte von m_0 für einige ausgewählte Details in bestimmten Knetlegierungsprodukten an, die aus Versuchsergebnissen ermittelt worden sind.

ANMERKUNG 1 Für R-Verhältnisse zwischen $R = -1$ und $R = 0$ darf ein linear interpolierter Wert der Neigung m_0 verwendet werden.

ANMERKUNG 2 Der R-Wert darf nur auf den angewandten Spannungen basieren ohne Berücksichtigung der Eigenspannungen.

Tabelle F.1: Werte für m_0

Typ-Nr.	Detail-kategorie-Tabelle	Legierungen	Produktformen	m_0	
				$R = -1$	$R \geq 0$
1.1	J.1	7020	Bleche, Platten und einfache Strangpressprofile	5,0	m_1
1.2		6000-Serie[a]	Bleche, Platten und einfache Strangpressprofile	4,0	m_1
1.3		7020	Geformte Strangpressprofile	4,0	m_1
1.4		6000-Serie[a]	Geformte Strangpressprofile	4,0	m_1
7.6	J.7 und J.9	EN 1999-1-1, Tabelle 3.1a[a]		3,0	m_1
9.1				3,0	m_1
9.2				3,0	m_1
9.3				3,0	m_1
9.4				3,0	m_1
15.1	J.15	7020	EN 1999-1-1, Tabelle 3.1a	3,3	m_1
15.2		7020		3,3	m_1

[a] Ausnahmen – siehe 3 (1)

Anhang G
(informativ)
Einfluss des R-Verhältnisses

NDP Zu Anhang G

Anhang G ist normativ.

G.1 Erhöhung der Ermüdungsfestigkeit

(1) Für angewandte Spannungsverhältniswerte niedriger als $R = +0{,}5$ darf ein erhöhter Bezugswert der Ermüdungsfestigkeit $\Delta\sigma_{C(R)}$ anstelle $\Delta\sigma_C$ wie folgt benutzt werden:

$$\Delta\sigma_{C(R)} = f(R)\,\Delta\sigma_C \qquad (G.1)$$

Dabei ist

$f(R)$ der Erhöhungsbeiwert in Abhängigkeit vom R-Verhältnis und vom Komponent- und Konstruktionsdetail-Typ, wie unten in G.2 angegeben.

ANMERKUNG Gezogene Rohre und geformte Profile (gefaltet; gewalzt) könnten Eigenspannungen haben, die nicht vernachlässigbar sind, so dass eine Erhöhung im Sinne dieses Anhangs nicht zulässig ist.

G.2 Fälle, die erhöht werden

G.2.1 Fall 1

(1) Dieser betrifft Entstehungsstellen im Grundwerkstoff und Knetprodukte in Konstruktionselementen weit entfernt von Verbindungen.

(2) Zusätzlich zu den vorkommenden Spannungen sollten Vorbelastungen oder Montagetoleranzen berücksichtigt werden.

(3) Die Zahlenwerte für den Erhöhungsbeiwert $f(R)$ werden durch

$$f(R) = 1{,}2 - 0{,}4R \qquad (G.2)$$

angegeben, siehe auch Tabelle G.1 und Bild G.1.

Tabelle G.1: Werte von $f(R)$ für Fall 1

R	$f(R)$
≤ -1	1,6
> -1 $< +0{,}5$	$1{,}2 - 0{,}4R$
$< +0{,}5$	1,0

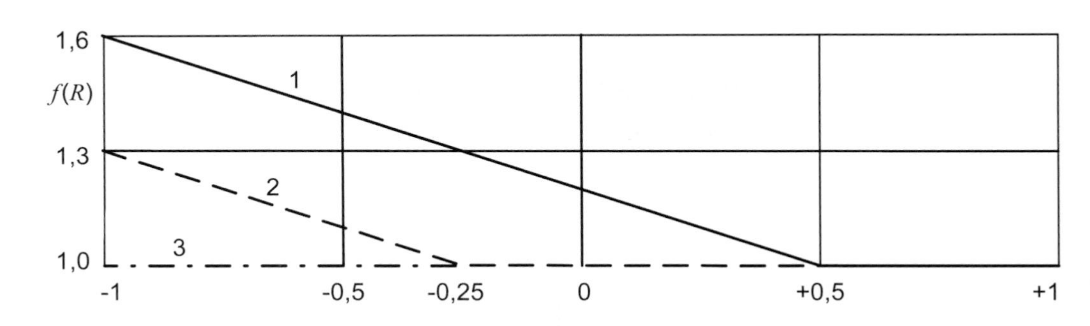

Legende

1 vollkommen spannungsfreie Bereiche

2 teilweise spannungsfreie Bereiche

3 Bereiche mit Eigenspannungen

Bild G.1: Festigkeits-Erhöhungs-Beiwert $f(R)$ bei 2×10^6 Schwingspielen

G.2.2 Fall 2

(1) Dieser betrifft Entstehungsstellen in Verbindung mit geschweißten oder mechanisch befestigten Anschlüssen in einfachen Tragwerkselementen, wo die Eigenspannungen σ_{re} ermittelt worden sind, durch Berücksichtigung von allen Vorbelastungen oder Montagetoleranzen.

(2) Das effektive R-Verhältnis R_{eff} sollte folgendermaßen abgeschätzt werden:

$$R_{eff} = \frac{2\sigma_{res} - \Delta\sigma}{2\sigma_{res} + \Delta\sigma} \tag{G.3}$$

wobei $\Delta\sigma$ die angewandte Spannungsschwingbreite ist.

(3) Die Werte von $f(R)$ werden durch

$$f(R) = 0{,}9 - 0{,}4R \tag{G.4}$$

angegeben, siehe auch Tabelle G.2 und Bild G.1.

Tabelle G.2: Werte von $f(R)$ für Fall 2

R_{eff}	$f(R)$
≤ -1	1,3
> -1 $< -0{,}25$	$0{,}9 - 0{,}4R$
$\geq -0{,}25$	1,0

G.2.3 Fall 3

(1) Dieser gilt in der Nähe von Anschweißungen und bei komplexen Konstruktionsbaugruppen, bei denen eine Kontrolle der Eigenspannungen nicht realisierbar ist.

(2) In diesem Fall sollte $f(R)$ mit Eins für alle R-Verhältnisse angenommen werden (siehe auch Bild G.1).

Anhang H
(informativ)
Verbesserung der Ermüdungsfestigkeit von Schweißnähten

Allgemeines H.1

(1) In Fällen, wo Ermüdungsrisse an der Schweißnahtübergangsstelle entstehen würden, kann die Tragfähigkeit von Schweißverbindungen erhöht werden. Solche Methoden werden normalerweise bei den höchstbeanspruchten Schweißnähten oder zur Verbesserung von Schweißnähten niedriger Festigkeit verwendet.

(2) Die folgenden Methoden werden hier betrachtet:

- maschinelles Bearbeiten oder Schleifen;
- Nachbearbeitung durch WIG (Aufschmelzen der Nahtübergangszone) oder Plasma;
- Strahlen (Sand- oder Nadel- oder Hammerstrahlen).

(3) In Fällen, bei denen spezifizierte Verbesserungstechniken verwendet wurden, kann eine Verbesserung von 30 % im Bereich der mittleren und langen Ermüdungslebensdauer, an der Spannungsschwingbreite gemessen, erreicht werden. Die höchste Verbesserung wird erreicht durch Kombination von zwei Methoden wie maschinelles Bearbeiten (oder Schleifen) und Hammerstrahlen, wobei die doppelte Verbesserung verglichen mit den einzelnen Methoden erreicht werden kann.

(4) Bei allen Methoden sollten die folgenden Aspekte betrachtet werden:

a) Ein geeigneter Arbeitsvorgang sollte vorhanden sein.

b) Vor Anwendung der Verbesserungsmaßnahmen sollte man sicherstellen, dass es keine Oberflächenrisse an den kritischen Stellen gibt.

c) Dies sollte durch die Farbeindringmethode oder andere geeignete zerstörungsfreie Methoden vorgenommen werden.

d) Im Bereich kurzer Lebensdauern, wo die lokalen Spannungen die Dehngrenze übertreffen, ist die Rissentstehungszeit kurz (unabhängig vom Kerbfall), und folglich ist die Verbesserung gering. Daraus folgt keine Verbesserung für die Bemessung bei 10^5 Schwingspielen (Die $\Delta\sigma$-N-Kurve wird damit um einen bei 10^5 fixierten Wert gedreht).

e) Andere mögliche Ermüdungsbruchstellen als die gerade verbesserte sollten berücksichtigt werden: z. B. bei Verbesserung des Schweißnahtübergangsbereichs könnten Stellen wie an der Naht selbst oder Innenrisse (teils durchschweißt) kritisch werden.

f) Es sollten die Ermüdungslebensdauer und der Nutzen von Verbesserungsmethoden in Erwägung gezogen werden.

g) Unter Bedingungen im Wasser, die eine freie Korrosion ermöglichen, wird die Verbesserung oft verloren gehen. Methoden, die Druckeigenspannungen erzeugen (Strahlen), sind weniger empfindlich. Korrosionsschutz ist somit erforderlich, wenn eine Verbesserung erreicht werden muss.

(5) Bemessungswerte für verbesserte Schweißnähte sollten durch Versuche bestimmt werden, siehe Anhang C.

Maschinelle Bearbeitung oder Schleifen H.2

(1) Maschinelle Bearbeitung kann durch einen schnell rotierenden Entgraterstab erfolgen und hat den Vorteil, einen genauer definierten Radius zu erzeugen, hinterlässt Spuren parallel zur Spannungsrichtung und erreicht Ecken. Alternativ darf eine Schleifscheibe benutzt werden, wenn die Zugänglichkeit dies ermöglicht, siehe Bild H.1. In beiden Fällen sollte der Radius der Schnittkante richtig gewählt werden.

(2) Um Einrisse usw. sicher entfernen zu können, muss das maschinelle Entgraten bis zu einer Mindesttiefe von 0,5 mm unterhalb der Unterkante jedes optisch feststellbaren Einschnitts reichen, sollte allerdings nicht tiefer als 2 mm oder 5 % der Plattendicke betragen – dem entsprechend, was weniger beträgt –, siehe Bild H.2. Die geringfügige Abnahme der Plattendicke und die entsprechende Erhöhung der Nennspannungen sind nicht signifikant für Plattendicken ab 10 mm aufwärts. Im Fall von Nähten mit mehreren Lagen sollten mindestens zwei Nahtübergangsstellen bearbeitet werden. Außerdem sollte man aufpassen, dass die erforderliche Nahtdicke erhalten bleibt.

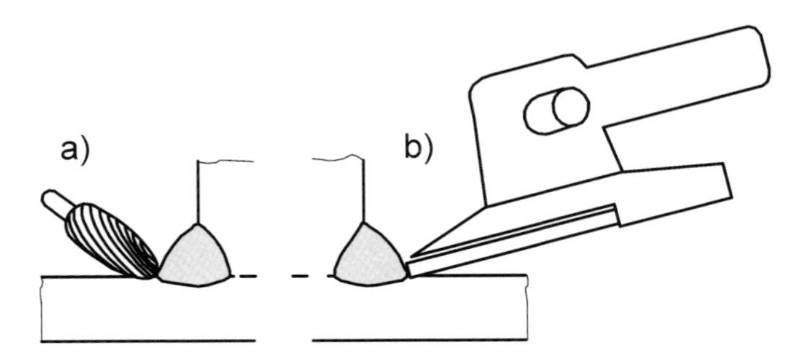

Legende
a) Entgraten
b) Scheibenschleifen

Bild H.1: Maschinelle Bearbeitungs- und Schleifverfahren

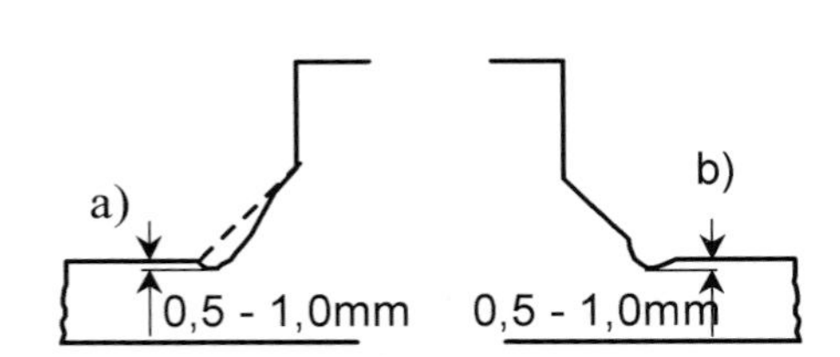

Legende
a) Volles Profil
b) Nahtübergangsstelle

Bild H.2: Profilgeometrien

H.3 Nachbearbeitung durch WIG oder Plasma

(1) Während das WIG-Schweißen nur ein praktisches Verfahren für Tragwerke mit 4 mm oder weniger dicken Platten ist, kann es zur Verbesserung der Ermüdungsfestigkeit eingesetzt werden in Fällen, in denen die Nahtübergangsstelle die kritische Stelle ist. Beim Wiederschmelzen des ursprünglichen Nahtübergangbereichs können innere Imperfektionen und Einbrände entfernt und der Radius des Übergangbereiches vergrößert werden, was den lokalen Spannungskonzentrationsbeiwert vermindert.

(2) Standardmäßige WIG-Schweißausrüstung sollte benutzt werden, ohne Fülldraht. Die Nachbearbeitung durch WIG ist empfindlich für die Fertigkeiten des Schweißers und es ist wichtig, auf saubere Oberflächen zu achten, um Poren zu vermeiden. Detaillierte Verfahrensanweisungen müssen ausgearbeitet werden.

(3) Die Verbesserung sollte durch Versuche bestätigt werden.

H.4 Strahlen

(1) Die größten Vorteile werden normalerweise durch Methoden erreicht, die Druckeigenspannungen erzeugen. Die üblichsten Methoden sind das Hammerstrahlen, Nadelstrahlen und Kugelstrahlen. Strahlen ist ein Kaltverformungsverfahren, bei dem der Werkzeugstoß die Oberfläche plastisch verformt. Das umgebende (elastische) Material drückt auf das deformierte Volumen. Hohe Druck-Betriebsbelastung kann die Höhe der Eigenspannung reduzieren und dies sollte bei Anwendung zufälliger Einwirkungskollektive berücksichtigt werden.

(2) Verfahrensanweisungen für sämtliche Strahlverfahren sollten ausgearbeitet werden: Durchgänge, Verformungen an der Nahtübergangsstelle und Einkerbung für das Hammer- und Drahtbündelstrahlen; Intensität, Abdeckung und Verformung nach der Almen-strip-Methode für das Kugelstrahlen.

Anhang I
(informativ)
Gussstücke

NDP Zu Anhang I

Anhang I ist normativ mit den Einschränkungen zu:

I.2.2: An Gussteilen darf nicht geschweißt werden. Es werden daher keine Ermüdungsfestigkeitswerte für Schweißverbindungen bestimmt.

I.2.3.2 Anmerkung 2: Dieser Abschnitt bleibt informativ. Es werden daher keine Ermüdungsfestigkeitswerte für Bolzenverbindungen bestimmt. Ermüdungsfestigkeitswerte gemäß Tabelle J.15 dürfen nicht verwendet werden. Ermüdungsfestigkeitswerte sind somit im Rahmen eines bauaufsichtlichen Verwendbarkeitsnachweises festzulegen.

I.2.4: Gussteile dürfen nicht durch Kleben (tragende Verbindungen) mit anderen Bauteilen verbunden werden. Es werden daher keine Ermüdungsfestigkeitswerte für solche Klebeverbindungen bestimmt.

Allgemeines I.1

(1) Die folgenden Daten dürfen für Gussstücke verwendet werden, vorausgesetzt, dass die Regeln der Spannungsberechnung in EN 1999-1-1, 3.2.3.1 und ihrem Anhang C.3.4 befolgt werden.

(2) Die Bemessungsregeln in EN 1999-1-3 für Gussstücke unter Ermüdungsbelastung dürfen für die in EN 1999-1-1, Tabelle 3.3 angegebenen Legierungen verwendet werden, wenn die zusätzlichen Anforderungen in I.3 beachtet werden.

Ermüdungsfestigkeitsdaten I.2

Flachguss I.2.1

(1) In Abhängigkeit von der geforderten Qualitätsstufe, siehe I.3, dürfen die Zahlenwerte für $\Delta\sigma$ aus Tabelle I.1 verwendet werden.

Tabelle I.1: Numerische Werte von $\Delta\sigma$ (N/mm²) für den ungeschweißten Werkstoff

Detailkategorie ($N_C = 2 \times 10^6$)		$N = 10^5$	$N_D = 2 \times 10^6$	$N_L = 10^8$
$\Delta\sigma_C$	$m_1 = m_2$	$\Delta\sigma$	$\Delta\sigma_D$	$\Delta\sigma_L$
71[a]	7	108,9	71	40,6
50	7	76,7	50	28,6
40	7	61,4	40	22,9
32	7	49,1	32	18,3
25	7	38,4	25	14,3

[a] siehe ANMERKUNG in I.3

Geschweißter Werkstoff I.2.2

(1) Ermüdungsfestigkeitswerte für geschweißte Gussstücke werden durch EN 1999-1-3 nicht behandelt.

ANMERKUNG Ermüdungsfestigkeitswerte für Schweißverbindungen zwischen Gussstücken dürfen im Nationalen Anhang definiert werden.

I.2.3 Mechanisch verbundene Gussstücke

I.2.3.1 Geschraubte Verbindungen

(1) Die Zahlenwerte für $\Delta\sigma$ aus Tabelle I.2 dürfen für Schrauben der Kategorie A: Scher-/Lochleibungsverbindung, verwendet werden, siehe EN 1999-1-1.

Tabelle I.2: Numerische Werte von $\Delta\sigma$ (N/mm²) für geschraubte Verbindungen

Detailkategorie ($N_C = 2 \times 10^6$) für ungeschweißten Werkstoff	**Entsprechende Detailkategorie ($N_C = 2 \times 10^6$) für geschraubte und genietete Verbindungen**		$N = 10^5$	$N_D = 5 \times 10^6$	$N_L = 10^8$
	$\Delta\sigma_C$	$m_1 = m_2$	$\Delta\sigma$	$\Delta\sigma_D$	$\Delta\sigma_L$
71	**45**	4	95,2	35,8	16,9
50	**40**	4	84,6	31,8	15,0
40	**25**	4	52,9	19,9	9,4
32	**20**	4	42,3	15,9	7,5
25	**16**	4	33,8	12,7	6,0

I.2.3.2 Bolzenverbindungen

(1) Ermüdungsfestigkeitswerte für Bolzenverbindungen werden durch EN 1999-1-3 nicht abgedeckt.

ANMERKUNG 1 Ermüdungsfestigkeitswerte aus Tabelle J.15 für geschraubte Verbindungen dürfen unter der Voraussetzung verwendet werden, dass die Bemessungsanalyse die Spannungsverteilung entlang des Bolzens und des angeschlossenen Bauteils angemessen und zuverlässig berücksichtigt, bspw. durch Berechnung der geometrischen Spannungen.

ANMERKUNG 2 Ermüdungsfestigkeitswerte für Bolzenverbindungen von Gussstücken dürfen im Nationalen Anhang definiert werden.

I.2.4 Geklebte Gussstücke

(1) Geklebte Verbindungen in Gussstücken werden durch EN 1999-1-3 nicht abgedeckt.

ANMERKUNG Ermüdungsfestigkeitswerte für geklebte Verbindungen in Gussstücken dürfen im Nationalen Anhang festgelegt werden.

I.3 Qualitätsanforderungen

(1) Die zusätzlichen Beschränkungen in Tabelle I.3 bezüglich des maximalen Porendurchmessers sollten beachtet werden.

Tabelle I.3: Werte für maximalen Porendurchmesser [mm] bei Gussteilen

Detailkategorie ($N_C = 2 \times 10^6$)	71	50	40	32	25
Maximaler Poren-Durchmesser	0,2	0,5	0,9	1,5	2,0 (normal)

ANMERKUNG Die Herstellung von Gussstücken mit einem Porendurchmesser kleiner als 0,6 mm bedarf spezieller Fertigkeiten, Erfahrung, Gusstechnik und Technologie. Darüber hinaus sind für die Erkennung von Poren kleiner als 0,6 mm spezielle Geräte notwendig, insbesondere für den Bereich bis zu 0,2 mm, wo die Möglichkeit der Erkennung von Fehlstellen dieser Größe auch von der Form (Dicke) des Gussstückes abhängt. Die bei der Planung getroffenen Annahmen über die Materialeigenschaften der für das Tragwerk vorgesehenen Gussstücke sollten durch den Hersteller der Gussstücke bestätigt werden.

Anhang J
(informativ)
Tabellen der Detailkategorien

NDP Zu Anhang J

Anhang J ist normativ, mit Ausnahme von Tabelle J.15 Typ Nr. 15.2.

Tabelle J.15 Typ Nr. 15.2 gilt nur für nicht vorgespannte Passschrauben. Die Ausführung hat den Anforderungen an Passschraubenverbindungen zu genügen.

Allgemeines J.1

(1) Die Detailkategorien und $\Delta\sigma$-N-Beziehungen in diesem Anhang dürfen nur zusammen mit den Bestimmungen von Kapitel 6 verwendet werden.

(2) Die Detailkategorie-Werte sind für Außentemperaturen und Umweltbedingungen gültig, wo kein Oberflächenschutz erforderlich ist (siehe Tabelle 6.2), sowie in Verbindung mit den Ausführungsbedingungen von EN 1090-3. Diese Werte sind für Spannungsverhältnisse ermittelt, die nicht kleiner sind als 0,5.

Tabelle J.1: Detailkategorien für nicht geschweißte Bauteile

Typ-Nr.	Detailkategorie $\Delta\sigma - m_1$ [a] Legierungsbeschränkung	Produktformen Konstruktionsdetail Rissentstehungsstelle	Spannungsrichtung	Spannungsanalyse	Ausführungsanforderungen	
1.1	**125-7** nur 7020	Blech, Band und einfache stranggepresste Stäbe und Stangen, maschinell bearbeitete Teile 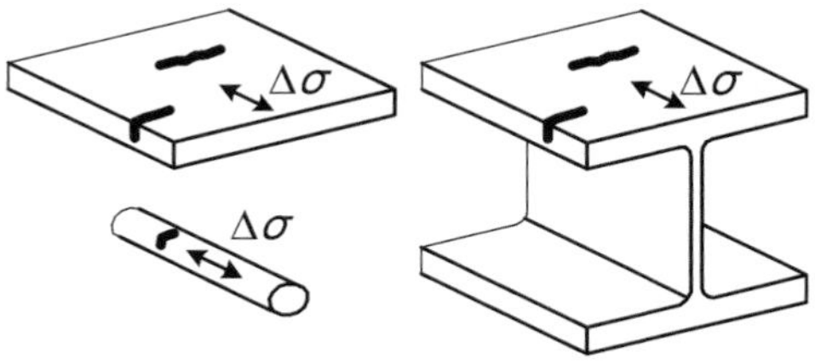 Unebenheit an der Oberfläche	Parallel oder quer [b] zur Walz- oder Strangpressrichtung	Haupt-Nennspannung an der Rissentstehungsstelle	Oberfläche frei von scharfen Ecken, wenn diese nicht parallel zur Spannungsrichtung sind, Kanten frei von Kerben	Keine Übergangsecken im Profilquerschnitt, kein Kontakt mit anderen Teilen Maschinelle Oberflächenbearbeitung $R_{z5} < 40$ µm [c] Visuelle Inspektion
1.2	**90-7**					
1.3	**80-7** nur 7020	Bleche, Platten, Strangpressprofile, Rohre, Schmiedestücke 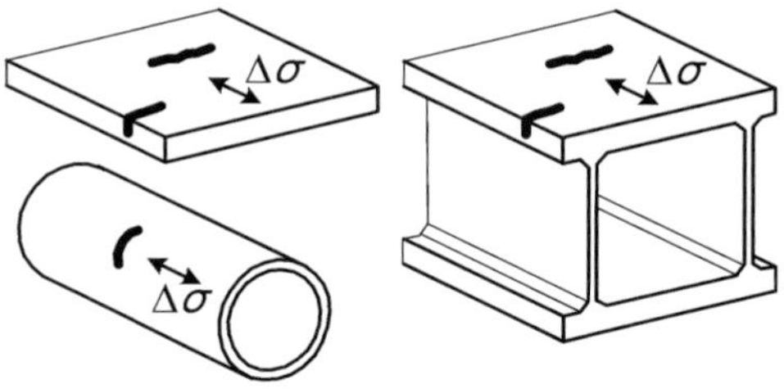 Unebenheit an der Oberfläche				Handschleifen nicht erlaubt, wenn nicht parallel zur Spannungsrichtung Keine Riefen quer zur Spannungsrichtung Visuelle Inspektion
1.4	**71-7**					
1.5	**140-7** nur 7020	Kerben, Löcher 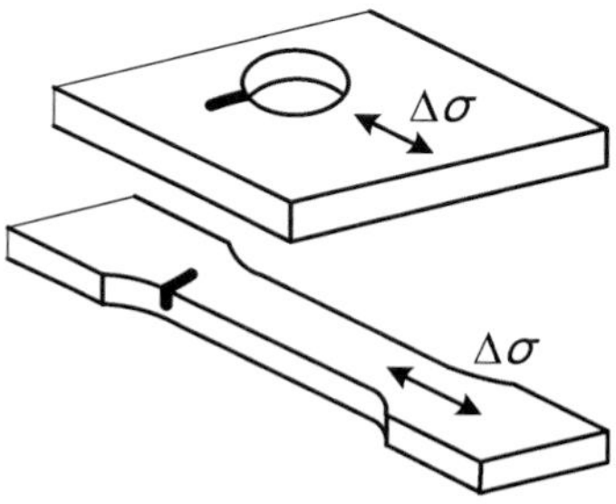 Unebenheit an der Oberfläche		Berücksichtigung der Spannungs-Konzentration: siehe Anhang D.2		Gebohrte und gefräste Löcher Keine Riefen quer zur Spannungsrichtung Visuelle Inspektion
1.6	**100-7**					

[a] $m_1 = m_2$, Dauerfestigkeit bei 2×10^6 Schwingspielen.
[b] Wenn die Spannungsrichtung quer zur Strangpressrichtung ist, sollte der Hersteller bezüglich der Qualitätssicherung im Falle von Strangpressprofilen, hergestellt durch Kammer- bzw. Brückenwerkzeug, konsultiert werden.
[c] R_{z5} siehe EN ISO 4287 und EN ISO 4288.

Spannungsschwingbreite [N/mm²]

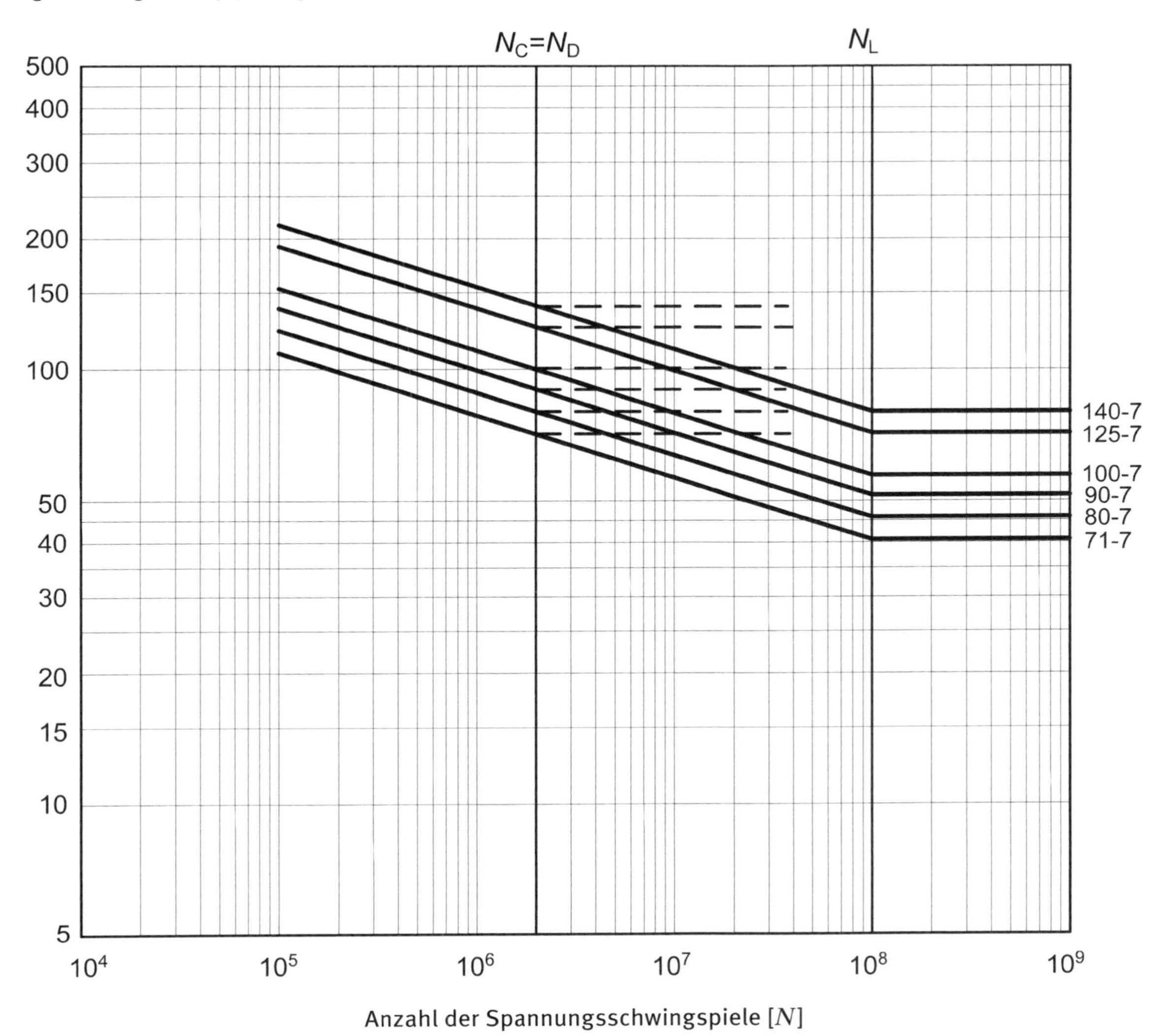

Bild J.1: Ermüdungsfestigkeitskurven $\Delta\sigma$-N für nicht geschweißte Bauteile – Detailkategorien entsprechend Tabelle J.1

Tabelle J.2: Numerische Werte von $\Delta\sigma$-N (N/mm²) für nicht geschweißte Bauteile – Detailkategorien entsprechend Tabelle J.1

Neigung		**Schwingspiele N**						
m_1	m_2	1E+05	1E+06	2E+06	5E+06	1E+07	1E+08	1E+09
7,0	7,0	214,8	154,6	140,0	122,8	111,2	80,1	80,1
7,0	7,0	191,8	138,0	125,0	109,7	99,3	71,5	71,5
7,0	7,0	153,4	110,4	100,0	87,7	79,5	57,2	57,2
7,0	7,0	122,7	88,3	80,0	70,2	63,6	45,7	45,7
7,0	7,0	108,9	78,4	71,0	62,3	56,4	40,6	40,6

Tabelle J.3: Detailkategorien für Bauteile mit Anschweißungen – Quernaht-Schweißübergang

Typ-Nr	Detailkategorie $\Delta\sigma - m_1$ [a,b]		Konstruktionsdetail Rissentstehungsstelle	Abmessungen (mm)	Spannungsanalyse: Spannungsparameter	Spannungsanalyse: Spannung berücksichtigt für	Ausführungsanforderungen	Ausführungsanforderungen: Qualitätsstufe[c]
3.1	32 – 3,4		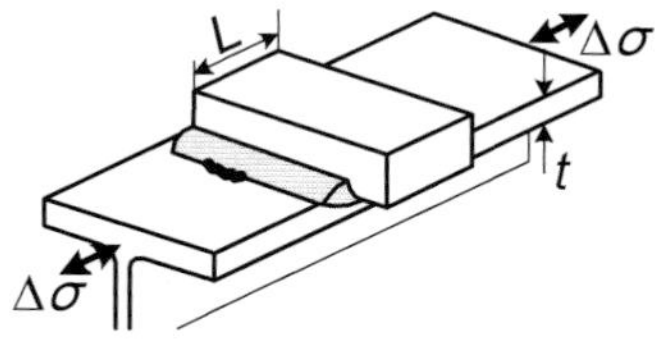	$L \leq 20$	Nennspannung an der Rissentstehungsstelle	Aussteifende Wirkung der Anschweißung	Einbrand glatt schleifen	C
3.2	**25 – 3,4** **23 – 3,4** **20 – 3,4**	$t \leq 4$ $4 < t \leq 10$ $10 < t \leq 15$	An der Quernaht-Übergangsstelle am beanspruchten Bauteil, entfernt von der Kante (Naht wird in Längsrichtung fortgesetzt an der Flanschkante)	$L > 20$				
3.3	**28 – 3,4**		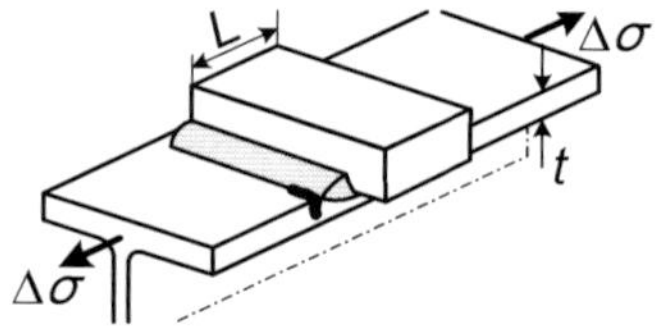	$L \leq 20$				
3.4	**23 – 3,4** **20 – 3,4** **18 – 3,4**	$t \leq 4$ $4 < t \leq 10$ $10 < t \leq 15$	An der Quernaht-Übergangsstelle am beanspruchten Bauteil, an der Kante (Naht wird in Längsrichtung fortgesetzt an der Flanschkante)	$L > 20$				
3.5	**18 – 3,4**		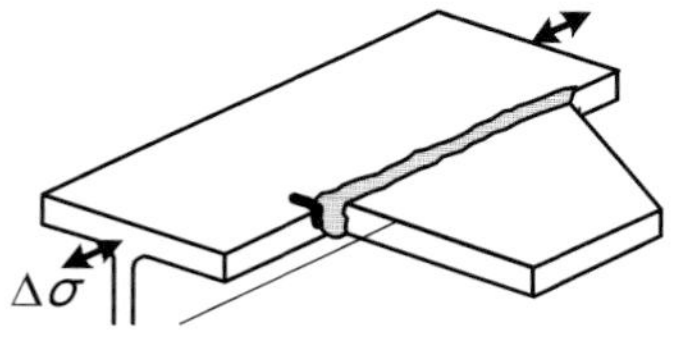 Bauteiloberfläche an der Kante	Kein Radius				

Tabelle J.3 (*fortgesetzt*)

Typ-Nr	Detailkategorie $\Delta\sigma - m_1$ [a,b]	Konstruktionsdetail Rissentstehungsstelle	Abmessungen (mm)	Spannungsanalyse: Spannungsparameter	Spannungsanalyse: Spannung berücksichtigt für	Ausführungsanforderungen	Qualitätsstufe[c]
3.6	**36 – 3,4**	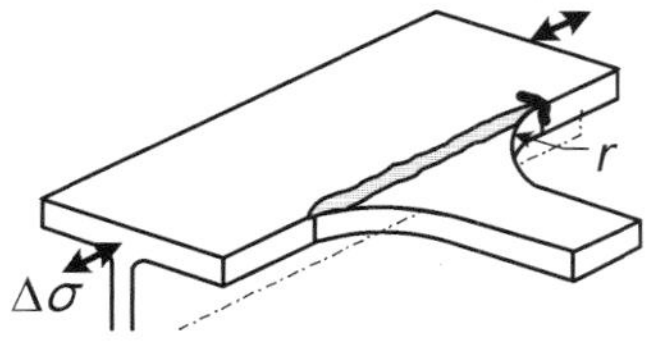 $\Delta\sigma$ r An der abgeschliffenen Nahtübergangsstelle an der Kante	$r \geq 50$	Nennspannung an der Rissentstehungsstelle	Aussteifende Wirkung der Anschweißung	Radius parallel zur Spannungsrichtung schleifen Nahtübergangsstelle sollte voll abgeschliffen sein	C
3.7	**36 – 3,4**	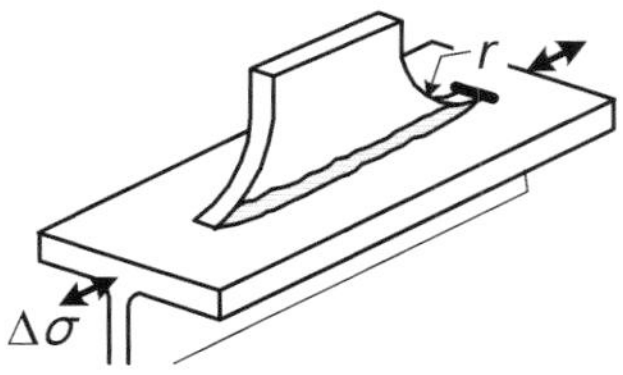 $\Delta\sigma$ r An der abgeschliffenen Nahtübergangsstelle am Nahtende	$r \geq 50$				
3.8	**23 – 3,4**	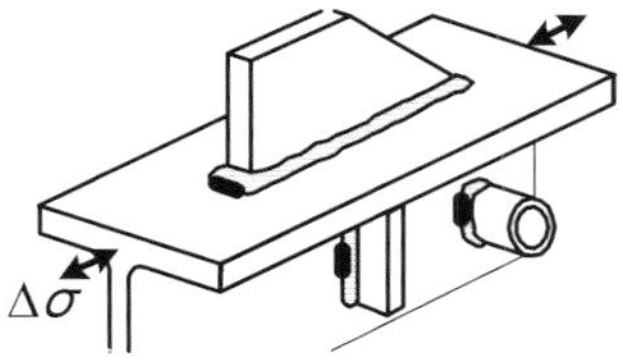 $\Delta\sigma$ Bauteiloberfläche bei Quernaht	Kein Radius				

[a] $m_2 = m_1 + 2$

[b] Für flache Bauteile unter Biegungsspannungen siehe 6.2.1 (11) und erhöhe um zwei Detailkategorien

[c] Nach EN ISO 10042:2005.

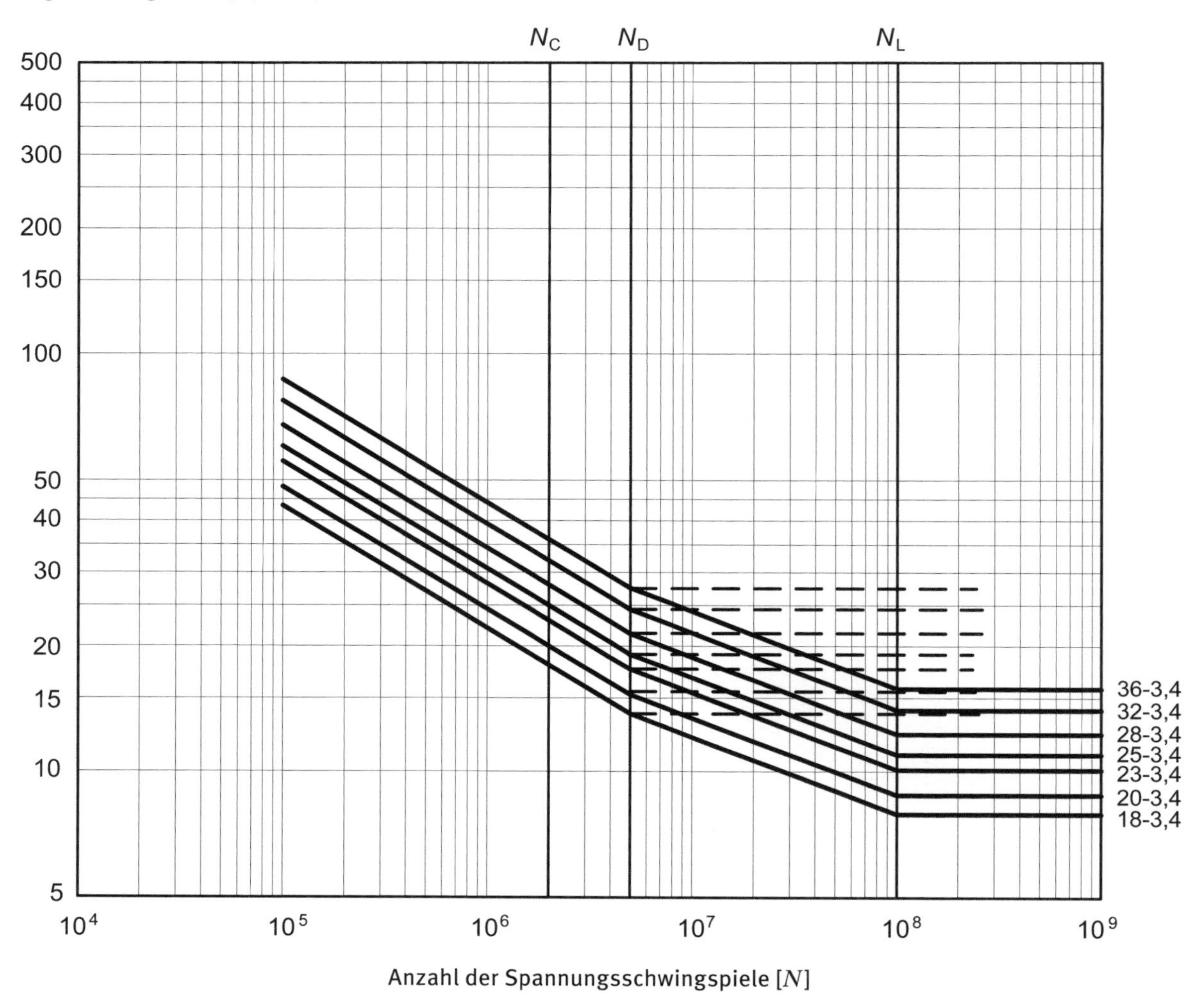

Bild J.2: Ermüdungsfestigkeitskurven $\Delta\sigma$-N für Bauteile mit Anschweißungen, Quernaht-Schweißübergang – Detailkategorien entsprechend Tabelle J.3

Tabelle J.4: Numerische Werte von $\Delta\sigma$-N (N/mm²) für Bauteile mit Anschweißungen, Quernaht-Schweißübergang – Detailkategorien entsprechend Tabelle J.3

Neigung		**Schwingspiele N**						
m_1	m_2	1E+05	1E+06	2E+06	5E+06	1E+07	1E+08	1E+09
3,4	5,4	86,9	44,1	36,0	27,5	24,2	15,8	15,8
3,4	5,4	77,2	39,2	32,0	24,4	21,5	14,0	14,0
3,4	5,4	67,6	34,3	28,0	21,4	18,8	12,3	12,3
3,4	5,4	60,3	30,7	25,0	19,1	16,8	11,0	11,0
3,4	5,4	55,5	28,2	23,0	17,6	15,5	10,1	10,1
3,4	5,4	48,3	24,5	20,0	15,3	13,4	8,8	8,8
3,4	5,4	43,4	22,1	18,0	13,7	12,1	7,9	7,9

Tabelle J.5: Detailkategorien für Bauteile mit Längs-Schweißnähten

Typ-Nr	Detail-kategorie $\Delta\sigma - m_1$[a]	Konstruktionsdetail Rissentstehungsstelle	Nahttyp	Spannungsanalyse		Ausführungsanforderungen			
				Spannungsparameter	Bereits berücksichtigte Spannungskonzentration	Schweißtechnische Anforderungen	Qualitätsstufe[c] Intern	Qualitätsstufe[c] Oberfläche, geometrisch	Zusätzlich
5.1	**63 – 4,3**	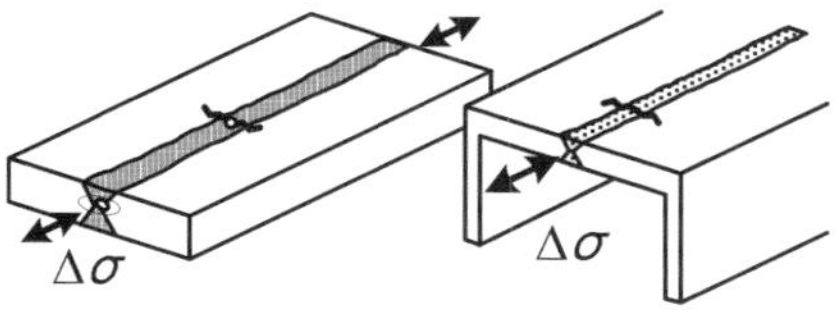 $\Delta\sigma$ $\Delta\sigma$ Bei Nahtdiskontinuität	Voll durchgeschweißte Stumpfnaht; Nahtüberhöhung blecheben abgearbeitet	Nennspannung an der Rissentstehungsstelle		Kontinuierliches automatisches Schweißen	B	C	
5.2	**56 – 4,3**						C	C	
5.3	**45 – 4,3**	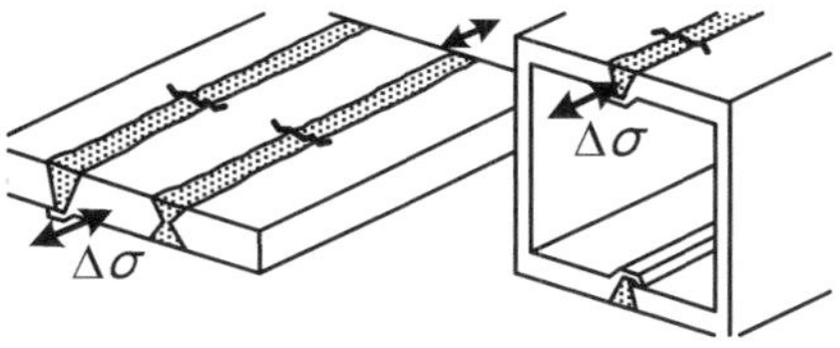 $\Delta\sigma$ $\Delta\sigma$ Bei Nahtdiskontinuität	Voll durchgeschweißte Stumpfnaht			Wurzel-Unterlagen müssen durchgehend sein	C	D	b

Tabelle J.5 *(fortgesetzt)*

Typ-Nr	Detailkategorie $\Delta\sigma - m_1$[a]	Konstruktionsdetail Rissentstehungsstelle	Nahttyp	Spannungsanalyse: Spannungsparameter	Spannungsanalyse: Bereits berücksichtigte Spannungskonzentration	Ausführungsanforderungen: Schweißtechnische Anforderungen	Ausführungsanforderungen: Qualitätsstufe[c] Intern	Ausführungsanforderungen: Qualitätsstufe[c] Oberfläche, geometrisch	Ausführungsanforderungen: Zusätzlich
5.4	**45 – 4,3**	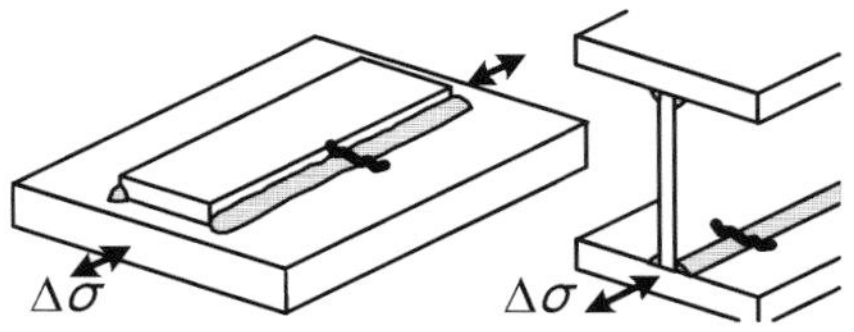 $\Delta\sigma$ $\Delta\sigma$ Bei Nahtdiskontinuität	Durchgehende Kehlnaht	Nennspannung an der Rissentstehungsstelle			B	C	
5.5	**40 – 4,3**						C	D	
5.6	**36 – 4,3**	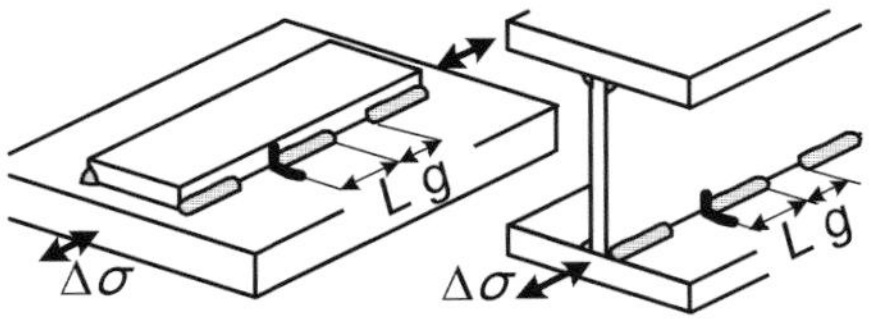 $\Delta\sigma$ $\Delta\sigma$ L g Nahtübergangsstelle oder Krater	Unterbrochene Kehlnaht $g \leq 25L$				C	D	
5.7	**28 – 4,3**	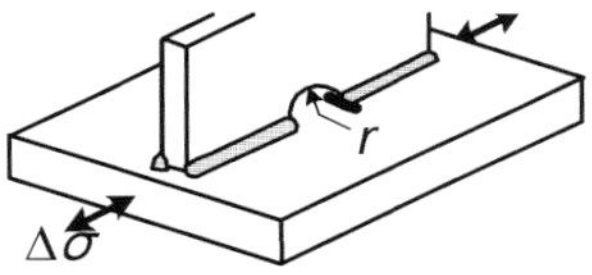 $\Delta\sigma$ r Nahtübergangsstelle oder Krater	Freischnitt-Loch auf Nahtachse zentriert $r \leq 25$		Anwesenheit von Freischnitt-Loch		C	D	

[a] $m_2 = m_1 + 2$

[b] Diskontinuität in Richtung einer Längs-Schweißnaht sollte nicht höher als 1/10 der Blechdicke sein oder eine Steigung größer als 1:4 haben.

[c] Nach EN ISO 10042:2005.

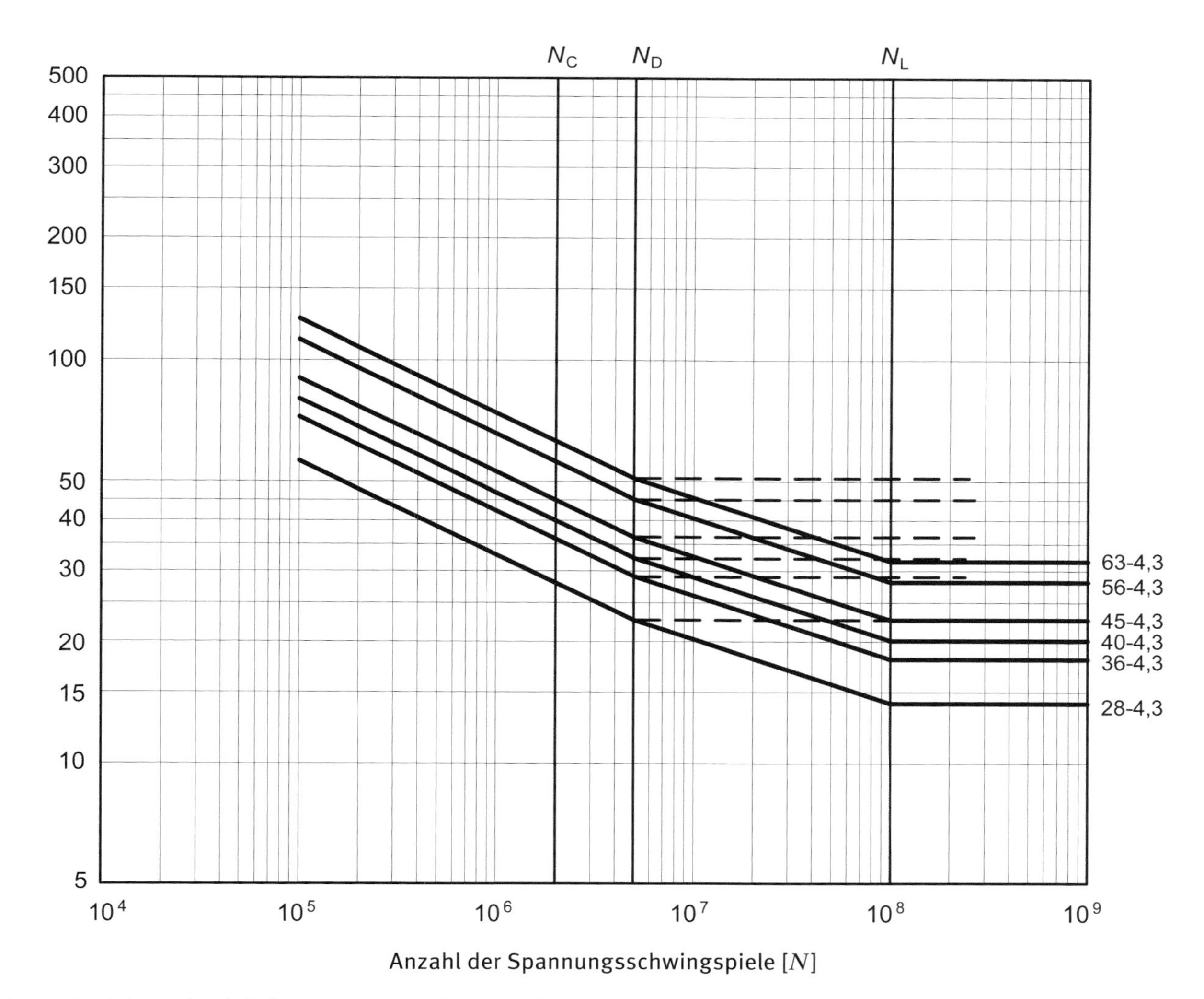

Bild J.3: Ermüdungsfestigkeitskurven $\Delta\sigma$-N für Bauteile mit Längs-Schweißnähten – Detailkategorien entsprechend Tabelle J.5

Tabelle J.6: Numerische Werte von $\Delta\sigma$-N (N/mm²) für Bauteilen mit Längs-Schweißnähten – Detailkategorien entsprechend Tabelle J.5

Neigung		**Schwingspiele N**						
m_1	m_2	1E+05	1E+06	2E+06	5E+06	1E+07	1E+08	1E+09
4,3	6,3	126,4	74,0	63,0	50,9	45,6	31,6	31,6
4,3	6,3	112,4	65,8	56,0	45,3	40,5	28,1	28,1
4,3	6,3	90,3	52,9	45,0	36,4	32,6	22,6	22,6
4,3	6,3	80,3	47,0	40,0	32,3	29,0	20,1	20,1
4,3	6,3	72,3	42,3	36,0	29,1	26,1	18,1	18,1
4,3	6,3	56,2	32,9	28,0	22,6	20,3	14,1	14,1

Tabelle J.7: Detailkategorien für Quer-Stumpfnaht-Stöße zwischen Bauteilen

Typ-Nr	Detailkategorie $\Delta\sigma - m_1$[a]	Konstruktionsdetail Rissentstehungsstelle	Nahttyp	Verbundenes Bauteil	Spannungsparameter	Schweißanforderungen		Ausführungsanforderungen: Qualitätsstufe[c] Intern	Ausführungsanforderungen: Qualitätsstufe[c] Oberfläche, geometrisch	Ausführungsanforderungen: Zusätzlich
7.1.1	**56 – 7**	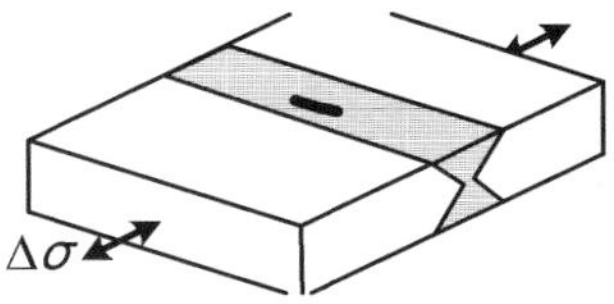 $\Delta\sigma$ Naht	Voll durchgeschweißt, Nahtüberhöhung an beiden Seiten blecheben abgearbeitet	Flachteile und Vollquerschnitte	Netto-Querschnitt	Wurzel abgeschliffen	Auslaufbleche an den Enden eingesetzt, abgetrennt und blecheben abgeschliffen in Spannungsrichtung	B	B	
7.1.2	**45 – 7**			Offene Querschnitte				C	C	
7.2.1	**50 – 4,3**	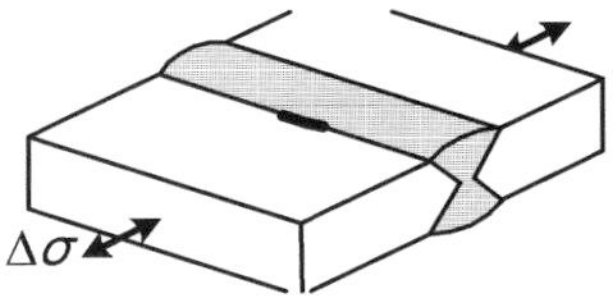 $\Delta\sigma$ Nahtübergangsstelle	Beidseitig, voll durchgeschweißt	Flachteile und Vollquerschnitte				B	B	d
7.2.2	**40 – 3,4**			Offene Querschnitte				B	C	
7.2.3	**36 – 3,4**							C	C	
7.3.1	**40 – 4,3**	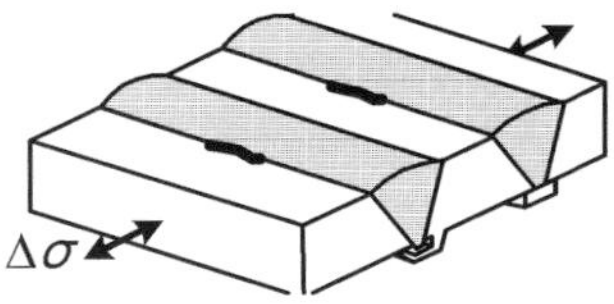 $\Delta\sigma$ Nahtübergangsstelle	Nur einseitig, voll durchgeschweißt, mit permanenter Unterlage	Flachteile und Vollquerschnitte				C	C	
7.3.2	**32 – 3,4**			Offene und Hohlprofile, Rohre				C	C	
7.4.1	**45 – 4,3**	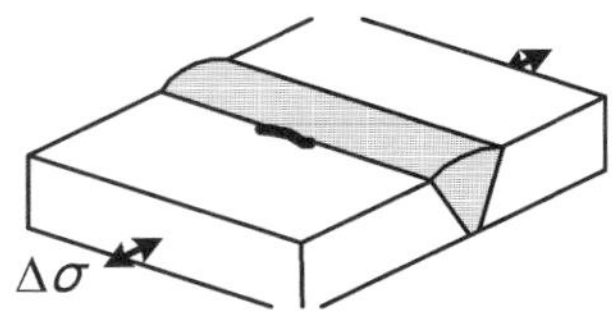 $\Delta\sigma$ Nahtübergangsstelle	Nur einseitig, voll durchgeschweißt, ohne Unterlage	Flachteile und Vollquerschnitte				B	B	e
7.4.2	**40 – 4,3**							C	C	
7.4.3	**32 – 3,4**			Offene und Hohlprofile, Rohre				C	C	

Tabelle J.7 *(fortgesetzt)*

Typ-Nr	Detailkategorie $\Delta\sigma - m_1$[a]	Konstruktionsdetail Rissentstehungsstelle	Nahttyp	Verbundenes Bauteil	Spannungsparameter	Ausführungsanforderungen			
						Schweißanforderungen	Qualitätsstufe[c]		Zusätzlich
							Intern	Oberfläche, geometrisch	
7.5	**18 – 3,4**	$\Delta\sigma$ Naht	Partiell durchgeschweißt		Netto-Halsquerschnitt		D	C	
7.6	**36 – 3,4**	$\Delta\sigma$ Nahtübergangsstelle	Voll durchgeschweißt		Netto-Querschnitt[b]		B	B	

a $m_2 = m_1 + 2$

b Die Spannungskonzentration durch aussteifendes Querelement ist bereits berücksichtigt.

c Nach EN ISO 10042:2005.

d Nahtüberhöhungswinkel ≥ 150° für beide Nahtseiten.

e Nahtüberhöhungswinkel ≥ 150°.

f Neigungswinkel < 1:4 bei Breiten- oder Dickenänderung.

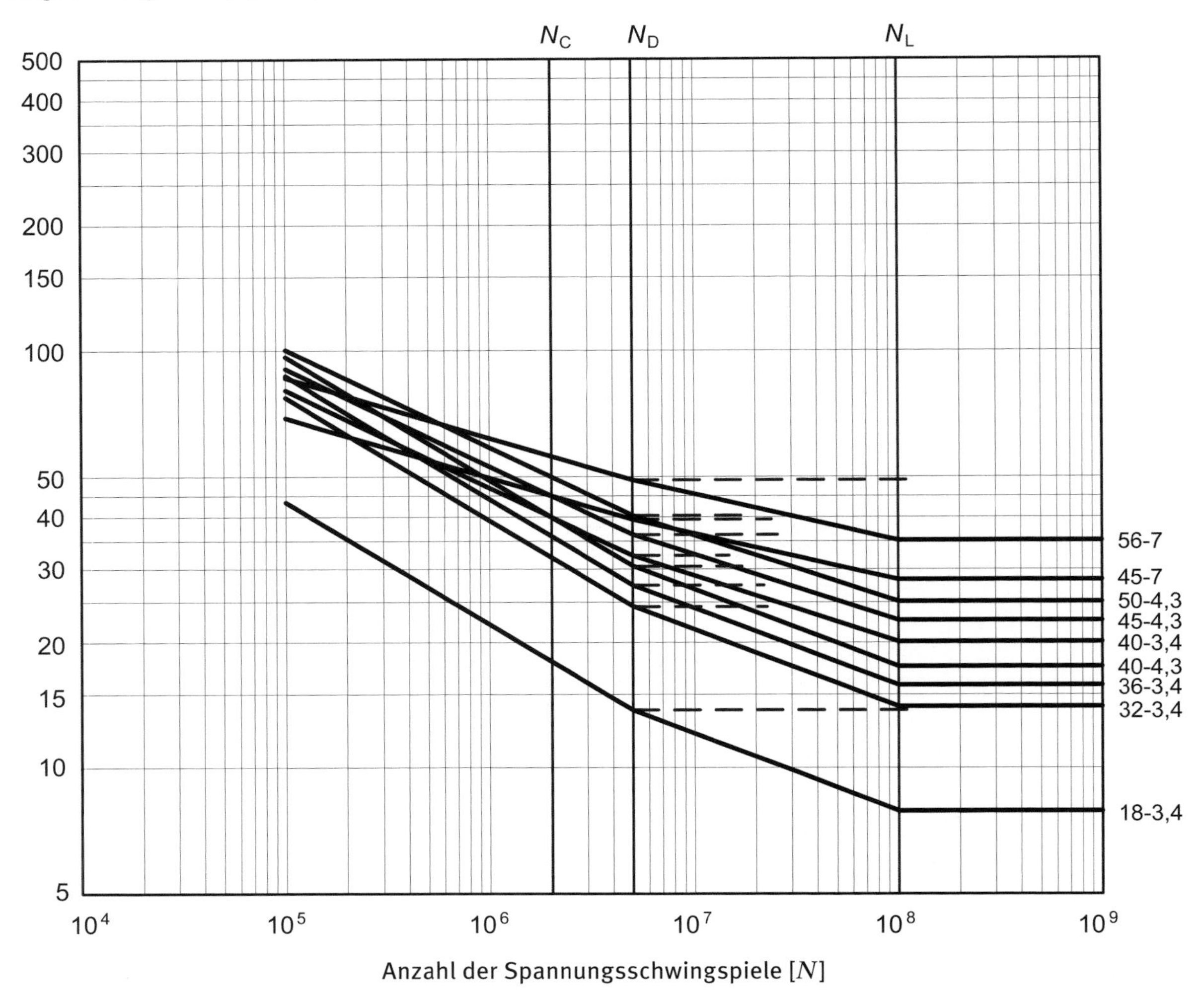

Bild J.4: Ermüdungsfestigkeitskurven $\Delta\sigma$-N für Quer-Stumpfnaht-Stöße zwischen Bauteilen – Detailkategorien entsprechend Tabelle J.7

Tabelle J.8: Numerische Werte von $\Delta\sigma$-N (N/mm²) für Quer-Stumpfnaht-Stöße zwischen Bauteilen – Detailkategorien entsprechend Tabelle J.7

Neigung		**Schwingspiele** N						
m_1	m_2	1E+05	1E+06	2E+06	5E+06	1E+07	1E+08	1E+09
7	9	85,9	61,8	56,0	49,1	45,5	35,2	35,2
7	9	69,0	49,7	45,0	39,5	36,6	28,3	28,3
4,3	6,3	100,4	58,7	50,0	40,4	36,2	25,1	25,1
4,3	6,3	90,3	52,9	45,0	36,4	32,6	22,6	22,6
3,4	5,4	96,5	49,0	40,0	30,6	26,9	17,5	17,5
4,3	6,3	80,3	47,0	40,0	32,3	29,0	20,1	20,1
3,4	5,4	86,9	44,1	36,0	27,5	24,2	15,8	15,8
3,4	5,4	77,2	39,2	32,0	24,4	21,5	14,0	14,0
3,4	5,4	43,4	22,1	18,0	13,7	12,1	7,9	7,9

Tabelle J.9: Detailkategorien für Kehlnaht-Stöße zwischen Bauteilen

Typ-Nr	Detailkategorie $\Delta\sigma - m_1$[a]	Konstruktionsdetail Rissentstehungsstelle	Nahttyp	Spannungsanalyse: Spannungsparameter	Spannungsanalyse: Bereits berücksichtigte Spannungskonzentration	Ausführungsanforderungen: Herstellung	Ausführungsanforderungen: Qualitätsstufe[c] Intern	Ausführungsanforderungen: Qualitätsstufe[c] Oberfläche, geometrisch	Ausführungsanforderungen: Zusätzlich
9.1	**28 – 3,4**	$\Delta\sigma$ Nahtübergangsstelle	Doppel-Kehlnaht, partiell durchgeschweißt; Nahtübergangsriss bei $a/t > 0,6$	Netto-Querschnitt	Aussteifende Wirkung des Querelements	Auslaufbleche an den Enden eingesetzt, abgetrennt und blecheben abgeschliffen in Richtung $\Delta\sigma$	C	C	
9.2	**25 – 3,4**	$\Delta\sigma$ Naht	Doppel-Kehlnaht, partiell durchgeschweißt; Wurzelriss bei $a/t \leq 0,6$	Netto-Nahthalsquerschnitt			C	C	
9.3	**12 – 3,4**	$\Delta\sigma$ Naht	Einseitige Kehlnaht[b], Wurzelriss bei $a/t \leq 0,6$				C	C	
9.4	**23 – 3,4**	$\Delta\sigma$ Nahtübergangsstelle	Kehlnaht	Netto-Querschnitt	Spannungsspitze an Nahtenden		C	C	
9.5	**18 – 3,4**	$\Delta\sigma$ Nahtübergangsstelle	Kehlnaht				C	C	

Tabelle J.9 *(fortgesetzt)*

Typ-Nr	Detailkategorie $\Delta\sigma - m_1$[a]	Konstruktionsdetail Rissentstehungsstelle	Nahttyp	Spannungsanalyse		Ausführungsanforderungen			
				Spannungsparameter	Bereits berücksichtigte Spannungskonzentration	Herstellung	Qualitätsstufe[c] Intern	Qualitätsstufe[c] Oberfläche, geometrisch	Zusätzlich
9.6	**14 – 3,4**	$\Delta\sigma$ Naht	Kehlnaht	Netto-Halsquerschnitt, s. 5.4.2	Spannungsspitze an Nahtenden		C	C	

[a] $m_2 = m_1 + 2$
[b] Im Fall von Rohrquerschnitten Bemessung entsprechend Typ-Nr 9.1 oder 9.2.
[c] Nach EN ISO 10042:2005.

Spannungsschwingbreite [N/mm²]

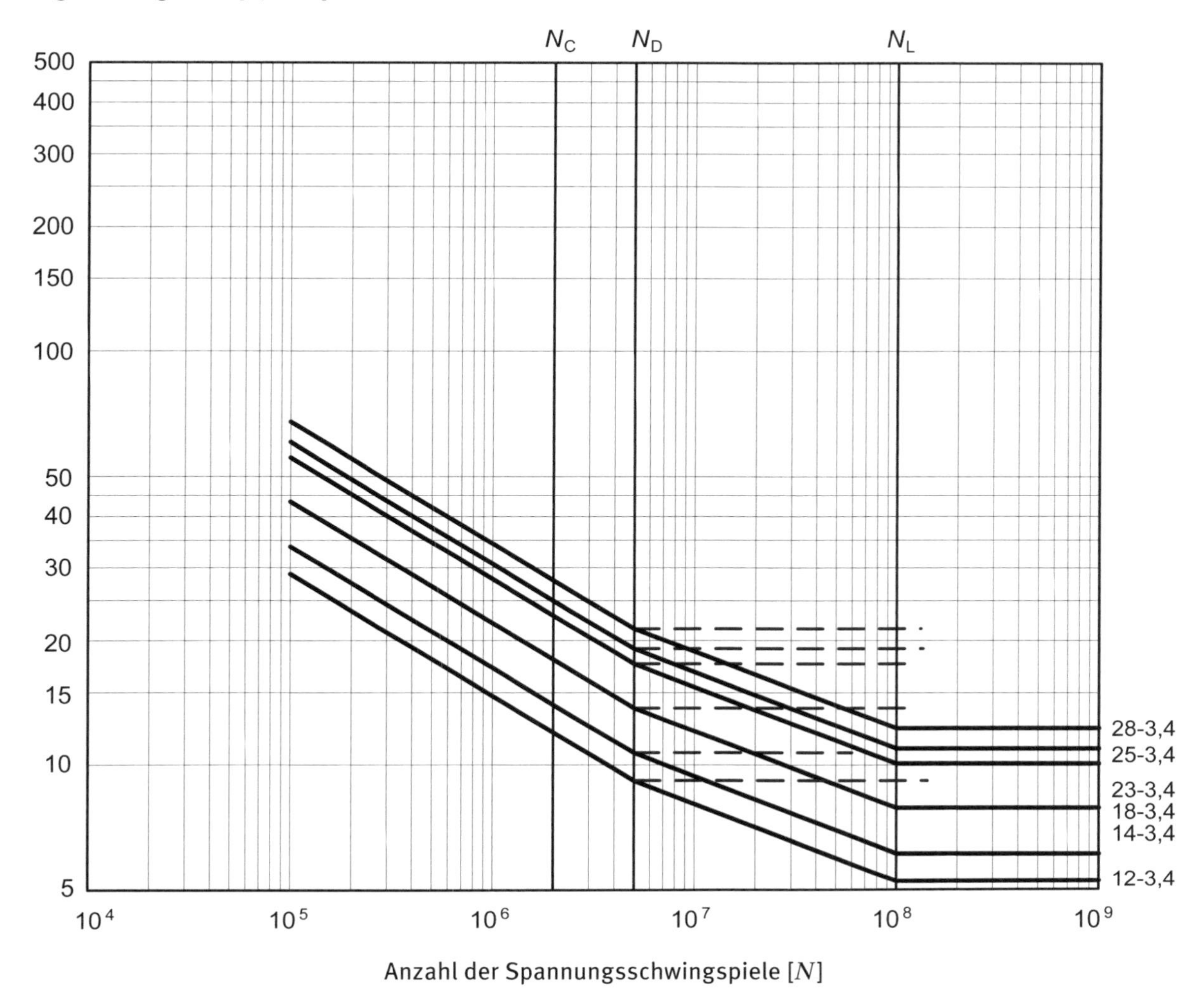

Bild J.5: Ermüdungsfestigkeitskurven $\Delta\sigma$-N für Kehlnaht-Stöße zwischen Bauteilen – Detailkategorien entsprechend Tabelle J.9

Tabelle J.10: Numerische Werte von $\Delta\sigma$-N (N/mm²) für Kehlnaht-Stöße zwischen Bauteilen – Detailkategorien entsprechend Tabelle J.9

Neigung		**Schwingspiele N**						
m_1	m_2	1E+05	1E+06	2E+06	5E+06	1E+07	1E+08	1E+09
3,4	5,4	67,6	34,3	28,0	21,4	18,8	12,3	12,3
3,4	5,4	60,3	30,7	25,0	19,1	16,8	11,0	11,0
3,4	5,4	55,5	28,2	23,0	17,6	15,5	10,1	10,1
3,4	5,4	43,4	22,1	18,0	13,7	12,1	7,9	7,9
3,4	5,4	33,8	17,2	14,0	10,7	9,4	6,1	6,1
3,4	5,4	29,0	14,7	12,0	9,2	8,1	5,3	5,3

Tabelle J.11: Detailkategorien für kreuzende Nähte in zusammengesetzten Trägern

Typ-Nr	Detailkategorie $\Delta\sigma - m_1$[a]	Konstruktionsdetail Rissentstehungsstelle	Nahttyp[b,c]	Spannungsparameter	Ausführungsanforderungen: Schweißtechnische Anforderungen		Ausführungsanforderungen: Qualitätsstufe[d] Intern	Ausführungsanforderungen: Qualitätsstufe[d] Oberfläche, geometrisch	Ausführungsanforderungen: Zusätzlich
11.1	**40 – 3,4**	Naht	Doppel-Stumpfnaht, voll durchgeschweißt Beidseitig Nahtoberfläche blecheben geschliffen	Netto-Querschnitt	An- und Auslaufbleche verwenden, abtrennen und blecheben in Richtung von $\Delta\sigma$ schleifen	Wurzel ausgeschliffen	B	B	Für Steg-Flansch-Halskehlnähte siehe Tabelle 6.5, Typ.-Nr 5.4 oder 5.5.
11.2	**40 – 3,4**	Naht	Einseitige Stumpfnaht, voll durchgeschweißt, Wurzel und Nahtoberfläche blecheben geschliffen				B	B	
11.3	**36 – 3,4**	Nahtübergangsstelle	Doppel-Stumpfnaht, voll durchgeschweißt			Nahtüberhöhungs-Winkel $\geq 150°$	B	C	
11.4	**32 – 3,4**	Nahtübergangsstelle	Einseitige Stumpfnaht, voll durchgeschweißt				C	C	

[a] $m_2 = m_1 + 2$

[b] Ausführung von Quer-Stumpfnähten auf Stegen und Flanschen vor endgültigem Zusammenbau des Trägers mit Längsnähten.

[c] Übergangsneigung $< 1{:}4$ bei Änderung der Breite oder der Blechdicke.

[d] Nach EN ISO 10042:2005.

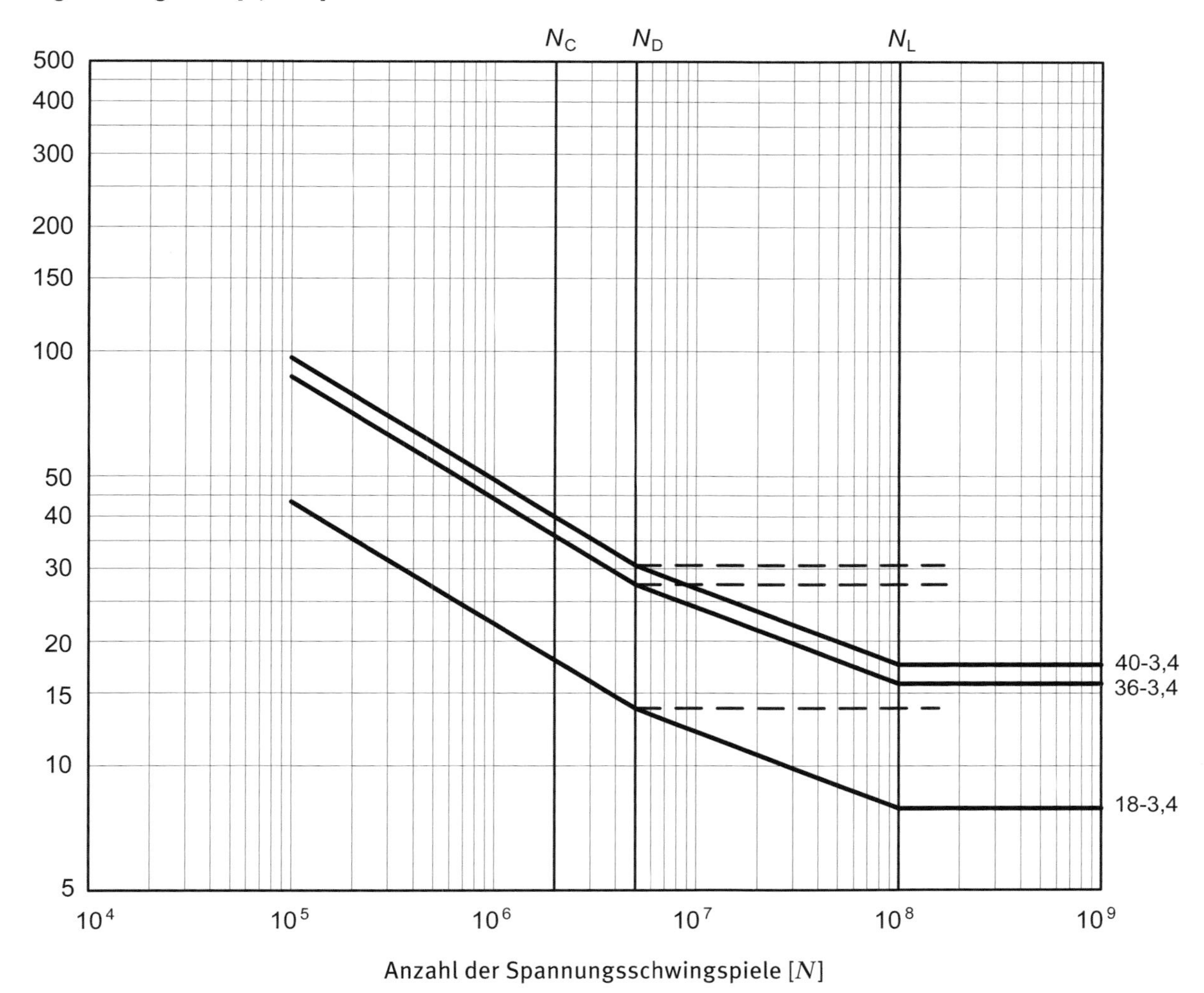

Bild J.6: Ermüdungsfestigkeitskurven $\Delta\sigma$-N für kreuzende Nähte in zusammengesetzten Trägern – Detailkategorien entsprechend Tabelle J.11

Tabelle J.12: Numerische Werte von $\Delta\sigma$-N (N/mm²) für kreuzende Nähte in zusammengesetzten Trägern – Detailkategorien entsprechend Tabelle J.11

Neigung		**Schwingspiele N**						
m_1	m_2	1E+05	1E+06	2E+06	5E+06	1E+07	1E+08	1E+09
3,4	5,4	96,5	49,0	40,0	30,6	26,9	17,5	17,5
3,4	5,4	86,9	44,1	36,0	27,5	24,2	15,8	15,8
3,4	5,4	43,4	22,1	18,0	13,7	12,1	7,9	7,9

Tabelle J.13: Detailkategorien für Anschweißungen auf zusammengesetzten Trägern

Typ-Nr	Detail-kategorie $\Delta\sigma - m_1$ [a]	Konstruktionsdetail Rissentstehungsstelle	Nahttyp	Spannungsanalyse		Ausführungsanforderungen		
				Spannungsparameter	Bereits berücksichtigte Spannungskonzentration	Qualitätsstufe[b] Intern	Qualitätsstufe[b] Oberfläche, geometrisch	Zusätzlich
13.1	**23 – 3,4**	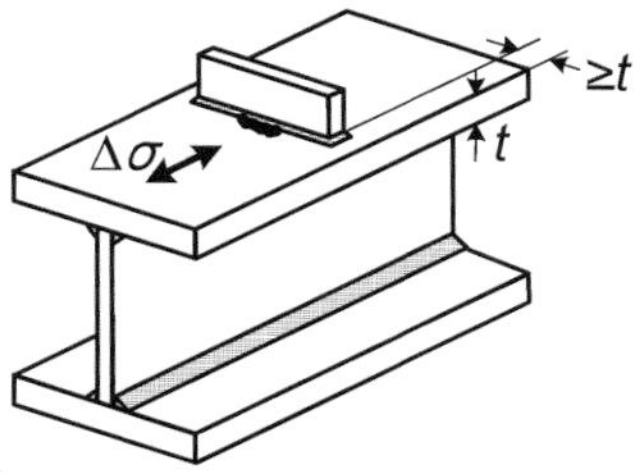 Nahtübergangsstelle	Queranschweißung, Dicke < 20 mm, ein- oder beidseitig geschweißt	Netto-Querschnitt	Aussteifende Wirkung der Anschweißung/ Spannungskonzentration im steifen Verbindungsbereich (vgl. Bild 5.2)	C	C	Für Steg-Flansch-Halskehlnähte siehe Tabelle 6.5, Typ-Nr 5.4 oder 5.5
13.2	**18 – 3,4**	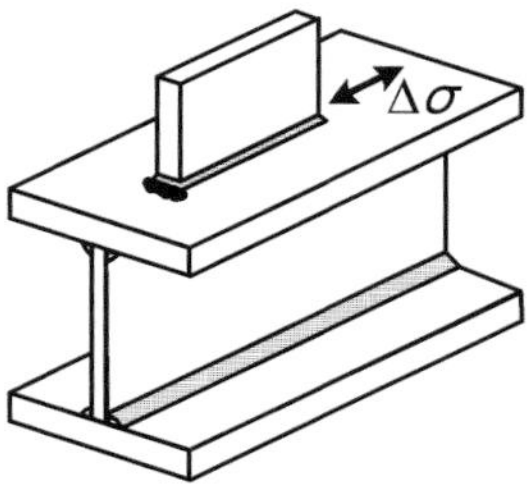 Nahtübergangsstelle	Längsanschweißung, Länge ≥ 100 mm, an allen Seiten geschweißt					
13.3	**32 – 4,3**	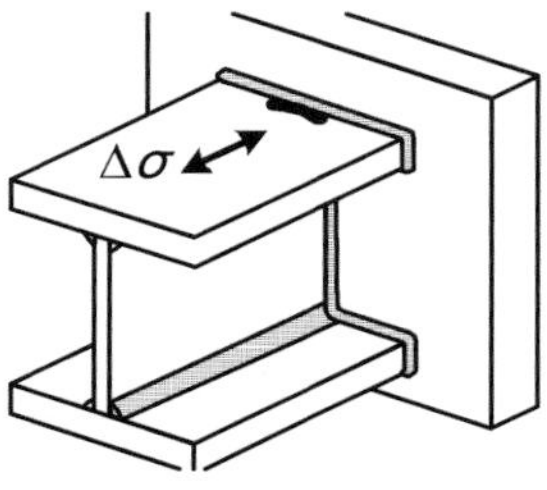 Nahtübergangsstelle	Kreuz- oder T-Stoß, voll durchgeschweißt					
13.4	**25 – 4,3**	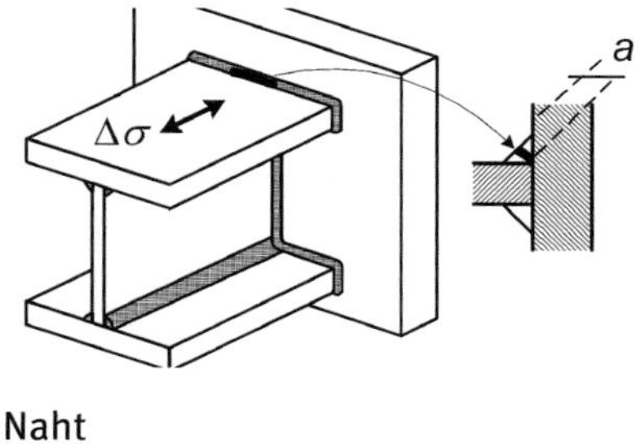 Naht	Kreuz- oder T-Stoß, voll durchgeschweißte Doppel-Kehlnaht; Wurzelriss bei $a/t \leq 0{,}6$	Netto-Nahthals - Querschnitt				

Tabelle J.13 *(fortgesetzt)*

Typ-Nr	**Detail-kategorie** $\Delta\sigma - m_1$ [a]	**Konstruktionsdetail Rissentstehungsstelle**	**Nahttyp**	**Spannungs-analyse**		**Ausführungs-anforderungen**		
				Spannungsparameter	Bereits berücksichtigte Spannungskonzentration	Qualitäts-stufe[b] Intern	Qualitäts-stufe[b] Oberfläche, geometrisch	Zusätzlich
13.5	**20 – 4,3**	$\Delta\sigma$, $\geq t$, t Nahtübergangsstelle	Verstärkungs-Platte Länge ≥ 100 mm, an allen Seiten geschweißt	Netto-Querschnitt				

[a] $m_2 = m_1 + 2$
[b] Nach EN ISO 10042:2005

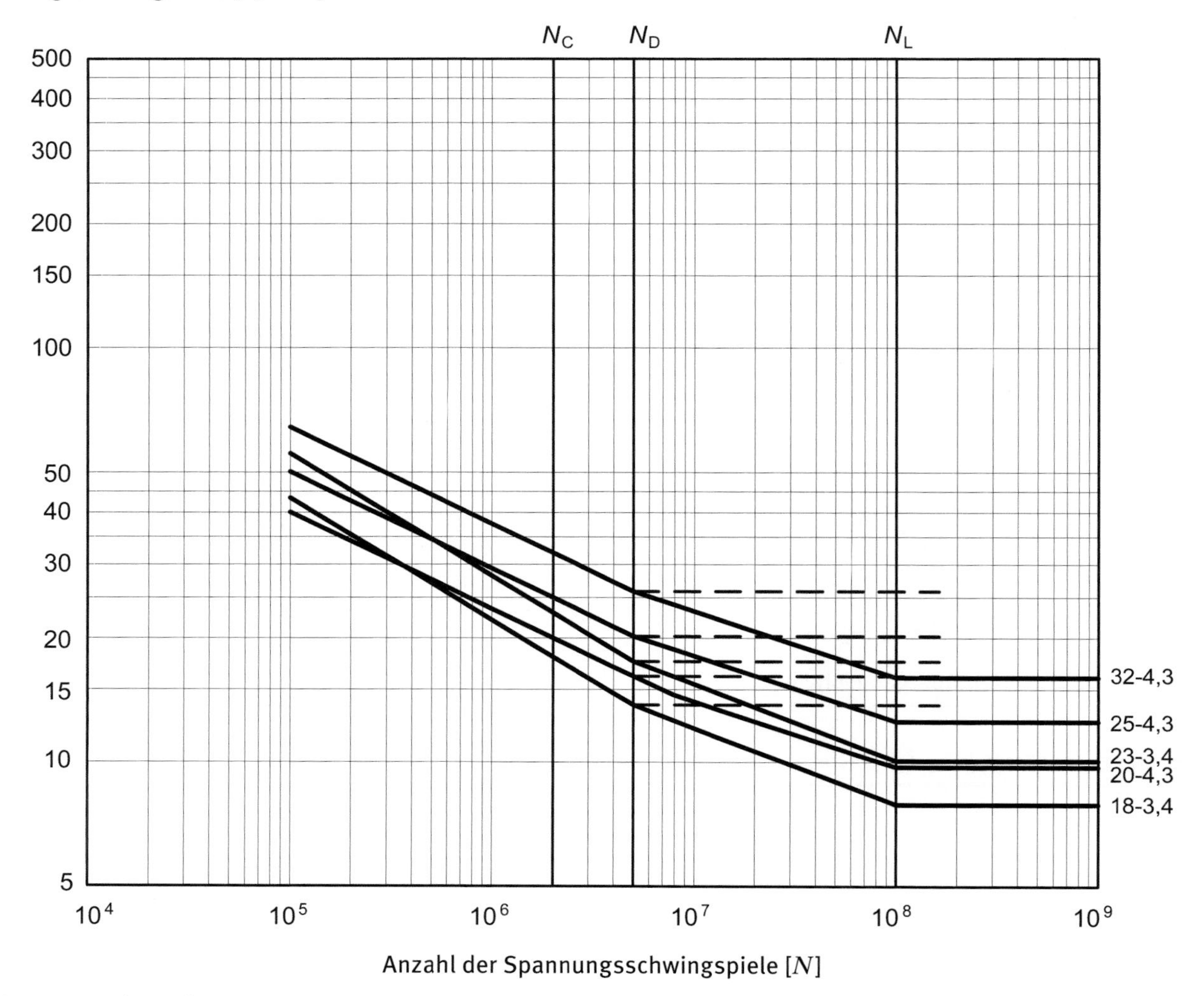

Bild J.7: Ermüdungsfestigkeitskurven $\Delta\sigma$-N für Anschweißungen auf zusammengesetzten Trägern – Detailkategorien entsprechend Tabelle J.13

Tabelle J.14: Numerische Werte von $\Delta\sigma$-N (N/mm²) für Anschweißungen auf zusammengesetzten Trägern – Detailkategorien entsprechend Tabelle J.13

Neigung		**Schwingspiele N**						
m_1	m_2	1E+05	1E+06	2E+06	5E+06	1E+07	1E+08	1E+09
4,3	6,3	64,2	37,6	32,0	25,9	23,2	16,1	16,1
4,3	6,3	50,2	29,4	25,0	20,2	18,1	12,6	12,6
3,4	5,4	55,5	28,2	23,0	17,6	15,5	10,1	10,1
4,3	6,3	40,1	23,5	20,0	16,2	14,5	10,0	10,0
3,4	5,4	43,4	22,1	18,0	13,7	12,1	7,9	7,9

Tabelle J.15: Detailkategorien für Schraubverbindungen

Typ-Nr	Detailategorie $\Delta\sigma - m_1$[a]	Konstruktionsdetail Rissentstehungsstelle	Spannungsanalyse: Spannungs-parameter	Spannungsanalyse: Bereits berück-sichtigte Spannungs-konzentration	Ausführungs-anforderungen
15.1	**56 – 4**	Vorgespannte (gleitfeste) hoch-feste Stahlschraube $\Delta\sigma$ Vor dem Loch (manchmal am Lochrand)	Nenn-spannung auf Brutto-Querschnitt bezogen	Oberflächen-beschaffenheit, Lochgeometrie; Ungleichmäßige Lastverteilung zwischen Schrauben-Reihen; Eine Exzentrizität der Lastführung darf nur bei symme-trischen Doppel-Überlapp-Verbin-dungen unberück-sichtigt bleiben	Überlapp-Verbindung mit ebenen parallelen Oberflächen; Maschinelle Bearbei-tung nur mit schnell-laufender Fräse; Löcher gebohrt (Reibahle wahlweise) oder gestanzt (mit obligatorischer Bear-beitung mit Reibahle, wenn Dicke > 6 mm); Für vorgespannte Schrauben sollte die Qualität 8.8 ($f_y \geq 640 N/mm^2$) oder höher gewählt werden, s. EN 1999-1-1.
15.2	**56 – 4**	Nicht-vorgespannte Stahl-schraube (Lochleibung) $\Delta\sigma$ Am Lochrand	Nenn-spannung auf Netto-Querschnitt bezogen		Überlapp-Verbindung mit ebenen parallelen Oberflächen; Maschinelle Bearbei-tung nur mit schnell-laufender Fräse; Löcher gebohrt (Reib-ahle wahlweise) oder gestanzt (mit obliga-torischer Bearbeitung mit Reibahle, wenn Dicke > 6 mm); Für Schrauben s. EN 1999-1-1.

[a] $m_1 = m_2$
[b] Nachweis der Stahlschrauben: siehe EN 1999-1-9.

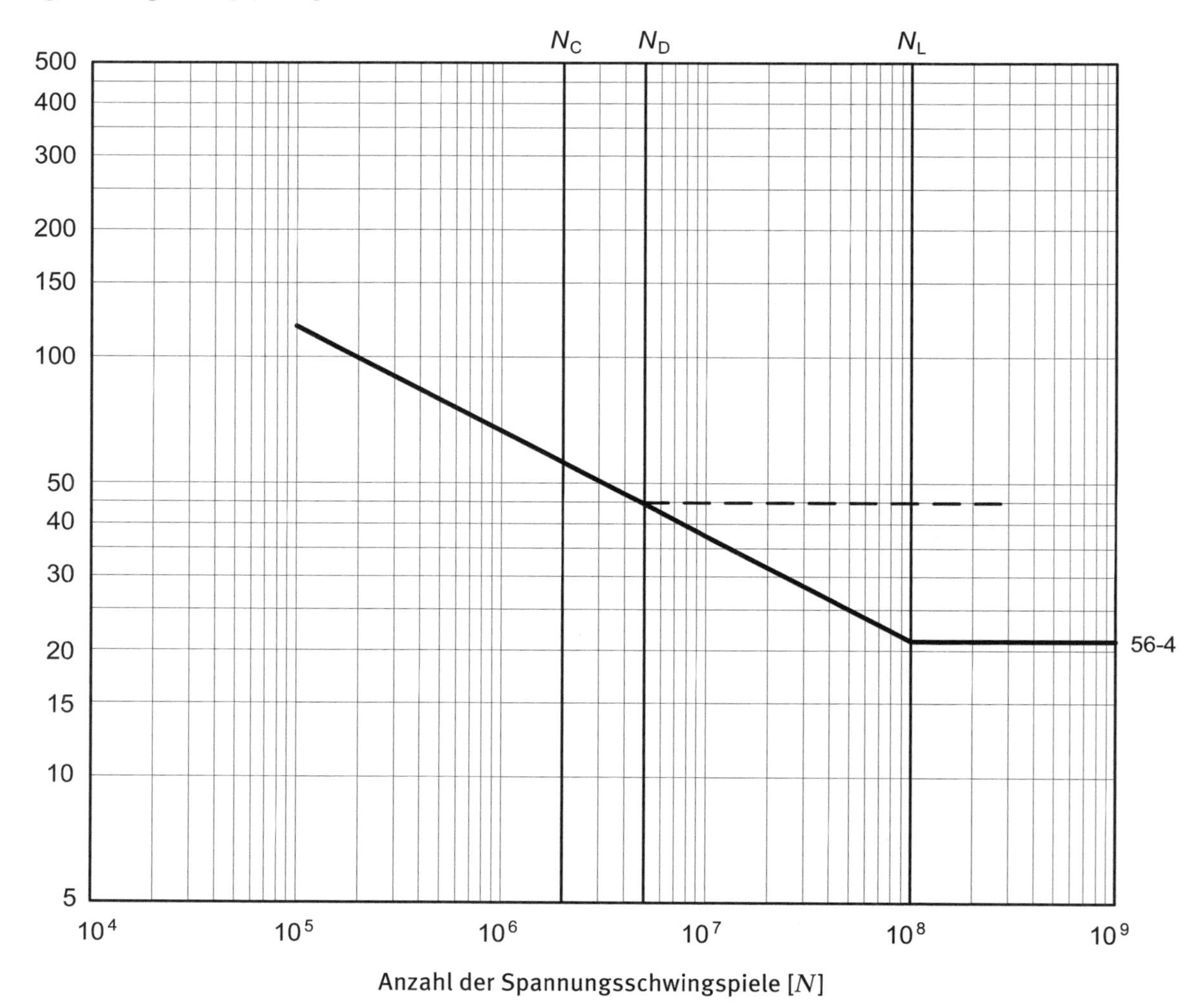

Bild J.8: Ermüdungsfestigkeitskurven $\Delta\sigma$-N für Schraubverbindungen – Detailkategorien entsprechend Tabelle J.15

Tabelle J.16: Numerische Werte von $\Delta\sigma$-N (N/mm²) für Schraubverbindungen – Detailkategorien entsprechend Tabelle J.15

Neigung		**Schwingspiele N**						
m_1	m_2	1E+05	1E+06	2E+06	5E+06	1E+07	1E+08	1E+09
4	4	118,4	66,6	56,0	44,5	37,4	21,1	21,1

Anhang K
(informativ)
Hot-Spot-Referenz-Detail-Methode

NDP Zu Anhang K
Anhang K ist informativ.

(1) Für die Hot-Spot-Referenz-Detail-Ermüdungsfestigkeit-Methode, wie in diesem Anhang beschrieben, sollten entsprechend den Anforderungen dieser Norm ermittelte Daten verwendet werden.

(2) Der Berechnungsablauf ist wie folgt:

a) Auswahl eines Referenz-Details mit bekanntem Ermüdungswiderstand aus den Detailkategorie-Tabellen, welches bezüglich Schweißqualität sowie geometrischer Parameter und Belastungsparameter so weit wie möglich dem in der Berechnung verwendeten Detail ähnlich ist;

b) Identifizierung der Spannungsart, mit der der Ermüdungswiderstand ausgedrückt wird. Diese ist üblicherweise die Nennspannung (wie in den Detailkategorie-Tabellen);

c) Aufstellung eines Finite-Elemente-Modells für das Referenz-Detail und das zu berechnende Detail, mit Vernetzung und Elementen von gleichem Typ, dabei die Empfehlungen unter 5.1 beachtend;

d) Belastung des Referenz-Details und des zu berechnenden Details mit der unter b) identifizierten Spannung;

e) Bestimmung der Hot-Spot-Spannungsschwingbreiten $\Delta\sigma_{HS,ref}$ des Referenz-Details und der Hot-Spot-Spannungsschwingbreiten $\Delta\sigma_{HS,assess}$ des zu berechnenden Details;

f) Berechnung der Ermüdungsfestigkeit für 2 Millionen Schwingspiele des zu berechnenden Details $\Delta\sigma_{C,assess}$ aus der Ermüdungsklasse des Referenz-Details $\Delta\sigma_{C,ref}$:

$$\Delta\sigma_{C,assess} = \frac{\sigma_{HS,ref}}{\sigma_{HS,assess}} \Delta\sigma_{C,ref} \tag{K.1}$$

g) Annahme der gleichen Neigungen m_1, m_2 für das zu berechnende Detail wie für das Referenz-Detail.

(3) Im Falle, dass zum Nachweis berechneter Spannungen Kontrolluntersuchungen durchgeführt werden, sollte eine korrekte Positionierung der Dehnungsmessstreifen außerhalb der Wärmeeinflusszone gewährleistet werden.

ANMERKUNG Zusätzliche Information zu der Referenz-Detail-Methode: siehe Literaturangabe D.3.

Anhang L
(informativ)

Leitfaden für die Anwendung von Bemessungsmethoden, Wahl der Teilsicherheitsbeiwerte, Grenzen für Schadenswerte, Inspektionsintervalle und Kenngrößen für die Ausführung bei Übernahme von Anhang J

NDP Zu Anhang L

Anhang L ist normativ. Die DTD-II betreffenden Regelungen sind informativ (s. a. NDP zu 2.1.1 (1)).

Schwingbruchsichere Bemessung L.1

(1) Diese Ausführungen gelten nur bei Übernahme der in Anhang J für die Bemessung angegebenen Werte für die Ermüdungsfestigkeit.

(2) Es kann einer von zwei Ansätzen zur Bemessung nach dem Konzept der sicheren Lebensdauer angewendet werden. Sie werden als SLD-I und SLD-II bezeichnet.

Für SLD-I ist ein Programm für die regelmäßige Inspektion nicht erforderlich.

ANMERKUNG Der Begriff „regelmäßige Inspektion“ deckt sowohl die allgemeine Inspektion als auch die Inspektion auf Ermüdung ab. Für die Klärung der Begriffe siehe Tabelle L.2.

Für SLD-II ist ein Programm für eine allgemeine Inspektion erforderlich, die nach L.3 erstellt werden sollte.

ANMERKUNG Da bei der Bemessung von einer korrekten Durchführung des Inspektionsprogramms während der vorgesehenen Betriebsdauer ausgegangen wird, bedeutet dies für den Bauherrn, sicherzustellen, dass das Inspektionsprogramm während der Lebensdauer des Tragwerks eingehalten wird.

(3) Die Bemessung nach dem Konzept der sicheren Lebensdauer sollte angewendet werden, wenn für die Inspektion auf Ermüdung eine örtliche Zugänglichkeit nicht gewährleistet ist oder wenn aus anderen Gründen eine Inspektion auf Ermüdung nicht vorausgesetzt werden kann.

ANMERKUNG Die Anwendung der Bemessung nach dem Konzept der sicheren Lebensdauer kann die kostengünstigste Lösung in solchen Fällen sein, bei denen die Instandsetzungskosten als verhältnismäßig hoch eingeschätzt werden.

(4) Für den Fall, dass alle Bemessungs-Spannungsschwingbreiten die Bemessungs-Dauerfestigkeit unterschreiten, sollte die folgende Bedingung erfüllt werden:

$$\frac{\gamma_{Ff}\Delta\sigma}{\Delta\sigma_D/\gamma_{Mf}} \leq 1 \qquad \text{(L.1)}$$

ANMERKUNG Für γ_{Mf} siehe L.4. Für γ_{Ff} siehe 2.4.

(5) Spannungsschwingbreiten-Kollektive dürfen durch Vernachlässigung von Spannungsspitzen im Lastkollektiv, die einen Beitrag zum Wert des Ermüdungsschadens ($D_{L,d}$) von weniger als 0,01 erbringen, modifiziert werden.

L.2 Schadenstolerante Bemessung

L.2.1 Allgemeines

(1) Diese Ausführungen gelten nur bei Übernahme der in Anhang J für die Bemessung angegebenen Werte für die Ermüdungsfestigkeit.

(2) Es kann eine von zwei Methoden der Bemessung nach dem Konzept der Schadenstoleranz angewendet werden. Die Methoden werden als DTD-I und DTD-II bezeichnet, siehe L.2.2 und L.2.3.

L.2.2 DTD-I

(1) Bei der Methode DTD-I wird davon ausgegangen, dass alle während der Inspektion festgestellten Risse repariert werden bzw. dass Bauteile, die Risse ausweisen, ersetzt werden.

(2) Ein Programm für die regelmäßige Inspektion sollte in Übereinstimmung mit L.3 erstellt werden.

ANMERKUNG Da bei der Bemessung von einer korrekten Durchführung des Inspektionsprogramms während der vorgesehenen Betriebsdauer ausgegangen wird, bedeutet dies für den Bauherrn, sicherzustellen, dass das Inspektionsprogramm während der Lebensdauer des Tragwerks eingehalten wird.

(3) Es kann eine der beiden Optionen für DTD-I angewendet werden. Diese werden als DTD-IA und DTD-IB bezeichnet:

a) Für die Option DTD-IA sollte das Tragwerk eine ausreichende Redundanz aufweisen, also statisch unbestimmt sein, damit die Lasteinflüsse so umverteilt werden, dass jedes Wachstum eines entstandenen Risses zum Stillstand kommt und das Tragwerk weiterhin in der Lage ist, die umverteilten Lasteinflüsse aufzunehmen;

b) für die Option DTD-IB sollte das Tragwerk ausreichend große Querschnitte aufweisen, um die Belastungen nach Auftreten der ersten mit bloßem Auge sichtbaren Risse aufnehmen zu können. Solche Risse sollten nicht zum Versagen des Tragwerks führen. Die Resttragfähigkeit für die quasi-statischen Bemessungslasten nach der Rissentstehung sollte nachgewiesen werden. Es sollte gefordert werden, dass das Tragwerk nach Feststellung von Rissen instand gesetzt wird oder dass das Risswachstum durch wirkungsvolle Maßnahmen aufgehalten wird.

(4) Um einen ausreichenden Widerstand des Bauteils oder Tragwerks sicherzustellen, darf dem DTD-I-Ansatz eine von zwei Methoden zugrunde gelegt werden. Diese beruhen

a) auf der Berechnung der linearen Schadensakkumulation, siehe (5); oder

b) auf der äquivalenten Spannungsschwingbreite, siehe (6).

(5) Für DTD-I sollte der Ermüdungsschaden-Wert D_{L} aller Schwingspiele auf Basis linearer Schadensakkumulation eine der folgenden Bedingungen erfüllen:

$$D_{\mathrm{L,d}} \leq 1 \qquad \text{(L.1)}$$

oder

$$D_{\mathrm{L}} \leq D_{\mathrm{lim}} \qquad \text{(L.2)}$$

Dabei wird

$D_{\mathrm{L,d}} = \Sigma n_{\mathrm{i}}/N_{\mathrm{i}}$ nach der in A.2 angegebenen Methode berechnet;

$D_{\mathrm{L}} = \Sigma n_{\mathrm{i}}/N_{\mathrm{i}}$ nach der in A.2 angegebenen Methode mit $\gamma_{\mathrm{Mf}} = \gamma_{\mathrm{Ff}} = 1{,}0$ berechnet.

ANMERKUNG Werte für D_{lim} dürfen im Nationalen Anhang festgelegt werden. Empfohlene Werte sind in L.4 angegeben.

NDP Zu L.2.2 (5) Anmerkung

Der Ermüdungsnachweis sollte ausschließlich auf dem Bemessungswert der Ermüdungsfestigkeit beruhen, der durch Anwendung eines Teilsicherheitsbeiwerts γ_{Mf} auf die charakteristische Ermüdungsfestigkeit abgeleitet wird (siehe L.4 (2)), d. h. Nachweis nach Gl. (L.1). Die Festlegung von Werten für D_{lim} in L.4 (4) entfällt daher.

(6) Beruht die Bemessung auf dem Ansatz mit der äquivalenten Spannungsschwingbreite ($\Delta\sigma_{E,2e}$), sollte die folgende Bedingung erfüllt werden:

$$\frac{\gamma_{Ff}\,\Delta\sigma_{E,2e}}{\Delta\sigma_{C}/\gamma_{Mf}} \qquad (L.3)$$

DTD-II L.2.3

(1)P DTD-II erlaubt ermüdungsbedingte Risse im Tragwerk, vorausgesetzt, dass das Risswachstum überwacht wird und durch ein auf der Bruchmechanik basiertes Programm der Inspektion auf Ermüdung unter Kontrolle gehalten wird.

ANMERKUNG In Bezug auf Inspektionsprogramme siehe L.3.

(2) An potentiellen Rissentstehungsstellen sollte die kleinste wahrnehmbare Rissgröße bestimmt werden.

(3)P Das Tragwerk sollte ausreichend große Querschnitte besitzen, um die Bemessungsbelastungen nach Auftreten der ersten mit bloßem Auge sichtbaren Risse aufnehmen zu können.

(4) Es sollten die Spannung-Zeit-Verläufe an den potentiellen Rissentstehungsstellen ermittelt werden, gefolgt durch die Zählung der Spannungsschwingbreiten und die Zusammenstellung von Spannungsintensitäts-Kollektiven.

(5) Auf der Grundlage von (2) und (4) und unter Verwendung der Risswachstumskurven der jeweiligen Legierung sollten die Rissfortschrittsgeschwindigkeiten mittels eines bruchmechanischen Verfahrens berechnet werden. Bei Anwendung dieses Ansatzes sollte die Zeit bis zum Erreichen der bruchkritischen Rissgröße abgeschätzt werden.

Die so geschätzten Zeiten sollten für die Festlegungen des entsprechenden Programms der Inspektion auf Ermüdung berücksichtigt werden.

ANMERKUNG Empfehlungen für Werte von Rissgrößen sind in Anhang B angegeben.

(6) Die Resttragfähigkeit für die quasi-statischen Bemessungslasten für den Fall einer Rissentstehung sollte nachgewiesen werden.

(7) Ein Programm für die regelmäßige Inspektion und Überwachung eines Risswachstums sollte in Übereinstimmung mit (6) erstellt werden. Der Zeitpunkt für den Beginn der Inspektion und die maximalen Inspektionsintervalle sollten festgelegt werden, siehe L.3.

ANMERKUNG Da bei der Bemessung von einer korrekten Durchführung des Inspektionsprogramms während der vorgesehenen Betriebsdauer ausgegangen wird, bedeutet dies für den Bauherrn, sicherzustellen, dass das Inspektionsprogramm während der Lebensdauer des Tragwerks eingehalten wird, siehe L.3.

(8) Für DTD-II sollte D_L die folgende Bedingung erfüllen:

$$D_{L,d} \leq D_{lim} \qquad (L.4)$$

Dabei ist

D_{lim} größer als 1,0, sollte jedoch begrenzt werden, siehe L.4.

Beginn der Inspektion und Inspektionsintervalle L.3

(1) Diese Ausführungen gelten nur bei Übernahme der in Anhang J für die Bemessung angegebenen Werte für die Ermüdungsfestigkeit.

(2) In den Inspektionsprogrammen sollten der Zeitpunkt für die erste Inspektion nach der Inbetriebnahme (Inspektionsbeginn) sowie die Inspektionsintervalle festgelegt werden.

ANMERKUNG Der Inspektionsbeginn und die Inspektionsintervalle dürfen im Nationalen Anhang festgelegt werden. Empfehlungen sind in Tabelle L.1 angegeben.

NDP Zu L.3 (2) Anmerkung

Es gelten die Empfehlungen der Tabelle L.1.

(3) Für DTD-I sollte der zur Bestimmung von T_F und ΔT_F verwendete Wert von T_S nach A.2.1 (5) berechnet werden. Sofern nicht anders angegeben, sollte das Zeitintervall zwischen den Inspektionen $T_S/4$ nicht überschreiten.

(4) Für DTD-II sollte der zur Bestimmung von T_F verwendete Wert von T_S nach A.2.1 (5) berechnet werden. ΔT_F sollte unter Anwendung von bruchmechanischen Verfahren bestimmt werden.

Tabelle L.1: Empfohlener Beginn der Inspektion und maximale Inspektionsintervalle

Bemessungsansatz	Bemessungsverfahren	Art des Bemessungsansatzes	Empfohlener Inspektionsbeginn[a]	Empfohlene maximale Inspektionsintervalle
Schwingbruchsichere Bemessung SLD	Schadensakkumulation	SLD-I	–	–
		SLD-II	$T_G = 0$	$\Delta T_G = 6$ Jahre
	Dauerfestigkeit (d. h. max. $\Delta\sigma_{E,d} < \Delta\sigma_{D,d}$)	SLD-I	–	–
		SLD-II	$T_G = 0$	$\Delta T_G = 6$ Jahre
Schadenstolerante Bemessung DTD	Schadensakkumulation	DTD-IA	$T_G = 0$ $T_F = 0{,}5\ T_S$	$\Delta T_G = 6$ Jahre $\Delta T_F = 0{,}25\ T_S$
		DTD-IB	$T_G = 0$ $T_F = 0{,}5\ T_S$	$\Delta T_G = 6$ Jahre $\Delta T_F = 0{,}25\ T_S$
	Schadensakkumulation und Bruchmechanik	DTD-II	$T_G = 0$ $T_F = 0{,}8\ T_S$	$\Delta T_G = 6$ Jahre ΔT_F wird durch bruchmechanische Verfahren ermittelt

[a] T_G ist der für den Beginn der allgemeinen Inspektion empfohlene Zeitraum nach Fertigstellung. Die allgemeine Inspektion beinhaltet die Prüfung, dass sich das Tragwerk (weiterhin) in dem Zustand nach der Fertigstellung und Abnahme befindet, d. h., dass keine Verschlechterung des Zustands eingetreten ist, wie z. B. Verschlechterungen durch Hinzukommen von schädlichen Löchern und Schweißnähten zur Befestigung von Zusatzelementen, Schäden auf Grund von Vandalismus oder Unfällen, unerwartete Korrosion usw.

ΔT_G ist das empfohlene maximale Zeitintervall für die allgemeine Inspektion.

T_F ist der Zeitraum nach Fertigstellung, der für den Beginn der Inspektion auf Ermüdung empfohlen wird. Die Inspektion auf Ermüdung beinhaltet die Inspektion von Bereichen mit einer erhöhten Rissentstehungswahrscheinlichkeit.

ΔT_F ist das empfohlene maximale Zeitintervall für die Inspektion auf Ermüdung.

L.4 Teilsicherheitsbeiwerte γ_{Mf} und Werte für D_{lim}

(1) Diese Ausführungen gelten nur bei Übernahme der in Anhang J für die Bemessung angegebenen Werte für die Ermüdungsfestigkeit.

(2) Der Ermüdungsnachweis sollte entweder auf dem Bemessungswert der Ermüdungsfestigkeit beruhen, der durch Anwendung eines Teilsicherheitsbeiwerts γ_{Mf} auf die charakteristische Ermüdungsfestigkeit $\Delta\sigma_{if}$ abgeleitet wird, oder auf der Festlegung eines Grenzwerts D_{lim} für den Bemessungswert des Ermüdungsschadens D_L unter Berücksichtigung der Schadensfolgeklasse und der angewendeten Bemessungsmethode.

(3)P Das Sicherheitskonzept sollte auf der Anwendung von γ_{Ff}, γ_{Mf} und D_{lim} sowie den Anforderungen an die in L.3 aufgeführten Inspektionsprogramme basieren.

ANMERKUNG 1 Werte für γ_{Mf} dürfen im Nationalen Anhang festgelegt werden. Empfohlene Werte, die auf $\gamma_{Ff} = 1{,}0$ basieren, sind in Tabelle L.2 angegeben.

NDP Zu L.4 (3) Anmerkung 1

Es gelten die Empfehlungen der Tabelle L.2. Bezüglich der Zuordnung zur Ausführungsklasse (EXC) siehe NDP zu L.4 (3) Anmerkung 2.

ANMERKUNG 2 Als Kriterium für die Wahl des in Tabelle L.2 angegebenen Wertes für γ_{Mf} darf im Nationalen Anhang die Ausführungsklasse anstelle der Schadensfolgeklasse festgelegt werden.

NDP Zu L.4 (3) Anmerkung 2

Als Kriterium für die Wahl des in Tabelle L.2 angegebenen Wertes für γ_{Mf} soll die für das Bauwerk bzw. Bauteil festgelegte Ausführungsklasse dienen. Dabei gelten für die Anwendung der Tabelle L.2:

Für die Ausführungsklassen EXC1 und EXC2 gelten die in der Spalte für CC1 aufgeführten γ_{Mf}-Werte.

Für die Ausführungsklasse EXC3 gelten die in der Spalte für CC2 aufgeführten γ_{Mf}-Werte.

Für die Ausführungsklasse EXC4 gelten die in der Spalte für CC3 aufgeführten γ_{Mf}-Werte.

(4) Die Werte für das Sicherheitselement D_{lim} sollten festgelegt werden.

ANMERKUNG 1 Werte für D_{lim} dürfen im Nationalen Anhang festgelegt werden. Es wird empfohlen, Werte im nachstehenden Bereich festzulegen:

$$\left(\frac{1}{\gamma_{Ff} \cdot \gamma_{Mf}}\right)^{m_2} \leq D_{lim} \leq \left(\frac{1}{\gamma_{Ff} \cdot \gamma_{Mf}}\right)^{m_1} \quad \text{(L.5)}$$

NDP Zu L.4 (4) Anmerkung

Es werden keine Werte für D_{lim} festgelegt, weil das diesbezügliche Nachweisverfahren nicht angewendet werden soll, siehe NDP zu L.2.2 (5) Anmerkung.

(5) Für DTD-II ist der Wert für D_{lim} größer als 1, sollte jedoch begrenzt werden.

ANMERKUNG Werte für D_{lim} dürfen im Nationalen Anhang festgelegt werden, siehe L.2.3 (8). Die empfohlenen Werte sind 2,0 für geschweißte, geschraubte oder genietete Details und 4,0 für nicht geschweißte Bauteile.

NDP Zu L.4 (5) Anmerkung

Es werden keine Werte für D_{lim} festgelegt, weil das Bemessungsverfahren DTD-II nicht angewendet werden soll, siehe NDP zu 2.1.1 (1) Anmerkung.

Tabelle L.2: Empfohlene Werte für γ_{Mf} bezogen auf die Schadensfolgeklasse

Bemessungsansatz	Bemessungsverfahren	Schadensfolgeklasse		
		CC1	CC2	CC3
		γ_{Mf} [a,b,c,d]	γ_{Mf} [a,b,c,d]	γ_{Mf} [a,b,c,d]
SLD-I	Schadensakkumulation	1,1	1,2	1,3
	Dauerfestigkeit (d. h. max. $\Delta\sigma_{E,d} < \Delta\sigma_{D,d}$)	1,1	1,2	1,3
SLD-II	Schadensakkumulation	1,0	1,1	1,2
	Dauerfestigkeit (d. h. max. $\Delta\sigma_{E,d} < \Delta\sigma_{D,d}$)	1,0	1,1	1,2
DTD-I	Schadensakkumulation	1,0	1,0	1,1
DTD-II	Schadensakkumulation	1,0	1,0	1,1

[a] Die Tabellenwerte dürfen in Übereinstimmung mit den Fußnoten [a] bis [d] verringert werden; dabei darf der sich daraus ergebende Wert für γ_{Mf} den Wert 1,0 nicht unterschreiten.

[b] Die oben angegebenen Tabellenwerte für γ_{Mf} dürfen um 0,1 verringert werden, wenn eine der folgenden Bedingungen vorliegt:
- nicht geschweißte Bereiche von geschweißten Bauteilen;
- Detailkategorien, bei denen $\Delta\sigma_c < 25$ N/mm²;
- geschweißte Bauteile, bei denen die größte Spannungsschwingbreite für alle Schwingspiele angesetzt wird;
- der Umfang der zusätzlichen zerstörungsfreien Prüfung liegt bei mindestens 50 %.

Für Klebeverbindungen, siehe Anhang E (5).

[c] Die oben angegebenen Tabellenwerte für γ_{Mf} dürfen um 0,2 verringert werden, wenn eine der folgenden Bedingungen vorliegt:
- nicht geschweißte Bereiche von geschweißten Bauteilen, bei denen die größte Spannungsschwingbreite für alle Schwingspiele angesetzt wird;
- Detailkategorien, bei denen $\Delta\sigma_c < 25$ N/mm² und die größte Spannungsschwingbreite für alle Schwingspiele angesetzt wird;
- nicht geschweißte Bauteile und Tragwerke;
- der Umfang der zusätzlichen zerstörungsfreien Prüfung liegt bei mindestens 50 % und die größte Spannungsschwingbreite wird für alle Schwingspiele angesetzt;
- der Umfang der zusätzlichen zerstörungsfreien Prüfung liegt bei 100 %.

[d] Die oben angegebenen Tabellenwerte für γ_{Mf} dürfen um 0,3 verringert werden, wenn eine der folgenden Bedingungen vorliegt:
- nicht geschweißte Bauteile und Tragwerke, bei denen die größte Spannungsschwingbreite für alle Schwingspiele angesetzt wird;
- der Umfang der zusätzlichen zerstörungsfreien Prüfung liegt bei 100 % und die größte Spannungsschwingbreite wird für alle Schwingspiele angesetzt.

L.5 Kenngrößen für die Ausführung

L.5.1 Beanspruchungskategorie

(1) Sofern die in Anhang J angegebenen Daten für den Ermüdungswiderstand angenommen werden, sollte eines der nachstehend aufgeführten Kriterien a), b) oder c) verwendet werden, um Bauteile der Beanspruchungskategorie SC1 zuzuordnen:

a) In Fällen, in denen die größte Schwingbreite der Nennspannung $\Delta\sigma_{E,k}$ die folgende Bedingung erfüllt:

– $\gamma_{Ff} \cdot \Delta\sigma_{E,k} \leq \frac{13,7}{\gamma_{Mf}} \frac{N}{mm^2}$ für den Grundwerkstoff (einschließlich Wärmeeinflusszonen und Stumpfnähten); (L.6)

– $\gamma_{Ff} \cdot \Delta\sigma_{E,k} \leq \frac{9,2}{\gamma_{Mf}} \frac{N}{mm^2}$ für Kehlnähte (L.7)

Dabei werden die Werte für γ_{Mf} in L.4 (3)P angegeben. Die für SLD-I angegebenen Werte sollten verwendet werden.

$\Delta\sigma_{E,k}$ ist der charakteristische Wert für die Schnittgröße (Spannungsschwingbreite);

b) im Fall von Ermüdungslastkollektiven ($\Delta\sigma_{E,k,i}$), sofern L.5.2 zur Berechnung des Ermüdungs-Ausnutzungsgrades U angewendet wird und U den Wert 1,0 nicht übersteigt, wobei für den Ermüdungswiderstand folgende Detailkategorien angesetzt werden:
   - für den Grundwerkstoff (einschließlich Wärmeeinflusszonen und Stumpfnähten): Detailkategorie 18-3,4;
   - für Kehlnähte: Detailkategorie 12-3,4.

Werte für γ_{Mf} zur Berechnung von U sind in L.4 (3)P angegeben. Die für SLD-I angegebenen Werte sollten angewendet werden. In Fällen, in denen die größte Spannungs-Amplitude für alle Schwingspiele angesetzt wird, dürfen die Werte um 0,1 verringert werden.

c) in Fällen, in denen die Grenzwerte nach den unter a) oder b) aufgeführten Kriterien überschritten werden, und sofern der Ermüdungs-Ausnutzungsgrad U nach L.5.2 den Wert 0,5 nicht übersteigt und sofern der Ermüdungswiderstand auf den niedrigsten Werten für die folgenden Fälle beruht, d. h.:
   - für den Grundwerkstoff (vom Schweißen nicht beeinflusst): Detailkategorie 71-7;
   - für durchlaufende Längsschweißnähte (Spannungsrichtung parallel zur Achse der Schweißnaht): Detailkategorie 40-4,3;
   - für Stumpfnähte: Detailkategorie 36-3,4.

Werte für γ_{Mf} zur Berechnung von U sind in L.4 (3)P angegeben. Die für SLD-I angegebenen Werte sollten angewendet werden. In Fällen, in denen die größte Spannungs-Amplitude für alle Schwingspiele angesetzt wird, dürfen die Werte um 0,1 verringert werden. In diesem Fall darf der sich daraus ergebende Wert für γ_{Mf} den Wert 1,0 nicht unterschreiten.

ANMERKUNG Andere oder zusätzliche Kriterien zur Festlegung der Beanspruchungskategorie dürfen im Nationalen Anhang festgelegt werden.

NDP Zu L.5.1 (1) Anmerkung

Es werden keine weiteren Kriterien zur Festlegung der Beanspruchungskategorie festgelegt. Grundsätzlich gelten bezüglich der Einstufung in die Beanspruchungskategorie die Ausführungen in 2.1.1 (3).

L.5.2 Berechnung des Ausnutzungsgrads

(1) Dieser Unterabschnitt enthält Festlegungen zur Berechnung des Ausnutzungsgrads U für ermüdungsbeanspruchte Bauteile, sofern die Ermüdungsfestigkeitsdaten nach Anhang J für die Bemessung verwendet werden und die Anhänge L und M aus EN 1090-3:2008 in Bezug auf Qualität und Inspektionsanforderungen festgelegt wurden. Die berechneten Werte werden verwendet, um zwischen den Beanspruchungskategorien SC1 und SC2 unterscheiden zu können.

ANMERKUNG 1 Die Definitionen der Beanspruchungskategorien werden in EN 1999-1-1 definiert.

ANMERKUNG 2 EN 1090-3 definiert Kriterien für die Festlegung des Umfangs der Kontrollen und die Anforderungen hinsichtlich der schweißtechnischen Bewertungsgruppen der beiden Beanspruchungskategorien sowie quantitative Kriterien für die Inspektion von Schweißnähten in Abhängigkeit von Ausführungsklasse und Ausnutzungsgrad.

(2) Der Ermüdungs-Ausnutzungsgrad für eine konstante Spannungsschwingbreite für eine begrenzte Anzahl von Schwingspielen n wird wie folgt definiert:

$$U = \frac{\Delta\sigma_{E,k} \cdot \gamma_{Ff}}{\frac{\Delta\sigma_{R,k}}{\gamma_M}} \tag{L.8}$$

Dabei ist

$\Delta\sigma_{E,k}$ die charakteristische Spannungsschwingbreite (für kombinierte Spannungen: die Hauptspannung) im betrachteten Querschnitt für eine angegebene Anzahl von Schwingspielen n;

$\Delta\sigma_{R,k}$ der entsprechende Wert des Festigkeitsbereiches der maßgeblichen Ermüdungsfestigkeitskurve $\Delta\sigma$-N für die angegebene Anzahl von Schwingspielen n.

(3) Im Falle von Ermüdung, bei der alle Spannungsschwingbreiten kleiner sind als $\Delta\sigma_D$, und bei einer unbegrenzten Anzahl von Schwingspielen wird der Ausnutzungsgrad wie folgt definiert:

$$U = \frac{\Delta\sigma_{E,k} \cdot \gamma_{Ff}}{\frac{\Delta\sigma_D}{\gamma_M}} \tag{L.9}$$

Dabei ist

$\Delta\sigma_{E,k}$ die größte Spannungsschwingbreite;

$\Delta\sigma_D$ die Dauerfestigkeit.

(4) Beruht die Berechnung auf der äquivalenten Spannungsschwingbreite konstanter Amplitude $\Delta\sigma_{E,2e}$, wird der Ausnutzungsgrad wie folgt definiert:

$$U = \frac{\gamma_{Ff}\,\Delta\sigma_{E,2e}}{\frac{\Delta\sigma_C}{\gamma_M}} \tag{L.10}$$

Dabei ist

$\Delta\sigma_C$ die Ermüdungsfestigkeit für 2×10^6 Schwingspiele.

(5) Beruht der Ausnutzungsgrad U auf der Berechnung der Ermüdungsschadenswerte nach der linearen Schadensakkumulation, darf er für die Anwendungszwecke dieses Anhangs wie folgt berechnet werden:

$$U = \sqrt[m_1]{D_{L,d}} \tag{L.11}$$

Dabei wird

$D_{L,d}$ nach 2.2.1 und 6.2.1 berechnet.

Literaturhinweise

Literaturangaben zum Anhang B: Bruchmechanik

B.1 Standard test method for measurement of fatigue crack growth rates, ASTM E647-93.

B.2 Simulations of short crack and other low closure action conditions utilising constant $K_{max}/\Delta K$-decreasing fatigue crack growth procedures. ASTM STP 1149-1992, S. 197–220.

B.3 Graf, U.: Fracture mechanics parameters and procedures for the fatigue behaviour estimation of welded aluminium components. Reports from Structural Engineering, Technische Universität München, Bericht Nr. 3/92 (TUM-LME Forschungsber. D. Kosteas), München, 1992.

B.4 Ondra, R.: Statistical Evaluation of Fracture Mechanic Data and Formulation of Design Lines for welded

Components in Aluminium Alloys. Reports from Structural Engineering, Technische Universität München, Bericht Nr. 4/98 (TUM-LME Forschungsber. D. Kosteas), München, 1998.

B.5 Stress intensity factor equations for cracks in three-dimensional finite bodies. ASTM STP 791, 1983, S. I–238 bis I–265.

Literaturangaben zum Anhang C: Versuche für die Ermüdungsbemessung

C.1 Kosteas, D.: On the Fatigue Behaviour of Aluminium. In: Kosteas, D. (Ed.), Aluminium in Practice, Stahlbau Spezial, Ausgabe Nr. 67 (1998) Ernst & Sohn, Berlin.

C.2 Jaccard, R., D. Kosteas, R. Ondra: Background Document to Fatigue Design Curves for welded Aluminium Components. IIW Dok. Nr. XIII-1588-95.

Literaturangaben zum Anhang D: Spannungsanalyse

D.1 Pilkey, W. D.: Peterson's stress concentration factors, John Wiley and Sons Inc., 1997.

D.2 Young, W. C., Budynas R. G.: Roark's formulas for stress and strain, McGraw Hill, 2001.

D.3 Hobbacher, A.: Recommendations on fatigue of welded components, IIW Dok. XIII-1965-03/XV-1127-03; Juli 2004.

Mai 2010

DIN EN 1999-1-4

Teilweiser Ersatz für
DIN 18807-6:1995-09,
DIN 18807-7:1995-09 und
DIN 18807-8:1995-09

Eurocode 9 –
Bemessung und Konstruktion von Aluminiumtragwerken –
Teil 1-4: Kaltgeformte Profiltafeln;
Deutsche Fassung EN 1999-1-4:2007 + AC:2009

Dezember 2010

DIN EN 1999-1-4/NA

Teilweiser Ersatz für
DIN 18807-6:1995-09,
DIN 18807-7:1995-09 und
DIN 18807-8:1995-09

Nationaler Anhang –
National festgelegte Parameter –
Eurocode 9: Bemessung und Konstruktion von Aluminiumtragwerken –
Teil 1-4: Kaltgeformte Profiltafeln

November 2011

DIN EN 1999-1-4/A1

Änderung von
DIN EN 1999-1-4:2010-05

Eurocode 9: Bemessung und Konstruktion von Aluminiumtragwerken –
Teil 1-4: Kaltgeformte Profiltafeln;
Deutsche Fassung EN 1999-1-4:2007/A1:2011

Inhalt

DIN EN 1999-1-4 einschließlich Nationaler Anhang

Seite

Seite

Nationales Vorwort

Dieses Dokument (EN 1999-1-4:2007 + AC:2009) wurde vom Technischen Komitee CEN/TC 250 „Eurocodes für den konstruktiven Ingenieurbau“, dessen Sekretariat vom BSI (Vereinigtes Königreich) gehalten wird, unter deutscher Mitwirkung erarbeitet.

Im DIN Deutsches Institut für Normung e. V. ist hierfür der Arbeitsausschuss NA 005-08-07 AA „Aluminiumkonstruktionen unter vorwiegend ruhender Belastung (DIN 4113, Sp CEN/TC 250/SC 9 + CEN/TC 135/WG 11)“ des Normenausschusses Bauwesen (NABau) zuständig.

Dieses Dokument enthält die Berichtigung, die von CEN am 4. November 2009 angenommen wurde.

Änderungen

Gegenüber DIN 18807-6:1995-09, DIN 18807-7:1995-09 und DIN 18807-8:1995-09 wurden folgende Änderungen vorgenommen:

a) Einführung des semi-probalistischen Teilsicherheitskonzeptes.

Frühere Ausgaben

DIN 18807-6: 1995-09
DIN 18807-7: 1995-09
DIN 18807-8: 1995-09

Vorwort

Dieses Dokument (EN 1999-1-4:2007 + AC:2009) wurde vom Technischen Komitee CEN/TC 250 „Eurocodes für den konstruktiven Ingenieurbau“ erarbeitet, dessen Sekretariat vom BSI gehalten wird.

Diese Europäische Norm muss den Status einer nationalen Norm erhalten, entweder durch Veröffentlichung eines identischen Textes oder durch Anerkennung bis August 2007, und etwaige entgegenstehende nationale Normen müssen bis März 2010 zurückgezogen werden.

Diese Europäische Norm ersetzt keine bestehende Europäische Norm.

CEN/TC 250 ist für die Erarbeitung aller Eurocodes für den konstruktiven Ingenieurbau zuständig.

Es wird auf die Möglichkeit hingewiesen, dass einige Texte dieses Dokuments Patentrechte berühren können. CEN [und/oder CENELEC] sind nicht dafür verantwortlich, einige oder alle diesbezüglichen Patentrechte zu identifizieren.

Entsprechend der CEN/CENELEC-Geschäftsordnung sind die nationalen Normungsinstitute der folgenden Länder gehalten, diese Europäische Norm zu übernehmen: Belgien, Bulgarien, Dänemark, Deutschland, Estland, Finnland, Frankreich, Griechenland, Irland, Island, Italien, Lettland, Litauen, Luxemburg, Malta, Niederlande, Norwegen, Österreich, Polen, Portugal, Rumänien, Schweden, Schweiz, Slowakei, Slowenien, Spanien, Tschechische Republik, Ungarn, Vereinigtes Königreich und Zypern.

Vorwort der Änderung A1

Dieses Dokument (EN 1999-1-4:2007/A1:2011) wurde vom Technischen Komitee CEN/TC 250 „Eurocodes für den konstruktiven Ingenieurbau“ erarbeitet, dessen Sekretariat vom BSI gehalten wird.

Diese Änderung zur Europäischen Norm EN 1999-1-4:2007 muss den Status einer nationalen Norm erhalten, entweder durch Veröffentlichung eines identischen Textes oder durch Anerkennung bis August 2012, und etwaige entgegenstehende nationale Normen müssen bis Februar 2012 zurückgezogen werden.

Es wird auf die Möglichkeit hingewiesen, dass einige Texte dieses Dokuments Patentrechte berühren können. CEN [und/oder CENELEC] sind nicht dafür verantwortlich, einige oder alle diesbezüglichen Patentrechte zu identifizieren.

Entsprechend der CEN/CENELEC-Geschäftsordnung sind die nationalen Normungsinstitute der folgenden Länder gehalten, diese Europäische Norm zu übernehmen: Belgien, Bulgarien, Dänemark, Deutschland, Estland, Finnland, Frankreich, Griechenland, Irland, Island, Italien, Kroatien, Lettland, Litauen, Luxemburg, Malta, Niederlande, Norwegen, Österreich, Polen, Portugal, Rumänien, Schweden, Schweiz, Slowakei, Slowenien, Spanien, Tschechische Republik, Ungarn, Vereinigtes Königreich und Zypern.

Hintergrund des Eurocode-Programms

Im Jahre 1975 beschloss die Kommission der Europäischen Gemeinschaften, für das Bauwesen ein Aktionsprogramm auf der Grundlage des Artikels 95 der Römischen Verträge durchzuführen. Das Ziel des Programms war die Beseitigung technischer Handelshemmnisse und die Harmonisierung technischer Spezifikationen.

Im Rahmen dieses Aktionsprogramms leitete die Kommission die Bearbeitung von harmonisierten technischen Regelwerken für die Tragwerksplanung von Bauwerken ein, die im ersten Schritt als Alternative zu den in den Mitgliedsländern geltenden Regeln dienen und diese schließlich ersetzen sollten.

15 Jahre lang leitete die Kommission mit Hilfe eines Lenkungsausschusses mit Vertretern der Mitgliedsländer die Entwicklung des Eurocode-Programms, das in den 80er Jahren des zwanzigsten Jahrhunderts zu der ersten Eurocode-Generation führte.

Im Jahre 1989 entschieden sich die Kommission und die Mitgliedsländer der Europäischen Union und der EFTA, die Entwicklung und Veröffentlichung der Eurocodes über eine Reihe von Mandaten an CEN zu übertragen, damit diese den Status von Europäischen Normen (EN) erhielten. Grundlage war eine Vereinbarung[1)] zwischen der Kommission und CEN. Dieser Schritt verknüpft die Eurocodes de facto mit den Regelungen der Richtlinien des Rates und mit den Kommissionsentscheidungen, die die Europäischen Normen behandeln (z. B. die Richtlinie des Rates 89/106/EWG zu Bauprodukten (Bauproduktenrichtlinie), die Richtlinien des Rates 93/37/EWG, 92/50/EWG und 89/440/EWG zur Vergabe öffentlicher Aufträge und Dienstleistungen und die entsprechenden EFTA-Richtlinien, die zur Einrichtung des Binnenmarktes eingeführt wurden).

Das Eurocode-Programm umfasst die folgenden Normen, die in der Regel aus mehreren Teilen bestehen:

EN 1990 *Eurocode 0: Grundlagen der Tragwerksplanung*

EN 1991 *Eurocode 1: Einwirkungen auf Tragwerke*

EN 1992 *Eurocode 2: Bemessung und Konstruktion von Stahlbeton- und Spannbetontragwerken*

EN 1993 *Eurocode 3: Bemessung und Konstruktion von Stahlbauten*

EN 1994 *Eurocode 4: Bemessung und Konstruktion von Verbundtragwerken aus Stahl und Beton*

EN 1995 *Eurocode 5: Bemessung und Konstruktion von Holzbauwerken*

EN 1996 *Eurocode 6: Bemessung und Konstruktion von Mauerwerksbauten*

EN 1997 *Eurocode 7: Entwurf, Berechnung und Bemessung in der Geotechnik*

[1)] Vereinbarung zwischen der Kommission der Europäischen Gemeinschaften und dem Europäischen Komitee für Normung (CEN) zur Bearbeitung der Eurocodes für die Tragwerksplanung von Hochbauten und Ingenieurbauwerken (BC/CEN/03/89).

EN 1998 *Eurocode 8: Auslegung von Bauwerken gegen Erdbeben*

EN 1999 *Eurocode 9: Bemessung und Konstruktion von Aluminiumtragwerken*

Die EN-Eurocodes berücksichtigen die Verantwortlichkeit der Bauaufsichtsorgane in den Mitgliedsländern und haben deren Recht zur nationalen Festlegung sicherheitsbezogener Werte berücksichtigt, so dass diese Werte von Land zu Land unterschiedlich bleiben können.

Status und Gültigkeitsbereich der Eurocodes

Die Mitgliedsländer der EU und der EFTA betrachten die Eurocodes als Bezugsdokumente für folgende Zwecke:

- als Mittel zum Nachweis der Übereinstimmung von Hoch- und Ingenieurbauten mit den wesentlichen Anforderungen der Richtlinie des Rates 89/106/EWG, besonders mit der wesentlichen Anforderung Nr. 1: Mechanische Festigkeit und Standsicherheit und der wesentlichen Anforderung Nr. 2: Brandschutz;
- als Grundlage für die Spezifizierung von Verträgen für die Ausführung von Bauwerken und die dazu erforderlichen Ingenieurleistungen;
- als Rahmenbedingung für die Erstellung harmonisierter, technischer Spezifikationen für Bauprodukte (ENs und ETAs).

Die Eurocodes haben, da sie sich auf Bauwerke beziehen, eine direkte Verbindung zu den Grundlagendokumenten[2], auf die in Artikel 12 der Bauproduktenrichtlinie hingewiesen wird, wenn sie auch anderer Art sind als die harmonisierten Produktnormen[3]. Daher sind die technischen Gesichtspunkte, die sich aus den Eurocodes ergeben, von den Technischen Komitees von CEN und den Arbeitsgruppen von EOTA, die an Produktnormen arbeiten, zu beachten, damit diese Produktnormen mit den Eurocodes vollständig kompatibel sind.

Die Eurocodes liefern Regelungen für den Entwurf, die Berechnung und die Bemessung von kompletten Tragwerken und Bauteilen, die sich für die tägliche Anwendung eignen. Sie gehen auf traditionelle Bauweisen und Aspekte innovativer Anwendungen ein, liefern aber keine vollständigen Regelungen für ungewöhnliche Baulösungen und Entwurfsbedingungen. Für diese Fälle können zusätzliche Spezialkenntnisse für den Bauplaner erforderlich sein.

Nationale Fassungen der Eurocodes

Die Nationale Fassung eines Eurocodes enthält den vollständigen Text des Eurocodes (einschließlich aller Anhänge), so wie von CEN veröffentlicht, möglicherweise mit einer nationalen Titelseite und einem nationalen Vorwort sowie einem (informativen) Nationalen Anhang.

Der (informative) Nationale Anhang darf nur Hinweise zu den Parametern geben, die im Eurocode für nationale Entscheidungen offen gelassen wurden. Diese so genannten national festzulegenden Parameter (NDP) gelten für die Tragwerksplanung von Hochbauten und Ingenieurbauten in dem Land, in dem sie erstellt werden. Sie umfassen:

---

[2] Entsprechend Artikel 3.3 der Bauproduktenrichtlinie sind die wesentlichen Anforderungen in Grundlagendokumenten zu konkretisieren, um damit die notwendigen Verbindungen zwischen den wesentlichen Anforderungen und den Mandaten für die Erstellung harmonisierter Europäischer Normen und Richtlinien für die europäische Zulassung selbst zu schaffen.

[3] Nach Artikel 12 der Bauproduktenrichtlinie haben die Grundlagendokumente

a) die wesentlichen Anforderungen zu konkretisieren, indem die Begriffe und, soweit erforderlich, die technische Grundlage für Klassen und Anforderungsstufen vereinheitlicht werden,

b) Methoden zur Verbindung dieser Klassen oder Anforderungsstufen mit technischen Spezifikationen anzugeben, z. B. Berechnungs- oder Nachweisverfahren, technische Entwurfsregeln usw.,

c) als Bezugsdokumente für die Erstellung harmonisierter Normen oder Richtlinien für Europäische Technische Zulassungen zu dienen.

Die Eurocodes spielen de facto eine ähnliche Rolle für die wesentliche Anforderung Nr. 1 und einen Teil der wesentlichen Anforderung Nr. 2.

- Zahlenwerte für die Teilsicherheitsbeiwerte und/oder Klassen, wo die Eurocodes Alternativen eröffnen,
- Zahlenwerte, wo die Eurocodes nur Symbole angeben,
- landesspezifische geographische und klimatische Daten, die nur für ein Mitgliedsland gelten, z. B. Schneekarten,
- die Vorgehensweise, wenn die Eurocodes mehrere Verfahren zur Wahl anbieten,
- Vorschriften zur Verwendung der informativen Anhänge,
- Hinweise zur Anwendung der Eurocodes, soweit diese die Eurocodes ergänzen und ihnen nicht widersprechen.

Verhältnis zwischen den Eurocodes und den harmonisierten Technischen Spezifikationen für Bauprodukte (ENs und ETAs)

Es besteht die Notwendigkeit, dass die harmonisierten Technischen Spezifikationen für Bauprodukte und die technischen Regelungen für die Tragwerksplanung[4)] konsistent sind. Insbesondere sollten alle Hinweise, die mit der CE-Kennzeichnung von Bauprodukten verbunden sind und die die Eurocodes in Bezug nehmen, klar erkennen lassen, welche national festzulegenden Parameter (NDP) zugrunde liegen.

Nationaler Anhang für EN 1999-1-4

Diese Norm enthält alternative Verfahren, Zahlenwerte und Empfehlungen für Klassen zusammen mit Hinweisen, an welchen Stellen nationale Festlegungen möglicherweise getroffen werden müssen. Deshalb sollte die jeweilige nationale Ausgabe von EN 1999-1-4 einen Nationalen Anhang mit allen national festzulegenden Parametern enthalten, die für die Bemessung und Konstruktion von Aluminiumtragwerken, die in dem Ausgabeland gebaut werden sollen, erforderlich sind.

Nationale Festlegungen sind nach EN 1999-1-4 in den folgenden Abschnitten vorgesehen:

2(3)
2(4)
2(5)
3.1(3)
7.3(3)
A.1(1)
A.3.4(3)

4) Siehe Artikel 3.3 und Art. 12 der Bauproduktenrichtlinie ebenso wie die Abschnitte 4.2, 4.3.1, 4.3.2 und 5.2 des Grundlagendokumentes Nr. 1.

1 Allgemeines

1.1 Anwendungsbereich

1.1.1 Anwendungsbereich von EN 1999

(1) EN 1999 gilt für den Entwurf, die Berechnung und die Bemessung von Bauwerken und Tragwerken aus Aluminium. Sie entspricht den Grundsätzen und Anforderungen an die Tragfähigkeit und Gebrauchstauglichkeit von Tragwerken sowie den Grundlagen für ihre Bemessung und Nachweise, die in EN 1990 – Grundlagen der Tragwerksplanung – enthalten sind.

(2) EN 1999 behandelt ausschließlich Anforderungen an die Tragfähigkeit, die Gebrauchstauglichkeit, die Dauerhaftigkeit und den Feuerwiderstand von Tragwerken aus Aluminium. Andere Anforderungen, wie z. B. Wärmeschutz oder Schallschutz, werden nicht behandelt.

(3) EN 1999 gilt in Verbindung mit folgenden Regelwerken:

- EN 1990, *Eurocode: Grundlagen der Tragwerksplanung*
- EN 1991, *Eurocode 1: Einwirkungen auf Tragwerke*
- Europäische Normen für Bauprodukte, die für Aluminiumtragwerke Verwendung finden
- EN 1090-1, *Ausführung von Stahltragwerken und Aluminiumtragwerken – Teil 1: Konformitätsnachweisverfahren für tragende Bauteile*[5)]
- EN 1090-3, *Ausführung von Stahltragwerken und Aluminiumtragwerken – Teil 3: Technische Anforderungen für Aluminiumtragwerke*[5)]

(4) EN 1999 ist in fünf Teile gegliedert:

- EN 1999-1-1, *Bemessung und Konstruktion von Aluminiumtragwerken – Allgemeine Bemessungsregeln*
- EN 1999-1-2, *Bemessung und Konstruktion von Aluminiumtragwerken – Tragwerksbemessung für den Brandfall*
- EN 1999-1-3, *Bemessung und Konstruktion von Aluminiumtragwerken – Ermüdungsbeanspruchte Tragwerke*
- EN 1999-1-4, *Bemessung und Konstruktion von Aluminiumtragwerken – Kaltgeformte Profiltafeln*
- EN 1999-1-5, *Bemessung und Konstruktion von Aluminiumtragwerken – Schalen*

1.1.2 Anwendungsbereich von EN 1999-1-4

(1)P EN 1999-1-4 behandelt die Bemessung kaltgeformter Profiltafeln. Die Bemessungsmethoden sind anwendbar für profilierte Produkte, die aus kalt- oder warmgewalztem Vormaterial durch Kaltumformung wie Rollformen oder Abkanten hergestellt sind. Die Ausführung von Aluminiumkonstruktionen aus kaltgeformten Profiltafeln ist in EN 1090-3 behandelt.

ANMERKUNG Die in diesem Teil angegebenen Regeln ergänzen die Regeln der übrigen Teile von EN 1999-1.

(2) Es werden auch Bemessungsregeln für die Scheibentragfähigkeit von Schubfeldern aus Aluminium-Profiltafeln angegeben.

(3) Dieser Teil gilt nicht für stabförmige Kaltprofile mit C-, Z- oder ähnlichen Profilquerschnitten sowie kaltgeformte und geschweißte Rund- oder Rechteckhohlquerschnitte aus Aluminium.

(4) EN 1999-1-4 beschreibt Verfahren für die rechnerische und die versuchsgestützte Bemessung. Die rechnerischen Bemessungsverfahren gelten nur in den angegebenen Grenzen für die Werkstoffkennwerte und geometrischen Verhältnisse, für die ausreichende Erfahrung und Versuchsergebnisse vorhanden sind. Diese Einschränkungen gelten nicht für die versuchsgestützte Bemessung.

(5) EN 1999-1-4 beinhaltet keine Lastannahmen für Montage und Gebrauch.

5) Zz. in Vorbereitung.

1.2 Normative Verweisungen

(1) Die folgenden zitierten Dokumente sind für die Anwendung dieses Dokuments erforderlich. Bei datierten Verweisungen gilt nur die in Bezug genommene Ausgabe. Bei undatierten Verweisungen gilt die letzte Ausgabe des in Bezug genommenen Dokuments (einschließlich aller Änderungen).

1.2.1 Allgemeines

EN 1090-1, *Ausführung von Stahltragwerken und Aluminiumtragwerken – Teil 1: Konformitätsnachweisverfahren für tragende Bauteile*[6)]

EN 1090-3, *Ausführung von Stahltragwerken und Aluminiumtragwerken – Teil 3: Technische Anforderungen für Aluminiumtragwerke*[6)]

1.2.2 Bemessung

EN 1990, *Eurocode: Grundlagen der Tragwerksplanung*

EN 1991, *Eurocode 1: Einwirkungen auf Tragwerke*

EN 1995-1-1, *Eurocode 5: Bemessung und Konstruktion von Holzbauwerken – Teil 1-1: Allgemeines – Allgemeine Regeln und Regeln für den Hochbau*

EN 1999-1-1, *Eurocode 9: Bemessung und Konstruktion von Aluminiumtragwerken – Teil 1-1: Allgemeine Bemessungsregeln*

1.2.3 Werkstoffe und Werkstoffprüfung

EN 485-2:2008, *Aluminium und Aluminiumlegierungen – Bänder, Bleche und Platten – Teil 2: Mechanische Eigenschaften*

EN 508-2, *Dachdeckungsprodukte aus Metallblech – Festlegungen für selbsttragende Bedachungselemente aus Stahlblech, Aluminiumblech oder nichtrostendem Stahlblech – Teil 2: Aluminium*

EN 1396:2007, *Aluminium und Aluminiumlegierungen – Bandbeschichtete Bleche und Bänder für allgemeine Anwendungen – Spezifikationen*

EN 10002-1, *Metallische Werkstoffe – Zugversuch – Teil 1: Prüfverfahren bei Raumtemperatur*

1.2.4 Verbindungselemente

EN ISO 1479, *Sechskant-Blechschrauben*

EN ISO 1481, *Flachkopf-Blechschrauben mit Schlitz*

EN ISO 15480, *Sechskant-Bohrschrauben mit Bund mit Blechschraubengewinde*

EN ISO 15481, *Flachkopf-Bohrschrauben mit Kreuzschlitz mit Blechschraubengewinde*

EN ISO 15973, *Geschlossene Blindniete mit Sollbruchdorn und Flachkopf*

EN ISO 15974, *Geschlossene Blindniete mit Sollbruchdorn und Senkkopf*

EN ISO 15977, *Offene Blindniete mit Sollbruchdorn und Flachkopf*

EN ISO 15978, *Offene Blindniete mit Sollbruchdorn und Senkkopf*

EN ISO 15981, *Offene Blindniete mit Sollbruchdorn und Flachkopf*

EN ISO 15982, *Offene Blindniete mit Sollbruchdorn und Senkkopf*

EN ISO 7049:1994, *Linsenkopf-Blechschrauben mit Kreuzschlitz*

[6)] Zz. in Vorbereitung.

Sonstiges 1.2.5

EN ISO 12944-2, *Beschichtungsstoffe – Korrosionsschutz von Stahlbauten durch Beschichtungssysteme – Teil 2: Einteilung der Umgebungsbedingungen*

Begriffe 1.3

Für die Anwendung dieses Dokuments gelten die Begriffe nach EN 1999-1-1 und die folgenden Begriffe.

Ausgangsmaterial 1.3.1

Bleche und Bänder aus Aluminium, aus welchen durch Kaltumformung Profiltafeln hergestellt werden

Streckgrenze des Ausgangsmaterials 1.3.2

0,2%-Dehngrenze f_0 des Ausgangsmaterials

Scheibenwirkung 1.3.3

Tragwirkung von Profiltafeln bei Schubbeanspruchung in Scheibenebene

elastische Verformungsbehinderung 1.3.4

Behinderung von Verschiebungen und Verdrehungen an Stellen eines Querschnittes, wodurch die Beanspruchbarkeit hinsichtlich Beulen bzw. Knicken erhöht wird

bezogener Schlankheitsgrad 1.3.5

normierte, materialbezogene Schlankheit

Verformungsbehinderung 1.3.6

Behinderung von Verschiebungen, Verdrehungen oder Verwölbungen eines Profils oder eines ebenen Teilquerschnittes, die die Beanspruchbarkeit hinsichtlich Beulen bzw. Knicken erhöht, wie bei einer unnachgiebigen Stützung

Schubfeldbemessung 1.3.7

Bemessungsmethode zur Berücksichtigung der Scheibenwirkung von Profiltafeln hinsichtlich Steifigkeit und Beanspruchbarkeit einer Konstruktion

Auflager 1.3.8

Stelle, wo Kräfte oder Momente eines Bauteils zum Fundament oder zu einem anderen Bauteil übergeleitet werden

wirksame Dicke 1.3.9

rechnerische Dicke in Verbindung mit dem Beulen eines ebenen Querschnittsteiles

reduzierte wirksame Dicke 1.3.10

rechnerische Dicke in Verbindung mit dem globalen Beulen einer Aussteifung in einem zweiten Berechnungsschritt, wenn lokales Beulen im ersten Berechnungsschritt berücksichtigt wurde

Formelzeichen 1.4

(1) Zusätzlich zu den Formelzeichen in EN 1999-1-1 werden folgende Zeichen benutzt:

Abschnitte 1 bis 6

C Drehfedersteifigkeit;

k Längsfedersteifigkeit;

θ Verdrehung;

b_p Nennbreite einer ebenen Teilfläche;

h_w Steghöhe, vertikal zwischen den Systemlinien der Gurte gemessen;

s_w Stegbreite, schräg zwischen den Eckenmitten gemessen;

χ_d Abminderungsfaktor für Knicken (Biegeknicken der Längsaussteifungen);

γ der Winkel zwischen zwei benachbarten ebenen Teilflächen;

ϕ die auf die Gurte bezogene Stegneigung.

Abschnitt 8 Verbindungen mit mechanischen Verbindungselementen

d_w Durchmesser von (Dicht-)Scheibe oder Kopf des Verbindungselementes;

$f_{u,min}$ die kleinere Zugfestigkeit der beiden verbundenen Bauteile;

$f_{u,sup}$ Zugfestigkeit der Unterkonstruktion, in welche die Schraube eingedreht ist;

f_y Streckgrenze der Unterkonstruktion aus Stahl;

t_{min} Dicke des dünneren der beiden verbundenen Bauteile;

t_{sup} Dicke der Unterkonstruktion, in welche die Schraube eingedreht ist.

(2) Weitere Begriffe und Formelzeichen werden bei deren Erstverwendung erläutert.

1.5 Geometrie und Festlegungen für Abmessungen

1.5.1 Querschnittsformen

(1) Kaltgeformte Profiltafeln haben innerhalb festgelegter Toleranzen konstante Blechdicke und über ihre gesamte Länge gleichförmigen Querschnitt.

(2) Die Querschnitte von kaltgeformten Profiltafeln bestehen im Wesentlichen aus einer Anzahl von ebenen Teilflächen, die durch gekrümmte Elemente verbunden sind.

(3) Typische Querschnittsformen von kaltgeformten Profiltafeln zeigt Bild 1.1.

(4) Kaltgeformte Profiltafeln können entweder unausgesteift sein oder Längsaussteifungen in Stegen oder Gurten oder auch in beiden aufweisen.

1.5.2 Aussteifungsformen

(1) Typische Formen von Längsaussteifungen kaltgeformter Profiltafeln zeigt Bild 1.2.

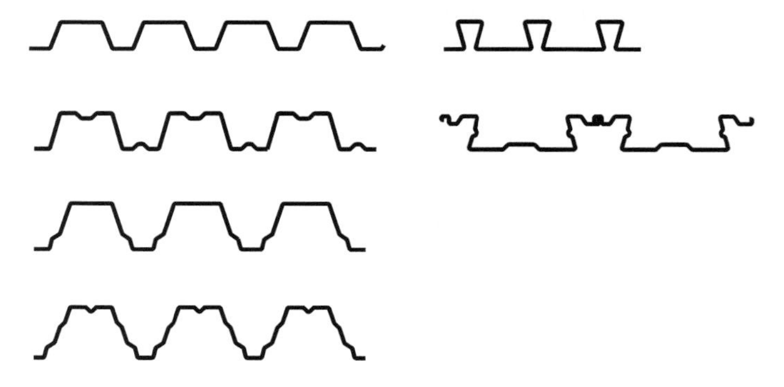

Bild 1.1: Beispiele kaltgeformter Profiltafeln

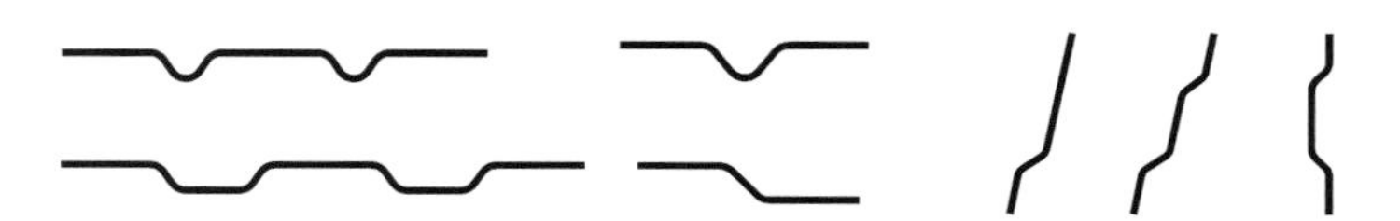

Bild 1.2: Typische Zwischenaussteifungen

Abmessungen der Querschnitte 1.5.3

(1) Die Maße kaltgeformter Profiltafeln, einschließlich Gesamtbreite b, Gesamthöhe h, innerer Biegeradius r, sowie alle Außenabmessungen mit indexloser Bezeichnung werden, falls nicht anders festgelegt, über die Außenkontur gemessen, siehe Bild 5.1.

(2) Falls nicht anders angegeben, werden die mit Index versehenen Querschnittsabmessungen kaltgeformter Profiltafeln – wie zum Beispiel b_{p}, h_{w} oder s_{w} – entweder bis zur Blechmittellinie bzw. bis zur Eckenmitte gemessen.

(3) Bei geneigten Stegen wird die schräge Länge s parallel zur Neigung gemessen.

(4) Die Abwicklung der Steghöhe wird einschließlich der Stegaussteifungen entlang der Blechmittellinien gemessen.

(5) Die Abwicklung der Gurtbreite wird einschließlich aller inneren Aussteifungen entlang der Blechmittellinie gemessen.

(6) Die Dicke t ist, sofern nicht anders angegeben, die Nennblechdicke. Siehe 3.2.2.

Festlegung der Bauteilachsen 1.5.4

(1) Für Profiltafeln werden in EN 1999-1-4 folgende Festlegungen für die Bauteilachsen verwendet:

- y-y für die Achse parallel zur Profiltafelebene;
- z-z für die Achse rechtwinklig zur Profiltafelebene.

Bemessungsgrundlagen 2

(1) Die Bemessung kaltgeformter Profiltafeln muss mit den allgemeinen Regeln in EN 1990 und EN 1999-1-1 übereinstimmen.

(2) Für die Grenzzustände der Tragfähigkeit und Gebrauchstauglichkeit sind angemessene Teilsicherheitsbeiwerte festzulegen.

(3) Beim Nachweis der Grenzzustände der Tragfähigkeit gelten folgende Teilsicherheitsbeiwerte γ_M:

- für Beanspruchbarkeit von Querschnitten und Bauteilen, bei denen das Versagen durch Instabilität eintritt: γ_{M1}
- für Beanspruchbarkeit von Querschnitten, bei denen das Versagen durch Zugbruch eintritt: γ_{M2}
- für Beanspruchbarkeit von Verbindungen: γ_{M3}

ANMERKUNG Zahlenwerte für γ_{Mi} können im Nationalen Anhang festgelegt werden. Für Bauwerke werden die folgenden Werte empfohlen:

$\gamma_{M1} = 1{,}10$

$\gamma_{M2} = 1{,}25$

$\gamma_{M3} = 1{,}25$

NDP Zu 2(3) Anmerkung

Es gelten die Empfehlungen für γ_{M1}, γ_{M2} und γ_{M3}.

(4) Für den Nachweis der Gebrauchstauglichkeit ist in der Regel der Teilsicherheitsbeiwert $\gamma_{M,ser}$ zu verwenden.

ANMERKUNG Zahlenwerte für $\gamma_{M,ser}$ können im Nationalen Anhang festgelegt werden. Für Bauwerke wird der folgende Wert empfohlen:

$\gamma_{M,ser} = 1{,}0$.

NDP Zu 2(4) Anmerkung

Es gelten die Empfehlungen für $\gamma_{M,ser}$.

(5) Bei der Bemessung von Tragwerken aus kaltgeformten Profiltafeln ist zwischen „Konstruktionsklassen“ zu unterscheiden, die in Abhängigkeit von der Art ihrer tragenden Funktion im Bauwerk wie folgt definiert sind:

Konstruktionsklasse I: Tragwerke, bei denen kaltgeformte Profiltafeln integrierende Elemente des Tragwerks im Hinblick auf Gesamttragfähigkeit und Steifigkeit sind, siehe 6.3.3;

Konstruktionsklasse II: Tragwerke, bei denen kaltgeformte Profiltafeln für die Tragfähigkeit und Stabilität bestimmter Bauteile erforderlich sind;

Konstruktionsklasse III: Tragwerke, bei denen kaltgeformte Profiltafeln derart eingesetzt werden, dass sie lediglich Lasten auf die Unterkonstruktion abgeben.

ANMERKUNG 1 Der Nationale Anhang kann Regeln für die Zuordnung von Konstruktionsklasse mit Schadensfolgenklasse nach EN 1990 festgelegen.

NDP Zu 2(5) Anmerkung 1

Es werden keine Festlegungen getroffen.

ANMERKUNG 2 Bei den Konstruktionsklassen I und II sollten die Anforderungen an die Ausführung in den Ausführungsunterlagen angegeben sein, siehe EN 1090-3.

Werkstoffe 3

Allgemeines 3.1

(1) Die auf Rechnung basierenden Bemessungsverfahren nach EN 1999-1-4 dürfen für Bauteile aus den in Tabelle 3.1 aufgeführten Legierungen in den dort angegebenen Zuständen angewendet werden.

(2) Für rechnerische Bemessungen nach EN 1999-1-4 muss die 0,2%-Dehngrenze f_o mindestens $f_o = 165$ N/mm^2 betragen.

(3) Aluminiumhalbzeug, das für kaltgeformte Profiltafeln verwendet wird, sollte für die vorgesehene Kaltumformung (Querschnittsform und Herstellverfahren) geeignet sein.

ANMERKUNG Andere Aluminiumwerkstoffe und -produkte siehe Nationaler Anhang.

NDP Zu 3.1(3) Anmerkung
Es sind nur die in Tabelle 3.1 genannten Aluminiumlegierungen zulässig.

Aluminiumlegierungen für Bauteile 3.2

Materialeigenschaften 3.2.1

(1) Die charakteristischen Werte für die 0,2%-Dehngrenze f_o und für die Zugfestigkeit f_u sind unmittelbar aus den Produktnormen zu entnehmen, durch Übernahme der Kleinstwerte von $R_{p0,2}$ und R_m.

(2) Es darf vorausgesetzt werden, dass die mechanischen Kennwerte für Druck die gleichen sind wie für Zug.

(3) Soll ein teilplastischer Biegewiderstand ausgenutzt werden, darf das Verhältnis der charakteristischen Werte von Zugfestigkeit f_u zu 0,2%-Dehngrenze f_o nicht kleiner als 1,2 sein.

(4) Die Bemessungswerte der übrigen Werkstoffkennwerte, z. B. Elastizitätsmodul, sind EN 1999-1-1 zu entnehmen.

Tabelle 3.1: Charakteristische Werte für die 0,2%-Dehngrenze f_o, Zugfestigkeit f_u und Bruchdehnung A_{50} für Bleche und Bänder in Zuständen mit $f_o > 165$ N/mm^2 und Dicken zwischen 0,5 mm und 6 mm

Numerische Bezeichnung EN AW-	Chemische Bezeichnung EN AW-	Beständigkeitsklasse[5)]	Zustand[1), 2), 3)]	Dicke bis zu	f_u R_m	f_o $R_{p0,2}$[1)]	A_{50} %[4)]
3003	AlMn1Cu	A	H18	3,0	190	170	2
			H48	3,0	180	165	2
3004	AlMn1Mg1	A	H14 | H24/H34	6 | 3	220	180 | 170	2-3 | 4
			H16 | H26/H36	4 | 3	240	200 | 190	1-2 | 3
			H18 | H28/H38	3 | 1,5	260	230 | 220	1-2 | 3
			H44	3	210	180	4
			H46	3	230	200	3
			H48	3	260	220	3
3005	AlMn1Mg0,5	A	H16	4	195	175	2
			H18 | H28	3	220	200 | 190	2 | 2-3
			H48	3	210	180	2

Tabelle 3.1 *(fortgesetzt)*

Numerische Bezeichnung EN AW-	Chemische Bezeichnung EN AW-	Beständigkeitsklasse[5)]	Zustand[1), 2), 3)]	Dicke bis zu	f_u R_m	f_o $R_{p0,2}$[1)]	A_{50} %[4)]
3103	AlMn1	A	H18	3	185	165	2
3105	AlMn0,5Mg0,5	A	H18 | H28	3 | 1,5	195	180 | 170	1 | 2
			H48	3	195	170	2
5005	AlMg1(B)	A	H18	3	185	165	2
5052	AlMg2,5	A	H14	6	230	180	3-4
			H16 | H26/H36	6	250	210 | 180	3 | 4-6
			H18 | H28/H38	3	270	240 | 210	2 | 3-4
			H46	3	250	180	4-5
			H48	3	270	210	3-4
5251	AlMg2Mn0,3	A	H14	6	210	170	2-4
			H16 | H26/H36	4	230	200 | 170	2-3 | 4-7
			H18 | H28/H38	3	255	230 | 200	2 | 3
			H46	3	210	165	4-5
			H48	3	250	215	3
6025-7072 alclad[6)]	AlMg2,5SiMnCu-AlZn1 alclad[6)]	A	H34	5	210	165	2-3
			H36	5	220	185	2-4

1) Werte für Zustände H1x, H2x, H3x nach EN 485-2:2008

2) Werte für Zustände H4x (bandbeschichtete Bleche und Bänder) nach EN 1396:2007

3) Sind zwei (drei) Zustände in einer Zeile angegeben, haben durch „|" getrennte Zustände unterschiedliche und durch „/" getrennte Zustände gleiche technologische Werte. (Die Unterschiede beziehen sich nur auf f_o und A_{50}.)

4) A_{50} kann von der Blechdicke abhängen, erforderlichenfalls sind daher auch A_{50}-Bereiche angegeben.

5) Beständigkeitsklasse, siehe EN 1999-1-1

6) EN AW-6025-7072 alclad (EN AW-AlMg2,5SiMnCu-AlZn1 alclad) ist ein Verbundmaterial aus dem Kernwerkstoff EN AW-6025 und einer beidseitigen Plattierung aus EN AW-7072. Aus Gründen der Dauerhaftigkeit sollte die Plattierung auf beiden Seiten eine Dicke von mindestens 4 % der Gesamtdicke des Materials besitzen. Übersteigt die Dicke der Plattierung 5 % der Gesamtdicke, sollte dies in den statischen Berechnungen berücksichtigt werden, d. h., nur die Dicke des Kerns der Verbundtafel sollte berücksichtigt werden. Aus diesem Grund sollten die Mindestdicke der Plattierung von 4 % und die Mindestdicke des Kerns in den Ausführungsunterlagen festgelegt werden, damit der Hersteller die entsprechenden Konstruktionsmaterialien mit dem Abnahmeprüfzeugnis 3.1 beschaffen kann.

3.2.2 Blechdicken und geometrische Toleranzen

(1) Die in EN 1999-1-4 angegebenen Berechnungsverfahren können bei Legierungen angewendet werden, mit einer nominellen Blechdicke t_{nom} ohne organische Beschichtung von:

$$t_{nom} \geq 0{,}5 \text{ mm}$$

(2) Die nominelle Blechdicke t_{nom} ist in der Regel als Bemessungswert für die Blechdicke t zu verwenden, sofern die Minustoleranz kleiner als 5 % ist. Andernfalls gilt

$$t = t_{nom}(100 - dev)/95 \quad (3.1)$$

Dabei ist

dev die Minustoleranz in %.

(3) Toleranzen für Dachelemente sind in EN 508-2 geregelt.

Mechanische Verbindungselemente 3.3

(1) Folgende mechanische Verbindungselemente können benutzt werden:

- Gewindeformende Schrauben in Form von gewindefurchenden Schrauben und Bohrschrauben nach den in 8.3 aufgeführten Normen;
- Blindniete nach den in 8.2 aufgeführten Normen.

(2) Die charakteristische Tragfähigkeit bezüglich Abscheren $F_{\mathrm{v,Rk}}$ und die charakteristische Zugbruchtragfähigkeit $F_{\mathrm{t,Rk}}$ der mechanischen Verbindungselemente sollten nach 8.2 oder 8.3 ermittelt werden.

(3) Bezüglich weiterer Details zu Gewindeformschrauben und Blindniete wird auf EN 1090-3 verwiesen.

(4) Die charakteristische Tragfähigkeit bezüglich Abscheren und die charakteristische Zugbruchtragfähigkeit von mechanischen Verbindungselementen, die nicht in dieser Norm geregelt sind, können europäischen Zulassungen (ETA) entnommen werden.

Dauerhaftigkeit 4

(1) Für grundsätzliche Anforderungen siehe EN 1999-1-1, Abschnitt 4.

(2) Besondere Aufmerksamkeit ist angebracht, wenn verschiedene Werkstoffe zusammengefügt werden und durch elektrochemische Reaktionen Korrosion auftreten kann.

ANMERKUNG Bezüglich des Korrosionswiderstandes von Verbindungselementen in Abhängigkeit von der Korrosivitätskategorie der Umgebung siehe EN ISO 12944-2, Anhang B.

(3) Die Umgebungs- und Witterungseinflüsse während Herstellung, Transport und Zwischenlagerung auf der Baustelle sind zu berücksichtigen.

Berechnungsmethoden 5

Einfluss ausgerundeter Ecken 5.1

(1) In Querschnitten mit ausgerundeten Ecken werden die Nennbreiten b_p der ebenen Teilflächen als Abstand zwischen den angrenzenden Eckenmitten gemessen, siehe Bild 5.1.

(2) Bei Querschnitten mit ausgerundeten Ecken sollte die Berechnung der Querschnittswerte auf der Grundlage der wirklichen Querschnittsgeometrie erfolgen.

(3) Unabhängig davon, ob geeignetere Methoden zur Ermittlung der Querschnittswerte zur Anwendung kommen, kann das in (4) beschriebene Näherungsverfahren angewendet werden. Der Einfluss von Eckausrundungen darf aber bei inneren Biegeradien $r \leq 10\,t$ und $r \leq 0{,}15\,b_p$ vernachlässigt und der Querschnitt darf unter Annahme scharfkantiger Ecken berechnet werden.

(4) Bei ausgerundeten Ecken kann die Berechnung von Querschnittswerten über eine Abminderung der Querschnittswerte des scharfkantigen Querschnitts nach folgender Näherungsformel geschehen:

$$A_g \approx A_{g,sh}(1-\delta) \tag{5.1a}$$

$$I_g \approx I_{g,sh}(1-2\delta) \tag{5.1b}$$

mit

$$\delta = 0{,}43 \times \sum_{j=1}^{n}\left(r_j\varphi_j/90\right) \Bigg/ \sum_{i=1}^{m} b_{p,i} \tag{5.1c}$$

Dabei ist

A_g die Gesamtquerschnittsfläche;

$A_{g,sh}$ die Fläche A_g des scharfkantigen Querschnittes;

$b_{p,i}$ die Gesamtbreite der ebenen Teilfläche i des scharfkantigen Querschnittes;

I_g das Flächenträgheitsmoment des Gesamtquerschnittes;

$I_{g,sh}$ das Flächenträgheitsmoment I_g des scharfkantigen Querschnittes;

φ der Winkel zwischen zwei benachbarten ebenen Teilflächen;

m die Anzahl der ebenen Teilflächen;

n die Anzahl der gekrümmten Teilflächen ohne Berücksichtigung der Bögen von Aussteifungen in Stegen und Gurten;

r_j der innere Biegeradius der gekrümmten Teilfläche j.

(5) Die Abminderungen, die sich aus Formel (5.1) ergeben, dürfen auch bei der Bestimmung der wirksamen Querschnittswerte A_{eff} und $I_{y,eff}$ zur Anwendung kommen, wenn für die Nennbreiten der ebenen Teilflächen die Abstände zwischen den Schnittpunkten der Mittellinien angesetzt werden.

(6) Ist der innere Biegeradius $r \geq 0{,}04\,t\,E/f_o$, so ist die Beanspruchbarkeit des Querschnittes durch Versuche zu bestimmen.

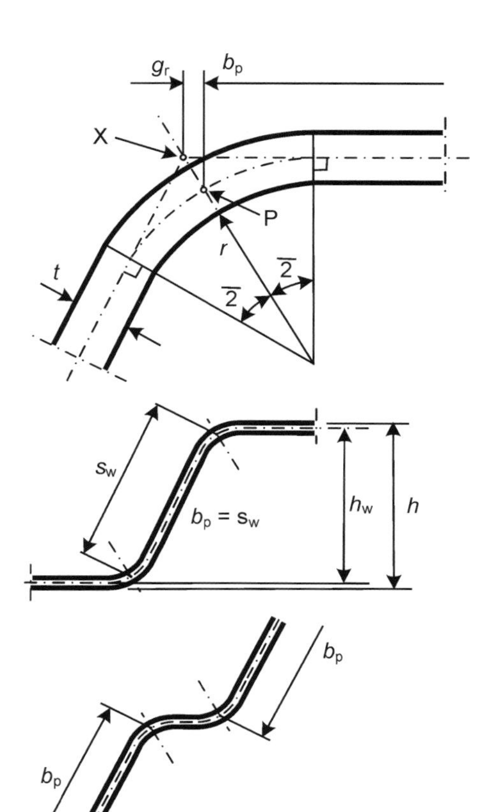

(a) Mittelpunkt der Ecke oder der Ausrundung/ Eckenmitte

X ist der Schnittpunkt der Mittellinien

P ist die Eckenmitte

$r_m = r + t/2$

$g_r = r_m \left(\tan\left(\frac{\varphi}{2}\right) - \sin\left(\frac{\varphi}{2}\right) \right)$

(b) Nennbreite b_p eines Steges

(b_p = schräge Höhe s_w)

(c) Nennbreite b_p ebener durch Stegaussteifungen verbundener Teilflächen

(d) Nennbreite b_p ebener durch Gurtaussteifungen verbundener Teilflächen

Bild 5.1: Nennbreiten ebener Teilflächen b_p bei ausgerundeten Ecken

5.2 Geometrische Festlegungen

(1) Die Regeln für die rechnerische Bemessung nach EN 1999-1-4 sollten nicht bei Querschnitten mit Breiten-zu-Dicken-Verhältnissen b/t und s_w/t angewendet werden, welche die in (2) angegebenen maximal zulässigen Werte überschreiten.

(2) Die maximal zulässigen Breiten-zu-Dicken-Verhältnisse sind:

- für gedrückte Gurte $b/t \leq 300$
- für Stege $s_w/t \leq 0{,}5\ E/f_o$

ANMERKUNG Die in (2) angegebenen Grenzwerte für b/t und s_w/t beschreiben den Anwendungsbereich, für den ausreichende Erfahrungen und Bestätigungen durch Versuchsergebnisse vorliegen. Querschnitte mit größeren Breiten-zu-Dicken-Verhältnissen dürfen zur Anwendung gelangen, wenn Beanspruchbarkeit und Gebrauchstauglichkeit durch Versuche und/oder durch Berechnung ermittelt werden, wobei jedoch Berechnungen durch eine angemessene Anzahl von Versuchen bestätigt werden.

5.3 Bemessungsmodelle

(1) Für die Berechnung können Querschnittsteile wie in Tabelle 5.1 aufgeführt modelliert werden.

(2) Der wechselseitige Einfluss mehrerer Aussteifungen ist zu berücksichtigen.

Tabelle 5.1: Bemessungsmodelle für Querschnittsteile

Art des Querschnittsteiles	Modell	Art des Querschnittsteiles	Modell

Einwölbung der Gurte 5.4

(1) Der Einfluss der Einwölbung sehr breiter Gurte (d. h. Durchbiegung in Richtung neutraler Faser) auf die Tragfähigkeit einer biegebeanspruchten Profiltafel oder einer gebogenen Profiltafel, deren konkave Seite Druckbeanspruchungen unterworfen ist, ist in der Regel zu berücksichtigen, es sei denn, das Einwölbungsmaß u ist geringer als 5 % der Profilhöhe. Ist die Einwölbung größer, so ist die Abminderung der Tragfähigkeit, zum Beispiel durch Verringerung des inneren Hebelarmes des breiten Gurtes zur Schwerachse, zu berücksichtigen.

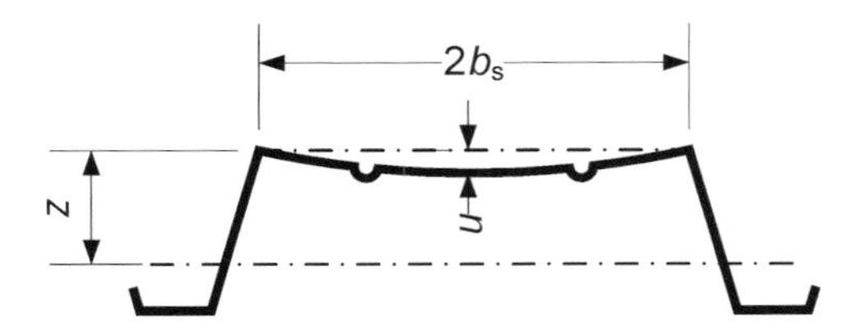

Bild 5.2: Einwölbung von Gurten

(2) Die Berechnung der Einwölbung darf wie folgt durchgeführt werden. Die angegebenen Formeln gelten sowohl für ausgesteifte als auch unausgesteifte Druck- und Zuggurte, jedoch nicht für querausgesteifte Gurte.

– Für Profiltafeln, die vor Belastung gerade sind, siehe Bild 5.2:

$$u = \frac{2\sigma_a^2 b_s^4}{E^2 t^2 z} \quad (5.1d)$$

– Für gebogene Profiltafeln:

$$u = \frac{2\sigma_a b_s^4}{E t^2 r} \quad (5.1e)$$

Dabei ist

u die Einwölbung des Gurtes in Richtung der neutralen Achse, siehe Bild 5.2;

b_s der halbe Stegabstand;

z der Schwerpunktsabstand des Gurtes;

r der Krümmungsradius des gebogenen Profils;

σ_a die mittlere, mit der Gesamtfläche ermittelte Spannung im Gurt. Wurde die Spannung mit dem wirksamen Querschnitt ermittelt, ergibt sich die mittlere Spannung durch Multiplikation der mit dem wirksamen Querschnitt ermittelten Spannung mit dem Verhältnis aus wirksamer Gurtfläche und gesamter Gurtfläche.

5.5 Örtliches Beulen und Gesamtfeldbeulen

5.5.1 Allgemeines

(1) Die Einflüsse örtlichen Beulens und Gesamtfeldbeulens sind bei der Bestimmung der Beanspruchbarkeit und der Steifigkeit von kaltgeformten Profiltafeln in der Regel zu berücksichtigen.

(2) Örtliches Beulen kann durch Ansatz wirksamer Querschnittswerte berücksichtigt werden, die auf der Grundlage wirksamer Wanddicken ermittelt werden, siehe EN 1999-1-1.

(3) Bei der Ermittlung der Beanspruchbarkeit im Hinblick auf örtliches Beulen ist die 0,2%-Dehngrenze f_o zu verwenden.

(4) Bezüglich der wirksamen Querschnittswerte beim Nachweis der Gebrauchstauglichkeit siehe 7.1(3).

(5) Das Gesamtfeldbeulen von Querschnittsteilen mit Zwischenaussteifungen wird in 5.5.3 behandelt.

5.5.2 Unausgesteifte ebene Teilflächen

(1) Die wirksame Dicke t_{eff} druckbeanspruchter Querschnittsteile ergibt sich aus $t_{eff} = \rho \times t$, worin ρ ein das örtliche Beulen berücksichtigender Abminderungsfaktor ist.

(2) Die Nennbreite b_p eines ebenen Querschnittsteiles ist nach 5.1 zu ermitteln. Bei ebenen Querschnittsteilen in geneigten Stegen ist die jeweilige schräge Höhe zu verwenden.

(3) Der Abminderungsfaktor ρ zur Bestimmung von t_{eff} ist mit der größten Druckspannung $\sigma_{com,Ed}$ in der entsprechenden Teilfläche zu ermitteln (berechnet auf der Grundlage des wirksamen Querschnittes), wenn die Beanspruchbarkeit des Querschnittes erreicht ist.

(4) Ist $\sigma_{com,Ed} = f_o/\gamma_{M1}$, gilt für den Abminderungsbeiwert ρ der folgende Ansatz:

- bei $\bar{\lambda}_p \leq \bar{\lambda}_{lim}$: $\rho = 1{,}0$ (5.2a)
- bei $\bar{\lambda}_p > \bar{\lambda}_{lim}$: $\rho = \alpha\,(1 - 0{,}22/\bar{\lambda}_p)/\bar{\lambda}_p$ (5.2b)

worin der bezogene Schlankheitsgrad $\bar{\lambda}_p$ der ebenen Teilfläche (Platte) gegeben ist durch:

$$\bar{\lambda}_p = \sqrt{\frac{f_o}{\sigma_{cr}}} \equiv \frac{b_p}{t} \times \sqrt{\frac{12\left(1-v^2\right)f_o}{\pi^2 E k_\sigma}} \cong 1{,}052\frac{b_p}{t}\sqrt{\frac{f_o}{E k_\sigma}} \quad (5.3)$$

k_σ ist der von der Spannungsverteilung abhängige Beulwert nach Tabelle 5.3. Die Parameter $\bar{\lambda}_{lim}$ und α können Tabelle 5.2 entnommen werden.

Tabelle 5.2: Parameter $\bar{\lambda}_{lim}$ und α

$\bar{\lambda}_{lim}$	α
0,517	0,90

(5) Ist $\sigma_{com,Ed} < f_o/\gamma_{M1}$, sollte der Abminderungsbeiwert ρ so bestimmt werden, indem in den Ausdrücken (5.2a) und (5.2b) der bezogene Schlankheitsgrad $\bar{\lambda}_p$ durch einen reduzierten bezogenen Schlankheitsgrad $\bar{\lambda}_{p,red}$ ersetzt wird, mit:

$$\bar{\lambda}_{p,red} = \bar{\lambda}_p \sqrt{\frac{\sigma_{com,Ed}}{f_o/\gamma_{M1}}} \quad (5.4)$$

(6) Bezüglich der wirksamen Steifigkeit beim Nachweis der Gebrauchstauglichkeit siehe 7.1(3).

(7) Zur Bestimmung der wirksamen Dicke einer Gurtteilfläche mit ungleichmäßiger Spannungsverteilung dürfen die in Tabelle 5.3 benutzten Spannungsverhältnisse ψ am Gesamtquerschnitt ermittelt werden.

(8) Für die Bestimmung der wirksamen Dicken bei Stegteilflächen darf das in Tabelle 5.3 angegebene Spannungsverhältnis ψ unter Ansatz der wirksamen Fläche des druckbeanspruchten Gurtes und des Gesamtquerschnittes der Stege ermittelt werden.

(9) Die wirksamen Querschnittswerte können ausgehend von dem auf dem Gesamtquerschnitt beruhenden wirksamen Querschnitt durch Iteration von (6) und (7) verbessert werden. Für die Berechnung von Spannungsverteilungen sind hierbei mindestens zwei Iterationsschritte vorzunehmen.

Tabelle 5.3: Beulwerte k_σ für druckbeanspruchte Querschnittsteile

Teilquerschnitt (+ = Druck)	$\psi = \sigma_2/\sigma_1$	**Beulwert** k_σ
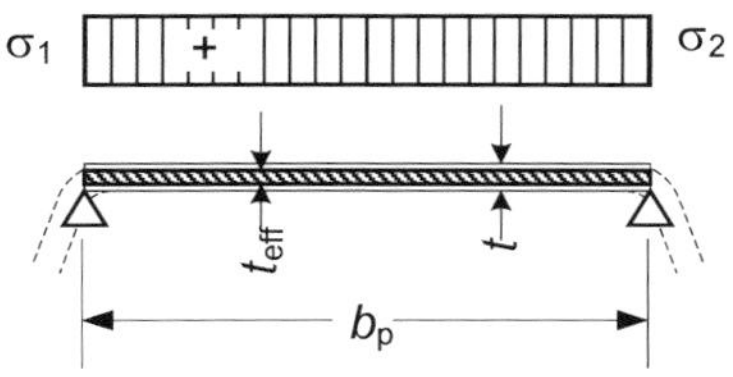 σ_1 + σ_2; t_{eff}, t, b_p	$\psi = +1$	$k_\sigma = 4{,}0$
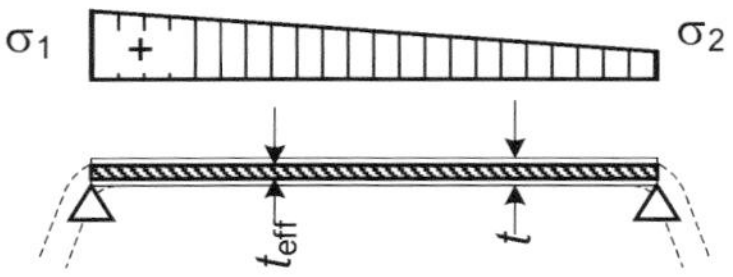 σ_1 + σ_2; t_{eff}, t	$+1 > \psi \geq 0$	$k_\sigma = \dfrac{8{,}2}{1{,}05 + \psi}$
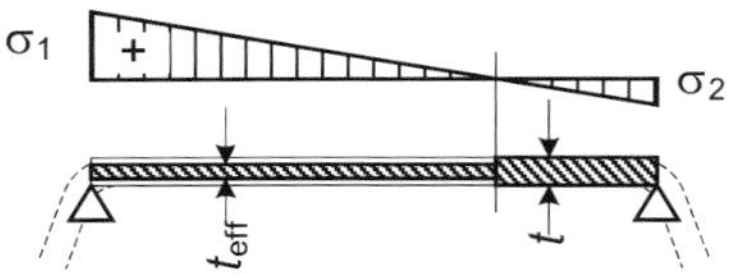 σ_1 + σ_2; t_{eff}, t	$0 > \psi \geq -1$	$k_\sigma = 7{,}81 - 6{,}26\psi + 9{,}78\psi^2$
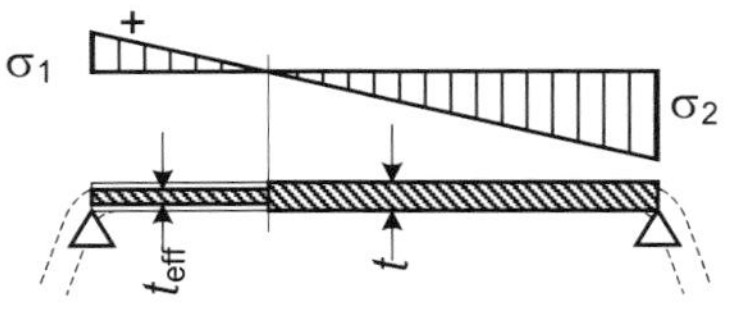 σ_1 + σ_2; t_{eff}, t	$-1 > \psi \geq -3$	$k_\sigma = 5{,}98(1 - \psi)^2$

5.5.3 Ebene Teilflächen mit Zwischensteifen

5.5.3.1 Allgemeines

(1) Die Bemessung druckbeanspruchter Teilquerschnitte mit Zwischensteifen sollte auf der Annahme beruhen, dass sich die Aussteifung wie ein Druckstab auf elastischer Bettung verhält, wobei die Bettungsziffer (Federsteifigkeit) von den Randbedingungen und der Biegesteifigkeit der benachbarten ebenen Teilflächen abhängig ist.

(2) Die Federsteifigkeit einer Aussteifung sollte ermittelt werden, indem eine Einheitslast je Längeneinheit u, wie in Bild 5.3 dargestellt, angebracht wird. Die Federsteifigkeit k je Längeneinheit ergibt sich dann wie folgt:

$$k = u/\delta \tag{5.5}$$

worin δ die Verformung eines durch die Einheitslast u beanspruchten abgekanteten Plattenstreifens ist, und die Einheitslast u in der Mittelebene (b_1) des wirksamen Teiles der Aussteifung angreift.

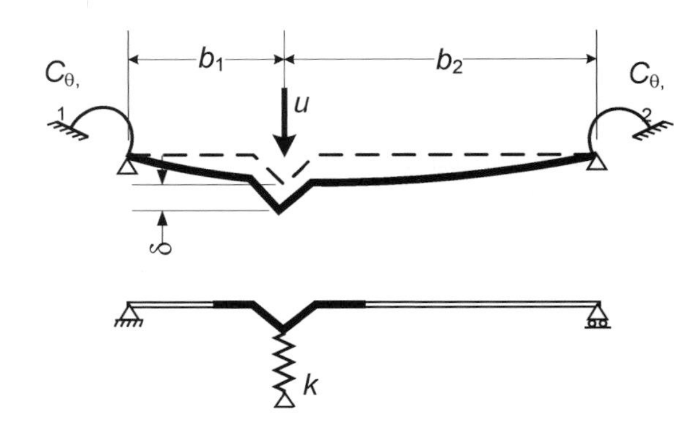

Bild 5.3: Modell zur Ermittlung der Federsteifigkeit

(3) Bei der Ermittlung der Drehfedersteifigkeiten $C_{\theta,1}$ und $C_{\theta,2}$ aus der Geometrie des Querschnittes sind mögliche Einwirkungen anderer, an der gleichen Teilfläche vorhandener Aussteifungen oder anderer druckbeanspruchter Teilflächen des Gesamtquerschnittes zu berücksichtigen.

(4) Bei Zwischensteifen können, als auf der sicheren Seite liegende Näherung, die Drehfedersteifigkeiten $C_{\theta,1}$ und $C_{\theta,2}$ zu null gesetzt werden und die Verformung δ kann wie folgt angesetzt werden:

$$\delta = \frac{u\, b_1^2\, b_2^2}{3(b_1 + b_2)} \frac{12(1 - v^2)}{E t^3} \tag{5.6}$$

(5) Der Reduktionsfaktor χ_d bezüglich Gesamtfeldbeulen bei einer Aussteifung (Biegeknicken bei einer Zwischensteife) ist in Abhängigkeit der nach (5.7) zu ermittelnden bezogenen Schlankheit Tabelle 5.4 zu entnehmen.

$$\overline{\lambda}_s = \sqrt{f_0} / \sigma_{cr,s} \tag{5.7}$$

Dabei ist

$\sigma_{cr,s}$ die elastische kritische Spannung nach 5.5.3.3 oder 5.5.4.2.

Tabelle 5.4: Abminderungsfaktoren χ_d bezüglich Gesamtfeldbeulen

$\overline{\lambda}_s$	χ_d
$\overline{\lambda}_s \leq 0{,}25$	1,00
$0{,}25 < \overline{\lambda}_s < 1{,}04$	$1{,}155 - 0{,}62\,\overline{\lambda}_s$
$1{,}04 \leq \lambda_s$	$0{,}53/\overline{\lambda}_s$

5.5.3.2 Voraussetzungen für das Bemessungsverfahren

(1) Die nachfolgende Vorgehensweise ist anwendbar bei ein oder zwei gleichen Zwischenaussteifungen, welche durch Sicken oder Versätze gebildet werden, vorausgesetzt, alle ebenen Teilflächen werden nach 5.5.2 berechnet.

(2) Die Aussteifungen sollten gleich geformt sein und ihre Anzahl soll nicht mehr als zwei betragen. Sind mehrere Aussteifungen vorhanden, dürfen nicht mehr als zwei in Ansatz gebracht werden.

(3) Sind die in (1) und (2) genannten Bedingungen erfüllt, kann die Wirksamkeit der Aussteifung nach dem in 5.5.3.3 aufgeführten Berechnungsverfahren ermittelt werden.

5.5.3.3 Berechnungsverfahren

(1) Der Querschnitt einer Zwischensteife sollte angenommen werden als aus der Aussteifung selbst bestehend und den wirksamen Anteilen der angrenzenden ebenen Querschnittsteilen $b_{p,1}$ und $b_{p,2}$, wie in Bild 5.4 dargestellt.

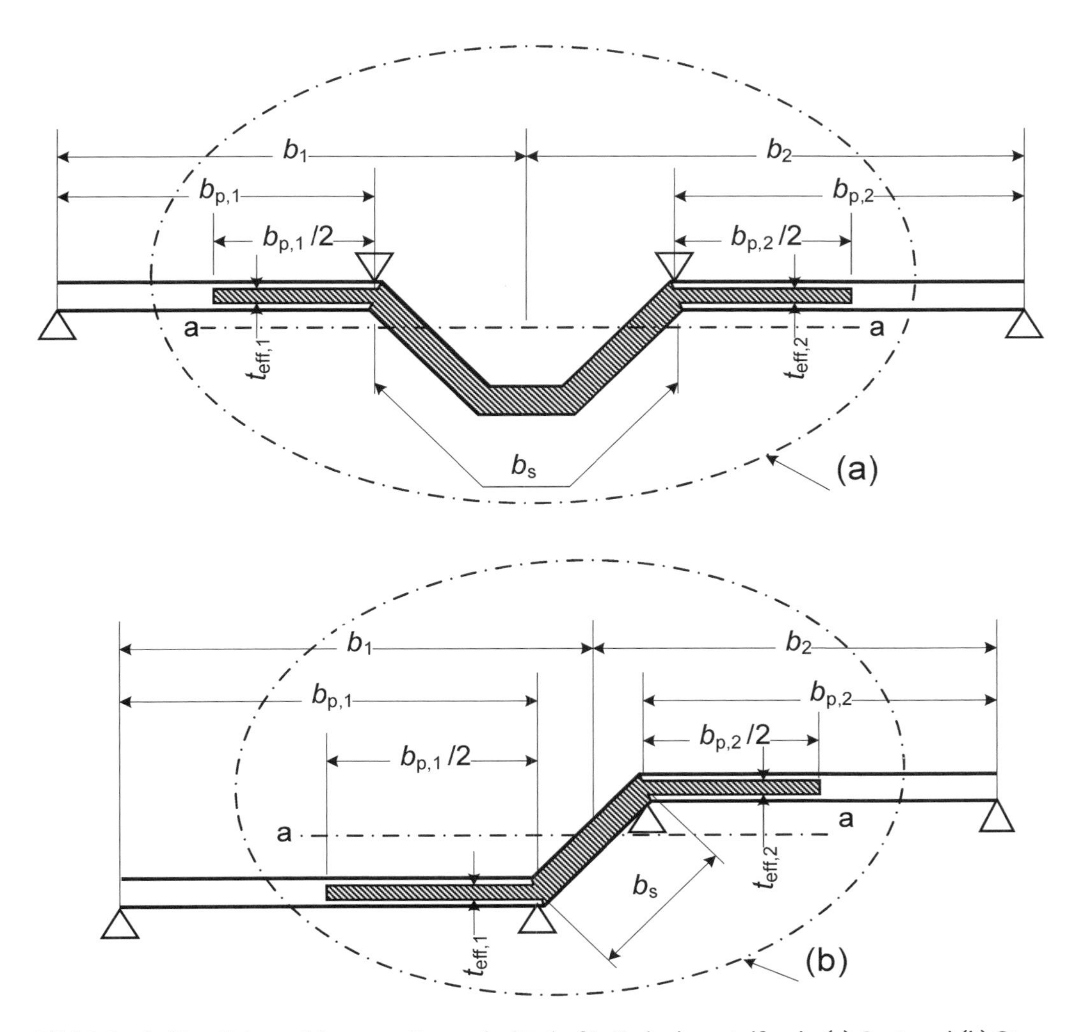

Bild 5.4: Anfänglicher wirksamer Querschnitt A_s für Zwischensteifen in (a) Gurt und (b) Steg

(2) Das in Bild 5.5 dargestellte Verfahren beinhaltet die nachfolgend aufgeführten Berechnungsschritte:

- **Schritt 1:** Ermittlung eines ersten wirksamen Querschnittes für die Aussteifung zur Berechnung der Querschnittsfläche A_s unter Verwendung wirksamer Dicken, welche unter der Annahme, dass die Aussteifung unverschieblich gelagert ist und $\sigma_{com,Ed} = f_o/\gamma_{M1}$ ist, berechnet werden, siehe (3) und (4);
- **Schritt 2:** Ermittlung des wirksamen Flächenträgheitsmomentes unter Verwendung eines weiteren wirksamen Querschnittes, zur Berechnung des Abminderungsfaktors bezüglich Gesamtfeldbeulen unter Berücksichtigung der kontinuierlichen Federsteifigkeit, siehe (5) und (6);
- **Schritt 3:** Wahlweise Iteration zur Verbesserung des Wertes für den Abminderungsfaktor bezüglich Knicken der Zwischensteife, siehe (7) und (8).

(3) Die Eingangswerte für die wirksamen Dicken $t_{eff,1}$ und $t_{eff,2}$ sollten, wie in Bild 5.4 dargestellt, unter der Voraussetzung einer zweiseitigen Lagerung der ebenen Teilflächen $b_{p,1}$ und $b_{p,2}$ nach 5.5.2 ermittelt werden, siehe Tabelle 5.1.

(4) Die wirksame Querschnittsfläche einer Zwischensteife A_s ergibt sich aus:

$$A_s = t_{eff,1}\, b_{p,1}/2 + t\, b_s + t_{eff,2}\, b_{p,2}/2 \qquad (5.8)$$

mit der Steifenbreite b_s wie in Bild 5.4 dargestellt.

(5) Die kritische (elastische) Beulspannung $\sigma_{cr,s}$ einer Zwischensteife beträgt:

$$\sigma_{cr,s} = \frac{2\sqrt{kEI_s}}{A_s} \tag{5.9}$$

Dabei ist

k die Federsteifigkeit je Längeneinheit, siehe 5.5.3.1(2);

I_s das wirksame Flächenträgheitsmoment der Zwischensteife unter Ansatz der Dicke t und der fiktiv angesetzten Breiten 12 t der benachbarten ebenen Teilflächen bezogen auf die Schwerachse a–a des wirksamen Querschnittes, siehe Bild 5.6(a).

(6) Der Reduktionsfaktor χ_d bezüglich Gesamtfeldbeulen bei einer Zwischensteife ergibt sich mit der elastischen Knickspannung $\sigma_{cr,s}$ aus dem in 5.5.3.1(5) angegeben Verfahren.

(7) Ist $\chi_d < 1$, kann das Ergebnis durch Iteration weiter verbessert werden, indem ein modifizierter Wert ρ nach 5.5.2(4), ausgehend von $\sigma_{com,Ed} = \chi_d f_o / \gamma_{M1}$, berechnet wird, sodass gilt:

$$\lambda_{p,red} = \lambda_p \sqrt{\chi_d} \tag{5.10}$$

(8) Wird χ_d iterativ ermittelt, sollte die Iteration so lange durchgeführt werden, bis der aktuelle Wert von χ_d nahezu gleich dem vorangegangenen Wert ist, jedoch nicht größer.

(9) Die reduzierte Querschnittsfläche $A_{s,red}$ der Steife ergibt sich unter Berücksichtigung des Gesamtfeldbeulens zu:

$$A_{s,red} = \chi_d \, A_s \frac{f_o / \gamma_{M1}}{\sigma_{com,Ed}} \quad \text{aber} \quad A_{s,red} \le A_s \tag{5.11}$$

und worin $\sigma_{com,Ed}$ die mit dem wirksamen Querschnitt ermittelte Druckspannung an der Schwerelinie der Steife ist.

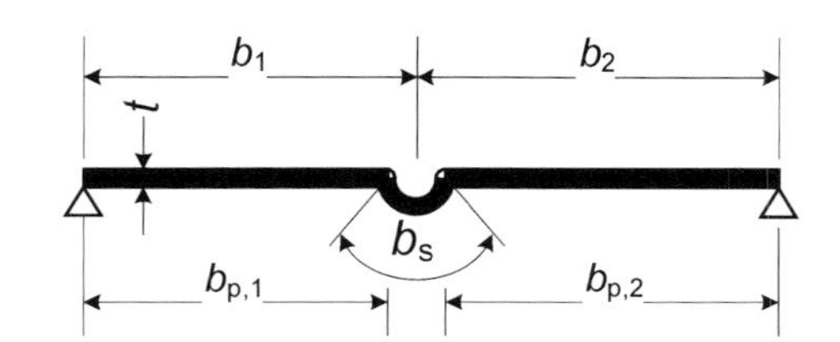

a) Gesamtquerschnitt und Randbedingungen

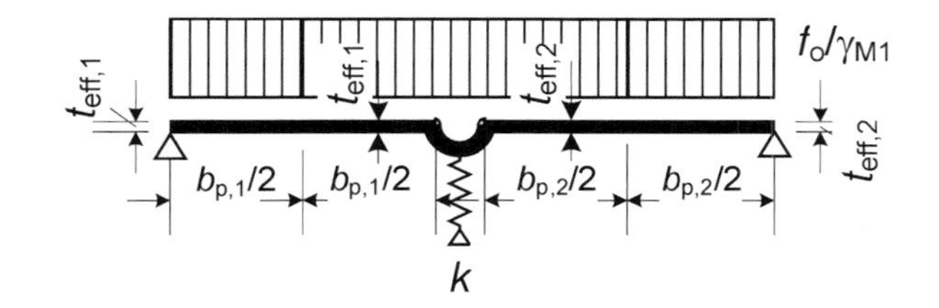

b) **Schritt 1:** Wirksamer Querschnitt für $k = \infty$ unter der Annahme $\sigma_{com,Ed} = f_o/\gamma_{M1}$

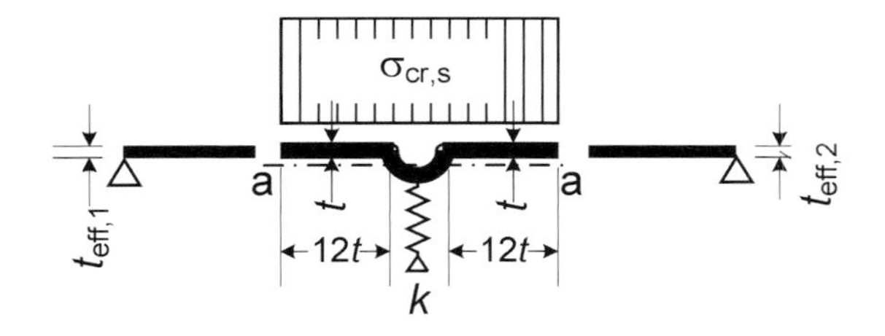

c) **Schritt 2:** Elastische kritische Spannung $\sigma_{cr,s}$ für einen auf den wirksamen Breiten 12 t und der Federsteifigkeit k beruhenden wirksamen Querschnitt

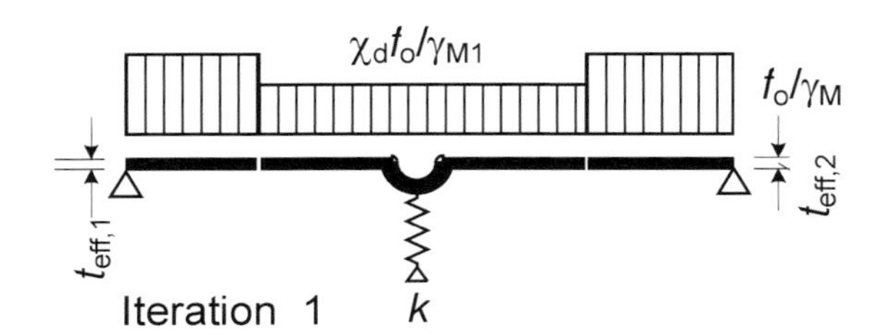

d) Reduzierte Festigkeit $\chi_d f_o/\gamma_{M1}$ für die wirksame Fläche A_s der Aussteifung unter Verwendung des in Abhängigkeit von $\sigma_{cr,s}$ ermittelten Reduktionsfaktors χ_d

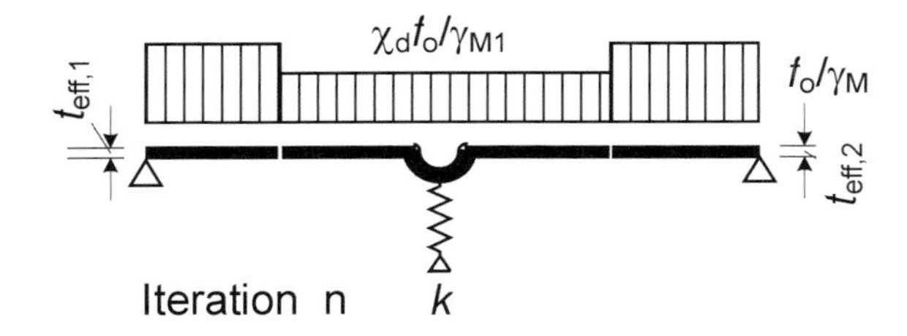

e) **Schritt 3:** Wahlweise Wiederholung von Schritt 1: Berechnung der wirksamen Dicke infolge reduzierter Druckspannung $\sigma_{com,Ed,i} = \chi_d f_o/\gamma_{M1}$ mit χ_d vom vorherigen Iterationsschritt, bis $\chi_{d,n} \approx \chi_{d,n-1}$ jedoch $\chi_{d,n} \leq \chi_{d,n-1}$

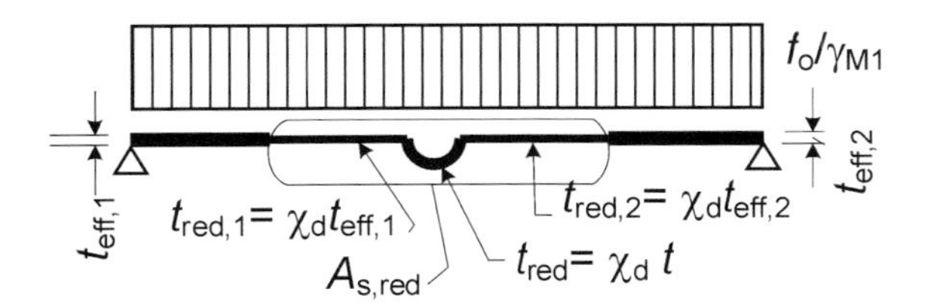

f) Annahme eines wirksamen Querschnittes $A_{s,red}$ unter Ansatz von mit $\chi_{d,n}$ ermittelten reduzierten Dicken t_{red}

Bild 5.5: Modell zur Ermittlung der Druckbeanspruchbarkeit eines Gurtes mit einer Zwischensteife

(10) Bei der Berechnung von wirksamen Querschnittswerten ist in der Regel die reduzierte wirksame Steifenfläche $A_{s,red}$ durch reduzierte Dicken $t_{red} = \chi_d\ t_{eff}$ in allen A_s zugehörigen Teilflächen zu berücksichtigen.

5.5.4 Trapezprofiltafeln mit Zwischensteifen

5.5.4.1 Allgemeines

(1) Dieser Unterabschnitt sollte in Verbindung mit 5.5.3.3 für Gurte mit Zwischensteifen und für Stege mit Zwischensteifen angewendet werden.

(2) Die Interaktion zwischen Gesamtfeldbeulen von Zwischensteifen in Gurten und Zwischensteifen in Stegen sollte ebenfalls nach dem in 5.5.4.4 angegebenen Verfahren berücksichtigt werden.

5.5.4.2 Gurte mit Zwischensteifen

(1) Bei vorausgesetzter gleichmäßig verteilter Druckspannung kann angenommen werden, dass der wirksame Querschnitt eines Gurtes mit Zwischensteifen aus reduzierten wirksamen Querschnittsflächen $A_{s,red}$ von bis zu zwei Zwischensteifen und zwei angrenzenden Streifen mit einer Breite von 0,5 b_p und einer Dicke von t_{eff} besteht, welche an den Stegen aufgelagert sind, siehe Bild 5.5 (f).

(2) Bei einer zentrischen Steife im Gurt ergibt sich die kritische Beulspannung $\sigma_{cr,s}$ zu:

$$\sigma_{cr,s} = \frac{4{,}2\,\kappa_w E}{A_s}\sqrt{\frac{I_s t^3}{4 b_p^2 (2 b_p + 3 b_s)}} \tag{5.12}$$

Dabei ist

b_p die Gesamtbreite der ebenen Teilstücke, wie in Bild 5.6 dargestellt;

b_s die (abgewickelte) Breite der Steife, siehe Bild 5.6(c);

κ_w ein Beiwert, der die Drehbettung des ausgesteiften Gurtes durch die Stege berücksichtigt, siehe (5) und (6);

A_s und I_s wie 5.5.3.3 und Bild 5.6 definiert.

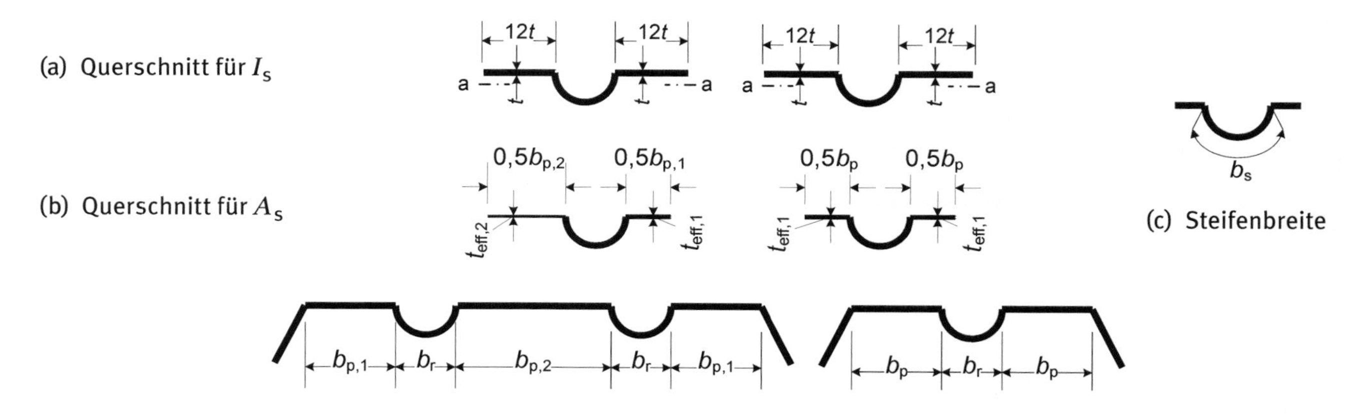

Bild 5.6: Wirksamer Querschnitt zur Ermittlung von I_s und A_s für Druckgurte mit zwei Steifen bzw. einer Steife

(3) Bei zwei symmetrisch angeordneten Steifen im Gurt ergibt sich die kritische Beulspannung $\sigma_{cr,s}$ zu:

$$\sigma_{cr,s} = \frac{4{,}2\kappa_w E}{A_s}\sqrt{\frac{I_s t^3}{8 b_1^2 (3 b_e - 4 b_1)}} \tag{5.13}$$

mit

$$b_e = 2 b_{p,1} + b_{p,2} + 2 b_s$$

$$b_1 = b_{p,1} + 0{,}5\, b_r$$

Dabei ist

$b_{p,1}$ die Nennbreite einer äußeren ebenen Teilfläche, wie in Bild 5.6 dargestellt;

$b_{p,2}$ die Nennbreite der inneren ebenen Teilfläche, wie in Bild 5.6 dargestellt;

b_s die (abgewickelte) Breite der Steife, gemessen über den Umfang der Steife, siehe Bild 5.6(c).

(4) Sind drei Zwischensteifen vorhanden, ist die mittlere nicht zu berücksichtigen.

(5) Der Beiwert κ_w ergibt sich aus der Knicklänge l_b des gedrückten Gurtes wie folgt:

– wenn $l_b/s_w \geq 2$: $\kappa_w = \kappa_{wo}$ (5.14a)

– wenn $l_b/s_w < 2$: $\kappa_w = \kappa_{wo} - (\kappa_{wo} - 1)[2l_b/s_w - (l_b/s_w)^2]$ (5.14b)

Dabei ist

s_w die geneigte Länge des Steges ist, siehe Bild 5.7(a);

l_b die halbe Knicklänge der Aussteifung, siehe (7).

(6) Alternativ darf der Drehbettungsbeiwert κ_w mit 1,0 auf der sicheren Seite liegend, entsprechend einer gelenkigen Lagerung, angesetzt werden.

(7) Die Werte für l_b und κ_{wo} können wie folgt ermittelt werden:

– für einen druckbeanspruchten Gurt mit einer Zwischensteife:

$$l_b = 3{,}07\sqrt[4]{I_s b_p{}^2 (2b_p + 3b_s)/t^3} \quad (5.15)$$

$$\kappa_{wo} = \sqrt{\frac{s_w + 2b_d}{s_w + 0{,}5b_d}} \quad (5.16)$$

mit

$b_d = 2b_p + b_s$

– für einen druckbeanspruchten Gurt mit zwei oder drei Zwischensteifen:

$$l_b = 3{,}65\sqrt[4]{I_s b_1{}^2 (3b_e - 4b_1)/t^3} \quad (5.17)$$

$$\kappa_{wo} = \sqrt{\frac{(2b_e + s_w)(3b_e - 4b_1)}{b_1(4b_e - 6b_1) + s_w(3b_e - 4b_1)}} \quad (5.18)$$

(8) Die hinsichtlich des Gesamtfeldbeulens (Biegeknicken einer Zwischensteife) reduzierte wirksame Querschnittsfläche $A_{s,red}$ der Steife ergibt sich zu:

$$A_{s,red} + \chi_d A_s \frac{f_o/\gamma_{M1}}{\sigma_{com,Ed}} \quad \text{jedoch} \quad A_{s,red} \leq A_s \quad (5.19)$$

(9) Bei unausgesteiften Stegen ergibt sich der Abminderungsfaktor χ_d unmittelbar aus $\sigma_{cr,s}$ nach der in 5.5.3.1(5) angegebenen Berechnungsmethode.

(10) Bei ausgesteiften Stegen ergibt sich der Abminderungsfaktor χ_d wiederum aus der in 5.5.3.1(5) angegebenen Berechnungsmethode, jedoch unter Verwendung der modifizierten elastischen kritischen Spannung $\sigma_{cr,mod}$ nach 5.5.4.4.

(11) Bei der Bestimmung der wirksamen Querschnittswerte ist die reduzierte wirksame Steifenfläche $A_{s,red}$ über reduzierte Dicken $t_{red} = \chi_d t_{eff}$ in allen zu A_s zugehörigen Teilflächen zu berücksichtigen.

Stege mit bis zu zwei Steifen unter ungleichförmiger Spannung 5.5.4.3

(1) Für den wirksamen Querschnitt des druckbeanspruchten Bereiches eines Steges ist in der Regel anzunehmen, dass sich dieser aus den reduzierten Flächen $A_{s,red}$ von bis zu zwei Zwischensteifen, einer ebenen mit dem Druckgurt verbundenen Teilfläche und einer ebenen bis zur Schwerachse des Gesamtquerschnittes reichenden Teilfläche zusammensetzt, siehe Bild 5.7. Stege unter konstanter Druckbeanspruchung sind wie ausgesteifte Gurte zu behandeln.

(2) Der wirksame Querschnitt eines Steges besteht, wie in Bild 5.7 dargestellt, aus:

a) einem am Druckgurt abliegenden Streifen mit der Breite $s_a/2$ und der wirksamen Dicke $t_{eff,a}$;

b) reduzierten Flächen $A_{s,red}$ der Stegsteifen, jedoch höchstens zwei;

c) einem Streifen mit der Länge $2s_n/3$ bis zur Schwerachse des wirksamen Querschnittes;

d) dem zugbeanspruchten Stegteil.

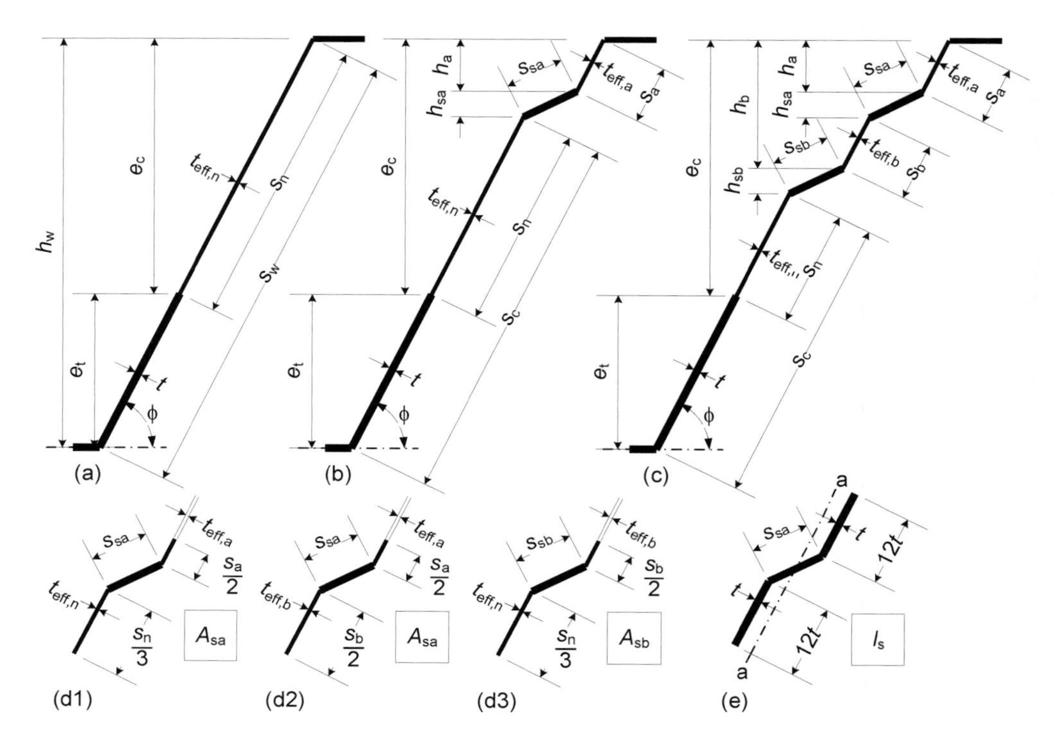

Bild 5.7: Wirksame Querschnitte in Stegen kaltgeformter Profiltafeln

(3) Die Eingangswerte für die wirksamen Querschnittsflächen ergeben sich aus:

– bei einer Steife:

$$A_{sa} = \left(t_{eff,a}\frac{s_a}{2} + ts_{sa} + t_{eff,n}\frac{s_n}{3}\right), \quad \text{Bild 5.7(d1)} \tag{5.20a}$$

– für die dem Druckgurt zugekehrte Steife bei Stegen mit zwei Steifen:

$$A_{sa} = \left(t_{eff,a}\frac{s_a}{2} + ts_{sa} + t_{eff,b}\frac{s_b}{2}\right), \quad \text{Bild 5.7(d2)} \tag{5.20b}$$

– für die zweite Steife

$$A_{sb} = \left(t_{eff,b}\frac{s_b}{2} + ts_{sb} + t_{eff,n}\frac{s_n}{3}\right), \quad \text{Bild 5.7(d3)} \tag{5.21}$$

wobei die Abmessungen s_a, s_{sa}, s_b, s_{sb} und s_n Bild 5.7 zu entnehmen und $t_{eff,a}$, $t_{eff,b}$ und $t_{eff,n}$ nach (5) zu ermitteln sind.

(4) Zu Beginn der Berechnung ist die Lage der wirksamen Schwerachse unter der Annahme von wirksamen Querschnitten in den Gurten und Nennquerschnitten der Stege zu ermitteln.

(5) Wenn die bezogene Schlankheit $\overline{\lambda}_p$ des druckbeanspruchten Stegbereiches größer ist als $\overline{\lambda}_{lim}$ (siehe 5.5.2(4)), sollten die wirksamen Dicken $t_{teff,a}$, $t_{teff,b}$ und $t_{teff,n}$ wie folgt ermittelt werden:

$$t_{eff} = \rho\, t \tag{5.22}$$

wobei ρ nach Gleichung (5.2) mit der Schlankheit $\bar{\lambda}_p$ und dem Faktor ψ für die Spannungsverteilung nach Tabelle 5.5 zu bestimmen ist. e_c und e_t sind hierbei die Abstände von der wirksamen Schwerachse zu den Systemlinien des druck- bzw. zugbeanspruchten Gurtes, siehe Bild 5.7. Die Abmessungen h_a, h_b, h_{sa}, h_{sb} und s_n sowie ϕ sind Bild 5.7 zu entnehmen.

(6) Zur Bestimmung der Eingangswerte für die wirksamen Querschnittsflächen A_{sa} und A_{sb} von Stegaussteifungen sind in der Regel s_a und s_b in zwei gleiche Teile $s_a/2$ und $s_b/2$ zu unterteilen. Der Teil s_n des Steges oberhalb der Schwerachse ist in einen an die Steife angrenzenden Teil $s_n/3$, siehe Bild 5.7(d1) und (d3), und einen der Schwerachse zugekehrten Teil 2 $s_n/3$ aufzuteilen.

Tabelle 5.5: Bezogene Schlankheit $\bar{\lambda}_p$ und Spannungsverhältnisse ψ für ausgesteifte Stege

Lage im Steg	**Anteil des Steges**	**Bezogene Schlankheit $\bar{\lambda}_p$**	**Spannungsverhältnis ψ**
Keine Aussteifungen, Bild 5.7 (a)			
Zwischen Druckgurt und Schwerachse	s_n	$\bar{\lambda}_p = 1{,}052\frac{s_n}{t}\sqrt{\frac{f_o}{Ek_\sigma}}$	$\psi = -\frac{e_t}{e_c}$
Eine Aussteifung, Bild 5.7 (b)			
Am Druckgurt angrenzend	s_a	$\bar{\lambda}_p = 1{,}052\frac{s_a}{t}\sqrt{\frac{f_o}{Ek_\sigma}}$	$\psi = \frac{e_c - h_a}{e_c}$
An die Schwerachse angrenzend	s_n	$\bar{\lambda}_p = 1{,}052\frac{s_c}{t}\sqrt{\frac{f_o}{Ek_\sigma} \cdot \frac{(e_c - h_a - h_{sa})}{e_c}}$	$\psi = -\frac{e_t}{s_n \cdot \sin\phi}$
Zwei Aussteifungen, Bild 5.7 (c)			
Am Druckgurt angrenzend	s_a	$\bar{\lambda}_p = 1{,}052\frac{s_a}{t}\sqrt{\frac{f_o}{Ek_\sigma}}$	$\psi = \frac{e_c - h_a}{e_c}$
Zwischen zwei Aussteifungen	s_b	$\bar{\lambda}_p = 1{,}052\frac{s_b}{t}\sqrt{\frac{f_o}{Ek_\sigma} \cdot \frac{(e_c - h_a - h_{sa})}{e_c}}$	$\psi = \frac{e_c - h_b}{e_c - h_a - h_{sa}}$
An die Schwerachse angrenzend	s_n	$\bar{\lambda}_p = 1{,}052\frac{s_c}{t}\sqrt{\frac{f_o}{Ek_\sigma} \cdot \frac{(e_c - h_b - h_{sb})}{e_c}}$	$\psi = -\frac{e_t}{s_n \cdot \sin\phi}$

(7) Für eine einzelne Aussteifung oder, im Falle von zwei Aussteifungen, für die dem Druckgurt zugewandte Aussteifung ergibt sich die elastische Beulspannung $s_{cr,sa}$ aus:

$$\sigma_{cr,sa} = \frac{1{,}05\,\kappa_f E\sqrt{I_{sa}t^3 s_1}}{A_{sa}s_2(s_1 - s_2)} \quad (5.23)$$

worin s_1 und s_2 wie folgt definiert sind:

- für eine einzelne Aussteifung:

$$s_1 = 0{,}9(s_a + s_{sa} + s_c), \qquad s_2 = s_1 - s_a - 0{,}5\,s_{sa} \quad (5.24)$$

- im Falle von zwei Aussteifungen für die dem Druckgurt zugewandte Aussteifung, wenn sich die andere Aussteifung im zugbeanspruchten Bereich befindet oder unmittelbar an der Schwerachse liegt:

$$s_1 = s_a + s_{sa} + s_b + 0{,}5(s_{sb} + s_c), \qquad s_2 = s_1 - s_a - 0{,}5\,s_{sa} \quad (5.25)$$

Dabei ist

κ_f ein Beiwert, der die Drehbettung des ausgesteiften Steges durch den Gurt berücksichtigt;

I_{sa} das Flächenträgheitsmoment der Steife, bestehend aus dem Versatz s_{sa} und zwei angeschlossenen Teilflächen der jeweiligen Länge 12 t, deren Schwerachse parallel zu den ebenen Teilflächen verläuft, siehe Bild 5.7(e). Bei der Ermittlung darf eine mögliche Veränderung der Neigung der ebenen Teilflächen ober- oder unterhalb der Aussteifung vernachlässigt werden.

(8) Falls nicht genauer ermittelt, darf der Drehbettungsbeiwert κ_f mit 1,0, einer gelenkigen Lagerung entsprechend auf der sicheren Seite liegend, angenommen werden.

(9) Bei einer einzelnen druckbeanspruchten Aussteifung oder, im Falle von zwei Aussteifungen, für die dem Druckgurt zugewandte Aussteifung ergibt sich die reduzierte Fläche $A_{sa,red}$ (Schritt 2 in Bild 5.5) zu:

$$A_{sa,red} = \frac{\chi_d A_{sa}}{1 - \frac{h_a + 0{,}5\, h_{sa}}{e_c}} \quad \text{wobei} \quad A_{sa,red} \leq A_{sa} \tag{5.26}$$

(10) Sind die Gurte ebenfalls ausgesteift, ist der Reduktionsfaktor χ_d mit der in 5.5.4.4 angegebenen elastischen kritischen Spannung $\sigma_{cr,mod}$ in Verbindung mit dem in 5.5.3.1(5) angegebenen Verfahren zu ermitteln.

(11) Für eine einzelne zugbeanspruchte Aussteifung ist die reduzierte wirksame Querschnittsfläche $A_{sa,red}$ gleich A_{sa} zu setzen.

(12) Bei Stegen mit zwei Aussteifungen ist die reduzierte Fläche $A_{sb,red}$ der zweiten, der Schwerachse zugekehrten Aussteifung gleich A_{sb} zu setzen.

(13) Zur Bestimmung der wirksamen Querschnittswerte wird die reduzierte Fläche $A_{sa,red}$ durch Ansetzen einer reduzierten Blechdicke $t_{red} = \chi_d\, t_{eff}$ für alle A_{sa} zugehörigen Querschnittsteile erfasst.

(14) Ist $\chi_d < 1$, kann wahlweise nach 5.5.3(7) iterativ verfeinert werden.

(15) Bezüglich der wirksamen Querschnittswerte für den Gebrauchszustand siehe 7.1.

5.5.4.4 Profiltafeln mit Gurt- und Stegaussteifungen

(1) Bei Profiltafeln mit Zwischensteifen in Gurten und Stegen, siehe Bild 5.8, ist die Interaktion zwischen dem Gesamtfeldbeulen der Gurtaussteifungen und der Stegaussteifungen unter Verwendung der modifizierten elastischen kritischen Spannung $\sigma_{cr,mod}$ für beide Aussteifungsarten zu berücksichtigen:

$$\sigma_{cr,mod} = \frac{\sigma_{cr,s}}{\sqrt[4]{1 + \left[\beta_s \frac{\sigma_{cr,s}}{\sigma_{cr,sa}}\right]^4}} \tag{5.27}$$

Dabei ist

$\sigma_{cr,s}$ die elastische kritische Spannung eines Gurtes mit Zwischenaussteifung, siehe 5.5.4.2(2) für den Gurt mit einer Aussteifung oder 5.5.4.2(3) für den Gurt mit zwei Aussteifungen;

$\sigma_{cr,sa}$ die elastische kritische Spannung einer einzelnen Stegaussteifung oder, im Falle von zwei Aussteifungen, für die dem Druckgurt zugekehrte Aussteifung, siehe 5.5.4.3(7).

$\beta_s = 1 - (h_a + 0{,}5\, h_{sa})/e_c$ für ein biegebeanspruchtes Profil

$\beta_s = 1$ für ein Profil unter zentrischem Druck

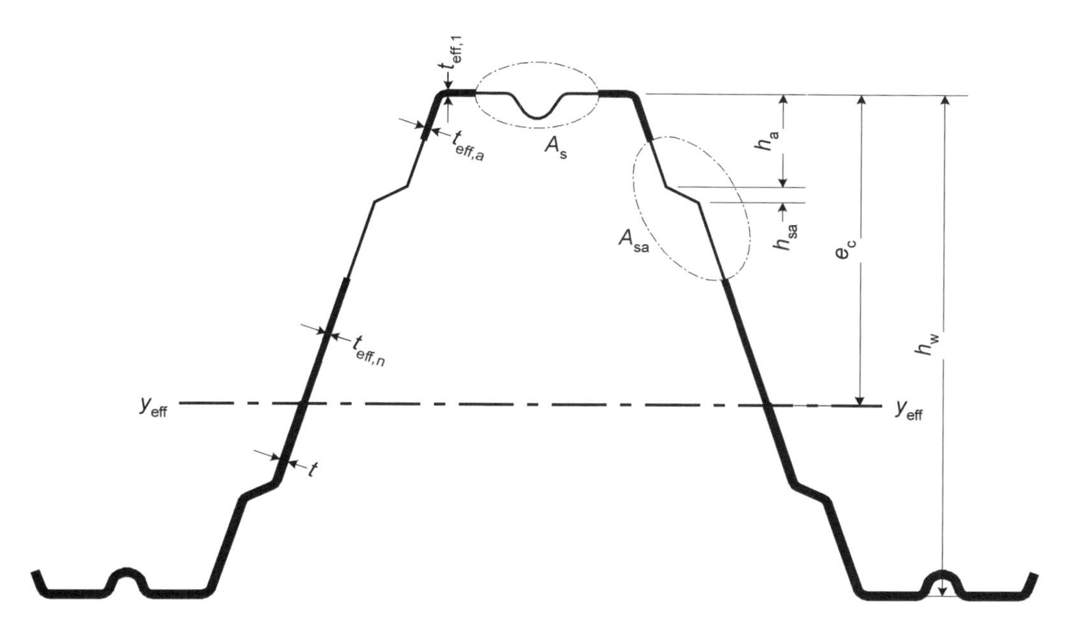

Bild 5.8: Wirksamer Querschnitt von Profiltafeln mit Gurt- und Stegaussteifungen

Grenzzustände der Tragfähigkeit 6

Beanspruchbarkeit von Querschnitten 6.1

Allgemeines 6.1.1

(1) Die in diesem Abschnitt angegebenen Regeln gelten für die Bemessung durch Berechnung.

(2) Anstelle einer Bemessung durch Berechnung kann eine versuchsgestützte Bemessung durchgeführt werden, siehe hierzu Abschnitt 9 und Anhang A.

ANMERKUNG Die versuchsgestützte Bemessung wirkt sich besonders bei relativ großen b_p/t-Verhältnissen günstig aus, zum Beispiel im Hinblick auf nichtelastisches Verhalten, Stegkrüppeln oder Schubverzerrung.

(3) Bei der Bemessung durch Berechnung sind die Einflüsse aus örtlichem Beulen und Gesamtfeldbeulen durch Verwendung nach 5.5 ermittelter, wirksamer Querschnittswerte zu berücksichtigen.

(4) Die Beanspruchbarkeit druckbeanspruchter, knickgefährdeter Profiltafeln ist nach 6.2 zu berücksichtigen.

Zentrischer Zug 6.1.2

(1) Der Bemessungswert der Beanspruchbarkeit $N_{t,Rd}$ eines Querschnittes unter gleichmäßiger Zugbeanspruchung ergibt sich aus:

$$N_{t,Rd} = \frac{f_o A_g}{\gamma_{M1}} \quad \text{wobei} \quad N_{t,Rd} \leq F_{net,Rd} \tag{6.1}$$

Dabei ist

A_g die Gesamtfläche des Querschnittes;

$F_{net,Rd}$ die Beanspruchbarkeit des Nettoquerschnittes bei Verwendung von mechanischen Verbindungselementen.

Zentrischer Druck 6.1.3

(1) Der Bemessungswert der Beanspruchbarkeit $N_{c,Rd}$ eines Querschnittes unter Druckbeanspruchung wird wie folgt ermittelt:

- wenn die wirksame Fläche A_{eff} kleiner ist als die Gesamtfläche A_g (Querschnitt mit Reduktion hinsichtlich örtlichen Beulens und/oder Gesamtfeldbeulens):

$$N_{c,Rd} = A_{eff} f_o / \gamma_{M1} \tag{6.2}$$

- wenn die wirksame Fläche A_{eff} gleich ist wie die Gesamtfläche A_g (Querschnitt ohne Reduktion hinsichtlich örtlichen Beulens und/oder Gesamtfeldbeulens)

$$N_{c,Rd} = A_g f_o / \gamma_{M1} \tag{6.3}$$

Dabei ist

A_{eff} die wirksame Querschnittsfläche nach 5.5.2 unter der Annahme einer gleichförmigen Druckspannung f_o/γ_{M1}.

(2) Die resultierende Normalkraft eines Bauteiles wirkt im Schwerpunkt des Gesamtquerschnittes. Dies ist eine auf der sicheren Seite liegende Abschätzung, die immer angenommen werden kann. Nähere Untersuchungen können wirklichkeitsnähere Ergebnisse bezüglich des inneren Kräfteverlaufes im druckbeanspruchten Querschnittsteil liefern, zum Beispiel bei gleichmäßig anwachsender Normalkraft.

(3) Der Widerstand eines Querschnittes unter gleichmäßiger Druckbeanspruchung sollte mit seinem Bemessungswert im Schwerpunkt des wirksamen Querschnittes angesetzt werden. Wenn die Schwerachsen des Gesamtquerschnittes und des wirksamen Querschnittes nicht zusammenfallen, ist die Verschiebung e_N der Schwerachsen (siehe Bild 6.1) nach dem in

6.1.9 angegebenen Verfahren zu berücksichtigen. Wirkt sich die Verschiebung günstig aus, darf diese vernachlässigt werden, vorausgesetzt, die Verschiebung wurde unter Ansatz der Dehngrenzenspannung und nicht der vorhandenen Druckspannung ermittelt.

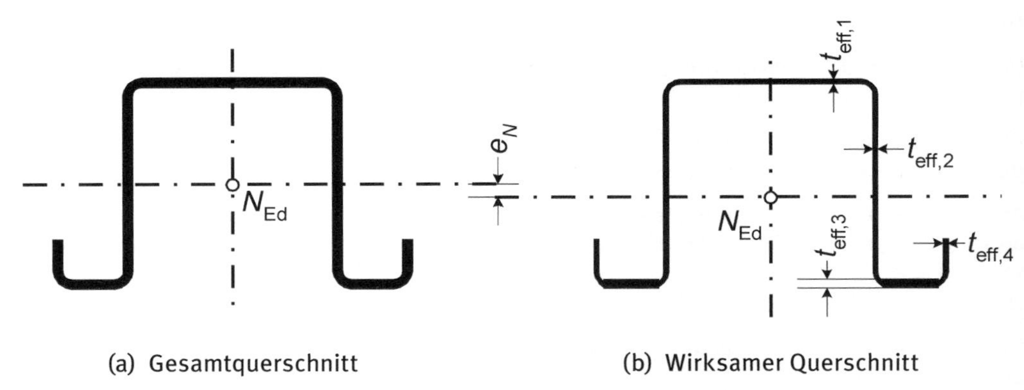

(a) Gesamtquerschnitt (b) Wirksamer Querschnitt

Bild 6.1: Verschiebung der Schwerachse bei Querschnitten unter Druckbeanspruchung

6.1.4 Biegemoment

6.1.4.1 Elastischer und plastischer Widerstand bei Erreichen der Dehngrenze im druckbeanspruchten Gurt

(1) Der Bemessungswert des Biegemomentes $M_{c,Rd}$ eines Querschnittes ist in der Regel wie folgt zu ermitteln:

- wenn das wirksame Widerstandsmoment W_{eff} kleiner ist als das Widerstandsmoment W_{el} des Gesamtquerschnittes:

$$M_{c,Rd} = W_{eff} f_o / \gamma_{M1} \quad (6.4)$$

- wenn das wirksame Widerstandsmoment W_{eff} gleich ist wie das Widerstandsmoment W_{el} des Gesamtquerschnittes:

$$M_{c,Rd} = f_o \left(W_{el} + (W_{pl} - W_{el}) 4(1 - \lambda/\lambda_{el})\right)/\gamma_{M1}, \text{ jedoch nicht größer als } W_{pl} f_o/\gamma_{M1} \quad (6.5)$$

Dabei ist

λ die Schlankheit jenes Querschnittsteiles, der den größten Wert für λ/λ_{el} ergibt.

Für zweiseitig gelagerte ebene Querschnittsteile ist $\lambda = \overline{\lambda}_p$ und $\lambda_{el} = \overline{\lambda}_{lim}$ mit $\overline{\lambda}_{lim}$ nach Tabelle 5.2.

Für ausgesteifte Querschnittsteile ist $\lambda = \overline{\lambda}_s$ und $\lambda_{el} = 0{,}25$, siehe 5.5.3.1.

ANMERKUNG Der Zusammenhang zwischen resultierendem Biegetragwiderstand und Schlankheit des schlanksten Querschnittsteiles ist in Bild 6.2 dargestellt.

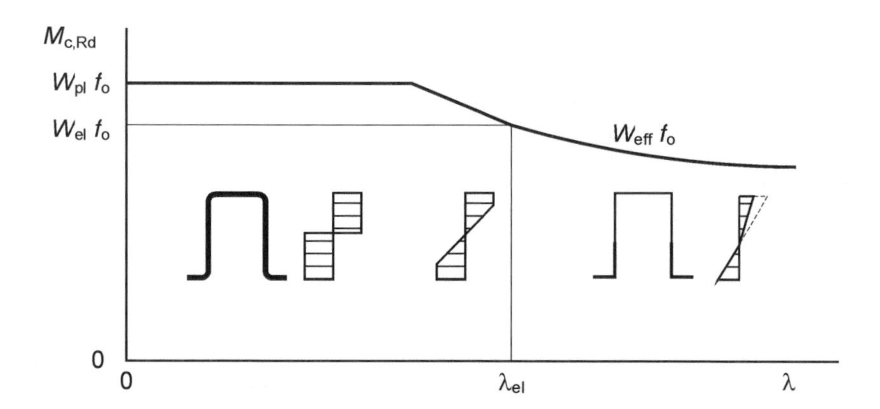

Bild 6.2: Biegewiderstand in Abhängigkeit der Schlankheit

(2) Der Ausdruck (6.5) ist unter der Voraussetzung anwendbar, dass der Stegneigungswinkel ϕ (siehe Bild 6.5) 60° nicht übersteigt

(3) Ist Bedingung (2) nicht erfüllt, sollte folgende Bedingung benutzt werden:

$$M_{c,Rd} = W_{el} f_o / \gamma_{M1} \tag{6.6}$$

(4) Das wirksame Widerstandsmoment W_{eff} sollte auf den durch das Biegemoment bestimmten wirksamen Querschnitt bezogen werden, wobei zur Berücksichtigung von Einflüssen aus örtlichem Beulen und Gesamtfeldbeulen, wie in 5.5 aufgezeigt, $\sigma_{max,Ed}$ gleich f_o/γ_{M1} zu setzen ist. Falls die mittragende Breite („shear lag", siehe EN 1999-1-1) maßgebend ist, ist deren Einfluss zu berücksichtigen.

(5) Das zur Ermittlung der wirksamen Steganteile benötigte Spannungsverhältnis $\psi = \sigma_2/\sigma_1$ darf mit der wirksamen Fläche des druckbeanspruchten Gurtes und der Gesamtfläche des Steges ermittelt werden, siehe Bild 6.3.

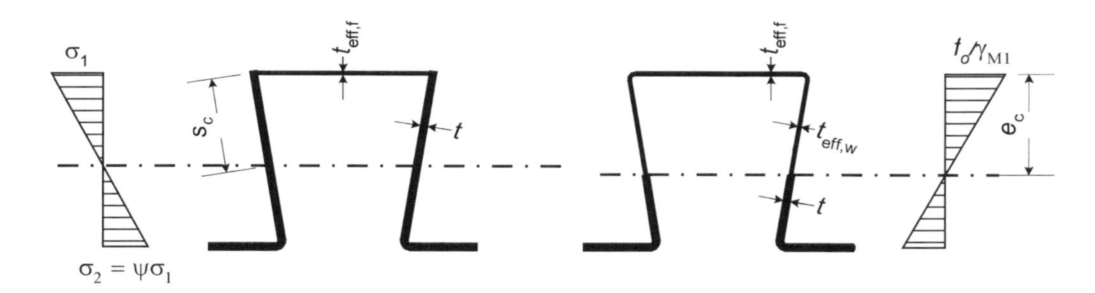

Bild 6.3: Wirksamer Querschnitt bezüglich Biegebeanspruchung

(6) Wird die Streckgrenze zuerst im druckbeanspruchten Teil des Querschnittes erreicht, ist das Widerstandsmoment W_{eff} – sofern nicht die in 6.1.4.2 aufgeführten Bedingungen zutreffen – mit einer über die Querschnittshöhe linearen Spannungsverteilung zu ermitteln.

(7) Wird in der Tragwerksberechnung eine Momentenumlagerung in Ansatz gebracht, sollten die in 7.2 aufgeführten Bedingungen erfüllt sein. Wird das Reststützmoment am Zwischenauflager nicht zu null gesetzt, so ist das aufnehmbare Reststützmoment durch Versuchsergebnisse zu ermitteln.

Elastischer und plastischer Widerstand bei Erreichen der Dehngrenze ausschließlich im zugbeanspruchten Gurt — 6.1.4.2

(1) Wenn die Streckgrenze zuerst im zugbeanspruchten Bereich des Querschnittes erreicht wird, können plastische Reserven im Zugbereich ohne Dehnungsbeschränkung ausgenutzt werden, bis die maximale Druckspannung $\sigma_{com,Ed}$ den Wert f_o/γ_{M1} erreicht. In diesem Abschnitt wird nur die Biegebeanspruchung berücksichtigt. Bei zentrischem Druck mit Biegung ist in der Regel 6.1.8 oder 6.1.9 anzuwenden.

(2) In diesem Fall sollte das wirksame teilplastische Widerstandsmoment $W_{pp,eff}$ mit einer abgeknickten Spannungsverteilung in der Biegezugzone und einer linearen Spannungsverteilung in der Biegedruckzone ermittelt werden.

(3) Falls keine genauere Berechnung erfolgt, darf die wirksame Dicke t_{eff} von Stegen nach 5.5.2 mit $\psi = -1$ ermittelt werden. e_c ergibt sich hierin aus der abgeknickten Spannungsverteilung (siehe Bild 6.4).

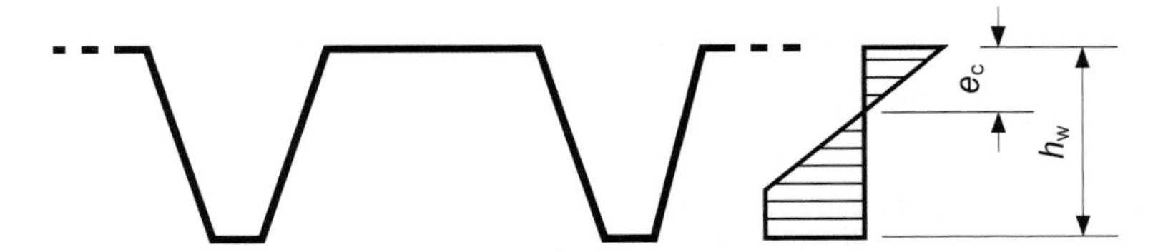

Bild 6.4: Maß e_c zur Ermittlung wirksamer Dicken

(4) Wird in der Tragwerksberechnung eine Momentenumlagerung in Ansatz gebracht, sollten die in 7.2 aufgeführten Bedingungen erfüllt sein. Wird das Reststützmoment am Zwischenauflager nicht zu null gesetzt, so ist das aufnehmbare Reststützmoment durch Versuchsergebnisse zu ermitteln.

6.1.4.3 Mittragende Breiten infolge Schubverzerrungen

(1) Effekte von Schubverzerrungen auf die mittragende Breite sollten nach EN 1999-1-1 berücksichtigt werden.

(2) Effekte von Schubverzerrungen dürfen bei Gurten mit $b/t \leq 300$ vernachlässigt werden.

6.1.5 Querkraft

(1) Die Beanspruchbarkeit bezüglich Querkraft $V_{b,Rd}$ sollte ermittelt werden aus:

$$V_{b,Rd} = (h_w/\sin\phi)\, t\, f_{bv}/\gamma_{M1} \tag{6.7}$$

Dabei ist

f_{bv} die Schubbeulspannung nach Tabelle 6.1;

h_w die Steghöhe, gemessen zwischen den Mittellinien der Gurte, siehe Bild 6.5;

ϕ die auf die Gurte bezogene Stegneigung.

Tabelle 6.1: Schubbeulfestigkeit f_{bv} in Abhängigkeit der Stegschlankheit $\overline{\lambda}_w$

Bezogene Schlankheit des Steges	Stege ohne Aussteifung am Auflager	Stege mit Aussteifung am Auflager[1)]
$\overline{\lambda}_w \geq 0{,}83$	$0{,}58\, f_o$	$0{,}58\, f_o$
$0{,}83 < \overline{\lambda}_w \leq 1{,}40$	$0{,}48\, f_o/\overline{\lambda}_w$	$0{,}48\, f_o/\overline{\lambda}_w$
$\overline{\lambda}_w \geq 1{,}40$	$0{,}67\, f_o/\overline{\lambda}_w^2$	$0{,}48\, f_o/\overline{\lambda}_w$

1) Aussteifung am Auflager, wie zum Beispiel Profilfüller, die geeignet sind, Stegverdrehungen zu verhindern und die Auflagerkräfte zu übertragen.

(2) Die Bezogene Schlankheit $\overline{\lambda}_w$ des Steges sollte ermittelt werden aus:

- bei Stegen ohne Längsaussteifungen:

$$\overline{\lambda}_w = 0{,}346 \frac{s_w}{t}\sqrt{\frac{f_o}{E}} \tag{6.8a}$$

- bei Stegen mit Längsaussteifungen, siehe Bild 6.5:

$$\overline{\lambda}_w = 0{,}346 \frac{s_d}{t}\sqrt{\frac{5{,}34\, f_o}{k_\tau\, E}} \quad \text{jedoch} \quad \overline{\lambda}_w \geq 0{,}346 \frac{s_p}{t}\sqrt{\frac{f_o}{E}} \tag{6.8b}$$

mit

$$k_\tau = 5{,}34 + \frac{2{,}10}{t}\sqrt[3]{\frac{\sum I_s}{s_d}} \tag{6.9}$$

Dabei ist

I_s das Flächenmoment 2. Ordnung der Längssteife bezüglich der Achse a–a, wie in Bild 6.5 dargestellt;

s_d die Abwicklung der Steglänge, wie in Bild 6.5 dargestellt;

s_p die größte schräge Länge einer ebenen Teilfläche im Steg, siehe Bild 6.5;

s_w die schräge Länge der zwischen den Eckpunkten gemessenen Steghöhe, siehe Bild 6.5.

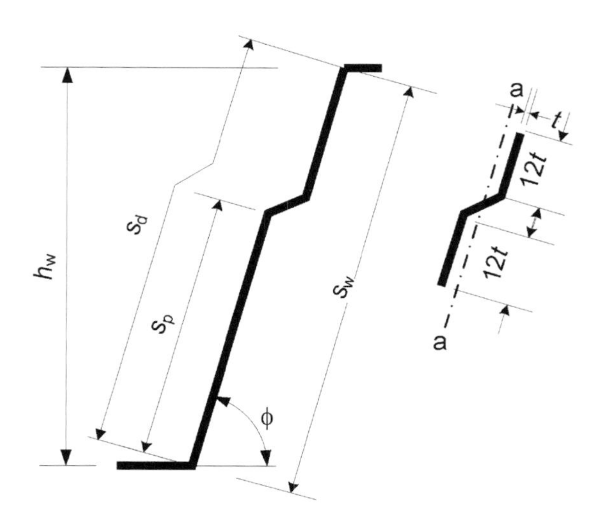

Bild 6.5: Geometrie eines längsausgesteiften Steges und wirksamer Querschnitt einer Aussteifung

Torsion 6.1.6

(1) Torsionssteifigkeiten und -beanspruchbarkeiten sind bei profilierten Blechen zu vernachlässigen.

Örtliche Lasteinleitung 6.1.7

Allgemeines 6.1.7.1

(1) Um Zusammendrücken, Stegkrüppeln oder örtliches Beulen bei einem durch Auflagerkräfte oder örtliche, über die Gurte erfolgende Lasteinleitung beanspruchten Steg zu vermeiden, sollte die transversale Kraft F_{Ed} der folgenden Bedingung genügen:

$$F_{Ed} \leq R_{w,Rd} \quad (6.10)$$

worin $R_{w,Rd}$ die Beanspruchbarkeit des Steges unter örtlicher Lasteinleitung ist.

(2) Die örtliche Beanspruchbarkeit des Steges $R_{w,Rd}$ wird wie folgt ermittelt:

a) bei unausgesteiften Stegen: nach 6.1.7.2;

b) bei ausgesteiften Stegen: nach 6.1.7.3.

(3) Die örtliche Beanspruchbarkeit des Steges braucht nicht nachgewiesen zu werden, wenn die Auflagerkräfte oder die örtlichen Lasten beispielsweise über Profilfüller eingeleitet werden, die geeignet sind Stegverformungen zu verhindern und die Auflagerkräfte zu übertragen.

Querschnitte mit unausgesteiften Stegen 6.1.7.2

(1) Die Beanspruchbarkeit eines unausgesteiften Steges unter örtlich begrenzter Lasteinleitung, siehe Bild 6.6, ist in der Regel nach (2) zu ermitteln, vorausgesetzt, dass alle nachfolgend aufgeführten Bedingungen eingehalten sind:

- der Abstand c von der Wirkungslinie der Auflagerkraft oder der örtlich eingeleiteten Last zum freien Trägerende beträgt mindestens 40 mm, siehe Bild 6.7;
- der Querschnitt genügt folgenden Bedingungen:

$$r/t \leq 10 \tag{6.11a}$$

$$h_w/t \leq 200 \sin \phi \tag{6.11b}$$

$$45° \leq \phi \leq 90° \tag{6.11c}$$

Dabei ist

h_w die zwischen den Mittellinien der Gurte gemessene Steghöhe;

r der innere Biegeradius der Ecken;

ϕ der Stegneigungswinkel [Grad].

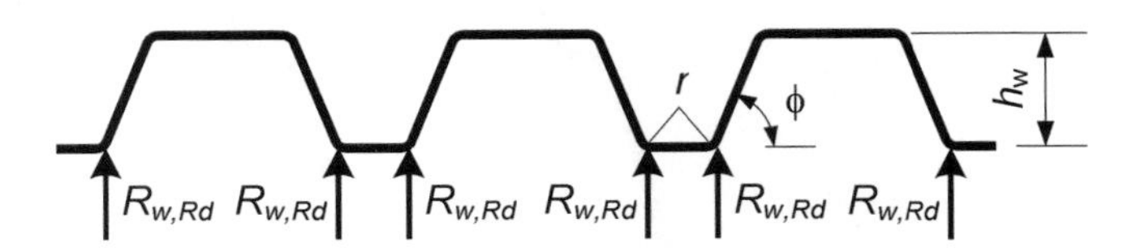

Bild 6.6: Beispiel eines Querschnittes mit zwei oder mehr Stegen

(2) Sind beide in (1) genannten Bedingungen erfüllt, ergibt sich die Beanspruchbarkeit bei örtlicher Lasteinleitung $R_{w,Rd}$ je Steg eines profilierten Bleches zu:

$$R_{w,Rd} = \alpha t^2 \sqrt{f_o E}\left(1 - 0{,}1\sqrt{r/t}\right)\left(0{,}5 + \sqrt{0{,}02 l_a/t}\right)\left(2{,}4 + (\phi/90)^2\right)/\gamma_{M1} \tag{6.12}$$

Dabei ist

l_a die wirksame Auflagerbreite der zugehörigen Lagerungskategorie, siehe (4);

α der Beiwert für die zugehörige Lagerungskategorie, siehe (3);

s_w die schräge Länge des Steges ($= h_w/\sin\phi$);

r der innere Biegeradius ($r < 10\ t$).

(3) Werte für den Beiwert α sind in Bild 6.7 aufgeführt.

(4) Die Werte für l_a sind in der Regel nach (5) zu ermitteln. Der größtmögliche für l_a ansetzbare Wert ist 200 mm. Ist das Auflager ein kaltgeformtes Profil mit nur einem Steg oder ein Rundrohr, ist in der Regel für s_s der Wert 10 mm einzusetzen. Die maßgebende Lagerungskategorie (1 oder 2) ergibt sich aus dem Abstand e von der örtlichen Lasteinleitung bis zum nächstgelegenen Auflager oder dem Abstand c vom Ende des Auflagers oder der örtlichen Lasteinleitung zum freien Trägerende, siehe Bild 6.7.

(5) Der Wert für die wirksame Auflagerbreite l_a profilierter Bleche ist in der Regel wie folgt zu ermitteln:

a) für Kategorie 1:

$$l_a = s_s, \text{ jedoch } l_a \leq 40 \text{ mm} \tag{6.13a}$$

b) für Kategorie 2:

wenn $\beta_v \leq 0{,}2$: $\quad l_a = s_s$ (6.13b)

wenn $\beta_v \geq 0{,}3$: $\quad l_a = 10$ mm (6.13c)

wenn $0{,}2 < \beta_v < 0{,}3$: lineare Interpolation zwischen den Werten l_a für 0,2 und 0,3 mit:

$$\beta_v = \frac{|V_{Ed,1}| - |V_{Ed,2}|}{|V_{Ed,1}| + |V_{Ed,2}|} \tag{6.14}$$

worin $|V_{Ed,1}|$ und $|V_{Ed,2}|$ die Beträge der transversalen Kräfte auf jeder Seite der örtlichen Lasteinleitung oder der Auflagerreaktionen sind, wobei $|V_{Ed,1}| \geq |V_{Ed,2}|$ und s_s die tatsächliche Auflager- oder Lasteinleitungsbreite ist.

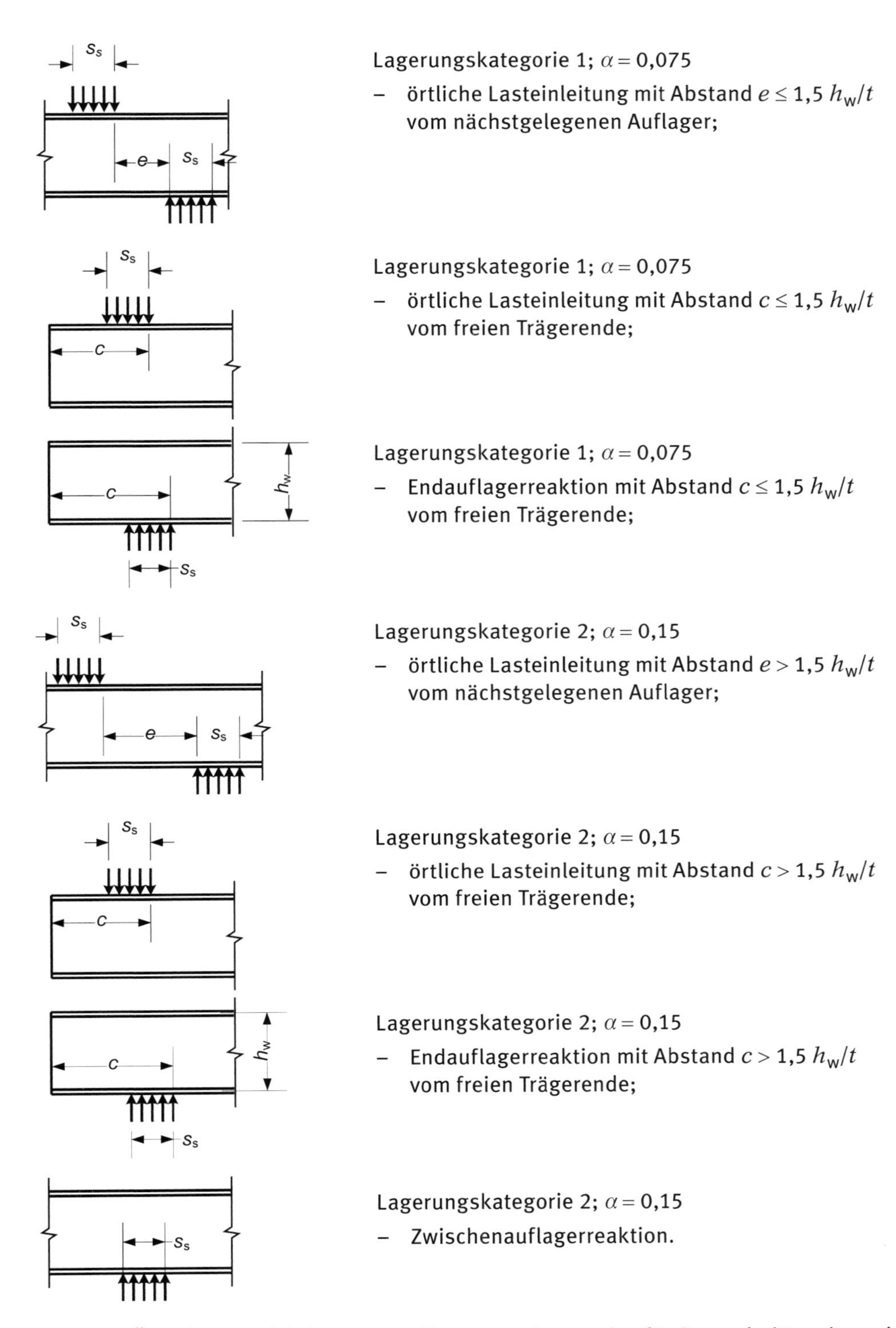

Bild 6.7: Örtliche Lasteinleitungen und Lagerungskategorien für Querschnitte mit zwei oder mehr Stegen

Querschnitte mit ausgesteiften Stegen 6.1.7.3

(1) Die örtliche Beanspruchbarkeit eines ausgesteiften Steges kann bei Querschnitten mit Stegaussteifungen nach (2) ermittelt werden, wenn die Aussteifungen derart ausgebildet sind, dass die beiden Abkantungen der Aussteifungen jeweils auf der gegenüberliegenden Seite einer zwischen den Schnittpunkten der Mittellinien von Gurten und der Stegen gedachten Verbindungslinie liegen, siehe Bild 6.8, und folgende Bedingung erfüllt ist:

$$2 < e_{max}/t < 12 \qquad (6.15)$$

Dabei ist

e_{max} die größere Exzentrizität zwischen den Abkantungen und der Verbindungslinie.

(2) Für Querschnitte mit ausgesteiften Stegen, welche die in (1) genannten Bedingungen erfüllen, ergibt sich die transversale Beanspruchbarkeit eines ausgesteiften Steges durch Multiplikation des entsprechenden Wertes von 6.1.7.2 für einen vergleichbaren unausgesteiften Steg mit dem Faktor $\kappa_{a,s}$:

$$\kappa_{a,s} = 1{,}45 - 0{,}05\, e_{max}/t, \text{ jedoch } \kappa_{a,s} \leq 0{,}95 + 35\,000\, t^2 e_{min}/(b_d^2 s_p) \qquad (6.16)$$

Dabei ist

b_d die abgewickelte Länge des belasteten Gurtes, siehe Bild 6.8;

e_{min} die kleinere Exzentrizität zwischen den Abkantungen und der Verbindungslinie, siehe Bild 6.8;

s_p die schräge Länge des am belasteten Gurt anliegenden ebenen Steganteiles, siehe Bild 6.8.

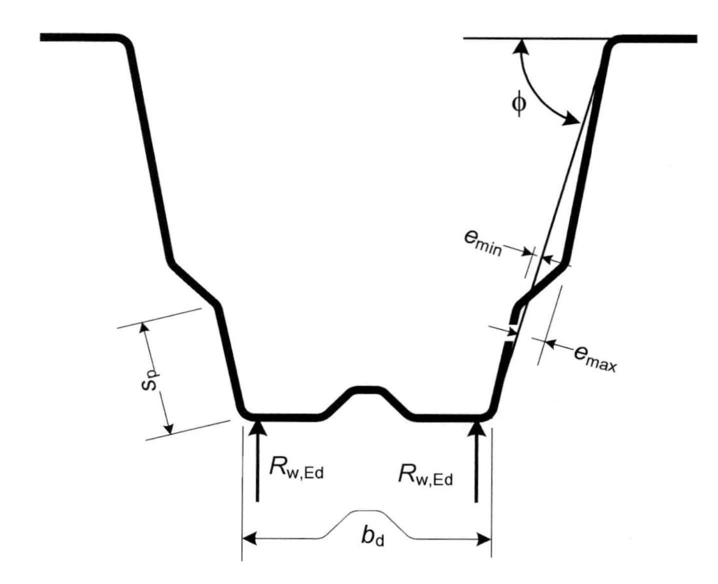

Bild 6.8: Auflagerkräfte und Geometrie ausgesteifter Stege

6.1.8 Zugkraft und Biegung

(1) Bei Querschnitten unter gleichzeitiger Beanspruchung durch zentrische Zugkraft N_{Ed} und Biegemoment $M_{y,Ed}$ ist in der Regel nachzuweisen, dass:

$$\frac{N_{Ed}}{N_{t,Rd}} + \frac{M_{y,Ed}}{M_{cy,Rd,ten}} \leq 1 \qquad (6.17a)$$

Dabei ist

$N_{t,Rd}$ der Bemessungswert des Querschnittes bezüglich zentrischer Zugbeanspruchung (6.1.2);

$M_{cy,Rd,ten}$ der Bemessungswert des Querschnittes für die maximale Zugbeanspruchbarkeit bezüglich Biegung um die Achse y–y (6.1.4).

(2) Ist $M_{cy,Rd,com} \leq M_{cy,Rd,ten}$, wobei $M_{cy,Rd,com}$ der Bemessungswert des Querschnittes für die maximale Druckbeanspruchbarkeit ist, sollte die folgende Bedingung ebenfalls erfüllt sein:

$$\frac{M_{y,Ed}}{M_{cy,Rd,com}} - \frac{N_{Ed}}{N_{t,Rd}} \leq 1 \qquad (6.17b)$$

Druckkraft und Biegung 6.1.9

(1) Bei Querschnitten unter gleichzeitiger Beanspruchung durch zentrische Druckkraft N_{Ed} und Biegemoment $M_{y,Ed}$ ist in der Regel nachzuweisen, dass:

$$\frac{N_{Ed}}{N_{c,Rd}} + \frac{M_{y,Ed} + \Delta M_{y,Ed}}{M_{cy,Rd,com}} \leq 1 \quad (6.18a)$$

worin $N_{c,Rd}$ nach 6.1.3 und $M_{cy,Rd,com}$ nach 6.1.8 definiert sind.

(2) Das sich aus dem Versatz der Schwerachsen ergebende Zusatzmoment $\Delta M_{y,Ed}$ sollte angenommen werden:

$$\Delta M_{y,Ed} = N_{Ed}\, e_N \quad (6.18b)$$

worin e_N die Verschiebung der y–y-Schwerachse infolge axialer Kräfte ist, siehe 6.1.3(3).

(3) Ist $M_{cy,Rd,ten} \leq M_{cy,Rd,com}$, sollte die folgende Bedingung ebenfalls erfüllt sein:

$$\frac{M_{y,Ed} + \Delta M_{y,Ed}}{M_{cy,Rd,ten}} - \frac{N_{Ed}}{N_{c,Rd}} \leq 1 \quad (6.19)$$

worin $M_{cy,Rd,ten}$ nach 6.1.8 definiert ist.

Querkraft, zentrische Kraft und Biegung 6.1.10

(1) Die Beanspruchbarkeit bezüglich Biegung und Normalkraft muss nicht zur Berücksichtigung der Querkraft reduziert werden, wenn das Verhältnis $V_{Ed}/V_{w,Rd}$ weniger als 0,5 beträgt. Beträgt das Verhältnis $V_{Ed}/V_{w,Rd}$ mehr als 0,5, so ist für die kombinierte Beanspruchung aus zentrischer Normalkraft N_{Ed}, Biegemoment $M_{y,Ed}$ und Querkraft V_{Ed} in der Regel nachzuweisen, dass:

$$\frac{N_{Ed}}{N_{Rd}} + \frac{M_{y,Ed}}{M_{y,Rd}} + \left(1 - \frac{M_{f,Rd}}{M_{pl,Rd}}\right)\left(\frac{2V_{Ed}}{V_{w,Rd}} - 1\right)^2 \leq 1 \quad (6.20)$$

Dabei ist

N_{Rd} der Bemessungswert des Querschnittes bezüglich zentrischer Zug- oder Druckbeanspruchung nach 6.1.2 oder 6.1.3;

$M_{y,Rd}$ der Bemessungswert des Querschnittes bezüglich Biegung nach 6.1.4;

$V_{w,Rd}$ der Bemessungswert des Querschnittes bezüglich Querkraft nach 6.1.5. Bei Bauteilen mit mehr als einem Steg ist $V_{w,Rd}$ die Summe der Beanspruchbarkeiten aller Stege;

$M_{f,Rd}$ der Bemessungswert der plastischen Momententragfähigkeit des aus den wirksamen Querschnitten in den Gurten bestehenden Querschnittes;

$M_{pl,Rd}$ der Bemessungswert der plastischen Momententragfähigkeit des unabhängig von der Querschnittsklasse aus den wirksamen Querschnitten in den Gurten und Nennquerschnitten der Stege bestehenden Querschnittes.

Biegemoment und örtliche Lasteinleitung oder Auflagerkraft 6.1.11

(1) Bei Querschnitten unter gleichzeitiger Beanspruchung durch Biegemoment M_{Ed} und transversal eingeleiteter Kraft F_{Ed} infolge örtlicher Lasteinleitung oder Auflagerreaktion ist in der Regel nachzuweisen, dass:

$$\frac{M_{Ed}}{M_{c,Rd}} \leq 1 \quad (6.21a)$$

$$\frac{F_{Ed}}{R_{w,Rd}} \leq 1 \quad (6.21b)$$

$$0{,}94 \cdot \left[\frac{M_{Ed}}{M_{c,Rd}}\right]^2 + \left[\frac{F_{Ed}}{R_{w,Rd}}\right]^2 \leq 1 \quad (6.22)$$

Dabei ist

$M_{c,Rd}$ der Bemessungswert des Querschnittes bezüglich Biegung nach 6.1.4.1;

$R_{w,Rd}$ die Summe der entsprechenden Werte der einzelnen Stege nach 6.1.7.

(2) Im Ausdruck (6.22) darf das Biegemoment M_{Ed} vom Auflagerrand eingesetzt werden.

6.2 Beanspruchbarkeit bezüglich Knicken

6.2.1 Allgemeines

(1) Die Effekte aus örtlichem Beulen und Gesamtfeldbeulen sind in der Regel zu berücksichtigen. Hierfür können die in 5.5 angegebenen Verfahren verwendet werden.

(2) Die resultierende Normalkraft wirkt in der Schwerachse des Gesamtquerschnittes.

(3) Die Beanspruchbarkeit von Profiltafeln wird auf die Schwerachse des wirksamen Querschnittes bezogen. Fällt diese nicht mit der Schwerachse des Gesamtquerschnittes zusammen, sollten die sich hieraus ergebenden Zusatzmomente (siehe Bild 6.9) nach dem in 6.2.3 angegebenen Verfahren berücksichtigt werden.

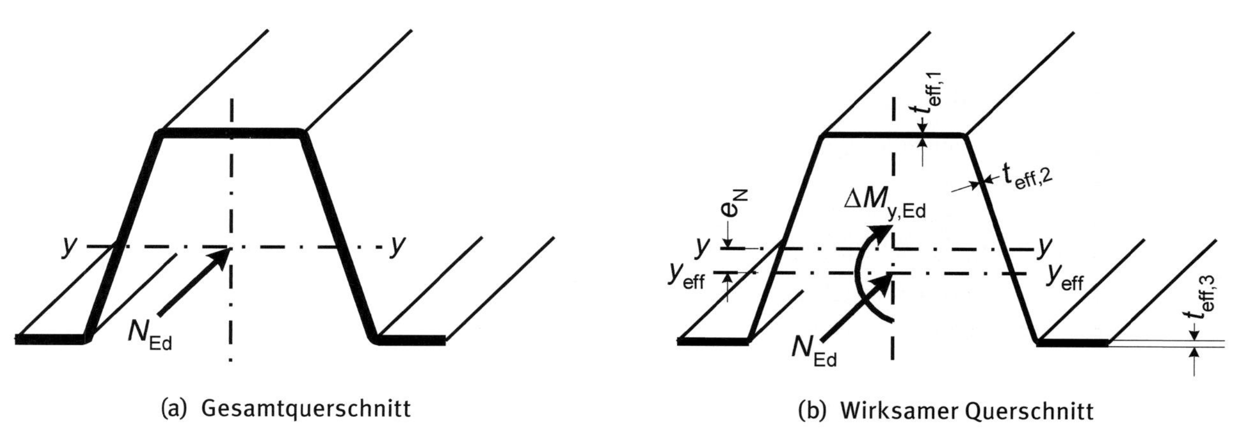

(a) Gesamtquerschnitt (b) Wirksamer Querschnitt

Bild 6.9: Verschobene Schwerachse im wirksamen Querschnitt

6.2.2 Zentrischer Druck

6.2.2.1 Beanspruchbarkeit bezüglich Knicken

(1) Der Bemessungswert der Beanspruchbarkeit bezüglich Knicken infolge einer zentrischen Druckkraft $N_{b,Rd}$ ergibt sich aus:

$$N_{b,Rd} = \chi A_{eff} f_o / \gamma_{M1} \tag{6.23}$$

Dabei ist

A_{eff} die nach Abschnitt 5 unter Voraussetzung einer konstanten Druckbeanspruchung $\sigma_{com,Ed} = f_o / \gamma_{M1}$ ermittelte wirksame Querschnittsfläche;

χ der zugehörige Abminderungsfaktor bezüglich Knicken.

(2) Der Abminderungsfaktor χ bezüglich Knicken ergibt sich aus:

$$\chi = \frac{1}{\phi + (\phi^2 - \overline{\lambda}^2)^{0,5}}, \quad \text{jedoch} \quad \chi \leq 1,0 \tag{6.24a}$$

mit:

$$\phi = 0,5\left(1 + \alpha(\overline{\lambda} - \overline{\lambda}_0) + \overline{\lambda}^2\right) \tag{6.24b}$$

Dabei ist

α der die Imperfektionen berücksichtigender Faktor;

$\overline{\lambda}_0$ die Grenze des horizontalen Bereichs der bezogenen Schlankheit;

$\overline{\lambda}$ die bezogene Schlankheit des zugehörigen Knickfalles.

(3) Der Imperfektionsfaktor für Profiltafeln ist $\alpha = 0{,}13$ und $\bar{\lambda}_0 = 0{,}2$.

(4) Die bezogene Schlankheit bezüglich Knicken ergibt sich aus:

$$\bar{\lambda} = \frac{l}{i\pi}\sqrt{\frac{f_o}{E}} \qquad (6.25)$$

Dabei ist

l die Knicklänge bezüglich Knicken um die y–y-Achse (l_y);

i der mit den Abmessungen des Gesamtquerschnittes ermittelte Trägheitsradius bezüglich der zugehörigen Achse (i_y).

Biegung und zentrischer Druck 6.2.3

(1) Alle einer kombinierten Beanspruchung aus Biegung und zentrischem Druck unterworfenen Bauteile sollten der folgenden Bedingung genügen:

$$\frac{N_{Ed}}{\chi_y f_o \omega_x A_{eff}/\gamma_{M1}} + \frac{M_{y,Ed} + \Delta M_{y,Ed}}{f_o W_{eff,y,com}/\gamma_{M1}} \leq 1 \qquad (6.26)$$

Dabei ist

A_{eff} die wirksame Fläche eines ausschließlich durch zentrischen Druck beanspruchten Querschnittes; siehe Bild 6.10(a);

$W_{eff,y,com}$ das wirksame Widerstandsmoment für die maximale Druckbeanspruchbarkeit bezüglich Biegung um die Achse y–y, siehe Bild 6.10(b);

$\Delta M_{y,Ed}$ das sich aus Verschiebung der Schwerachsen in y-Richtung ergebende Zusatzmoment $\Delta M_{y,Ed}$, siehe 6.1.9(2);

χ_y der Reduktionsfaktor nach 6.2.2 bezüglich Knicken um die y–y-Achse;

ω_x ein die Interaktion berücksichtigender Ausdruck, siehe (2).

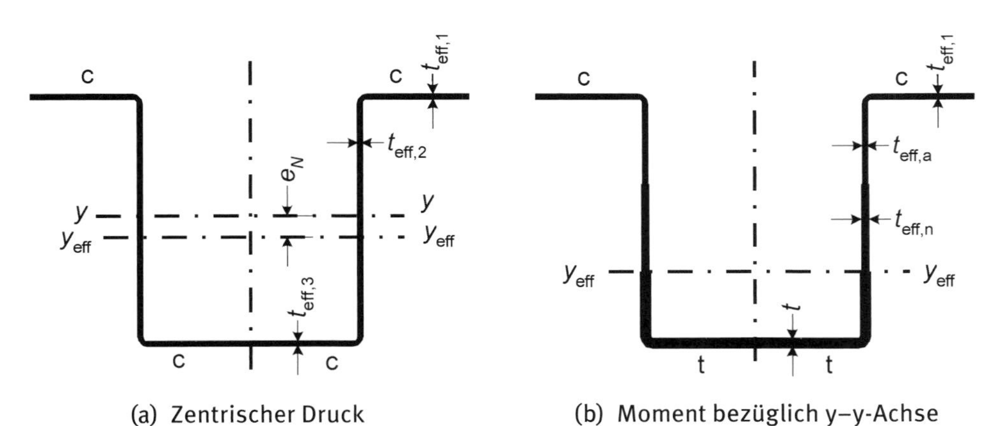

(a) Zentrischer Druck (b) Moment bezüglich y–y-Achse

Bild 6.10: Modell zur Ermittlung wirksamer Querschnittswerte

(2) Profiltafeln, die einer kombinierten Beanspruchung aus zentrischen Normalkräften und ungleichen Randmomenten und/oder Transversalkräften unterworfen sind, sind in der Regel entlang ihrer Stützweite abschnittsweise zu untersuchen. Das im untersuchten Abschnitt vorhandene Moment ist in der Regel in der Interaktionsgleichung zu verwenden und

$$\omega_x = \frac{1}{\chi_y + (1-\chi_y)\sin(\pi x_s / l_c)} \qquad (6.27)$$

Dabei ist

x_s der Abstand des untersuchten Abschnittes zu einem gelenkigen Lager oder zu einem Wendepunkt der Knicklinie infolge zentrischen Drucks, siehe Bild 5.9 in EN 1999-1-1;

$l_c = KL$ die Knicklänge, siehe Tabelle 5.7 in EN 1999-1-1.

ANMERKUNG Zur Vereinfachung darf $\omega_x = 1$ gesetzt werden.

6.3 Schubfelder

6.3.1 Allgemeines

(1) Das planmäßige Zusammenwirken von Tragwerksteilen und Profiltafeln als kombinierte Tragstruktur kann, wie in diesem Abschnitt beschrieben, berücksichtigt werden.

(2) Aluminium-Profiltafeln können in der Anwendung als Dach- oder Wandelemente als Schubfelder wirken.

ANMERKUNG Weitere Informationen über Schubfelder sind enthalten in:

ECCS Publication No. 88 (1995): *European recommendations for the application of metal sheeting acting as a diaphragm.*

6.3.2 Scheibenwirkung

(1) Mit der Schubfeldbemessung kann das Beitragen der Scheibenwirkung von Dach-, Wand- und Deckenkonstruktionen aus profilierten Blechen zur Steifigkeit und Tragfähigkeit der Tragstruktur ausgenutzt werden.

(2) Dächer und Decken dürfen als Scheiben betrachtet werden, die in ihrer Ebene angreifende Kräfte zu lastabtragenden vertikalen Tragwerken wie Giebelkonstruktionen oder Rahmen überführen können. Die Profiltafeln können dabei als schubbeanspruchte Stege mit Randgliedern als Gurte zur Aufnahme der Druck- und Zugkräfte betrachtet werden, siehe Bilder 6.11 und 6.12.

(3) In ähnlicher Weise können Wände als Schubfelder zur Gebäudestabilisierung herangezogen werden.

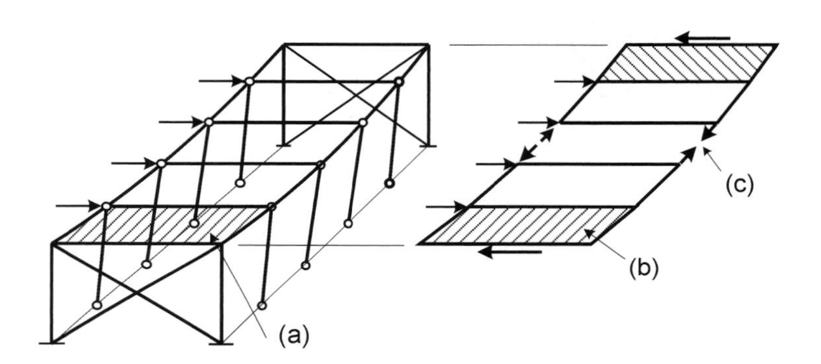

Legende

(a) Profiltafel

(b) Profiltafel als Schubfeld

(c) Gurtkräfte in Randgliedern

Bild 6.11: Scheibenwirkung bei einem ebenen Dach

6.3.3 Voraussetzungen

(1) Die Ausnutzung der Scheibenwirkung als integrierender Teil des Tragwerkes ist an folgende Voraussetzungen gebunden:

- die über die primäre Aufgabe der Lastabtragung rechtwinklig zur Profilierung hinausgehende Anwendung ist auf die Ausbildung von Schubfeldern mit Lastabtragung in Scheibenebene beschränkt;
- die Schubfelder haben Randglieder zur Aufnahme der Gurtkräfte aus der Schubfeldwirkung;
- die Scheibenkräfte in Dächern oder Decken werden über Rahmen oder vertikale Schubfelder in die Fundamente weitergeleitet;

- es werden zur Lastüberleitung vom Schubfeld zu den als Gurten wirkenden Randgliedern und zum Tragwerk geeignete Verbindungsmittel angeordnet;
- die Profiltafeln bilden Tragwerkskomponenten und dürfen nicht ohne Genehmigung entfernt werden;
- sowohl die Ausführungsunterlagen als auch die Berechnungen und die Zeichnungen müssen Warnvermerke enthalten, die auf die planmäßige Scheibenwirkung der Profiltafeln hinweisen;
- es wird empfohlen, Warnschilder anzubringen, die darauf hinweisen, dass die Wände als Schubfelder dienen und dass bei Demontage Sicherungsmaßnahmen zum Erhalt der Stabilität erforderlich sind.

(2) Die Scheibenwirkung sollte vorzugsweise in Gebäuden mit wenig Geschossen, in Decken und in Außenwänden von mehrgeschossigen Gebäuden ausgenutzt werden.

(3) Die Scheibenwirkung sollte vorzugsweise zur Abtragung von Wind- und Schneelasten sowie anderen Lasten, die über die Profiltafeln eingetragen werden, ausgenutzt werden. Die Scheibenwirkung darf auch bei der Abtragung geringer Brems- oder Stoßkräfte ausgenutzt werden, die von leichten Hebezeugen oder Laufkranen erzeugt werden. Sie darf dagegen nicht zur Aufnahme permanenter Lasten aus dem Betrieb des Gebäudes herangezogen werden.

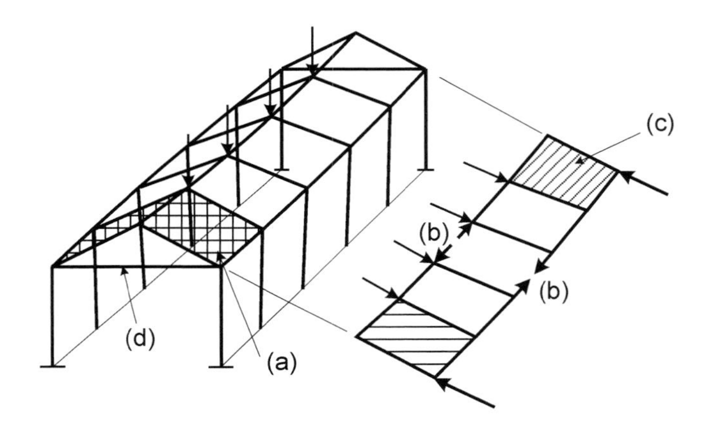

Legende

(a) Profiltafel

(b) Gurtkräfte in Randgliedern

(c) Profiltafel als Schubfeld

(d) Giebelkonstruktion zur Abtragung der aus der Schubfeldwirkung resultierenden Kräfte

Bild 6.12: Scheibenwirkung bei einem Satteldach

Schubfelder aus Aluminium-Profiltafeln 6.3.4

(1) Bei einem Schubfeld aus Aluminium-Profiltafeln, siehe Bild 6.13, werden beide Enden der Profiltafeln auf der Unterkonstruktion mit gewindeformenden Schrauben, Schweißnähten, Schrauben mit Muttern oder anderen Verbindungsmitteln befestigt. Die Verbindungselemente sollten sich im Gebrauch nicht lockern, nicht herausgezogen werden können oder durch Abscheren versagen, bevor nicht das Blech reißt. Die Befestigung der Profiltafeln auf der Unterkonstruktion erfolgt direkt durch die Untergurte, sofern nicht durch besondere Maßnahmen die anzusetzenden Kräfte einwandfrei in die Unterkonstruktion geleitet werden.

(2) Die Längsstöße der Profiltafeln werden mit Hilfe von Nieten, Bohrschrauben, Schweißnähten oder anderen Verbindungselementen verbunden. Die Verbindungselemente sollten sich im Gebrauch nicht lockern, nicht herausgezogen werden können oder durch Abscheren versagen, bevor nicht das Blech reißt. Der Abstand der Verbindungselemente sollte 500 mm nicht überschreiten.

(3) Die Rand- und Endabstände der Verbindungselemente sollten so gewählt werden, dass kein vorzeitiges Versagen in Blech eintritt.

(4) Kleine, nicht systematisch verteilte Öffnungen bis zu etwa 3 % der Gesamtfläche dürfen ohne besonderen Nachweis angeordnet werden, vorausgesetzt, dass die Gesamtanzahl der Verbindungselemente nicht reduziert wird. Öffnungen bis zu 15 % der zugehörigen Fläche sind zugelassen, wenn eine entsprechende Berechnung durchgeführt wird. Flächen, die größere Öffnungen haben, sind in der Regel in kleinere Flächen für die Schubfelder aufzuteilen.

(5) Alle Profiltafeln, die Teil eines Schubfeldes sind, sind in der Regel zunächst für ihren primären Zweck der Biegebeanspruchung zu bemessen. Um sicherzustellen, dass unter Biegebeanspruchung die Beanspruchbarkeit bezüglich Scheibenwirkung nicht vermindert ist, ist in der Regel nachzuweisen, dass die Schubbeanspruchungen aus der Scheibenwirkung nicht größer sind als 0,25 f_o/γ_{M1}.

(6) Die Beanspruchbarkeit des Schubfeldes entspricht entweder der Grenzlochleibungskraft der Verbindungen der Längsstöße der Profiltafeln oder – bei Schubfeldern, die nur an den Längsrändern befestigt sind – der Beanspruchbarkeit der Längsrandbefestigungen. Die Beanspruchbarkeit der Verbindungselemente bei anderen Versagenstypen sollte größer sein als die Grenzlochleibungskraft; und zwar:

- bei Profiltafel-Pfettenbefestigung unter Beanspruchungen durch Scherkräfte und Windsog mindestens 40 %;
- bei jedem anderen Versagenszustand mindestens 25 %.

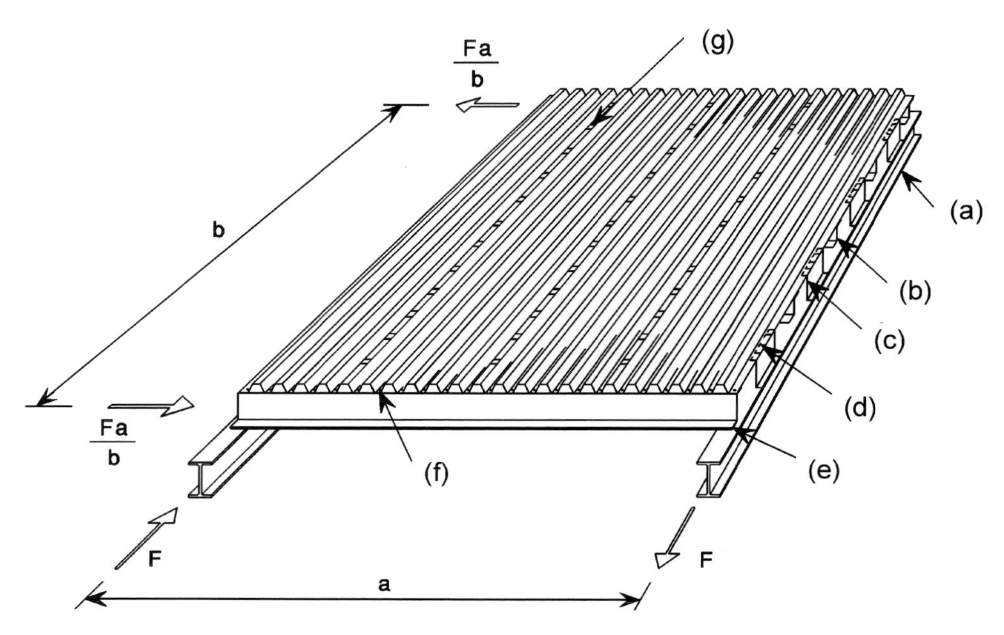

Legende

(a) Binder
(b) Träger
(c) Schubblech
(d) Verbindung Profiltafel – Schubblech
(e) Träger
(f) Verbindung Profiltafel – Träger
(g) Verbindungen im Längsstoß

Bild 6.13: Aufbau eines einzelnen Schubfeldes

6.4 Gelochte Profiltafeln mit Lochanordnung in Form gleichseitiger Dreiecke

(1) Gelochte Profiltafeln mit Lochanordnung in Form gleichseitiger Dreiecke können durch Modifizierung der Bemessungsregeln für nicht gelochte Profiltafeln durch Einführen der nachfolgend aufgeführten wirksamen Dicke bemessen werden.

ANMERKUNG Diese Berechnungsregeln ergeben auf der sicheren Seite liegende Werte. Wirtschaftlichere Lösungen werden durch eine versuchsgestützte Bemessung erzielt.

(2) Für den Fall, dass $0,2 \leq d/a \leq 0,9$ ist, dürfen die Kennwerte des Gesamtquerschnittes nach 6.1.2 bis 6.1.5 berechnet werden, wobei t durch $t_{a,eff}$ zu ersetzen ist, mit:

$$t_{a,eff} = 1,18\, t\, (1 - d/(0,9\, a)) \tag{6.28}$$

Dabei ist

d der Durchmesser der Perforierung;

a der Abstand zwischen den Mittelpunkten der Perforierung.

(3) Für den Fall, dass $0,2 \leq d/a \leq 0,9$ ist, dürfen die Kennwerte des Gesamtquerschnittes nach 5.5 berechnet werden, wobei t durch $t_{b,eff}$ zu ersetzen ist, mit:

$$t_{b,eff} = t\sqrt[3]{1,18(1 - d/a)} \tag{6.29}$$

(4) Für den Fall, dass $0,2 \leq d/a \leq 0,8$ ist, kann die Beanspruchbarkeit eines einzelnen unausgesteiften Steges durch örtliche Lasteinleitung nach 6.1.7 ermittelt werden, wobei t durch $t_{c,eff}$ zu ersetzen ist, mit:

$$t_{c,eff} = t\left[1 - (d/a)^2 s_{per}/s_w\right]^{3/2} \tag{6.30}$$

Dabei ist

s_{per} die schräge Länge der Perforation im Steg zentrisch in Steghöhe;

s_w die schräge Gesamtlänge des Steges.

7 Gebrauchstauglichkeit

7.1 Allgemeines

(1) Die Grundsätze für die Grenzzustände der Gebrauchstauglichkeit nach EN 1999-1-1 gelten auch für kaltgeformte Profiltafeln.

(2) Die sich aus (3) ergebenden Kennwerte für den wirksamen Querschnitt sind in der Regel in allen Berechnungen bezüglich der Gebrauchstauglichkeit von Profiltafeln zu verwenden.

(3) Das Flächenträgheitsmoment darf durch Interpolation zwischen dem Gesamtquerschnitt und dem wirksamen Querschnitt mit Hilfe der nachfolgend aufgeführten Gleichung ermittelt werden:

$$I_{eff,ser} = I_{gr} - \sigma_{gr} (I_{gr} - I_{eff})/f_o \quad (7.1)$$

Dabei ist

I_{gr} das Flächenträgheitsmoment des Gesamtquerschnittes;

I_{eff} das Flächenmoment 2. Ordnung (Trägheitsmoment) des wirksamen Querschnittes für den Grenzzustand der Tragfähigkeit, wobei örtliches Beulen zugelassen ist;

σ_{gr} die maximale am Gesamtquerschnitt ermittelte Biegedruckspannung im Grenzzustand der Gebrauchstauglichkeit (Druck ist in der Formel positiv einzusetzen).

(4) Das Flächenträgheitsmoment $I_{eff,ser}$ darf entlang der Stützweite als veränderlich angenommen werden. Alternativ kann ein konstanter Wert angenommen werden, welcher sich aus dem maximalen Feldmoment unter Gebrauchslast ergibt.

7.2 Plastische Verformungen

(1) Für den Fall einer Traglastberechnung unter Ansatz von Fließgelenken sollte die Kombination aus Stützmoment und Auflagerkraft am Zwischenauflager den 0,9-fachen Bemessungswert der Beanspruchbarkeit bezüglich Interaktion unter Verwendung von $\gamma_{M,ser}$ und $I_{eff,ser}$ nach 7.1(3) nicht überschreiten.

(2) Der Bemessungswert der Beanspruchbarkeit bezüglich Interaktion kann nach Gleichung (6.22) in 6.1.11 ermittelt werden, wobei jedoch der wirksame Querschnitt für den Grenzzustand der Gebrauchstauglichkeit und $\gamma_{M,ser}$ zu verwenden sind.

7.3 Durchbiegungen

(1) Durchbiegungen dürfen unter der Annahme elastischen Verhaltens ermittelt werden.

(2) Der Einfluss von Schlupf an den Verbindungsstellen (zum Beispiel bei durch Überlappung hergestellten Profiltafelbahnen) ist in der Regel bei der Ermittlung von Verformungen, Kräften und Momenten zu berücksichtigen.

ANMERKUNG Bei den gebräuchlichen Verbindungselementen nach 8.2 und 8.3 kann der Schlupf vernachlässigt werden.

(3) Mit Bezug auf EN 1990, Anhang A, A.1.4, sind in der Regel Durchbiegungsbeschränkungen in jedem Einzelfall mit dem Auftraggeber zu vereinbaren.

ANMERKUNG Im Nationalen Anhang können hierzu Grenzwerte festgelegt werden.

NDP Zu 7.3(3) Anmerkung

Es werden keine Festlegungen getroffen.

8 Verbindungen mit mechanischen Verbindungselementen

8.1 Allgemeines

(1) Verbindungen mit mechanischen Verbindungselementen sollten kompakt gestaltet sein. Die Anordnung der Verbindungselemente ist in der Regel so festzulegen, dass ausreichend Platz für die Montage und die Wartung zur Verfügung steht.

(2) Die durch die einzelnen Verbindungselemente zu übertragenden Scherkräfte dürfen als gleichmäßig verteilt angenommen werden, vorausgesetzt, dass:

- die einzelnen Stellen der Verbindung ausreichende Duktilität aufweisen;
- Abscheren des Verbindungselementes nicht die maßgebende Versagensform ist.

(3) Bei der Bemessung durch Berechnung sind in der Regel die Beanspruchbarkeiten der mechanischen Verbindungselemente infolge vorwiegend ruhender Beanspruchung für Blindniete nach 8.2 und für gewindeformende Schrauben nach 8.3 zu ermitteln.

(4) Die Bedeutung der Formelzeichen in den oben genannten Abschnitten ist in EN 1999-1-1 und ergänzend in EN 1999-1-4, 1.4, angegeben.

(5) Der Teilsicherheitsbeiwert zur Ermittlung der Bemessungswerte der Beanspruchbarkeit von mechanischen Verbindungselementen ist in der Regel γ_{M3} (siehe 2(3)).

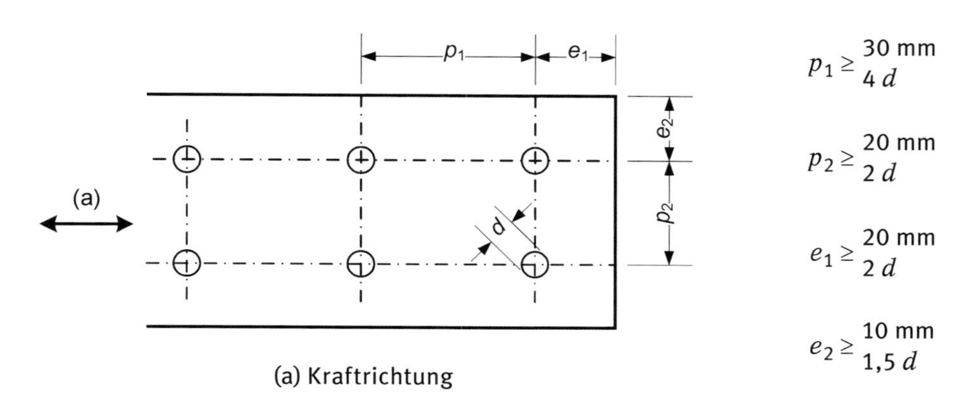

$p_1 \geq$ 30 mm / $4\,d$

$p_2 \geq$ 20 mm / $2\,d$

$e_1 \geq$ 20 mm / $2\,d$

$e_2 \geq$ 10 mm / $1{,}5\,d$

Bild 8.1: Rand- und Lochabstände von Verbindungselementen

(6) Die in 8.2.3.1 für Blindniete bzw. in 8.3.3.1 für gewindefurchende Schrauben angegebenen Beanspruchbarkeiten bezüglich Durchknöpfen hängen von der Lage der Verbindungselemente ab. Die Beanspruchbarkeiten sind in der Regel abzumindern, wenn die Verbindungselemente nicht mittig in den Rippen der Profiltafeln angeordnet werden. Bei Befestigung im Viertelspunkt ist in der Regel der Bemessungswert des Verbindungselementes auf 0,9 $F_{p,Rd}$ abzumindern. Bei Befestigung mit zwei Verbindungselementen in beiden Viertelspunkten ist in der Regel der Bemessungswert jedes Verbindungselementes auf 0,7 $F_{p,Rd}$ abzumindern, siehe Tabelle 8.3.

(7) Bei gleichzeitiger Beanspruchung eines Verbindungselementes durch Quer- und Zugkraft ist in der Regel die Beanspruchbarkeit des Verbindungselementes durch folgende Interaktionsbedingung nachzuweisen, vorausgesetzt, die Beanspruchbarkeiten $F_{p,Rd}$, $F_{o,Rd}$, $F_{b,Rd}$ und $F_{n,Rd}$ wurden für Blindniete nach 8.2 bzw. für gewindefurchende Schrauben nach 8.3 ermittelt:

$$\frac{F_{t,Ed}}{\min(F_{p,Rd}, F_{o,Rd})} + \frac{F_{v,Ed}}{\min(F_{b,Rd}, F_{n,Rd})} \leq 1 \qquad (8.1)$$

(8) Die Verformung des Gesamtquerschnittes kann vernachlässigt werden, wenn die Bemessungswerte nach 8.2.3 und 8.3.3 ermittelt werden, vorausgesetzt, die Befestigung erfolgt durch einen Gurt, der nicht breiter als 150 mm ist.

(9) Der Bohrlochdurchmesser bei gewindeformenden Schrauben sollte nach den Angaben des Schraubenherstellers ausgeführt werden. Diesen Angaben sollten folgenden Kriterien zugrunde liegen:

- das Anziehdrehmoment ist geringfügig größer als das Eindrehmoment;
- das Anziehdrehmoment ist geringer als das Überdrehmoment;
- das Anziehdrehmoment ist geringer als 2/3 des Bruchdrehmomentes.

(10) Die Bemessungsregeln für Blindniete gelten nur, wenn der Bohrlochdurchmesser nicht größer als 0,1 mm als der Durchmesser der Niethülse ist.

8.2 Blindniete

8.2.1 Allgemeines

(1) Der Bemessungswert der Beanspruchbarkeit einer schubbeanspruchten Blindnietverbindung ist der kleinste Wert aus den Beanspruchbarkeiten bezüglich Lochleibung $F_{b,Rd}$, bezüglich Versagen des Nettoquerschnittes $F_{net,Rd}$ des Bauteiles und bezüglich Abscheren des Verbindungselementes $F_{v,Rd}$.

(2) Die Niethülse sollte aus EN AW- 5019 bestehen.

(3) Es sind in der Regel Blindniete nach EN ISO 15973, EN ISO 15974, EN ISO 15977, EN ISO 15978, EN ISO 15981 oder EN ISO 15982 zu verwenden.

8.2.2 Bemessungswerte für scherbeanspruchte Nietverbindungen

8.2.2.1 Beanspruchbarkeit bezüglich Lochleibung

$$F_{b,Rd} = 2,5\, f_{u,min} \sqrt{t^3 d} / \gamma_{M3} \quad \text{für } t_{sup}/t = 1,0\text{, jedoch } F_{b,Rd} \leq 1,5\, f_{u,min}\, t\, d / \gamma_{M3} \tag{8.2a}$$

$$F_{b,Rd} = 1,5\, f_{u,min}\, t\, d / \gamma_{M3} \quad \text{für } t_{sup}/t \geq 2,5 \tag{8.2b}$$

8.2.2.2 Beanspruchbarkeit bezüglich Versagen des Nettoquerschnittes

$$F_{net,Rd} = A_{net}\, f_u / \gamma_{M3} \tag{8.3}$$

8.2.2.3 Beanspruchbarkeit bezüglich Abscheren des Verbindungselementes

$$F_{v,Rd} = 38\, d^2 / \gamma_{M3} \text{ [N] mit } d \text{ in mm} \tag{8.4}$$

Bedingungen bezüglich Lochleibung und Abscheren:

- Werte von $f_{u,min} > 260$ N/mm² sollten nicht angesetzt werden;
- 2,6 mm $\leq d \leq$ 6,4 mm.

8.2.3 Bemessungswerte für zugbeanspruchte Nietverbindungen

8.2.3.1 Beanspruchbarkeit bezüglich Durchknöpfen

$$F_{p,Rd} = 2,35\, \alpha_E\, t\, f_o / \gamma_{M3} \text{ [N] mit } t \text{ in mm und } f_o \text{ in N/mm}^2\text{; } \alpha_E \text{ nach Tabelle 8.3} \tag{8.5}$$

Bedingungen:

- $t \leq 1,5$ mm; $d_w \geq 9,5$ mm;
- Werte von $f_o > 220$ N/mm² sollten nicht angesetzt werden.

8.2.3.2 Beanspruchbarkeit bezüglich Ausreißen

- bei Unterkonstruktion aus Stahl: $F_{o,Rd} = 0,47\, t_{sup}\, d\, f_y / \gamma_{M3}$ (8.6)
- bei Unterkonstruktion aus Aluminium: $F_{o,Rd} = 0,20\, t_{sup}\, d\, f_o / \gamma_{M3}$ (8.7)

Bedingungen:

- $t_{sup} > 6$ mm, $f_y > 350$ N/mm² und Werte von $f_o > 220$ N/mm² sollten nicht angesetzt werden (jeweils zu erfüllen);

– Ausführung der Bohrlöcher nach den Angaben des Nietherstellers.

Beanspruchbarkeit bezüglich Zugbruch 8.2.3.3

$F_{t,Rd} = 47\ d^2/\gamma_{M3}$ [N], worin d in mm einzusetzen ist. (8.8)

Gewindeformende Schrauben/Bohrschrauben 8.3

Allgemeines 8.3.1

(1) Der Bemessungswert der Beanspruchbarkeit schubbeanspruchter Schraubenverbindungen ist der kleinste Wert aus den Beanspruchbarkeiten bezüglich Lochleibung $F_{b,Rd}$, bezüglich Versagen des Nettoquerschnittes $F_{net,Rd}$ des Bauteils und bezüglich Abscheren des Verbindungselementes $F_{v,Rd}$.

(2) Die in den folgenden Abschnitten angegebenen Anwendungsgrenzen bezüglich der Schraubendurchmesser sind in der Regel einzuhalten, es sei denn, andere Grenzen werden durch entsprechende Versuche bestätigt.

(3) Die Anwendungsgrenzen bezüglich der Festigkeitswerte der Unterkonstruktion sind in der Regel einzuhalten, es sei denn, andere Anwendungsgrenzen werden durch entsprechende Versuche bestätigt.

(4) Es sind in der Regel gewindeformende Schrauben nach EN ISO 1479, EN ISO 1481 oder ISO 7049 zu verwenden.

(5) Es sind in der Regel Bohrschrauben nach EN ISO 15480 oder EN ISO 15481 zu verwenden.

Bemessungswerte für scherbeanspruchte Schraubverbindungen 8.3.2

Beanspruchbarkeit bezüglich Lochleibung 8.3.2.1

(1) Die Beanspruchbarkeit bezüglich Lochleibung ergibt sich für Unterkonstruktionen aus Stahl oder Aluminium zu:

$$F_{b,Rd} = 2,5\ f_{u,min} \sqrt{t^3 d} / \gamma_{M3} \quad \text{für } t_{sup}/t = 1,0\text{, jedoch } F_{b,Rd} \leq 1,5\ f_{u,min}\ t\ d/\gamma_{M3} \quad (8.9a)$$

$$F_{b,Rd} = 1,5\ f_{u,min}\ t\ d/\gamma_{M3} \quad \text{für } t_{sup}/t \geq 2,5 \quad (8.9b)$$

Für Blechdicken $1,0 < t_{sup}/t < 2,5$ kann die Beanspruchbarkeit bezüglich Lochleibung $F_{b,Rd}$ durch lineare Interpolation ermittelt werden.

Unter den Bedingungen:

- Gewindeformende Schrauben oder Bohrschrauben aus Stahl oder nichtrostendem Stahl mit Durchmessern $d \geq 5,5$ mm;
- Werte von $f_{u,min} > 260$ N/mm² sollten nicht angesetzt werden;
- bei $t > t_{sup}$ ist $t = t_{sup}$ zu setzen;
- die Bohrlöcher sind nach den Angaben des Schraubenherstellers auszuführen.

(2) Bei Unterkonstruktionen aus Holz ergibt sich die Beanspruchbarkeit von Aluminium-Profiltafeln bezüglich Lochleibung:

$$F_{b,Rd} \leq 1,5\ t\ d\ f_{u,min}/\gamma_{M3}\ [\text{N}] \quad (8.10)$$

(3) Bezüglich der Beanspruchbarkeit der Unterkonstruktion aus Holz hinsichtlich Lochleibung siehe EN 1995-1-1, Abschnitt 8, Stahl-Holz-Verbindung.

Bedingungen:

- Gewindeformende Schrauben oder Bohrschrauben aus Stahl oder nichtrostendem Stahl mit Durchmessern 5,5 mm $\leq d \leq$ 8 mm;
- Rand- und Lochabstände im Bauteil aus Holz siehe EN 1995-1-1, Abschnitt 8.

8.3.2.2 Beanspruchbarkeit bezüglich Versagen des Nettoquerschnittes

$$F_{net,Rd} = A_{net} f_u / \gamma_{M3} \tag{8.11}$$

8.3.2.3 Beanspruchbarkeit bezüglich Abscheren des Verbindungselementes

Die Beanspruchbarkeit bezüglich Abscheren von Schrauben aus Stahl oder nichtrostendem Stahl ergibt sich zu:

$$F_{v,Rd} = 380\, A_s / \gamma_{M3} \text{ [N], mit } A_s \text{ in mm}^2 \tag{8.12}$$

8.3.3 Bemessungswerte für zugbeanspruchte Schraubverbindungen

8.3.3.1 Beanspruchbarkeit bezüglich Durchknöpfen

(1) Die Beanspruchbarkeit bezüglich Durchknöpfen von zugbeanspruchten Schraubverbindungen ergibt sich zu:

$$F_{p,Rd} = 6{,}1\, \alpha_L\, \alpha_E\, \alpha_M\, t\, f_u \sqrt{d_w / 22} / \gamma_{M3} \text{ [N]} \tag{8.13}$$

mit:

t und d_w in mm und f_u in N/mm² und

α_L Korrekturfaktor zur Berücksichtigung des Einflusses von Biegezugspannungen im angeschlossenen Profilgurt (Tabelle 8.1);

α_M Korrekturfaktor zur Berücksichtigung des Werkstoffes der Dichtscheibe (Tabelle 8.2);

α_E Korrekturfaktor zur Berücksichtigung der Anordnung der Verbindungselemente (Tabelle 8.3).

Bedingungen:

- $t \leq 1{,}5$ mm;
- $d_w \geq 14$ mm und Dicke der Dichtscheibe ≥ 1 mm;
- Breite des anliegenden Profilgurtes ≤ 200 mm;
- $d_w > 30$ mm und Werte von $f_u > 260$ N/mm sollten nicht angesetzt werden;
- bei Profilhöhen kleiner als 25 mm sollten die Beanspruchbarkeiten bezüglich Durchknöpfen um 30 % gemindert werden.

Tabelle 8.1: Korrekturfaktor α_L zur Berücksichtigung des Einflusses der Biegezugspannungen im angeschlossenen Profilgurt

Zugfestigkeit N/mm²	α_L		
	Stützweite $L < 1{,}5$ m	Stützweite $1{,}5 \leq L \leq 4{,}5$ m	Stützweite $L > 4{,}5$ m
< 215	1	1	1
≥ 215	1	$1{,}25 - L/6$	0,5

ANMERKUNG An Endauflagern ohne Biegezugspannungen und bei Verbindungen im Obergurt gilt immer $\alpha_L = 1$.

Tabelle 8.2: Korrekturfaktor α_M zur Berücksichtigung des Werkstoffes der Dichtscheibe

Werkstoff der Dichtscheibe	α_M
Stahl, nichtrostender Stahl	1,0
Aluminium	0,8

Tabelle 8.3: Korrekturfaktor α_E zur Berücksichtigung der Anordnung der Verbindungselemente

Im an der Unterkonstruktion anliegenden Profilgurt						Im nicht an der Unterkonstruktion anliegenden Profilgurt	
Verbindung		b_u					
α_E	1,0	$b_u \leq 150$:0,9 $b_u > 150$:0,7	0,7	0,9	0,7 0,7	1,0	0,9

ANMERKUNG Die Kombination von Korrekturfaktoren ist nicht erforderlich. Es gilt jeweils der kleinste Wert.

Beanspruchbarkeit bezüglich Ausreißen 8.3.3.2

(1) Die Beanspruchbarkeit bezüglich Ausreißen gewindeformender Schrauben und Bohrschrauben aus Stahl oder nichtrostendem Stahl aus Unterkonstruktionen aus Stahl oder Aluminium ergibt sich zu:

$$F_{\mathrm{o,Rd}} = 0{,}95\, f_{\mathrm{u,sup}} \sqrt{t_{\mathrm{sup}}^{3} \cdot d} / \gamma_{\mathrm{M3}} \tag{8.14}$$

Bedingungen:

- gewindeformende Schrauben oder Bohrschrauben aus Stahl oder nichtrostendem Stahl;
- Durchmesser der Schrauben 6,25 mm $\leq d \leq$ 6,5 mm;
- bei Unterkonstruktionen aus Aluminium und $t_{\mathrm{sup}} >$ 6 mm sollten Werte von $f_{\mathrm{u,sup}} >$ 250 N/mm^2 nicht angesetzt werden;
- bei Unterkonstruktionen aus Stahl und $t_{\mathrm{sup}} >$ 5 mm sollten Werte von $f_{\mathrm{u,sup}} >$ 400 N/mm^2 nicht angesetzt werden;
- die Bohrlöcher sollten nach den Angaben des Schraubenherstellers ausgeführt werden.

(2) Bei Unterkonstruktionen aus Holz siehe EN 1995-1-1, Abschnitt 8.

Beanspruchbarkeit bezüglich Zugbruch 8.3.3.3

(1) Die Beanspruchbarkeit bezüglich Zugbruch von Schrauben aus Stahl oder nichtrostendem Stahl ergibt sich aus:

$$F_{\mathrm{t,Rd}} = 560\, A_{\mathrm{s}} / \gamma_{\mathrm{M3}}\ [\mathrm{N}] \text{ mit } A_{\mathrm{s}} \text{ in mm}^2 \tag{8.15}$$

Versuchsgestützte Bemessung 9

(1) Dieser Abschnitt 9 kann zur Anwendung der in EN 1990 aufgeführten Regeln zur versuchsgestützten Bemessung, ergänzt um Festlegungen für kaltgeformte Profiltafeln, verwendet werden.

(2) Zur Durchführung von Versuchen mit Profiltafeln sind in der Regel die in Anhang A angegebenen Regeln anzuwenden.

(3) Versuche zur Ermittlung der Zugfestigkeit von Aluminiumlegierungen sind in der Regel nach EN 10002-1 durchzuführen. Versuche zur Ermittlung anderer Materialeigenschaften von Aluminium sind in der Regel in Übereinstimmung mit den betreffenden Europäischen Normen durchzuführen.

(4) Versuche mit Verbindungselementen oder an Verbindungen sind in der Regel in Übereinstimmung mit den betreffenden Europäischen oder Internationalen Normen durchzuführen.

ANMERKUNG Bis zur Verfügbarkeit einer geeigneten Europäischen oder Internationalen Norm können weitere Informationen bezüglich Versuchen mit Verbindungselementen entnommen werden:

ECCS Publication No. 21 (1983): *European recommendations for steel construction: the design and testing of connections in steel sheeting and sections*;

ECCS Publication No. 42 (1983): *European recommendations for steel construction: mechanical fasteners for use in steel sheeting and sections*.

Anhang A
(normativ)
Versuchsaufbau und -durchführung

Allgemeines A.1

(1) Dieser Anhang A enthält Angaben über Standardversuche und deren Auswertungen für Prüfungen, die häufig in der Praxis zur Anwendung kommen und eine Grundlage für die Harmonisierung von zukünftigen Versuchen bilden.

ANMERKUNG 1 Im Bereich kaltgeformter Profiltafeln sind Standardprodukte, bei denen eine Bemessung durch Berechnung nicht zu wirtschaftlichen Ergebnissen führt, weit verbreitet. Daher ist es oft erwünscht, eine versuchsgestützte Bemessung durchzuführen.

ANMERKUNG 2 Der Nationale Anhang kann weitere Informationen zur Versuchsdurchführung und für die Auswertung der Versuchsergebnisse enthalten.

NDP Zu A.1(1) Anmerkung 2

Die in DIN EN 1999-1-4:2010-05, A.2 beschriebene Versuchsdurchführung gilt nur für Trapezprofile und Wellprofile. Für die Versuchsdurchführung und Versuchsauswertung ist zusätzlich DIN 18807-7:1995-09 zu berücksichtigen.

Die Verwendung von Versuchsergebnissen nach Anhang A bedarf eines entsprechenden bauaufsichtlichen Verwendbarkeitsnachweises.

ANMERKUNG 3 Der Nationale Anhang kann Umrechnungsfaktoren für vorhandene Versuchsergebnisse enthalten, um die Gleichwertigkeit dieser Versuchsergebnisse zu den Ergebnissen von nach diesem Anhang durchgeführten Standardversuchen sicherzustellen.

NDP Zu A.1(1) Anmerkung 3

Es werden keine Festlegungen getroffen.

(2) Dieser Anhang beinhaltet:

- Versuche mit Profiltafeln, siehe A.2;
- Versuchsauswertung zur Ermittlung von Bemessungswerten, siehe A.3.

Versuche mit Profiltafeln A.2

Allgemeines A.2.1

(1) Um eine gleichmäßig verteilte Beanspruchung zu simulieren, kann die Belastung durch Luftsack, durch Unterdruck oder durch Querträger aus Metall oder Holz eingetragen werden.

(2) Um ein Auseinanderspreizen der Rippen zu verhindern, können Querbänder oder andere geeignete Hilfsmittel wie Holzklötze am Versuchskörper angebracht werden. Beispiele sind in Bild A.1 angegeben.

(3) Versuchskörper für Profiltafeln sollten im Regelfall aus mindestens zwei vollständigen Rippen bestehen. Ist die Steifigkeit der Rippen ausreichend groß, darf der Versuchskörper auch aus nur einer Rippe bestehen. Freie Längsränder müssen sich beim Versuch in der Zugzone befinden.

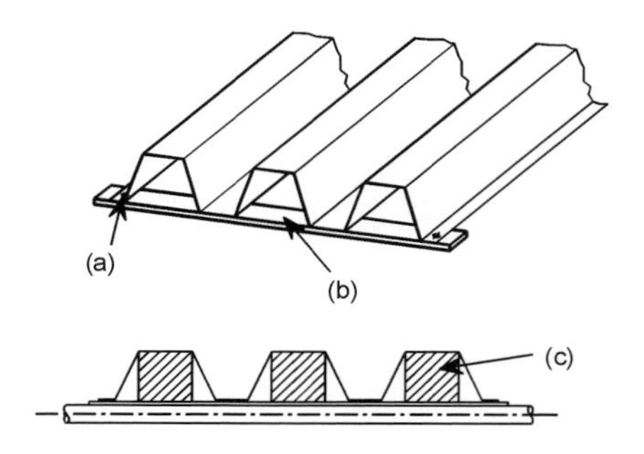

Legende

(a) Niet oder Schraube

(b) Querband (Metallstreifen)

(c) Holzklötze

Bild A.1: Beispiele für geeignete Stützkonstruktionen

(4) Bei Windsogversuchen muss der Versuchsaufbau das wirkliche Tragverhalten der Profiltafeln wiedergeben. Die Verbindungen zwischen Profiltafel und Unterkonstruktion müssen die gleichen wie in der Praxis sein.

(5) Um die Ergebnisse so allgemeingültig wie möglich zu machen und zur Vermeidung jeglichen Einflusses behinderter Verdrehbarkeit und Verschieblichkeit an den Auflagern, sind bevorzugt gelenkige und verschiebliche Auflagerungen vorzusehen.

(6) Es ist sicherzustellen, dass die Wirkungslinie der Last während der Versuchsdurchführung rechtwinklig zur anfänglichen Profiltafelebene bleibt.

(7) Um Auflagerverformungen zu erfassen, sind die Verformungen an beiden Enden des Versuchskörpers zu messen.

(8) Als Versuchsergebnis gilt der Maximalwert der auf den Versuchskörper aufgebrachten Last zum Zeitpunkt des Versagens oder unmittelbar vor dem Versagen.

A.2.2 Einfeldträgerversuch

(1) Für die Ermittlung der querkraftfreien Momentenbeanspruchbarkeit und der wirksamen Biegesteifigkeit kann der in Bild A.2 dargestellte Versuchsaufbau verwendet werden.

(2) Die Stützweite ist in der Regel so zu wählen, dass die Versuchsergebnisse die Momentenbeanspruchbarkeit der Profiltafel wiedergeben.

(3) Die Momentenbeanspruchbarkeit ist in der Regel aus den Versuchsergebnissen zu ermitteln.

(4) Die Biegesteifigkeit ist in der Regel aus der Last-Verformungskurve zu ermitteln.

A.2.3 Zweifeldträgerversuch

(1) Für die Ermittlung der Beanspruchbarkeit bei gleichzeitiger Wirkung von Biegemoment und Querkraft bzw. von Biegemoment und Auflagerreaktion für eine gegebene Auflagerbreite am Zwischenauflager einer zwei- oder mehrfeldrig verlegten Profiltafel kann der in Bild A.3 dargestellte Versuchsaufbau verwendet werden.

(2) Die Belastung sollte vorzugsweise gleichmäßig verteilt sein (zum Beispiel durch Verwendung eines Luftsackes oder mittels Unterdruck).

(3) Alternativ können mehrere, rechtwinklig zur Profilierung verlaufende Linienlasten zur Anwendung kommen, die angenähert Momenten- und Kraftverläufe einer gleichmäßig verteilten Belastung ergeben. Beispiele für derartige Belastungsanordnungen sind in Bild A.4 dargestellt.

Ersatzträgerversuch A.2.4

(1) Als Alternative zu A.2.3 kann der in Bild A.5 dargestellte Versuchsaufbau für die Ermittlung der Beanspruchbarkeit bei gleichzeitiger Wirkung von Biegemoment und Querkraft bzw. von Biegemoment und Auflagerreaktion für eine gegebene Auflagerbreite am Zwischenauflager einer zwei- oder mehrfeldrig verlegten Profiltafel verwendet werden.

(2) Die Spannweite s im Versuch, die den Abstand der Wendepunkte einer zweifeldrig mit der Stützweite L verlegten Profiltafel repräsentiert, ergibt sich aus:

$$s = 0{,}4\,L \qquad \text{(A.1)}$$

(3) Ist eine plastische Umlagerung des Stützmomentes zu erwarten, so ist die Spannweite s im Versuch entsprechend dem Verhältnis aus Stützmoment und Querkraft zu verringern.

(4) Die Breite b_B des Lasteinleitungsträgers ist so zu wählen, dass diese der Breite des in der praktischen Anwendung vorgesehenen Auflagers entspricht.

(5) Aus jedem Versuchsergebnis ergibt sich eine Beanspruchbarkeit infolge kombinierter Beanspruchung aus Biegemoment und Auflagerreaktion (oder Querkraft) in Abhängigkeit der Spannweite und der Auflagerbreite. Um Informationen bezüglich der Interaktion von Biegemoment und Auflagerreaktion zu erhalten, sollten Versuche mit mehreren unterschiedlichen Spannweiten durchgeführt werden.

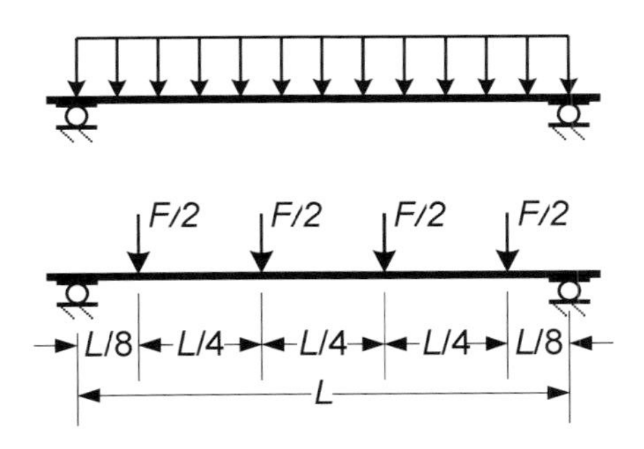

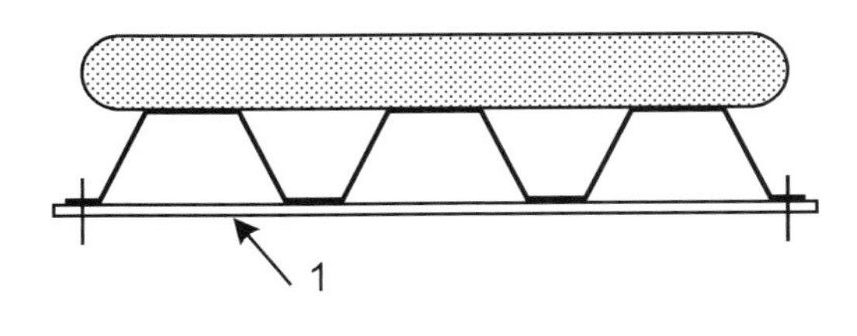

Legende

1 Querband

a) Gleichförmig verteilte Belastung und Beispiel für gleichwertige Linienlasten als Alternative

b) Durch Luftsack aufgebrachte verteilte Belastung (alternativ durch Vakuumprüfstand)

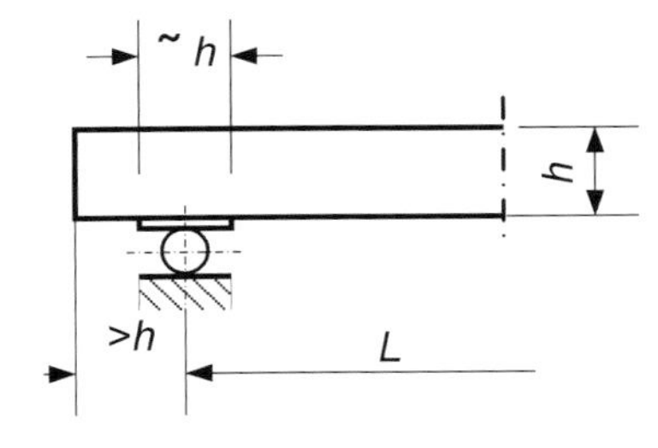

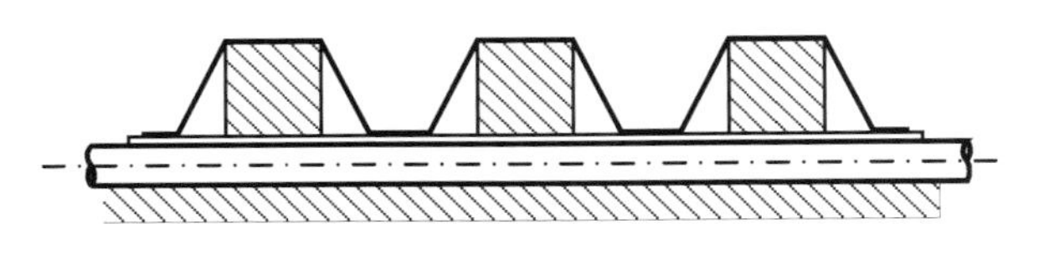

c) Beispiel für eine Auflagerausbildung zur Vermeidung örtlicher Verformungen

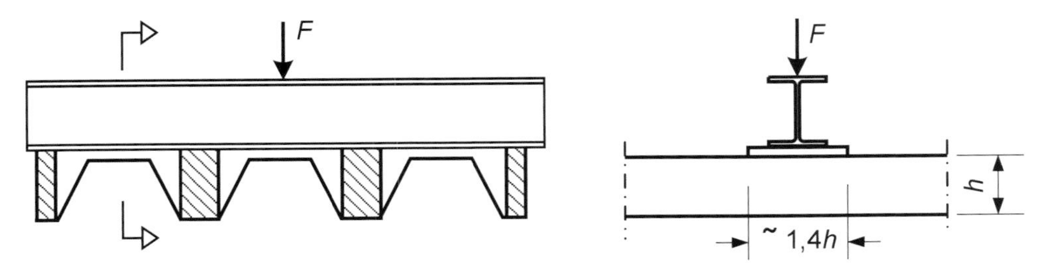

d) Beispiel für das Einleiten von Linienlasten

Bild A.2: Versuchsanordnung für Einfeldträgerversuche

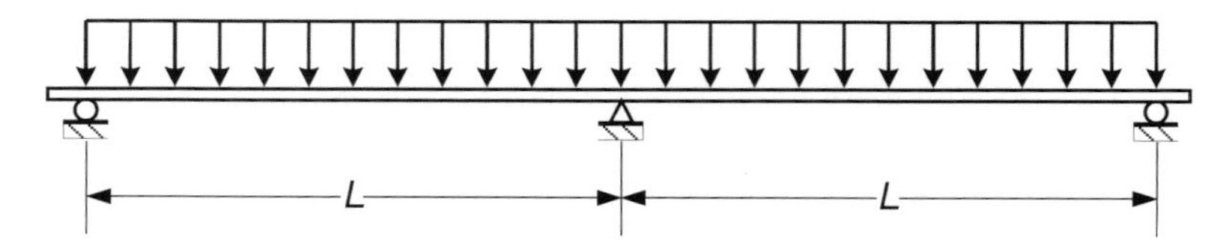

Bild A.3: Versuchsanordnung für Einfeldträgerversuche

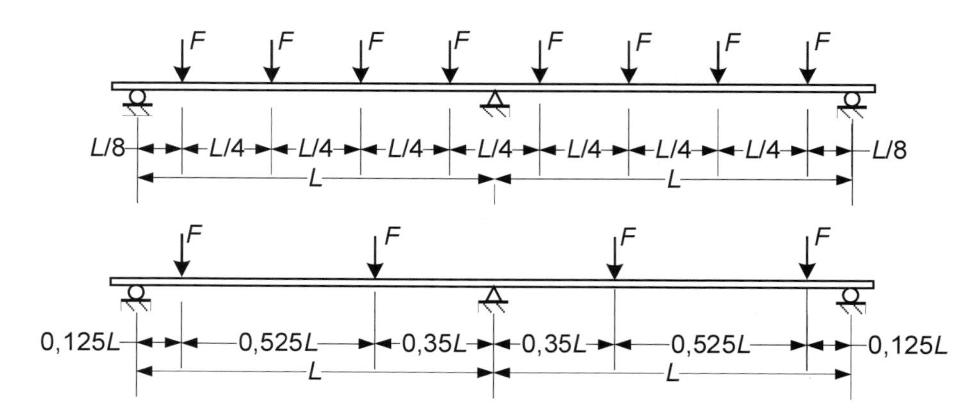

Bild A.4: Beispiele für geeignete Anordnungen bei alternativ gewählten Linienlasten

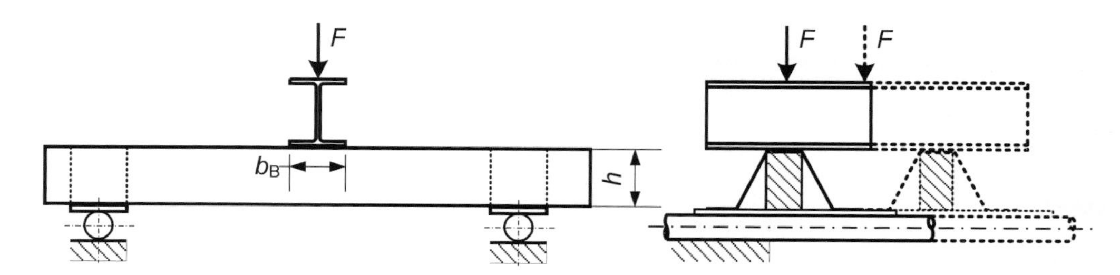

a) Zwischenauflager für andrückende Belastung (Auflast)

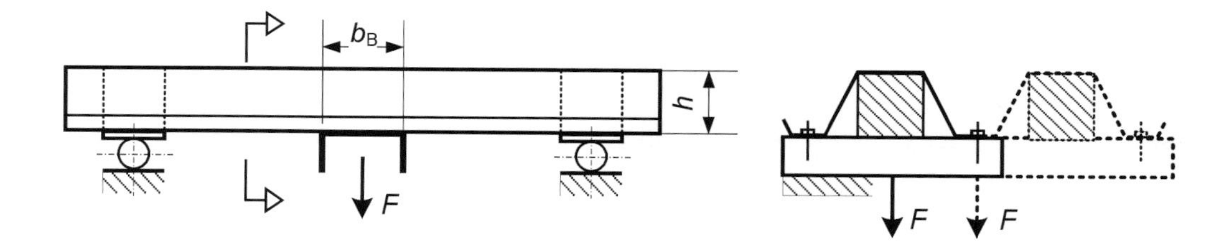

b) Zwischenauflager für abhebende Belastung (Windsog)

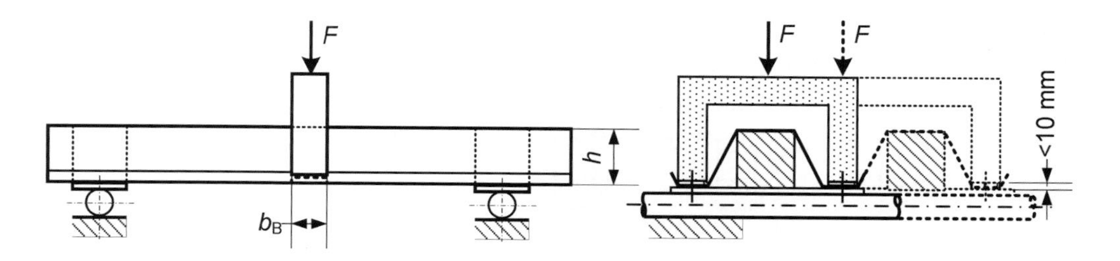

c) Zwischenauflager mit am Zuggurt angreifender Belastung

Bild A.5: Versuchsanordnung für Ersatzträgerversuche

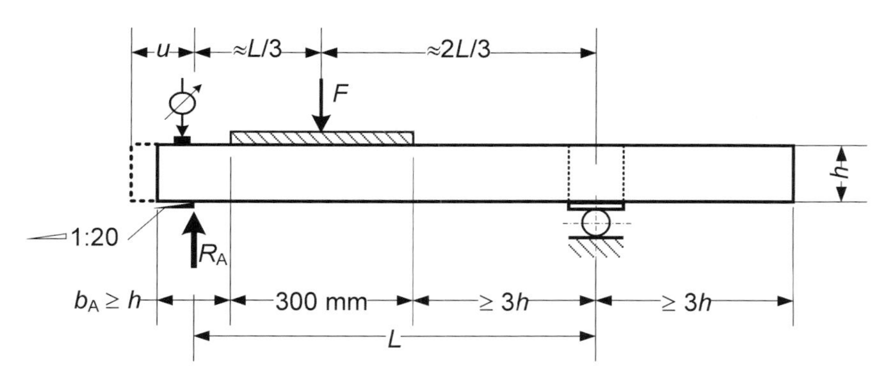

Legende

b_A = Auflagerbreite

u = Abstand vom inneren Auflagerrand zum Ende der Profiltafel

Bild A.6: Versuchsanordnung für Endauflagerversuche

Endauflagerversuche — A.2.5

(1) Der in Bild A.6 dargestellte Versuchsaufbau kann zur Ermittlung der Beanspruchbarkeit einer Profiltafel am Endauflager verwendet werden.

(2) Zur Ermittlung der Beanspruchbarkeit der Profiltafel bezüglich Querkraft in Abhängigkeit des Abstandes u vom inneren Auflagerungspunkt zum Ende der Profiltafel sollten getrennte Versuche nach Bild A.6 durchgeführt werden.

Versuchsauswertung — A.3

Allgemeines — A.3.1

(1) Als Versagen eines Prüfkörpers wird angesehen, wenn entweder ein Lastmaximum erreicht wird oder die Verformungen vorgegebene Grenzwerte überschreiten.

(2) Bei Versuchen mit Verbindungen oder anderen Komponenten, bei denen große Formänderungen für eine richtige Deutung des Tragverhaltens erforderlich sind – wie beispielsweise bei der Auswertung der Momenten-Rotationscharakteristik von Überlappungsstößen –, ist eine Begrenzung der Verformung während des Versuches nicht erforderlich.

(3) Zwischen einem Versagen mit deutlichen Formänderungen und einem plötzlichen Versagen ohne erkennbare Verformungen sollte ein angemessener Sicherheitsspielraum bestehen. Da ein verformungsloses Versagen bei Bauteilversuchen kaum vorkommt, sollten nötigenfalls ergänzende Detailversuche durchgeführt werden.

ANMERKUNG Dies ist häufig bei Verbindungen der Fall.

Normierung der Versuchsergebnisse — A.3.2

(1) Die Versuchsergebnisse sollten wegen der Unterschiede zwischen den tatsächlich gemessenen und den nominellen Kennwerten normiert werden.

(2) Die am Versuchsmaterial ermittelte 0,2%-Dehngrenze $f_{0,2,obs}$ sollte nicht mehr als ± 25 % von der nominellen 0,2%-Dehngrenze $f_{0,2}$ abweichen.

(3) Die am Versuchsmaterial gemessene Materialdicke t_{obs} sollte die für die Berechnung vorgesehene Dicke t, basierend auf der nominellen Materialdicke t_{nom}, um nicht mehr als 12 % überschreiten.

(4) Eine Normierung bezüglich der aktuell ermittelten Werte für die Materialdicke t_{obs} und der 0,2%-Dehngrenze $f_{0,2,obs}$ ist in der Regel für alle Versuche durchzuführen – jedoch nicht, wenn sich die auf der Grundlage der Versuchsergebnisse abgeleiteten Bemessungsregeln auf die tatsächlich vorhandenen Werte für die Materialdicke t_{obs} und die 0,2%-Dehngrenze $f_{0,2,obs}$ beziehen.

(5) Der normierte Wert $R_{\text{adj,i}}$ des Versuchsergebnisses i ergibt sich aus dem beobachteten Versuchsergebnis $R_{\text{obs,i}}$ wie folgt:

$$R_{\text{adj,i}} = R_{\text{obs,i}}/\mu_{\text{R}} \tag{A.2}$$

worin der Normierungsfaktor für die Beanspruchbarkeit μ_{R} wie folgt bestimmt wird:

$$\mu_{\text{R}} = \left(\frac{f_{0,2,\text{obs}}}{f_{0,2}}\right)^{\alpha} \left(\frac{t_{\text{obs}}}{t}\right)^{\beta} \tag{A.3}$$

(6) Der Exponent α in Formel (A.2) sollte wie folgt bestimmt werden:

- wenn $f_{0,2,\text{obs}} \leq f_{0,2}$: $\alpha = 0$;
- wenn $f_{0,2,\text{obs}} > f_{0,2}$: $\alpha = 1$;
- bei Profiltafeln, bei denen druckbeanspruchte Querschnittsteile derart große b_{p}/t-Werte haben, so dass örtliches Beulen die Versagensform ist: $\alpha = 0{,}5$.

(7) Der Exponent β in Formel (A.2) sollte wie folgt bestimmt werden:

- wenn $t_{\text{obs}} \leq t$: $\beta = 1$;
- wenn $t_{\text{obs}} > t$: $\beta = 2$.

A.3.3 Charakteristische Werte

A.3.3.1 Allgemeines

(1) Charakteristische Werte können ermittelt werden, wenn mindestens vier Versuchsergebnisse vorliegen.

ANMERKUNG Eine größere Anzahl von Versuchen ist generell vorzuziehen, insbesondere wenn eine verhältnismäßig große Streuung vorliegt.

(2) Der charakteristische Kleinstwert ist in der Regel unter den folgend beschriebenen Voraussetzungen zu ermitteln. Wenn der charakteristische Maximalwert oder der charakteristische Mittelwert benötigt wird, sollten die Regeln entsprechend beachtet werden.

(3) Der charakteristische Wert der Widerstandes R_{k} wird auf der Grundlage von mindestens vier Versuchsergebnissen wie folgt ermittelt:

$$R_{\text{k}} = R_{\text{m}} - k\,s \tag{A.4}$$

Dabei ist

s die Standardabweichung;

k ein von der Anzahl der Versuche abhängiger Koeffizient nach Tabelle A.1;

R_{m} der Mittelwert der normierten Versuchsergebnisse R_{adj}.

(4) Die Standardabweichung s wird wie folgt bestimmt:

$$s = \sqrt{\frac{\sum_{i=1}^{n} R_{\text{adj,i}}^2 - \sum_{i=1}^{n} R_{\text{m}}^2}{n-1}} = \sqrt{\frac{\sum_{i=1}^{n} R_{\text{adj,i}}^2 - n \cdot R_{\text{m}}^2}{n-1}} \tag{A.5}$$

Dabei ist

$R_{\text{adj,i}}$ das normierte Versuchsergebnis des Versuches i;

n die Anzahl der Versuche.

Tabelle A.1: Werte für den Koeffizienten k

n	4	5	6	8	10	20	30	∞
k	2,63	2,33	2,18	2,00	1,92	1,76	1,73	1,64

Charakteristische Werte für eine Versuchsfamilie A.3.3.2

(1) Wird eine Versuchsserie mit ähnlichen Tragwerken, Teilen von Tragwerken, einzelnen Bauteilen oder Profiltafeln durchgeführt, bei denen ein oder mehrere Parameter variiert werden, so dürfen sie als eine einzige Familie betrachtet werden, vorausgesetzt, dass alle Prüfkörper der Familie die gleiche Versagensart aufweisen. Die variierenden Parameter können Querschnittsabmessungen, Spannweiten, Blechdicken oder Festigkeitswerte sein.

(2) Die charakteristischen Beanspruchbarkeiten der Mitglieder der Familie können auf der Grundlage von Bemessungsformeln ermittelt werden, welche die Parameter der Versuchsergebnisse beinhalten. Diese Bemessungsformeln können entweder auf der Grundlage der mechanischen Gesetzmäßigkeiten beruhen oder empirisch bestimmt werden.

(3) Die Bemessungsformeln sollten den Mittelwert des im Versuch ermittelten Widerstandes so genau wie möglich vorhersagen, indem sie Koeffizienten zur Optimierung der Korrelation enthalten.

ANMERKUNG Weitere Informationen zu dieser Vorgehensweise sind in Anhang D von EN 1990 gegeben.

(4) Bei der Bestimmung der Standardabweichung s wird jedes Versuchsergebnis zunächst durch Division mit dem entsprechenden Wert der betreffenden Bemessungsformel normalisiert. Wenn die Bemessungsformel wie in (3) angegeben modifiziert wurde, ist der Mittelwert der normalisierten Versuchsergebnisse gleich eins. Die Anzahl der Versuche n ist gleich der Gesamtanzahl der Versuche in der Familie.

(5) Bei einer Familie von mindestens vier Versuchen ergibt sich der charakteristische Widerstand R_k aus Formel (A.3), indem für R_m der Wert der Bemessungsformel eingesetzt wird und der Wert k aus Tabelle A.1 und entsprechend der Gesamtanzahl n der Versuche der Familie entnommen wird.

Bemessungswerte A.3.4

(1) Der Bemessungswert der Beanspruchbarkeit R_d wird aus dem entsprechenden charakteristischen Wert R_k der Versuchsergebnisse wie folgt abgeleitet:

$$R_d = R_k/(\gamma_M \, \gamma_{sys}) \qquad (A.6)$$

Dabei ist

γ_M der Teilsicherheitsbeiwert für den Widerstand;

γ_{sys} der Teilsicherheitsbeiwert für Unterschiede im Tragverhalten unter Versuchsbedingungen und in der praktischen Anwendung.

(2) Bei einer Familie mit mindestens vier Versuchen kann der Wert γ_M mit statistischen Methoden bestimmt werden.

ANMERKUNG Informationen über eine geeignete Methode siehe Anhang D von EN 1990.

(3) Alternativ kann γ_M dem Wert von γ_M bei Bemessung auf Grundlage von Berechnungen, wie in Abschnitt 2 angegeben, gleichgesetzt werden.

ANMERKUNG Der Nationale Anhang kann Werte für γ_M und γ_{sys} enthalten. Bei Profiltafeln ist γ_{sys} gleich 1,0 ein empfohlener Wert.

NDP Zu A.3.4(3) Anmerkung

Die γ_M- und γ_{sys}-Werte sind im bauaufsichtlichen Verwendbarkeitsnachweis festzulegen.

(4) Bei andersgearteten Versuchen, bei denen mögliche Instabilitätsprobleme oder wechselndes Verhalten des Tragwerkes oder einzelner Tragwerksteile nicht zuverlässig im Versuch beobachtet werden können, ist in der Regel der Wert von γ_{sys} unter Berücksichtigung der aktuellen Versuchssituation festzulegen, um die notwendige Zuverlässigkeit zu gewährleisten.

Gebrauchstauglichkeit A.3.5

(1) Die Anforderungen nach Abschnitt 7 sollten erfüllt werden.

Anhang B
(informativ)
Dauerhaftigkeit von Verbindungselementen

(1) Für mechanische Verbindungen von Profiltafeln kann Tabelle B.1 angewendet werden.

Tabelle B.1: Werkstoffe der Verbindungselemente hinsichtlich der Umgebungsbedingungen bezüglich Korrosion (und der Profiltafeln nur zur Information). Es ist nur die Gefährdung bezüglich Korrosion. Umgebungsbedingungen bezüglich Korrosion nach EN ISO 12944-2

Korrosivitätskategorie	Werkstoff der Profiltafel	Werkstoff des Verbindungselementes					
		Aluminium	galvanisch verzinkter Stahl, Dicke des Überzugs ≥ 7 µm	feuerverzinkter Stahl[b], Dicke des Überzugs ≥ 45 µm	Nichtrostender Stahl, einsatzgehärtet 1.4006[d, e]	Nichtrostender Stahl 1.4301[d] 1.4436[d]	Monel[a]
C1	A, B, C	X	X	X	X	X	X
	D, E, S	X	X	X	X	X	X
C2	A	X	–	X	X	X	X
	C, D, E	X	–	X	X	X	X
	S	X	–	X	X	X	X
C3	A	X	–	X	–	X	X
	C, E	X	–	X	(X)[c]	(X)[c]	–
	D	X	–	X	–	(X)[c]	X
	S	–	–	X	X	X	X
C4	A	X	–	(X)[c]	–	(X)[c]	–
	D	–	–	X	–	(X)[c]	–
	E	X	–	X	–	(X)[c]	–
	S	–	–	X	–	X	X
C5-I	A	X	–	–	–	(X)[c]	–
	D[f]	–	–	X	–	(X)[c]	–
	S	–	–	–	–	X	–
C5-M	A	X	–	–	–	(X)[c]	–
	D[f]	–	–	X	–	(X)[c]	–
	S	–	–	–	–	X	–

ANMERKUNG Verbindungselemente aus Stahl ohne Überzug können in Korrosivitätskategorie C1 eingesetzt werden.

A = Aluminium, unabhängig von der Oberflächenbehandlung
B = unbeschichtetes Stahlblech
C = feuerverzinktes (Z275) oder Aluzink-beschichtetes Stahlblech (AZ150)
D = feuerverzinktes und farb- oder kunststoffbeschichtetes Stahlblech
E = Aluzink-beschichtetes Stahlblech (AZ185)
S = nichtrostender Stahl
X = bezüglich Korrosionsbeständigkeit empfohlener Werkstoff
(X) = nur unter bestimmten Bedingungen bezüglich Korrosionsbeständigkeit empfohlener Werkstoff
– = bezüglich Korrosionsbeständigkeit nicht empfohlener Werkstoff

[a] nur für Niete
[b] nur für Schrauben und Muttern
[c] Dichtscheibe mit alterungsbeständigem Material zwischen Profiltafel und Verbindungselement
[d] Nichtrostender Stahl EN 10088
[e] Gefahr der Verfärbung
[f] nur in Absprache mit dem Profiltafelhersteller

(2) Die Korrosivitätskategorien nach EN ISO 12944-2 sind in Tabelle B.2 wiedergegeben.

Tabelle B.2 – Atmosphärische Korrosivitätskategorien nach EN ISO 12944-2 und Beispiele typischer Umgebungen

Korrosivitätskategorie	Korrosionsgrad	Beispiele typischer Umgebungsklimate (informativ)	
		Außen	Innen
C1	sehr gering	–	Beheizte Gebäude mit normaler Atmosphäre, z. B. Büros, Geschäfte, Schulen, Hotels.
C2	gering	Atmosphäre mit geringem Verschmutzungsgrad. Ländliche Gegend.	Unbeheizte Gebäude, in denen Kondenswasser auftreten kann, z. B. Lager- und Sporthallen.
C3	mittel	Städtische und Industrieatmosphäre, mäßige Schwefeldioxid-Belastung. Küstengegend mit geringem Salzgehalt.	Produktionsstätten mit hoher Luftfeuchtigkeit und geringer Luftverschmutzung, z. B. Lebensmittelherstellung, Fabriken, Wäschereien, Brauereien und Molkereien.
C4	hoch	Industrie- und Küstengegend mit mäßigem Salzgehalt.	Chemische Industrie, Schwimmbäder, küstennahe Schiffs- und Bootshallen.
C5-I	sehr hoch (Industrie)	Industriegegend mit hoher Luftfeuchtigkeit und aggressiver Atmosphäre.	Gebäude und Örtlichkeiten mit fast ständigem Auftreten von Kondenswasser und hoher Luftverschmutzung.
C5-M	sehr hoch (Seeklima)	Küstengegend und offenes Meer mit hohem Salzgehalt.	Gebäude und Örtlichkeiten mit fast ständigem Auftreten von Kondenswasser und hoher Luftverschmutzung.

Literaturhinweise

[1] Weber, H.: Dach und Wand – Planen und Bauen mit Aluminium-Profiltafeln; Aluminium-Verlag, Düsseldorf 1982 (in Deutsch)

[2] Richtlinie für die Verlegung von Aluminium-Profiltafeln; Aluminium-Merkblatt A7; Gesamtverband der Aluminiumindustrie, Düsseldorf 1995 (in Deutsch)

[3] Verbindungen von Profiltafeln und dünnwandigen Bauteilen aus Aluminium; Aluminium-Merkblatt A9; Gesamtverband der Aluminiumindustrie, Düsseldorf 1995 (in Deutsch)

[4] SFHF-Richtlinien für hinterlüftete Fassaden – Grundsätze für Planung, Bemessung, Konstruktion und Ausführung; Schweizerischer Fachverband für hinterlüftete Fassaden; Zürich 1992 (in Deutsch und Französisch)

[5] Directives APSFV pour façades ventilées; Principes et remarques pour l'étude, le dimensionnement, la construction et l'exécution; Association professionnelle suisse pour des façades ventilées (in Französisch und Deutsch)

[6] Aluminium-Trapezprofile und ihre Verbindungen – Kommentar zur Anwendung und Konstruktion. Gesamtverband der Aluminiumindustrie e. V. Am Bonneshof 5, D-40474 Düsseldorf (in Deutsch)

[7] Baehre, R., Wolfram, R.: Zur Schubfeldberechnung von Trapezprofilen, Stahlbau **6**/1986, S. 175–179

[8] Baehre, R., Huck, G.: Zur Berechnung der aufnehmbaren Normalkraft von Stahl-Trapezprofilen nach DIN 18807 Teile 1 und 3, Stahlbau **69** (1990), Heft 8, S. 225–232

Mai 2010

	DIN EN 1999-1-5	

Eurocode 9 –
Bemessung und Konstruktion von Aluminiumtragwerken –
Teil 1-5: Schalentragwerke;
Deutsche Fassung EN 1999-1-5:2007 + AC:2009

Dezember 2010

	DIN EN 1999-1-5/NA	

Nationaler Anhang –
National festgelegte Parameter –
Eurocode 9: Bemessung und Konstruktion von Aluminiumtragwerken –
Teil 1-5: Schalentragwerke

Inhalt

DIN EN 1999-1-5 einschließlich Nationaler Anhang

Seite

Nationales Vorwort

Dieses Dokument (EN 1999-1-5:2007 + AC:2009) wurde vom Technischen Komitee CEN/TC 250 „Eurocodes für den konstruktiven Ingenieurbau“, dessen Sekretariat vom BSI (Vereinigtes Königreich) gehalten wird, unter deutscher Mitwirkung erarbeitet.

Im DIN Deutsches Institut für Normung e. V. ist hierfür der Arbeitsausschuss NA 005-08-07 AA „Aluminiumkonstruktionen unter vorwiegend ruhender Belastung (DIN 4113, Sp CEN/TC 250/ SC 9 + CEN/TC 135/WG 11)“ des Normenausschusses Bauwesen (NABau) zuständig.

Dieses Dokument enthält die Berichtigung EN 1999-1-5:2007/AC, die vom CEN am 4. November 2009 angenommen wurde.

Vorwort

Diese Europäische Norm (EN 1999-1-5:2007 + AC:2009) wurde vom Technischen Komitee CEN/TC 250 „Eurocodes für den konstruktiven Ingenieurbau“, dessen Sekretariat vom BSI gehalten wird, erarbeitet.

Diese Europäische Norm muss entweder durch Veröffentlichung eines identischen Textes oder durch Anerkennung bis spätestens August 2007 den Status einer nationalen Norm erhalten, und entgegenstehende nationale Normen müssen bis spätestens März 2010 zurückgezogen werden.

Diese Europäische Norm ersetzt keine bestehende Europäische Norm.

CEN/TC 250 ist für die Erarbeitung aller Eurocodes für den konstruktiven Ingenieurbau zuständig.

Entsprechend der CEN/CENELEC-Geschäftsordnung sind die nationalen Normungsinstitute der folgenden Länder gehalten, diese Europäische Norm zu übernehmen: Belgien, Dänemark, Deutschland, Estland, Finnland, Frankreich, Griechenland, Irland, Island, Italien, Lettland, Litauen, Luxemburg, Malta, Niederlande, Norwegen, Österreich, Polen, Portugal, Rumänien, Schweden, Schweiz, Slowakei, Slowenien, Spanien, Tschechische Republik, Ungarn, Vereinigtes Königreich und Zypern.

Hintergrund des Eurocode-Programms

Im Jahre 1975 beschloss die Kommission der Europäischen Gemeinschaften, für das Bauwesen ein Aktionsprogramm auf der Grundlage des Artikels 95 der Römischen Verträge durchzuführen. Das Ziel des Programms war die Beseitigung technischer Handelshemmnisse und die Harmonisierung technischer Spezifikationen.

Im Rahmen dieses Aktionsprogramms leitete die Kommission die Bearbeitung von harmonisierten technischen Regelwerken für die Tragwerksplanung von Bauwerken ein, die im ersten Schritt als Alternative zu den in den Mitgliedsländern geltenden Regeln dienen und diese schließlich ersetzen sollten.

15 Jahre lang leitete die Kommission mit Hilfe eines Lenkungsausschusses mit Vertretern der Mitgliedsländer die Entwicklung des Eurocode-Programms, das in den 80er Jahren des zwanzigsten Jahrhunderts zu der ersten Eurocode-Generation führte.

Im Jahre 1989 entschieden sich die Kommission und die Mitgliedsländer der Europäischen Union und der EFTA, die Entwicklung und Veröffentlichung der Eurocodes über eine Reihe von Mandaten an CEN zu übertragen, damit diese den Status von Europäischen Normen (EN) erhielten. Grundlage war eine Vereinbarung[1)] zwischen der Kommission und CEN. Dieser Schritt verknüpft die Eurocodes de facto mit den Regelungen der Richtlinien des Rates und

[1)] Vereinbarung zwischen der Kommission der Europäischen Gemeinschaften und dem Europäischen Komitee für Normung (CEN) zur Bearbeitung der Eurocodes für die Tragwerksplanung von Hochbauten und Ingenieurbauwerken (BC/CEN/03/89).

mit den Kommissionsentscheidungen, die die Europäischen Normen behandeln (z. B. die Richtlinie des Rates 89/106/EWG zu Bauprodukten (Bauproduktenrichtlinie), die Richtlinien des Rates 93/37/EWG, 92/50/EWG und 89/440/EWG zur Vergabe öffentlicher Aufträge und Dienstleistungen und die entsprechenden EFTA-Richtlinien, die zur Einrichtung des Binnenmarktes eingeführt wurden).

Das Eurocode-Programm umfasst die folgenden Normen, die in der Regel aus mehreren Teilen bestehen:

EN 1990, *Eurocode 0: Grundlagen der Tragwerksplanung*

EN 1991, Eurocode 1: Einwirkungen auf Tragwerke

EN 1992, Eurocode 2: Bemessung und Konstruktion von Stahlbeton- und Spannbetontragwerken

EN 1993, Eurocode 3: Bemessung und Konstruktion von Stahlbauten

EN 1994, Eurocode 4: Bemessung und Konstruktion von Verbundtragwerken aus Stahl und Beton

EN 1995, Eurocode 5: Bemessung und Konstruktion von Holzbauwerken

EN 1996, Eurocode 6: Bemessung und Konstruktion von Mauerwerksbauten

EN 1997, Eurocode 7: Entwurf, Berechnung und Bemessung in der Geotechnik

EN 1998, Eurocode 8: Auslegung von Bauwerken gegen Erdbeben

EN 1999, Eurocode 9: Bemessung und Konstruktion von Aluminiumbauten

Die EN-Eurocodes berücksichtigen die Verantwortlichkeit der Bauaufsichtsorgane in den Mitgliedsländern und haben deren Recht zur nationalen Festlegung sicherheitsbezogener Werte berücksichtigt, so dass diese Werte von Land zu Land unterschiedlich bleiben können.

Status und Gültigkeitsbereich der Eurocodes

Die Mitgliedsländer der EU und der EFTA betrachten die Eurocodes als Bezugsdokumente für folgende Zwecke:

- als Mittel zum Nachweis der Übereinstimmung von Hoch- und Ingenieurbauten mit den wesentlichen Anforderungen der Richtlinie des Rates 89/106/EWG, besonders mit der wesentlichen Anforderung Nr. 1: Mechanische Festigkeit und Standsicherheit und der wesentlichen Anforderung Nr. 2: Brandschutz;
- als Grundlage für die Spezifizierung von Verträgen für die Ausführung von Bauwerken und die dazu erforderlichen Ingenieurleistungen;
- als Rahmenbedingung für die Erstellung harmonisierter, technischer Spezifikationen für Bauprodukte (ENs und ETAs).

Die Eurocodes haben, da sie sich auf Bauwerke beziehen, eine direkte Verbindung zu den Grundlagendokumenten[2)], auf die in Artikel 12 der Bauproduktenrichtlinie hingewiesen wird, wenn sie auch anderer Art sind als die harmonisierten Produktnormen[3)]. Daher sind die technischen Gesichtspunkte, die sich aus den Eurocodes ergeben, von den Technischen Komitees

---

[2)] Entsprechend Artikel 3.3 der Bauproduktenrichtlinie sind die wesentlichen Anforderungen in Grundlagendokumenten zu konkretisieren, um damit die notwendigen Verbindungen zwischen den wesentlichen Anforderungen und den Mandaten für die Erstellung harmonisierter Europäischer Normen und Richtlinien für die europäische Zulassung selbst zu schaffen.

[3)] Nach Artikel 12 der Bauproduktenrichtlinie hat das Grundlagendokument

a) die wesentliche Anforderung zu konkretisieren, indem die Begriffe und, soweit erforderlich, die technische Grundlage für Klassen und Anforderungshöhen vereinheitlicht werden,

b) die Methode zur Verbindung dieser Klassen oder Anforderungshöhen mit technischen Spezifikationen anzugeben, z. B. rechnerische oder Testverfahren, Entwurfsregeln usw.,

c) als Bezugsdokument für die Erstellung harmonisierter Normen oder Richtlinien für Europäische Technische Zulassungen zu dienen.

Die Eurocodes spielen de facto eine ähnliche Rolle für die wesentliche Anforderung Nr. 1 und einen Teil der wesentlichen Anforderung Nr. 2.

von CEN und den Arbeitsgruppen von EOTA, die an Produktnormen arbeiten, zu beachten, damit diese Produktnormen mit den Eurocodes vollständig kompatibel sind.

Die Eurocodes liefern Regelungen für den Entwurf, die Berechnung und die Bemessung von kompletten Tragwerken und Bauteilen, die sich für die tägliche Anwendung eignen. Sie gehen auf traditionelle Bauweisen und Aspekte innovativer Anwendungen ein, liefern aber keine vollständigen Regelungen für ungewöhnliche Baulösungen und Entwurfsbedingungen. Für diese Fälle können zusätzliche Spezialkenntnisse für den Bauplaner erforderlich sein.

Nationale Fassungen der Eurocodes

Die Nationale Fassung eines Eurocodes enthält den vollständigen Text des Eurocodes (einschließlich aller Anhänge), so wie von CEN veröffentlicht, möglicherweise mit einer nationalen Titelseite und einem nationalen Vorwort sowie einem (informativen) Nationalen Anhang.

Der (informative) Nationale Anhang darf nur Hinweise zu den Parametern geben, die im Eurocode für nationale Entscheidungen offen gelassen wurden. Diese so genannten national festzulegenden Parameter (NDP) gelten für die Tragwerksplanung von Hochbauten und Ingenieurbauten in dem Land, in dem sie erstellt werden. Sie umfassen:

- Zahlenwerte für die Teilsicherheitsbeiwerte und/oder Klassen, wo die Eurocodes Alternativen eröffnen,
- Zahlenwerte, wo die Eurocodes nur Symbole angeben,
- landesspezifische geographische und klimatische Daten, die nur für ein Mitgliedsland gelten, z. B. Schneekarten,
- die Vorgehensweise, wenn die Eurocodes mehrere Verfahren zur Wahl anbieten,
- Hinweise zur Anwendung der Eurocodes, soweit diese die Eurocodes ergänzen und ihnen nicht widersprechen.

Verbindung zwischen den Eurocodes und den harmonisierten technischen Spezifikationen für Bauprodukte (ENs und ETAs)

Es besteht die Notwendigkeit, dass die harmonisierten Technischen Spezifikationen für Bauprodukte und die technischen Regelungen für die Tragwerksplanung[4)] konsistent sind. Insbesondere sollten alle Hinweise, die mit der CE-Kennzeichnung von Bauprodukten verbunden sind und die die Eurocodes in Bezug nehmen, klar erkennen lassen, welche national festzulegenden Parameter (NDP) zugrunde liegen.

Nationaler Anhang für EN 1999-1-5

Diese Norm enthält alternative Verfahren, Zahlenwerte und Empfehlungen für Klassen zusammen mit Hinweisen, an welchen Stellen nationale Festlegungen möglicherweise getroffen werden müssen. Deshalb sollte die jeweilige nationale Ausgabe von EN 1999-1-5 einen Nationalen Anhang mit allen national festzulegenden Parametern enthalten, die für die Bemessung und Konstruktion von Aluminiumtragwerken, die in dem Ausgabeland gebaut werden sollen, erforderlich sind.

Nationale Festlegungen sind in den folgenden Abschnitten von EN 1999-1-5 vorgesehen:

- 2.1(3)
- 2.1(4)

---

4) Siehe Artikel 3.3 und Art. 12 der Bauproduktenrichtlinie ebenso wie die Abschnitte 4.2, 4.3.1, 4.3.2 und 5.2 des Grundlagendokumentes Nr. 1.

Allgemeines 1

Anwendungsbereich 1.1

Anwendungsbereich von EN 1999 1.1.1

(1)P EN 1999 gilt für den Entwurf, die Berechnung und die Bemessung von Bauwerken und Tragwerken aus Aluminium. Sie entspricht den Grundsätzen und Anforderungen an die Sicherheit und Gebrauchstauglichkeit von Tragwerken sowie den Grundlagen für ihre Bemessung und Nachweise, die in EN 1990 – Grundlagen der Tragwerksplanung – enthalten sind.

(2)P EN 1999 behandelt ausschließlich Anforderungen an die Tragfähigkeit, die Gebrauchstauglichkeit, die Dauerhaftigkeit und den Feuerwiderstand von Tragwerken aus Aluminium. Andere Anforderungen, wie z. B. Wärmeschutz oder Schallschutz, werden nicht behandelt.

(3) EN 1999 gilt in Verbindung mit folgenden Regelwerken:

- EN 1990, *Grundlagen der Tragwerksplanung*
- EN 1991, *Einwirkungen auf Tragwerke*

Europäische Normen für Bauprodukte, die für Aluminiumtragwerke Verwendung finden:

- EN 1090-1, *Ausführung von Stahltragwerken und Aluminiumtragwerken – Teil 1: Allgemeine Lieferbedingungen*[5)]
- EN 1090-3, *Ausführung von Stahltragwerken und Aluminiumtragwerken – Teil 3: Technische Regeln für die Ausführung von Aluminiumtragwerken*[5)]

(4) EN 1999 ist in fünf Teile gegliedert:

EN 1999-1-1, *Bemessung und Konstruktion von Aluminiumtragwerken: Allgemeine Bemessungsregeln*

EN 1999-1-2, Bemessung und Konstruktion von Aluminiumtragwerken: Tragwerksbemessung für den Brandfall

EN 1999-1-3, Bemessung und Konstruktion von Aluminiumtragwerken: Ermüdungsbeanspruchte Tragwerke

EN 1999-1-4, Bemessung und Konstruktion von Aluminiumtragwerken: Kaltgeformte Profiltafeln

EN 1999-1-5, Bemessung und Konstruktion von Aluminiumtragwerken: Schalen

Anwendungsbereich von EN 1999-1-5 1.1.2

(1)P EN 1999-1-5 gilt für die Bemessung von ausgesteiften und nicht ausgesteiften Aluminiumtragwerken, die in Form einer Rotationsschale oder einer als Schale gestalteten kreisförmigen Platte vorliegen.

(2) Für spezifische Anwendungsregeln bei der Tragwerksbemessung sollten die jeweils zutreffenden Teile von EN 1999 befolgt werden.

(3) Zusätzliche Informationen für bestimmte Arten von Schalen werden in EN 1993-1-6 und in den für bestimmte Anwendungen zutreffenden Teilen angegeben, z. B.:

- Teil 3-1 für Türme und Maste;
- Teil 3-2 für Schornsteine;
- Teil 4-1 für Silos;
- Teil 4-2 für Tankbauwerke;
- Teil 4-3 für Rohrleitungen.

(4) Die in EN 1999-1-5 erfassten Bestimmungen gelten für rotationssymmetrische Schalen (Zylinder, Kegel, Kugeln) und die zugehörigen kreisförmigen oder ringförmigen Bleche sowie für Balkenprofilringe und Längssteifen, die Teile des kompletten Tragwerks sind.

---

5) In Vorbereitung.

(5) EN 1999-1-5 beschäftigt sich nicht ausführlich mit einzelnen Platten für Schalenkonstruktionen (zylindrisch, konisch oder kugelförmig). Die erfassten Bestimmungen können jedoch bei entsprechender Berücksichtigung der jeweiligen Randbedingungen auch auf einzelne Platten anwendbar sein.

(6) In EN 1999-1-5 können folgende Arten von Schalenwänden erfasst werden, siehe Bild 1.1:

- Schalenwand aus flach gewalztem Blech, als ‚isotrop' bezeichnet;
- Schalenwand mit überlappten Verbindungen aneinandergrenzender Bleche, als ‚überlappt gestoßen' bezeichnet;
- Schalenwand mit an der Außenseite angebrachten Steifen, die unabhängig vom Abstand der Steifen als ‚außen versteift' bezeichnet werden;
- Schalenwand mit Profilierung in Meridianrichtung, als ‚axial profiliert' bezeichnet;
- Schalenwand aus profilierten Blechen (Wellblechen) mit Profilierung in Umfangsrichtung, als ‚in Umfangsrichtung profiliert' bezeichnet.

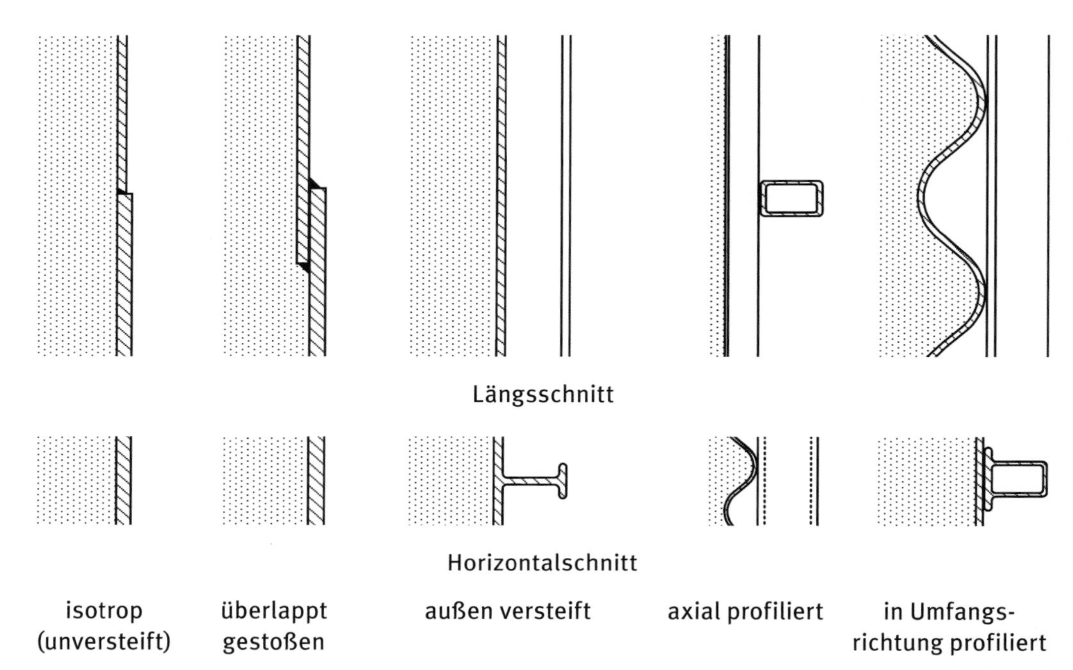

Bild 1.1: Darstellung der Formen zylindrischer Schalen

(7) Die Bestimmungen von EN 1999-1-5 sind für einen Temperaturbereich vorgesehen, der in EN 1999-1-1 festgelegt wird. Die maximale Temperatur wird so beschränkt, dass der Einfluss des Kriechens vernachlässigt werden kann. Für Tragwerke, die bei einem Brand erhöhten Temperaturen ausgesetzt sind, siehe EN 1999-1-2.

(8) EN 1999-1-5 beschäftigt sich nicht mit Undichtheiten der Schale.

1.2 Normative Verweisungen

(1) Die folgenden zitierten Dokumente sind für die Anwendung dieses Dokuments erforderlich. Bei datierten Verweisungen gilt nur die in Bezug genommene Ausgabe. Bei undatierten Verweisungen gilt die letzte Ausgabe des in Bezug genommenen Dokuments (einschließlich aller Änderungen).

EN 1090-1, *Ausführung von Stahltragwerken und Aluminiumtragwerken – Teil 1: Konformitätsnachweisverfahren für tragende Bauteile*[5)]

EN 1090-3, *Ausführung von Stahltragwerken und Aluminiumtragwerken – Teil 3: Technische Anforderungen für Aluminiumtragwerken*[5)]

[5)] In Vorbereitung.

EN 1990, *Grundlagen der Tragwerksplanung*

EN 1991, *Einwirkungen auf Tragwerke; alle Teile*

EN 1993-1-6, *Bemessung und Konstruktion von Stahlbauten – Teil 1-6: Allgemeine Bemessungsregeln – Ergänzende Regeln für Schalenkonstruktionen*

EN 1993-3-2, *Bemessung und Konstruktion von Stahlbauten – Teil 3-2: Türme, Maste und Schornsteine – Schornsteine*

EN 1993-4-1, *Bemessung und Konstruktion von Stahlbauten – Teil 4-1: Silos, Tankbauwerke und Rohrleitungen – Silos*

EN 1993-4-2, *Bemessung und Konstruktion von Stahlbauten – Teil 4-2: Silos, Tankbauwerke und Rohrleitungen – Tankbauwerke*

EN 1993-4-3, *Bemessung und Konstruktion von Stahlbauten – Teil 4-3: Silos, Tankbauwerke und Rohrleitungen – Rohrleitungen*

EN 1999-1-1, *Bemessung und Konstruktion von Aluminiumtragwerken – Teil 1-1: Allgemeine Bemessungsregeln*

EN 1999-1-2, *Bemessung und Konstruktion von Aluminiumtragwerken – Teil 1-2: Tragwerksbemessung für den Brandfall*

EN 1999-1-3, *Bemessung und Konstruktion von Aluminiumtragwerken – Teil 1-3: Ermüdungsbeanspruchte Tragwerke*

EN 1999-1-4, *Bemessung und Konstruktion von Aluminiumtragwerken – Teil 1-4: Kaltgeformte Bleche*

Begriffe 1.3

(1) Für die Anwendung dieses Dokuments gelten die Begriffe nach EN 1999-1-1 und die folgenden Begriffe.

Formen und Geometrie des Tragwerks 1.3.1

Schale **1.3.1.1**

dünnwandiger Körper, der so geformt wird, dass eine gekrümmte Oberfläche entsteht, mit einer Dicke, die bei einer Messung rechtwinklig zur Oberfläche gegenüber den in die anderen Richtungen ermittelten Maßen klein ist. Eine Schale nimmt die Lasten hauptsächlich durch Membrankräfte auf. Die Mittelfläche darf an jedem Punkt einen endlichen Krümmungsradius haben, oder sie darf in einer Richtung unendlich gekrümmt sein, z. B. eine Zylinderschale

In EN 1999-1-5 ist eine Schale ein Tragwerk oder ein Teil des Tragwerks, das aus gekrümmten Blechen oder Strangpressteilen gebildet wird.

Rotationsschale **1.3.1.2**

Schale, die aus einer Anzahl von Teilen besteht, von denen jedes eine vollständige rotationssymmetrische Schale ist

vollständige rotationssymmetrische Schale **1.3.1.3**

Schale, deren Form durch die Rotation ihrer meridionalen Erzeugenden um eine zentrale Achse über 2 π Radiant festgelegt wird. Die Schale kann eine beliebige Länge haben

Schalenabschnitt **1.3.1.4**

Teil einer Rotationsschale mit festgelegter Schalengeometrie und konstanter Wanddicke in Form eines Zylinders, Kegelstumpfes, Teils einer Kugel, Bodenrandblechs oder in einer anderen Form

Schalenplatte **1.3.1.5**

unvollständige rotationssymmetrische Schale, deren Form durch die Rotation einer Erzeugenden um eine Achse über weniger als 2 π Radiant festgelegt wird

1.3.1.6 Mittelfläche

Fläche, die an allen Punkten der Schale in der Mitte zwischen der Schaleninnen- und -außenfläche liegt. Falls eine Aussteifung der Schale auf nur einer Seite erfolgt, bleibt die Mittelfläche des gekrümmten Schalenblechs weiter die Bezugsfläche für die Berechnung, die bei Änderungen der Dicke oder an Knotenlinien der Schale diskontinuierlich sein kann, wodurch Exzentrizitäten entstehen, die für das Verhalten der Schale wesentlich sind

1.3.1.7 Knotenlinie

Punkt, an dem zwei oder mehr Schalenabschnitte zusammentreffen; die Knotenlinie kann auch eine Steife einschließen; die Anschlusslinie einer Ringsteife an eine Schale darf ebenfalls als Knotenlinie betrachtet werden

1.3.1.8 Längssteife

örtliches Versteifungsbauteil, das einem Schalenmeridian folgt, welcher eine Erzeugende der Rotationsschale darstellt. Eine Längssteife ist vorgesehen, um entweder die Stabilität zu verbessern oder bei der Einleitung örtlicher Lasten mitzuwirken. Sie dient nicht primär dazu, die Biegetragfähigkeit für Querlasten zu erhöhen

1.3.1.9 Rippe

örtliches Bauteil, das eine primäre Biegelastabtragung längs eines Schalenmeridians ermöglicht, welcher eine Erzeugende der Rotationsschale darstellt. Eine Rippe wird vorgesehen, um Querlasten mittels Biegung auf das Tragwerk zu übertragen oder zu verteilen

1.3.1.10 Ringsteife

örtliches Versteifungsbauteil, das an einem bestimmten Punkt auf dem Meridian längs des Umfanges der Rotationsschale verläuft. Es wird angenommen, dass die Ringsteife keine Steifigkeit in der Meridianebene der Schale hat. Sie wird verwendet, um die Stabilität zu erhöhen oder um rotationssymmetrische Einzellasten einzuleiten, die durch rotationssymmetrische Normalkräfte in der Ebene des Ringes wirken. Sie dient nicht primär dazu, die Biegetragfähigkeit zu erhöhen

1.3.1.11 Basisring

Tragwerkselement, das der Umfangslinie an der Basis der Rotationsschale folgt und Möglichkeiten zur Anbringung der Schale an einem Fundament oder einem anderen Teil bietet. Der Basisring wird benötigt, um die angenommenen Randbedingungen praktisch sicherzustellen

1.3.2 Spezielle Definitionen für Beulberechnungen

1.3.2.1 ideale Verzweigungslast; Grenz-Beullast

die kleinste Verzweigungs- oder Grenzlast, die unter der Annahme bestimmt wird, dass ideale Bedingungen für das elastische Verhalten des Werkstoffs, eine exakte Geometrie, eine exakte Lastaufbringung, eine exakte Unterstützung, Materialisotropie und keine Restspannungen vorhanden sind (LBA-Analyse)

1.3.2.2 ideale Beulspannung; Grenz-Beulspannung

der Nennwert der Membranspannung, der einer idealen Verzweigungslast zuzuordnen ist

1.3.2.3 charakteristische Beulspannung

der Nennwert der Membranspannung, der einer Knickung (Beulenbildung) bei unelastischem Werkstoffverhalten und bei Vorhandensein geometrischer und konstruktiver Imperfektionen zuzuordnen ist

1.3.2.4 Bemessungswert der Beulspannung

der Bemessungswert für die Beulspannung, der durch Dividieren der charakteristischen Beulspannung durch den Teilsicherheitsbeiwert für die Beanspruchbarkeit ermittelt wird

1.3.2.5 Schlüsselwert der Spannung

in einem ungleichmäßigen Spannungsfeld der Spannungswert, der beim Grenzzustand des Beulens zur Beschreibung der Größe der Spannung verwendet wird

Toleranzklasse 1.3.2.6

die Klasse für die Anforderungen, die bei Ausführung der Arbeiten an die geometrischen Toleranzen gestellt werden

ANMERKUNG Diese geometrischen Toleranzen umfassen die Herstellungstoleranz der Bauteile und die Toleranz für die Ausführung der Arbeiten mit den Bauteilen auf der Baustelle.

Formelzeichen 1.4

(1) Außer den in EN 1999-1-1 festgelegten werden folgende Formelzeichen angewendet.

(2) Koordinatensystem (siehe Bild 1.2):

r Radiale Koordinate, rechtwinklig zur Rotationsachse;

x Meridiankoordinate;

z axiale Koordinate;

θ Koordinate in Umfangsrichtung;

ϕ Medianneigung: Winkel zwischen Rotationsachse und der Senkrechten zum Schalenmeridian;

(3) Drücke:

p_n Druck rechtwinklig zur Schale;

p_x Flächenlast in Meridianrichtung parallel zur Schale;

p_θ Flächenlast in Umfangsrichtung parallel zur Schale

(4) Linienkräfte:

P_n Last je Umfangseinheit, rechtwinklig zur Schale;

P_x Last je Umfangseinheit, in Meridianrichtung wirkend;

P_θ Last je Umfangseinheit, in Umfangsrichtung auf die Schale wirkend;

(5) Membranspannungsresultanten (siehe Bild 1.3a):

n_x Membranspannungsresultante in Meridianrichtung;

n_θ Membranspannungsresultante in Umfangsrichtung;

$n_{x\theta}$ Membranschubspannungsresultante;

(6) Biegespannungsresultanten (siehe Bild 1.3b):

m_x Biegemoment je Längeneinheit in Meridianrichtung;

m_θ Biegemoment je Längeneinheit in Umfangsrichtung;

$m_{x\theta}$ Drillschermoment je Längeneinheit;

q_{xn} Querkraft bei Biegung in Meridianrichtung;

$q_{\theta n}$ Querkraft bei Biegung in Umfangsrichtung;

(7) Spannungen:

σ_x Meridianspannung;

σ_θ Umfangsspannung;

σ_{eq} von-Mises-Ersatzspannung (kann unter zyklischen Belastungsbedingungen negativ sein);

τ, $\tau_{x\theta}$ Schubspannung in einer Ebene;

τ_{xn}, $\tau_{\theta n}$ Querschubspannungen bei Biegung in Meridianrichtung, in Umfangsrichtung

(8) Verschiebungen:

u Verschiebung in Meridianrichtung;

v Verschiebung in Umfangsrichtung;

w Verschiebung rechtwinklig zur Oberfläche der Schale;

β_ϕ Rotation in Meridianrichtung (siehe 5.3.3);

(9) Abmessungen der Schale:

d	Innendurchmesser der Schale;
L	Gesamtlänge der Schale;
l	Länge eines Schalenabschnitts;
l_g	Messlänge für die Messung der Imperfektionen;
$l_{g\theta}$	Messlänge für die Messung der Imperfektionen in Umfangsrichtung;
$l_{g,w}$	Messlänge für die Messung der Imperfektionen über die Schweißnähte;
l_R	begrenzte Länge der Schale für den Beulsicherheitsnachweis;
r	Radius der Mittelfläche, rechtwinklig zur Rotationsachse;
t	Wanddicke der Schale;
t_{max}	größte Wanddicke der Schale an einem Anschluss;
t_{min}	kleinste Wanddicke der Schale an einem Anschluss;
t_{ave}	mittlere Wanddicke der Schale an einem Anschluss;
β	halber Kegelspitzenwinkel;

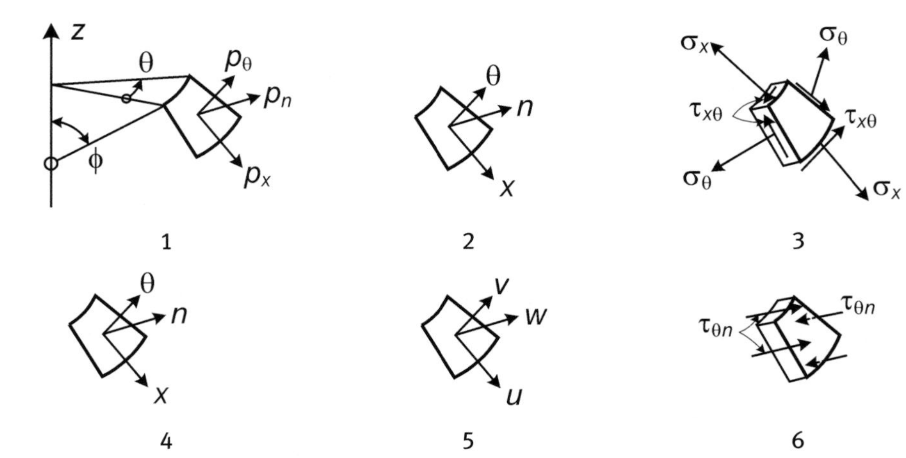

Legende

1 Oberflächendrücke
2 Koordinaten
3 Membranspannungen
4 Richtungen:
   θ in Umfangsrichtung
   n rechtwinklig
   x in Meridianrichtung
5 Verschiebungen
6 Schubspannungen in Querrichtung

Bild 1.2: Formelzeichen für Rotationsschalen

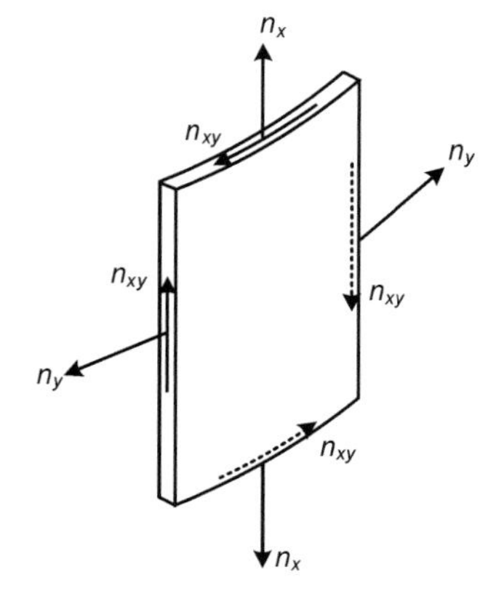

a) Membranspannungsresultanten

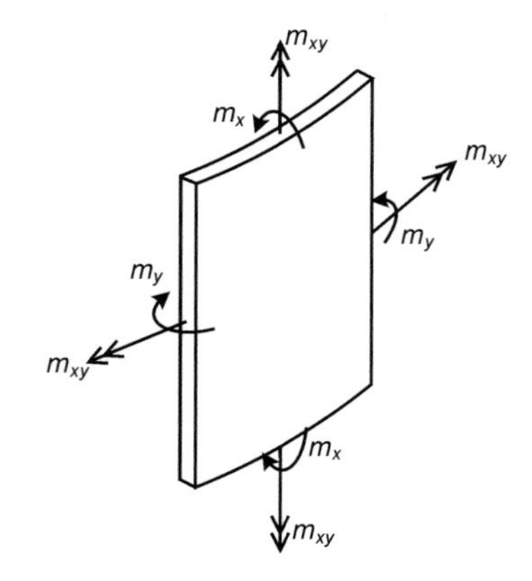

b) Biegespannungsresultanten

Bild 1.3: Spannungsresultierende in der Schalenwand (im Bild ist x die meridiale und y die Umfangsrichtung)

(10) Toleranzen (siehe 6.2.2):

e Exzentrizität zwischen den Mittelflächen der verbundenen Platten;

U_e Toleranzparameter für die unplanmäßige Exzentrizität;

U_r Toleranzparameter für die Rundheitsabweichung;

U_0 Toleranzparameter für die Ausgangsbeule;

Δw_0 Toleranz rechtwinklig zur Schalenoberfläche;

(11) Werkstoffeigenschaften:

f_{eq} von-Mises-Ersatzfestigkeit;

f_u charakteristischer Wert für die Bruchfestigkeit;

f_o charakteristischer Wert für die 0,2%-Dehngrenze;

(12) Parameter zur Festigkeitsbeurteilung:

C Beiwert für den Beulsicherheitsnachweis;

C_ϕ Dehnsteifigkeit der Bleche in axialer Richtung;

C_θ Dehnsteifigkeit der Bleche in Umfangsrichtung;

$C_{\phi\theta}$ Dehnsteifigkeit der Bleche bei Schubbeanspruchung der Membran;

D_ϕ Biegesteifigkeit der Bleche in axialer Richtung;

D_θ Biegesteifigkeit der Bleche in Umfangsrichtung;

$D_{\phi\theta}$ Drillbiegesteifigkeit der Bleche beim Verdrehen;

R errechnete Beanspruchbarkeit (mit Indizes zur Kennzeichnung des Bezugs verwendet);

R_{pl} plastische Bezugs-Beanspruchbarkeit (als Lastfaktor bei Bemessung der Lasten festgelegt);

R_{cr} ideale Verzweigungslast (als Lastfaktor bei Bemessung der Lasten festgelegt);

k Kalibrierfaktor für nichtlineare Berechnungen;

$k_{(...)}$ Potenz in den Ausdrücken für die Interaktion der Beulfestigkeit;

μ Härtungsparameter der Legierung in den Beul-Diagrammen für Schalen;

$a_{(...)}$ beim Beulsicherheitsnachweis der Abminderungsfaktor für Imperfektionen;

Δ Bereich der Parameter bei Einbeziehung alternierender oder zyklischer Einwirkungen;

(13) Bemessungswerte für Spannungen und Spannungsresultanten:

$\sigma_{x,Ed}$ Bemessungswerte für die beulen-relevante Membranspannung in Meridianrichtung (positiv, wenn Druck);

$\sigma_{\theta,Ed}$ Bemessungswerte für die beulen-relevante Membranspannung (Ringspannung) in Umfangsrichtung (positiv, wenn Druck);

τ_{Ed} Bemessungswerte für die beulen-relevante Membranschubspannung;

$n_{x,Ed}$ Bemessungswerte für die beulen-relevante Membranspannungsresultante in Meridianrichtung (positiv, wenn Druck);

$n_{\theta,Ed}$ Bemessungswerte für die beulen-relevante Membranspannung (Ringspannung) in Umfangsrichtung (positiv, wenn Druck);

$n_{x\theta,Ed}$ Bemessungswerte für die beulen-relevante Membranschubspannungsresultante;

(14) Kritische Beulspannungen und Widerstände gegen Beulspannungen:

$\sigma_{x,cr}$ kritische Beulspannung in Meridianrichtung;

$\sigma_{\theta,cr}$ kritische Beulspannung in Umfangsrichtung;

τ_{cr} kritische Beulschubspannung;

$\sigma_{x,Rd}$ Bemessungswert für die Beanspruchbarkeit durch Beulspannungen in Meridianrichtung;

$\sigma_{\theta,Rd}$ Bemessungswert für die Beanspruchbarkeit durch Beulspannungen in Umfangsrichtung;

τ_{Rd} Bemessungswert für die Beanspruchbarkeit durch Beulschubspannungen.

(15) Weitere Formelzeichen werden bei ihrer Erstverwendung definiert.

1.5 Vorzeichenvereinbarungen

(1) Mit Ausnahme von (2) gelten im Allgemeinen folgende Vorzeichenvereinbarungen:

- nach außen gerichtet positiv;
- Innendruck positiv;
- Verschiebung nach außen positiv;
- Zugspannungen positiv;
- Schubspannungen wie in Bild 1.2 dargestellt.

(2) Zur Vereinfachung werden bei Beuluntersuchungen Druckspannungen als positiv angesetzt. In diesen Fällen werden sowohl Außendrücke als auch Innendrücke als positiv angesetzt.

1.6 Koordinatensysteme

(1) Im Allgemeinen wird für das globale Schalentragwerk ein zylindrisches Koordinatensystem wie folgt verwendet (siehe Bild 1.4):

Koordinate längs der Mittelachse der Rotationsschale	z
Radiale Koordinate	r
Koordinate in Umfangsrichtung	θ

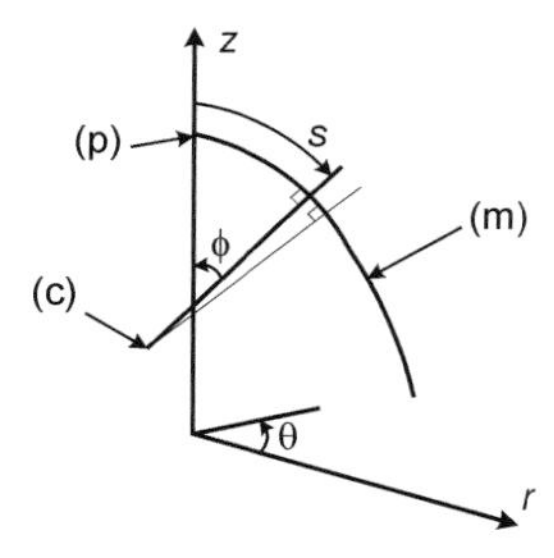

Legende

(p) Pol

(m) Schalenmeridian

(c) Pol der Meridiankrümmung

Bild 1.4: Koordinatensysteme für eine kreisförmige Schale

(2) Die Vereinbarung für Tragwerksteile, die mit der Tankwand verbunden sind (siehe Bild 1.5), ist für solche in Meridianrichtung und solche in Umfangsrichtung unterschiedlich.

(3) Die Vereinbarung für gerade, mit der Tankwand verbundene Tragelemente in Meridianrichtung [siehe Bild 1.5a)] ist:

Meridiankoordinate für Zylinder, Auslaufkegel und Dachanschluss	x
Starke Biegeachse (parallel zu den Flanschen: Achse für Biegung in Meridianrichtung)	y
Schwache Biegeachse (rechtwinklig zu den Flanschen)	z

(4) Die Vereinbarung für gekrümmte, mit der Tankwand verbundene Tragelemente in Umfangsrichtung [siehe Bild 1.5b)] ist:

Achse der Umfangskoordinate (gekrümmt)	θ
Radiale Achse (Biegeachse in der Meridianebene)	r
Meridianachse (Biegeachse für Umfangsbiegung)	z

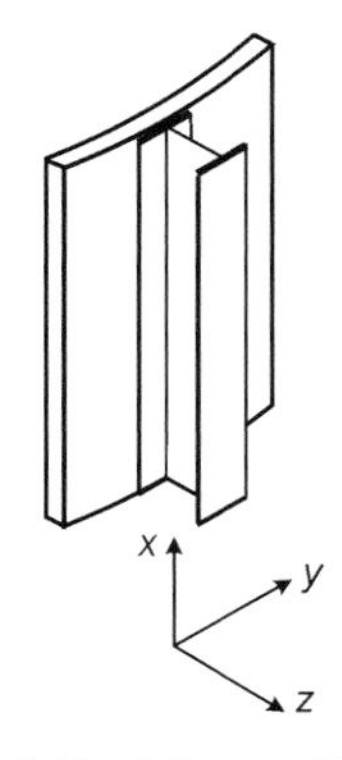

a) Meridiansteife

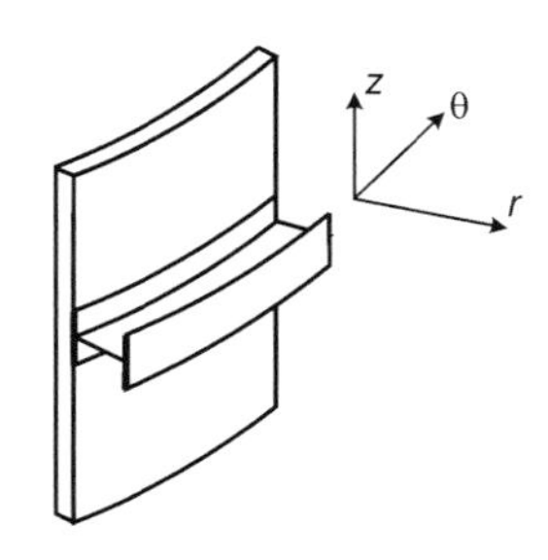

b) Umfangssteife

Bild 1.5: Lokales Koordinatensystem für Meridiansteifen und Umfangssteifen bei einer Schale

Grundlagen für Entwurf, Berechnung und Bemessung 2

Allgemeines 2.1

(1)P Schalen müssen nach den in EN 1990 und EN 1999-1-1 angegebenen Regeln berechnet und bemessen werden.

(2)P Für die Grenzzustände der Tragfähigkeit und der Gebrauchstauglichkeit müssen geeignete Teilsicherheitsbeiwerte ausgewählt werden.

(3)P Für den rechnerischen Nachweis für die Grenzzustände der Tragfähigkeit muss der Teilsicherheitsbeiwert γ_M folgendermaßen festgelegt werden:

- Beanspruchbarkeit gegen Instabilität und Fließen: γ_{M1}
- Beanspruchbarkeit der unter Zug stehenden Platte bis zum Bruch: γ_{M2}
- Beanspruchbarkeit der Verbindungen: siehe EN 1999-1-1

ANMERKUNG Im Nationalen Anhang dürfen Werte der Teilsicherheitsbeiwerte γ_{Mi} festgelegt werden. Folgende Zahlenwerte werden empfohlen:

$\gamma_{M1} = 1{,}10$

$\gamma_{M2} = 1{,}25$

NDP Zu 2.1(3) Anmerkung

Es gelten die Empfehlungen.

(4) Für Nachweise der Grenzzustände für die Gebrauchstauglichkeit sollte der Teilsicherheitsbeiwert $\gamma_{M,ser}$ verwendet werden.

ANMERKUNG Im Nationalen Anhang dürfen Werte für die Teilsicherheitsbeiwerte $\gamma_{M,ser}$ festgelegt werden. Folgender Zahlenwert wird empfohlen:

$\gamma_{M,ser} = 1{,}0$

NDP Zu 2.1(4) Anmerkung

Es gelten die Empfehlungen.

Zuverlässigkeitsklasse und Ausführungsklasse 2.2

(1) Die Auswahl der Zuverlässigkeitsklasse 1, 2 oder 3, siehe EN 1999-1-1, sollte vom Tragwerksplaner und dem für die Bauarbeiten Verantwortlichen unter Berücksichtigung nationaler Festlegungen gemeinsam getroffen werden.

(2) Die Ausführungsklasse, siehe EN 1999-1-1, sollte in der Ausführungsspezifikation festgelegt werden.

Werkstoffe und Geometrie 3

Werkstoffeigenschaften 3.1

(1) EN 1999-1-5 gilt für die in den Tabellen 3.2a) und b) von EN 1999-1-1 aufgeführten Knetwerkstoffe (Knetlegierungen und Zustände) und für kalt umgeformte Bleche in Tabelle 2.1 von EN 1999-1-4.

(2) Für Einsatztemperaturen zwischen 80 °C und 100 °C sollten die Werkstoffeigenschaften aus EN 1999-1-1 entnommen werden.

(3) Bei einer umfassenden zahlenmäßigen Untersuchung sollte unter Anwendung der Nichtlinearität von Werkstoffen das jeweils geeignete Spannungs-Dehnungs-Diagramm aus Anhang E von EN 1999-1-1 ausgewählt werden.

Bemessungswerte für geometrische Daten 3.2

(1) Die Dicke t der Schale sollte der in 1999-1-1 und in 1999-1-4 angegebenen Definition entsprechen.

(2) Die Mittelfläche der Schale sollte als Bezugsfläche für die Lasten angenommen werden.

(3) Der Radius r der Schale sollte als der rechtwinklig zur Rotationsachse gemessene Nennradius der Mittelfläche der Schale angenommen werden.

Geometrische Toleranzen und geometrische Imperfektionen 3.3

(1) Folgende geometrische Abweichungen der Schalenoberfläche von der Nennform müssen berücksichtigt werden:

- Rundheitsabweichung (Abweichung von der Kreisform);
- Exzentrizitäten (Abweichungen von einer kontinuierlichen Mittelfläche rechtwinklig zur Schale entlang der Knotenlinien der Platten);
- örtlich auftretende Dellen (örtliche Normalabweichungen von der Nenn-Mittelfläche).

ANMERKUNG EN 1090-3 enthält Anforderungen an geometrische Toleranzen für Schalentragwerke. Anhang C.

(2) Geometrische Toleranz für Beulen siehe 6.2.2.

Dauerhaftigkeit 4

(1) Die grundlegenden Anforderungen sind aus Abschnitt 4 von EN 1999-1-1 zu entnehmen.

(2) Besonders zu beachten sind die Fälle, in denen ein Verbund unterschiedlicher Werkstoffe vorgesehen ist, wenn durch elektrochemische Erscheinungen Bedingungen auftreten können, die Korrosion begünstigen.

ANMERKUNG Angaben zur Korrosionsbeständigkeit von Verbindungsmitteln für die umgebungsbedingten Korrosivitätsklassen nach EN ISO 12944-2 sind aus EN 1999-1-4 zu entnehmen.

(3) Die ab dem Zeitpunkt der Herstellung sowie bei Transport und Lagerung auf der Baustelle auftretenden Umgebungsbedingungen sollten berücksichtigt werden.

Tragwerksberechnung 5

Geometrie 5.1

(1) Die Schale sollte durch ihre Mittelfläche repräsentiert werden.

(2) Der Krümmungsradius sollte als Nenn-Krümmungsradius angesehen werden.

(3) Für die Berechnung sollte eine aus mehreren Schalenabschnitten bestehende Baugruppe nur dann in einzelne Abschnitte unterteilt werden, wenn die Randbedingungen für jeden Abschnitt so ausgewählt werden, dass die Interaktionen zwischen ihnen auf herkömmliche Weise dargestellt werden.

(4) In das Berechnungsmodell sollte ein Basisring zur Ableitung der Stützkräfte in die Schale einbezogen werden.

(5) Exzentrizitäten und Stufen in der Mittelfläche der Schale sollten im Berechnungsmodell berücksichtigt werden, wenn sie bedingt durch den exzentrischen Verlauf der Membranspannungsresultanten signifikante Biegeeinwirkungen einbringen.

(6) Im Berechnungsmodell sollten an den Knotenlinien zwischen den Schalenabschnitten alle Exzentrizitäten auf den Mittelflächen der Schalenabschnitte berücksichtigt werden.

(7) Eine Ringsteife sollte als gesondertes Tragwerksteil der Schale angesehen werden, sofern die Abstände zwischen den Ringen nicht kleiner als $1{,}5\sqrt{rt}$ sind.

(8) Eine Schale, an der diskrete Längssteifen angebracht sind, darf als gleichmäßig orthotrope Schale angesehen werden, wenn die Längssteifen nicht weiter als $5\sqrt{rt}$ voneinander entfernt sind.

(9) Eine (axial oder in Umfangsrichtung) profilierte Schale darf als gleichmäßig orthotrope Schale angesehen werden, wenn die Wellenlänge der Profilierungen kleiner als $0{,}5\sqrt{rt}$ ist (siehe A.5.7).

(10) Ein Loch in der Schale darf bei der Modellierung vernachlässigt werden, wenn das größte Lochmaß kleiner als $0{,}5\sqrt{rt}$ ist.

(11) Die Gesamtstabilität des vollständigen Tragwerks kann je nach Gültigkeit in Übereinstimmung mit EN 1993, Teile 3-1, 3-2, 4-1, 4-2 oder 4-3 nachgewiesen werden.

Randbedingungen 5.2

(1) Bei den Berechnungen für die Grenzzustände sollten die geeigneten Randbedingungen nach Tabelle 5.1 angewendet werden. Die zur Berechnung der Beulsicherheit erforderlichen Sonderbedingungen sollten aus 6.2 entnommen werden.

(2) Beim Berechnungsmodell für den plastischen Grenzzustand dürfen Rotationsbehinderungen an den Schalengrenzen unberücksichtigt bleiben. Für kurze Schalen (siehe Anhang A) sollte eine Behinderung der Rotation in die Berechnung der Beulsicherheit einbezogen werden.

(3) Die Randbedingungen für die Abstützung sollten überprüft werden, um sicherzustellen, dass sie keine zu große Ungleichmäßigkeit der übertragenen oder eingeleiteten Kräfte exzentrisch zur Schalenmittelfläche veranlassen.

(4) Wenn eine umfassende zahlenmäßige Berechnung durchgeführt wird, sollte auch für die rechtwinklig zur Schalenoberfläche erfolgende Verschiebung w die Randbedingung für die Umfangsverschiebung v angewendet werden, sofern dieses Vorgehen nicht durch besondere Umstände ungeeignet ist.

Tabelle 5.1: Randbedingungen für Schalen

Beul-klasse	Einfache Befestigungs-bedingung	Beschreibung			Verschie-bungen recht-winklig zur Oberfläche	Verschie-bungen in Meridian-richtung	Rotation in Meridian-richtung
		Radial	In Meridian-richtung	Rotation			
BC1r	Eingespannt	Behindert	Behindert	Behindert	$w = 0$	$u = 0$	$\beta_\phi = 0$
BC1f		Behindert	Behindert	Frei	$w = 0$	$u = 0$	$\beta_\phi = 0$
BC2r		Behindert	Frei	Behindert	$w = 0$	$u = 0$	$\beta_\phi \neq 0$
BC2f	Gelenkig gelagert	Behindert	Frei	Frei	$w = 0$	$u \neq 0$	$\beta_\phi \neq 0$
BC3	Freier Rand	Frei	Frei	Frei	$w \neq 0$	$u \neq 0$	$\beta_\phi \neq 0$

ANMERKUNG Die Verschiebung in Umfangsrichtung v und die Verschiebung w rechtwinklig zur Oberfläche sind so eng miteinander verknüpft, dass keine gesonderten Randbedingungen benötigt werden.

5.3 Einwirkungen und Einflüsse aus der Umgebung

(1) Es sollte vorausgesetzt werden, dass die Einwirkungen auf die Mittelfläche erfolgen. Exzentrisch wirkende Lasten müssen durch statische Ersatzkräfte und -momente auf die Mittelfläche der Schale veranschaulicht werden.

(2) Sofern nicht anders angegeben, sollten örtliche Einwirkungen und örtliche Korrekturen der Einwirkung nicht durch gleichmäßige Ersatzlasten dargestellt werden.

(3) Die Einwirkungen und die kombinierten Einwirkungen werden in EN 1991 und EN 1990 erfasst. Außerdem sollten diejenigen der folgenden Einwirkungen, die für das Tragwerk von Bedeutung sind, bei der Tragwerksberechnung berücksichtigt werden:

- lokale Setzung unter den Schalenwänden;
- lokale Setzung unter Einzelstützen;
- gleichmäßige Abstützung des Tragwerks;
- Temperaturunterschiede zwischen den verschiedenen Seiten des Tragwerks;
- Temperaturunterschiede zwischen Innen- und Außenseite des Tragwerks;
- Windeinwirkungen auf Öffnungen und Durchbrüche;
- Interaktion von Windwirkungen auf Gruppen der Tragwerke;
- Verbindungen mit anderen Tragwerken;
- Bedingungen während der Montage.

(4) Die Schalen können bedingt durch die Art der Einleitung der Lasten durch Membrankräfte empfindlich gegenüber Änderungen der geometrischen Bedingungen sein, z. B. durch Dellen. Außer den bei der Ausführung veranlassten unvermeidbaren geometrischen Abweichungen können Dellen durch unvorhergesehene Einwirkungen während des Einsatzes entstehen. Die Empfindlichkeit steigt bei Anwendung relativ dünner Bauteile. Falls Dellen eingebracht werden, deren Größe die in B.4 angegebenen Werte überschreitet, sollten die Auswirkungen auf die Tragfähigkeit untersucht werden. Es wird empfohlen, ein Programm zur regelmäßigen Überprüfung der geometrischen Bedingungen anzuwenden.

(5) Bei Auswahl des Konzeptes für Entwurf, Bemessung und Berechnung sollte die Möglichkeiten berücksichtigt werden, durch die unzulässige Dellen zu vermeiden sind. Diese Möglichkeiten können z. B. darin bestehen, dass größere als nach der Berechnung notwendige Dicken angewendet werden oder indem für die Bereiche, in denen das Risiko als signifikant eingeschätzt wird, Schutzmaßnahmen vorgesehen werden.

Spannungsresultanten und Spannungen 5.4

(1) Unter der Voraussetzung, dass das Verhältnis Radius/Dicke größer ist als $(r/t)_{min} = 25$, darf die Krümmung der Schale bei Berechnung der Spannungsresultanten aus den Spannungen in der Schalenwand vernachlässigt werden.

Berechnungsarten 5.5

(1) Die Bemessung sollte in Abhängigkeit vom Grenzzustand und von anderen Erwägungen auf einer oder mehreren der in Tabelle 5.2 angegebenen Berechnungsarten basieren. Die Berechnungsarten werden in Tabelle 5.3 ausführlicher erläutert. Für weitere Einzelheiten wird auf EN 1993-1-6 verweisen.

Tabelle 5.2: Berechnungsarten für Schalentragwerke

Berechnungsart		Schalentheorie	Werkstoffgesetz	Schalengeometrie
Membrantheorie	MTA	Membrangleichgewicht	Nicht anwendbar	Ohne Imperfektionen[a]
Linear elastische Analyse der Schale	LA	Lineare Biegung und Streckung	Linear	Ohne Imperfektionen[a]
Linear elastische Verzweigungsanalyse	LBA	Lineare Biegung und Streckung	Linear	Ohne Imperfektionen[a]
Geometrisch nichtlineare elastische Analyse	GNA	Nichtlinear	Linear	Ohne Imperfektionen[a]
Materiell nichtlineare Analyse	MNA	Linear	Nichtlinear	Ohne Imperfektionen[a]
Geometrisch und materiell nichtlineare Analyse	GMNA	Nichtlinear	Nichtlinear	Ohne Imperfektionen[a]
Geometrisch nichtlineare elastische Analyse mit Imperfektionen	GNIA	Nichtlinear	Linear	Mit Imperfektionen[b]
Geometrisch und materiell nichtlineare Analyse mit Imperfektionen	GMNIA	Nichtlinear	Nichtlinear	Mit Imperfektionen[b]

[a] Geometrie ohne Imperfektionen bedeutet, dass bei diesem Berechnungsmodell die geometrischen Nennbedingungen ohne Berücksichtigung der entsprechenden Abweichungen angewendet werden.

[b] Geometrie mit Imperfektionen bedeutet, dass bei diesem Berechnungsmodell die geometrischen Abweichungen von den geometrischen Nennbedingungen (Toleranzen) berücksichtigt werden.

Tabelle 5.3: Beschreibung der Berechnungsarten für Schalentragwerke

Membrantheorie (MTA)	Analyse eines durch Flächenlasten beanspruchten Schalentragwerks unter Annahme einer Reihe von Membrankräften, die mit den äußeren Lasten im Gleichgewicht stehen
Linear elastische Analyse der Schale (LA)	Analyse auf Basis der kleinsten Abweichung der linearen elastischen Biegetheorie unter Annahme geometrischer Bedingungen ohne Imperfektionen
Linear elastische Verzweigungsanalyse (LBA)	Analyse, die den Eigenwert der linear elastischen Verzweigungen auf der Basis kleiner Abweichungen unter Verwendung der linear elastischen Biegetheorie errechnet, wobei geometrische Bedingungen ohne Imperfektionen vorausgesetzt werden. Es ist anzumerken, dass sich der Eigenwert in diesem Zusammenhang nicht auf die Schwingarten bezieht.
Geometrisch nichtlineare elastische Analyse (GNA)	Analyse auf der Basis der Biegetheorie unter der Annahme geometrischer Bedingungen ohne Imperfektionen mit Betrachtung der nichtlinearen großen Abweichungstheorie und der linear elastischen Werkstoffeigenschaften
Materiell nichtlineare Analyse (MNA)	Eine der (LA) entsprechende Analyse, bei der jedoch die nichtlinearen Werkstoffeigenschaften berücksichtigt werden. Für Schweißkonstruktionen muss der Werkstoff in der Wärmeeinflusszone modelliert werden.
Geometrisch und materiell nichtlineare Analyse (GMNA)	Analyse mit Anwendung der Biegetheorie unter der Annahme geometrischer Bedingungen ohne Imperfektionen und unter Berücksichtigung der nichtlinearen großen Abweichungstheorie und der nichtlinearen Werkstoffeigenschaften
Geometrisch nichtlineare elastische Analyse mit Imperfektionen (GNIA)[a]	Eine der (GNA) entsprechende Analyse, jedoch unter Berücksichtigung der Imperfektionen
Geometrisch und materiell nichtlineare Analyse mit Imperfektionen (GMNIA)	Ein der (GMNA) entsprechende Analyse, jedoch unter Berücksichtigung der Imperfektionen

[a] Diese Art Analyse wird in dieser Norm nicht erfasst, ist jedoch hier aus Gründen einer vollständigen Darstellung aller Arten der Schalenanalyse aufgeführt.

Grenzzustand der Tragfähigkeit 6

Beanspruchbarkeit des Querschnitts 6.1

Bemessungswerte für die Spannungen 6.1.1

(1) An allen Punkten des Tragwerks sollte der Bemessungswert der Spannung $\sigma_{eq,Ed}$ als die höchste Primärspannung angenommen werden, die bei einer Tragwerksberechnung unter Berücksichtigung der Gesetze für das Gleichgewicht zwischen den Bemessungswerten der Verkehrslasten und der Schnittkräfte und -momente bestimmt wird.

(2) Die Primärspannung darf als Höchstwert der Spannungen angenommen werden, die für das Gleichgewicht mit den an einem Punkt oder entlang einer Linie des Schalentragwerks aufgebrachten Lasten erforderlich sind.

(3) Wenn eine Berechnung nach der *Membrantheorie* (MTA) durchgeführt wird, kann das sich ergebende zweidimensionale Feld der Spannungsresultanten $n_{x,Ed}$, $n_{\theta,Ed}$, $n_{x\theta,Ed}$ durch den nach der folgenden Gleichung errechneten Bemessungswert der Ersatzspannung $\sigma_{eq,Ed}$ dargestellt werden:

$$\sigma_{eq,Ed} = \frac{1}{t}\sqrt{n_{x,Ed}^2 + n_{\theta,Ed}^2 - n_{x,Ed}n_{\theta,Ed} + 3n_{x\theta,Ed}^2} \quad (6.1)$$

(4) Wenn eine *linear elastische Analyse* (LA) oder eine *geometrisch nichtlineare elastische Analyse* (GNA) angewendet wird, kann das sich ergebende zweidimensionale Feld der Primärspannungen durch den Bemessungswert für die von-Mises-Ersatzspannung dargestellt werden:

$$\sigma_{eq,Ed} = \sqrt{\sigma_{x,Ed}^2 + \sigma_{\theta,Ed}^2 - \sigma_{x,Ed}\,\sigma_{\theta,Ed} + 3\left(\tau_{x\theta,Ed}^2 + \tau_{xn,Ed}^2 + \tau_{\theta n,Ed}^2\right)} \quad (6.2)$$

Hierbei sind

$$\sigma_{x,Ed} = \frac{1}{\eta}\left(\frac{n_{x,Ed}}{t} \pm \frac{m_{x,Ed}}{t^2/4}\right),\ \sigma_{\theta,Ed} = \frac{1}{\eta}\left(\frac{n_{\theta,Ed}}{t} \pm \frac{m_{\theta,Ed}}{t^2/4}\right) \quad (6.3)$$

$$\tau_{x\theta,Ed} = \frac{1}{\eta}\left(\frac{n_{x\theta,Ed}}{t} \pm \frac{m_{x\theta,Ed}}{t^2/4}\right),\ \tau_{xn,Ed} = \frac{q_{xn,Ed}}{t},\ \tau_{\theta n,Ed} = \frac{q_{\theta n,Ed}}{t} \quad (6.4)$$

Dabei ist η ein Korrekturfaktor für das unelastische Verhalten des Werkstoffs, der sowohl von den Merkmalen des Härtens als auch von der Zähigkeit der Legierung abhängig ist.

ANMERKUNG 1 Die oben angegebenen Ausdruck liefern eine für Bemessungszwecke vereinfachte konservative Ersatzspannung.

ANMERKUNG 2 Werte für η sind in EN 1999-1-1, Anhang H in Abhängigkeit von den Legierungseigenschaften angegeben. Für η sollten Werte angesetzt werden, die einem geometrischen Formbeiwert $\alpha_0 = 1{,}5$ entsprechen.

ANMERKUNG 3 Die Werte für $\tau_{xn,Ed}$ und $\sigma_{xn,Ed}$ sind im Allgemeinen sehr klein und haben keinen Einfluss auf die Beanspruchbarkeit, so dass sie in der Regel vernachlässigt werden dürfen.

Bemessungswerte für die Beanspruchbarkeit 6.1.2

(1) Der Bemessungswert für die von-Mises-Ersatzfestigkeit sollte nach folgender Gleichung errechnet werden:

$$f_{eq,Rd} = \frac{f_0}{\gamma_{M1}} \quad \text{außerhalb der WEZ} \quad (6.5)$$

$$f_{eq,Rd} = \min\left(\frac{\rho_{u,haz}f_0}{\gamma_{M2}}, \frac{f_0}{\gamma_{M1}}\right) \quad \text{im Bereich WEZ} \quad (6.6)$$

Hierbei ist

f_0 der charakteristische Wert für die 0,2%-Dehngrenze nach EN 1999-1-1;

f_u der charakteristische Wert der Bruchfestigkeit nach EN 1999-1-1;

$\rho_{u,haz}$ das Verhältnis zwischen der Bruchfestigkeit in der Wärmeeinflusszone (WEZ) und im Grundwerkstoff nach EN 1999-1-1;

γ_{M1} der in 2.1(3) angegebene Teilsicherheitsbeiwert für die Beanspruchbarkeit;

γ_{M2} der in 2.1(3) angegebene Teilsicherheitsbeiwert für die Beanspruchbarkeit.

(2) Der Einfluss der Löcher für Verbindungsmittel sollte nach EN 1999-1-1 berücksichtigt werden.

6.1.3 Spannungsbegrenzung

(1) Für diesen Grenzzustand sollten die Bemessungsspannungen bei allen Nachweisen die folgende Bedingung erfüllen:

$$\sigma_{eq,Ed} \leq f_{eq,E} \tag{6.7}$$

6.1.4 Bemessung durch numerische Analyse

(1) Der Bemessungswert für die plastische Grenzbeanspruchbarkeit sollte als ein Lastverhältnis R bestimmt werden, der auf die Bemessungswerte der kombinierten Einwirkungen für den jeweiligen Lastfall angewendet wird.

(2) Die Bemessungswerte für die Einwirkungen F_{Ed} sollten nach 5.3 bestimmt werden.

(3) In einer *materiell nichtlinearen Analyse* (MNA) und einer *geometrisch und materiell nichtlinearen Analyse* (GMNA) auf der Grundlage des Bemessungswertes für die Grenztragfähigkeit f_0/γ_M sollte die Schale dem um das Lastverhältnis R progressiv zunehmenden Bemessungswert der Lasten ausgesetzt werden, bis der plastische Grenzzustand erreicht ist.

(4) Wenn eine *materiell nichtlineare Analyse* (MNA) angewendet wird, darf das Lastverhältnis R_{MNA} als der größte bei der Analyse ermittelte Wert angenommen werden. Der Einfluss der Kaltverfestigung darf unter der Voraussetzung einbezogen werden, dass ein entsprechender Grenzwert für die zulässige Werkstoffverformung berücksichtigt wird. Anleitungen zu den analytischen Modellen für den bei der MNA anzuwendenden Zusammenhang Spannung-Dehnung werden in EN 1999-1-1 angegeben.

(5) Wenn eine *geometrisch und materiell nichtlineare Analyse* (GMNA) angewendet wird, sollte, sofern bei der Analyse eine Höchstlast mit nachfolgender Lastverringerung vorhergesagt wird, der Höchstwert zur Bestimmung des Lastverhältnisses R_{GMNA} angewendet werden. Falls bei einer GMNA-Analyse keine Höchstlast vorhergesagt wird, sondern ein progressiv ansteigendes Verhältnis Wirkung-Verschiebung (mit oder ohne Kaltverfestigung des Werkstoffs) erhalten wird, sollte davon ausgegangen werden, dass das Lastverhältnis R_{GMNA} nicht größer als der Wert ist, bei dem der größte von-Mises-Ersatzwert für die bleibende Dehnung im Tragwerk den im Abschnitt 3 von EN 1999-1-1 angegebenen Grenzwert für die Verformung der Legierung erreicht. Für Bemessungszwecke kann in Abhängigkeit von den Merkmalen der Legierung ein Wert für die Bruchdehnung von 5 (f_0/E) oder 10 (f_0/E) vorausgesetzt werden. Werte für die Bruchdehnung ε_u, die 5 (f_0/E) oder 10 (f_0/E) entsprechen, werden in EN 1999-1-1, Anhang H angegeben.

ANMERKUNG Werte für die maximale Zugdehnung ε_u für (5 (f_0/E) oder 10 (f_0/E) sind in EN 1999-1-1, Anhang H angegeben.

(6) Die Berechnung sollte im Ergebnis folgende Bedingung erfüllen:

$$R = \frac{F_{Rd}}{F_{Ed}} \geq 1{,}0 \tag{6.8}$$

hierbei ist F_{Ed} der Bemessungswert für die Einwirkung.

Knickfestigkeit (Beanspruchbarkeit durch Beulen; Beulsicherheitsnachweis) 6.2

Allgemeines 6.2.1

(1) Alle relevanten Kombinationen von Einwirkungen, die in der Wand der Schale Druck- oder Schub-Membranspannungen erzeugen, sollten berücksichtigt werden.

(2) Nach der Vorzeichenvereinbarung, die für die Berechnung der Beulen gilt, sollte Druck als positiv für die Spannungen und Spannungsresultanten in Meridial- und Umfangsrichtung angesetzt werden.

(3) Besondere Aufmerksamkeit sollte den Randbedingungen gelten, die für die bedingt durch Beulen zunehmenden Verschiebungen zutreffen (im Gegensatz zu Verschiebungen, die nicht durch Beulen entstehen). Beispiele für entsprechende Randbedingungen werden in Bild 6.1 angegeben.

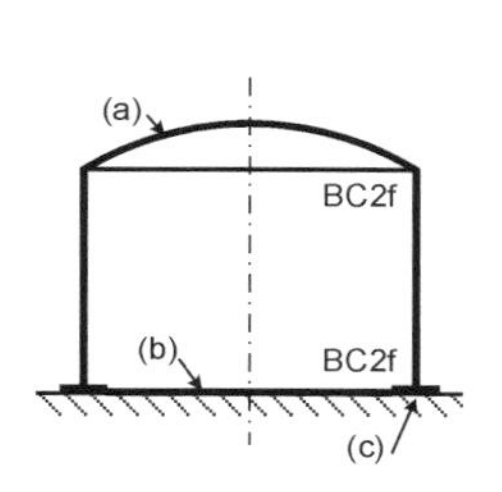

Tank ohne Verankerung

Silo ohne Verankerung

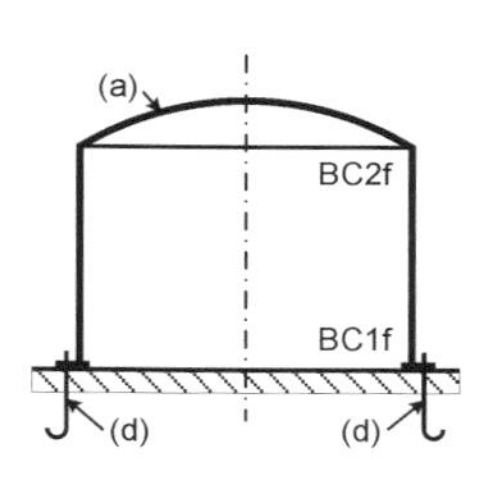

Tank mit Verankerung

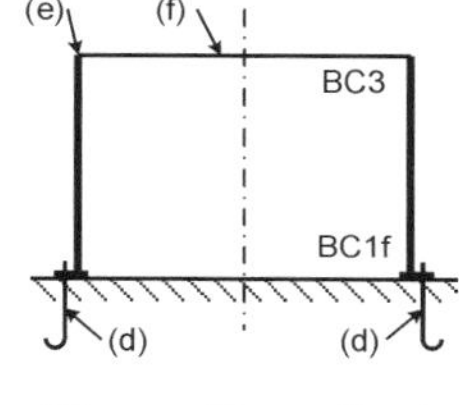

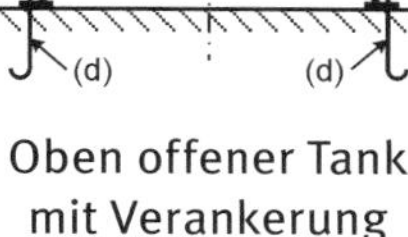

Oben offener Tank mit Verankerung

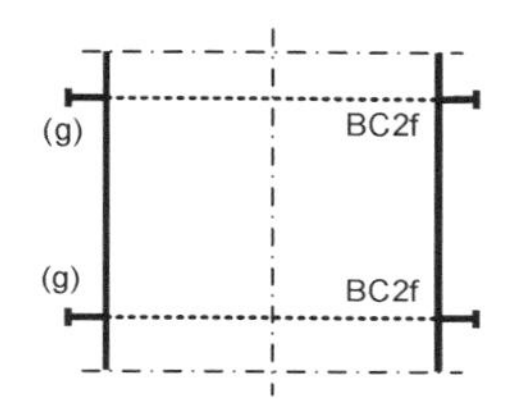

Abschnitt eines langen Zylinders mit Ringsteife

Legende

(a) Dach

(b) Bodenplatte

(c) Ohne Verankerung

(d) Ankerschrauben in dichtem Abstand

(e) Ohne Ringsteife

(f) Freier Rand

(g) Ringsteife

Bild 6.1: Schematische Darstellung für Beispiele zu den Randbedingungen für den durch Beulen bedingten Grenzzustand

Geometrische Toleranzen, die für Beulen von Belang sind 6.2.2

(1) Die in EN 1090-3 angegebenen Grenzen für die geometrischen Toleranzen sollten eingehalten werden, falls Beulen einer der zu berücksichtigenden Grenzzustände für die Tragfähigkeit sind.

ANMERKUNG 1 Die hier bestimmten Bemessungswerte für Beulspannungen schließen Imperfektionen ein, die auf geometrische Toleranzen zurückzuführen sind, mit deren Auftreten bei der Ausführung zu rechnen ist.

ANMERKUNG 2 Die in EN 1090-3 angegebenen geometrischen Toleranzen haben bekanntermaßen einen großen Einfluss auf die Sicherheit des Tragwerks.

(2) Die Toleranzklasse (Klasse 1, Klasse 2, Klasse 3 oder Klasse 4) sollte nach den in EN 1090-3 angegebenen Definitionen sowohl für den Lastfall als auch für die Toleranz ausgewählt werden. Die Beschreibung der Klassen bezieht sich nur auf die Bewertung der Festigkeit.

(3) Alle Imperfektionsarten sollten gesondert klassifiziert werden; für die gesamte Bemessung sollte die niedrigste Klasse maßgebend sein.

(4) Die unterschiedlichen Toleranzarten können als unabhängig voneinander behandelt werden, und im Allgemeinen brauchen keine Interaktionen berücksichtigt zu werden.

6.2.3 Schale unter Druck- und Schubbeanspruchungen

6.2.3.1 Bemessungswerte für die Spannungen

(1) Die Bemessungswerte für die Spannungen $\sigma_{x,Ed}$, $\sigma_{\theta,Ed}$ und τ_{Ed} sollten als die Schlüsselwerte für die Druck- und Schub-Membranspannungen angenommen werden, die mit Hilfe der *linearen Analyse der Schale* (LA) ermittelt werden. Unter rein rotationssymmetrischen Bedingungen der Belastung und Abstützung und in anderen einfachen Lastfällen darf allgemein die Membrantheorie angewendet werden.

(2) Sofern in Anhang A keine spezifischen Festlegungen getroffen werden, sollten als Schlüsselwerte der Membranspannungen für jede Spannung bei der jeweils zutreffenden axialen Tragwerkskoordinate die jeweiligen Größtwerte angewendet werden.

ANMERKUNG In einigen Fällen (z. B. bei abgestuften Wänden, die durch Druck in Umfangsrichtung beaufschlagt werden, siehe A.2.3) sind die Schlüsselwerte der Membranspannungen fiktiv und größer als die tatsächlichen Höchstwerte.

(3) Für die üblichen Belastungsfälle dürfen die Membranspannungen mit Hilfe der jeweils zutreffenden Gleichungen errechnet werden.

6.2.3.2 Knick- bzw. Beulfestigkeit

(1) Die Bemessungswerte für Knickfestigkeit/Beanspruchbarkeit durch Beulen sollten nach folgenden Gleichungen errechnet werden,

für nicht ausgesteifte Schalen

$$\sigma_{x,Rd} = \alpha_x \, \rho_{x,w} \, \chi_{x,perf} \frac{f_0}{\gamma_{M1}} \tag{6.9}$$

$$\sigma_{\theta,Rd} = \alpha_\theta \, \rho_{\theta,w} \, \chi_{\theta,perf} \frac{f_0}{\gamma_{M1}} \tag{6.10}$$

$$\tau_{Rd} = \alpha_\tau \, \rho_{\tau,w} \, \chi_{\tau,perf} \frac{f_0}{\sqrt{3}\gamma_{M1}} \quad \text{(gilt auch für ausgesteifte Schalen)} \tag{6.11}$$

und für ausgesteifte und/oder profilierte Schalen

$$n_{x,Rd} = \alpha_{n,x} \, \chi_{x,perf} \frac{n_{x,Rk}}{\gamma_{M1}} \tag{6.12}$$

$$p_{n,Rd} = \alpha_{p,\theta} \, \chi_{\theta,perf} \frac{p_{n,Rk}}{\gamma_{M1}} \quad \text{(gilt auch für torikonische und torisphärische Schalen, siehe A.7)} \tag{6.13}$$

Hierbei ist

$n_{x,Rk}$ die axiale Quetschgrenze der ausgesteiften Schale;

$p_{n,Rk}$ der gleichmäßige Druck an der Quetschgrenze der ausgesteiften oder der torikonischen und der torisphärischen Schale;

α_i der Abminderungsfaktor für die Imperfektion, der aus Anhang A zu entnehmen ist;

$\rho_{i,w}$ der Abminderungsfaktor für die Wärmeeinflusszonen nach 6.2.4.4. Für Schalen ohne Schweißnähte ist $\rho_{i,w} = 1$;

$\chi_{i,perf}$ der Abminderungsfaktor für die Beulen für eine perfekte Schale, angegeben unter (2);

γ_{M1} der Teilsicherheitsbeiwert für die Beanspruchbarkeit nach 2.1(3).

ANMERKUNG 1 Ausdruck (6.13) gilt auch für torikonische und torisphärische Schalen, siehe Anhang B.

ANMERKUNG 2 α_i für torikonische und torisphärische Schalen, siehe Anhang B.

(2) Der Abminderungsfaktor für die Beulen für eine perfekte Schale wird nach folgender Gleichung errechnet:

$$\chi_{1,perf} = \frac{1}{\phi_i + \sqrt{\phi_i^2 - \bar{\lambda}_i^2}} \quad \text{für } \chi_{i,perf} \leq 1{,}00 \tag{6.14}$$

mit:

$$\phi_i = 0{,}5\left(1 + \mu_i\left(\bar{\lambda}_i - \bar{\lambda}_{i,0}\right) + \bar{\lambda}_i^2\right) \tag{6.15}$$

Hierbei ist

μ_i ein Parameter, der von der Legierung und vom Belastungsfall abhängig und aus Anhang A zu entnehmen ist;

$\bar{\lambda}_{i,0}$ die auf die Quetschgrenze bezogene Schlankheit, die aus Anhang A zu entnehmen ist;

i der Index, der in Abhängigkeit von der Belastungsart x, θ oder τ heißt.

(3) Die Schlankheitsparameter der Schale für unterschiedliche Spannungskomponenten sollten nach folgenden Gleichungen bestimmt werden,

für nicht ausgesteifte Schalen:

$$\bar{\lambda}_x = \sqrt{\frac{f_0}{\sigma_{x,cr}}} \tag{6.16}$$

$$\bar{\lambda}_\theta = \sqrt{\frac{f_0}{\sigma_{\theta,cr}}} \tag{6.17}$$

$$\bar{\lambda}_\tau = \sqrt{\frac{f_0}{\sqrt{3}\tau_{cr}}} \quad \text{(gilt auch für ausgesteifte Schalen)} \tag{6.18}$$

und für ausgesteifte und/oder profilierte Schalen

$$\bar{\lambda}_x = \sqrt{\frac{n_{x,Rk}}{n_{x,cr}}} \tag{6.19}$$

$$\bar{\lambda}_\theta = \sqrt{\frac{p_{n,Rk}}{p_{n,cr}}} \tag{6.20}$$

Hierbei ist

$\sigma_{x,cr}$, $\sigma_{\theta,cr}$ und τ_{cr} die in Anhang A angegebenen oder durch die *lineare elastische Verzweigungs-Analyse* (Eigenwert-Analyse) (LBA) ermittelten kritischen Beulspannungen;

$n_{x,cr}$, $p_{n,cr}$ die kritischen Beulspannungsresultanten für ausgesteifte oder torikonische und torisphärische Schalen, die in Anhang A angegeben oder durch die *lineare elastische Verzweigungs-Analyse* (Eigenwert-Analyse) (LBA) ermittelt werden.

ANMERKUNG 1 Die Ausdrücke (6.19) und (6.20) gelten auch für torikonische und torisphärische Schalen, siehe Anhang B.

ANMERKUNG 2 $p_{n,cr}$ für torikonische und torisphärische Schalen, siehe Anhang B.

6.2.3.3 Nachweis der Beulfestigkeit

(1) Obwohl Beulen kein nur durch Spannungen ausgelöstes Versagensphänomen darstellen, sollte der Nachweis der Beulfestigkeit durch Begrenzung der Bemessungswerte für Membranspannungen oder Spannungsresultanten geführt werden. Der Einfluss der Biegespannungen auf die Beulfestigkeit kann unter der Voraussetzung vernachlässigt werden, dass die Spannungen als Folge von Kompatibilitätseinflüssen des Randes entstehen. Biegespannungen aus lokalen Lasten oder aus Wärmegradienten sollten besonders beachtet werden.

(2) In Abhängigkeit vom jeweiligen Belastungs- und Spannungsfall sollten eine oder mehrere der folgenden Nachweise für die Schlüsselwerte der einzelnen Membranspannungskomponenten durchgeführt werden:

$$\sigma_{x,Ed} \leq \sigma_{x,Rd} \quad (6.21)$$

$$\sigma_{\theta,Ed} \leq \sigma_{\theta,Rd} \quad (6.22)$$

$$\tau_{Ed} \leq \tau_{Rd} \quad (6.23)$$

(3) Falls unter den betrachteten Einwirkungen mehr als eine der für Beulen wesentlichen Membranspannungskomponenten vorhanden ist, sollte für den kombinierten Membranspannungszustand der folgende Nachweis auf Interaktion durchgeführt werden:

$$\left(\frac{\sigma_{x,Ed}}{\sigma_{x,Rd}}\right)^{k_x} + \left(\frac{\sigma_{\theta,Ed}}{\sigma_{\theta,Rd}}\right)^{k_\theta} - k_i \left(\frac{\sigma_{x,Ed}}{\sigma_{x,Rd}}\right)\left(\frac{\sigma_{\theta,Ed}}{\sigma_{\theta,Rd}}\right) + \left(\frac{\tau_{Ed}}{\tau_{Rd}}\right)^{k_\tau} \leq 1,00 \quad (6.24)$$

Dabei sind $\sigma_{x,Ed}$, $\sigma_{\theta,Ed}$ und τ_{Ed} die für eine Interaktion relevanten Gruppen der signifikanten Druck- und Schub-Membranspannungswerte in der Schale; die Werte für die Interaktionsparameter k_x, k_θ, k_τ und k_i sind nach folgenden Gleichungen zu errechnen:

$$\begin{aligned} k_x &= 1 + \chi_x^2 \\ k_\theta &= 1 + \chi_\theta^2 \\ k_\tau &= 1,5 + 0,5\,\chi_\tau^2 \\ k_i &= (\chi_x \chi_\theta)^2 \end{aligned} \quad (6.25)$$

ANMERKUNG 1 Bei einem nicht ausgesteiften Zylinder, der durch axialen Druck und Druck in Umfangsrichtung und durch Schub beansprucht wird, darf die in A.1.6 angegebene Gleichung für die Interaktionsparameter angewendet werden.

ANMERKUNG 2 Die oben genannten Regeln können mitunter unzureichend sein, sie erfassen jedoch die beiden, für viele Situationen sicheren Grenzfälle: a) in sehr dünnen Schalen ist die Interaktion zwischen σ_x und σ_θ linear, und b) in sehr dicken Schalen für die Interaktion zwischen Spannungen gilt die von-Mises-Interaktion der äquivalenten Spannung oder die der in EN 1999-1-1 angegebenen alternativen Interaktionsgleichung.

(4) Wenn $\sigma_{x,Ed}$ oder $\sigma_{\theta,Ed}$ eine Zugspannung ist, sollte ihr Wert in Gleichung (6.24) gleich null gesetzt werden.

ANMERKUNG Für Zylinder, die durch axialen Innendruck beansprucht werden (wodurch in Umfangsrichtung eine Zugspannung entsteht), gelten die in Anhang A angegebenen besonderen Festlegungen. Der für $\sigma_{x,Rd}$ ermittelte Wert berücksichtigt sowohl die Verfestigungswirkung des Innendruckes auf die elastische Beulbeanspruchbarkeit als auch den Schwächungseinfluss des elastisch-plastischen Elefantenfuß-Phänomens [Gleichung (A.22)]. Die Beulfestigkeit wird exakt repräsentiert, wenn die Zugspannung $\sigma_{\theta,Ed}$ in Gleichung (6.24) gleich null gesetzt wird.

(5) Die Lagen und Werte für alle in Gleichung (6.24) kombiniert anzuwendenden beulen-relevanten Membranspannungen werden in Anhang A festgelegt.

6.2.4 Einfluss des Schweißens

6.2.4.1 Allgemeines

(1) Bei der Bemessung von Schalenkonstruktionen aus Aluminium sollten die allgemeinen Kriterien und Regeln für Schweißkonstruktionen nach EN 1999-1-1 eingehalten werden.

(2) Bei der Bemessung von geschweißten Schalenkonstruktionen aus kalt verfestigten oder aushärtbaren Legierungen sollte die in der Nähe von Schweißnähten auftretende Verringerung der Festigkeitswerte berücksichtigt werden. Dieser Bereich wird als Wärmeeinflusszone (WEZ) bezeichnet. Ausnahmen für diese Regel werden in EN 1999-1-1 angegeben.

(3) Zu Bemessungszwecken wird angenommen, dass die Festigkeitswerte in der gesamten Wärmeeinflusszone auf das gleiche Niveau verringert werden.

ANMERKUNG 1 Wenn auch diese Verringerung im Wesentlichen die 0,2%-Dehngrenze und die Zugfestigkeit des Werkstoffs betrifft, kann es durchaus sein, dass die Einflüsse auf druckbeanspruchte Teile von Schalenkonstruktionen, die in Abhängigkeit von der konstruktiven Schlankheit und den Eigenschaften der Legierung beulanfällig sind, signifikant sind.

ANMERKUNG 2 Der Einfluss der durch Schweißen bedingten Festigkeitsverringerung ist für Beulen im plastischen Bereich signifikanter. Auch örtliche Schweißnähte in beulgefährdeten Bereichen können wegen der WEZ die Beulbeanspruchbarkeit merklich verringern. Daher wird empfohlen, in großen, nicht ausgesteiften und durch Druck beanspruchten Teilen Schweißungen zu vermeiden.

ANMERKUNG 3 Zu Zwecken der Bemessung kann eine Schweißung als Längsstreifen auf der Schalenoberfläche angesehen werden, deren beeinflusster Bereich sich unmittelbar um die Schweißnaht ausbreitet. Außerhalb dieses Bereichs werden rasch wieder die vollständigen ungeschweißten Festigkeitswerte erreicht. Entlang dieser Streifen können Fließlinien auftreten, wenn sich Beulen in der Schale bilden.

ANMERKUNG 4 Manchmal ist es möglich, die Einflüsse der Festigkeitsverringerung in der WEZ durch Warmauslagern nach dem Schweißen zu mildern, siehe EN 1999-1-1.

(4) Der Einfluss der schweißbedingten Festigkeitsverringerung auf die Beulbeanspruchbarkeit der Schale sollte für alle Schweißnähte, die direkt oder indirekt einer Druckspannung ausgesetzt sind, nach den in 6.2.4.2 angegebenen Regeln überprüft werden.

Grad der Festigkeitsverringerung — 6.2.4.2

(1) Der Grad der schweißbedingten Festigkeitsverringerung wird durch die Abminderungsfaktoren $\rho_{o,haz}$ und $\rho_{u,haz}$ angegeben, die aus den Quotienten des charakteristischen Wertes für die 0,2%-Dehngrenze $f_{o,haz}$ (bzw. für die Zugfestigkeit $f_{u,haz}$) in der Wärmeeinflusszone und des charakteristischen Wertes für f_o (bzw. f_u) im Grundwerkstoff bestimmt werden:

$$\rho_{o,haz} = \frac{f_{o,haz}}{f_o} \quad \text{und} \quad \rho_{u,haz} = \frac{f_{u,haz}}{f_u} \tag{6.26}$$

(2) Die charakteristischen Werte für die Festigkeiten $f_{o,haz}$ und $f_{o,haz}$ sowie die Werte für $\rho_{o,haz}$ und $\rho_{o,haz}$ werden in Tabelle 3.2a von EN 1999-1-1 für Aluminiumknetlegierungen in Form von Blechen, Bändern und Platten und in Tabelle 3.2b für Strangpressteile angegeben.

(3) Die Erholungszeiten nach dem Schweißen sollten nach den in EN 1999-1-1 angegebenen Bestimmungen bewertet werden.

Ausdehnung der Wärmeeinflusszone — 6.2.4.3

(1) Die in EN 1999-1-1 angegebenen allgemeinen Hinweise auf die Ausdehnung der WEZ sollten beachtet werden.

(2) Bei den Beulsicherheitsnachweisen wird davon ausgegangen, dass die WEZ in den Schalenblechen in Bereichen mit Beulrisiko mit einem Abstand b_{haz} in jede Richtung verläuft, ausgehend von der Schweißnaht und entsprechend der Darstellung in Bild 6.2 an ebenen Stumpfnähten rechtwinklig zur Mittellinie oder an Kehlnähten rechtwinklig zur Schnittlinie der Schweißnahtoberflächen gemessen:

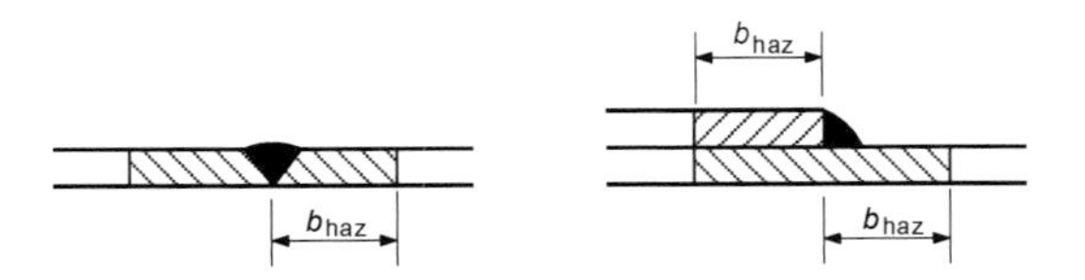

Bild 6.2: Ausdehnung der Schweißeinflusszonen (WEZ) im Schalenblech

6.2.4.4 Beulbeanspruchbarkeit unausgesteifter geschweißter Schalen

(1) Die Beulbeanspruchbarkeit unausgesteifter geschweißter Schalen sollte in allen Fällen bewertet werden, in denen in der Schale Druckspannungsresultanten in seitlich nicht behinderten geschweißten Tafeln auftreten.

(2) Der Nachweis des Schweißeinflusses auf Beulen kann entfallen, wenn alle Schweißnähte in den Schalen parallel zu den Druckspannungsresultanten gelegt werden, die im Tragwerk unter allen Lastbedingungen wirksam werden, vorausgesetzt, der durch die WEZ bedingte Abminderungsfaktor $\rho_{o,haz}$ ist nicht kleiner als 0,60.

(3) Der Einfluss des Schweißens auf die Beulbeanspruchbarkeit kann durch eine *geometrisch und materiell nichtlineare Analyse mit Imperfektionen* (GMNIA) unter Berücksichtigung der tatsächlichen Eigenschaften sowohl des Grundwerkstoffs als auch der Schweißeinflusszonen (WEZ) bewertet werden.

(4) Wenn keine exakte GMNIA-Analyse durchgeführt werden kann, ist eine Bewertung der Beulbeanspruchbarkeit der Schale auf vereinfachte Weise mit Hilfe des Abminderungsfaktors möglich, der durch das Verhältnis $\rho_{i,w} = \chi_{i,w}/\chi_i$ der Beulfaktoren einer geschweißten Konstruktion $\chi_{w,i}$ und einer ungeschweißten Konstruktion χ_i bestimmt wird.

ANMERKUNG 1 Druckspannungsresultanten in Schalen können nicht nur durch direkten Druck entstehen, sondern auch durch äußeren Druck, Schub und lokalisierte Lasten. Unabhängig von der Lastbedingung sind Abminderungsfaktoren $\chi_{w,i}$ anzuwenden, wenn Schweißnähte orthogonal zu den Druckspannungsresultanten eine lokale plastische Verformung veranlassen können.

ANMERKUNG 2 In den Absätzen (4) und (5) sollten in Abhängigkeit davon, ob sich die Abminderungsfaktoren χ und ρ auf axialen Druck, Druck in Umfangsrichtung bzw. Schub beziehen, „i" „x", „θ" oder „τ" als Index eingesetzt werden.

(5) Der Abminderungsfaktor zur Berücksichtigung der Festigkeitsverringerung in der WEZ von Schalenkonstruktionen wird nach der folgenden Gleichung bestimmt:

$$\rho_{i,w} = \omega_0 + (1 - \omega_0)\frac{\overline{\lambda}_i - \overline{\lambda}_{i,0}}{\overline{\lambda}_{i,w} - \overline{\lambda}_{i,0}} \text{ mit } \rho_{i,w} \leq 1 \text{ und } \rho_{i,w} > \omega_0 \tag{6.27}$$

Hierbei ist

$$\omega_0 = \frac{\rho_{u,haz} f_u / \gamma_{M2}}{f_u / \gamma_{M1}} \text{ aber } \omega_0 \leq 1 \tag{6.28}$$

$f_{u,haz}$ und $\rho_{o,haz}$ die durch die Schweißeinflusszone bedingten Abminderungsfaktoren, die Tabelle 3.2a oder Tabelle 3.2b in EN 1999-1-1 zu entnehmen sind;

$\overline{\lambda}_{i,0}$ der relative Schlankheitsparameter für die Quetschgrenze für die zu betrachtenden Lastfälle, die Anhang A zu entnehmen sind;

$\overline{\lambda}_{i,w}$ der Grenzwert für den relativen Schlankheitsparameter, bei dessen Überschreitung der Einfluss der Schweißnaht auf Beulen verschwindet und der durch folgende Gleichung angegeben wird:
$\overline{\lambda}_{i,w} = 1{,}39(1 - \rho_{o,haz})(\overline{\lambda}_{i,w,0} - \overline{\lambda}_{i,0})$, aber $\overline{\lambda}_{i,w} \leq \overline{\lambda}_{i,w,0}$, siehe Bild 6.3;

$\overline{\lambda}_{i,w,0}$ die absolute Obergrenze der Schlankheit für den Einfluss der Schweißnaht in Abhängigkeit von Lastfall, Baustoff und Toleranzklasse der Schale, die in Tabelle 6.5 angegeben wird.

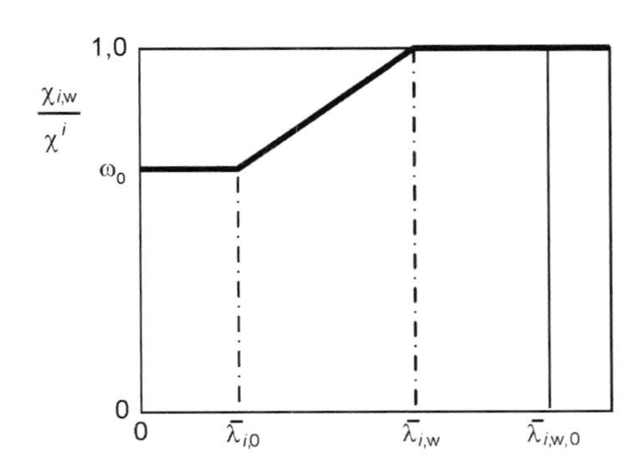

Bild 6.3: Festlegung des durch die WEZ bedingten Abminderungsfaktors $\rho_{i,w}$

Tabelle 6.5: $\overline{\lambda}_{i,w,0}$-Werte für die in Anhang A berücksichtigten wesentlichen Lastfälle

Toleranzklasse	Axialer Druck $\overline{\lambda}_{x,w,0}$		Druck in Umfangsrichtung $\overline{\lambda}_{\theta,w,0}$		Torsion und Schub $\overline{\lambda}_{\tau,w,0}$	
	Werkstoff Klasse A	**Werkstoff Klasse B**	**Werkstoff Klasse A**	**Werkstoff Klasse B**	**Werkstoff Klasse A**	**Werkstoff Klasse B**
Klasse 1	0,8	0,7	1,2	1,1	1,4	1,3
Klasse 2	1,0	0,9	1,3	1,2	1,5	1,4
Klasse 3	1,2	1,1	1,4	1,3	1,6	1,5
Klasse 4	1,3	1,2	–	–	–	–

Beulbeanspruchbarkeit ausgesteifter geschweißter Schalen 6.2.4.5

(1) Für ausgesteifte geschweißte Schalen braucht kein Nachweis für den Einfluss des Schweißens erbracht zu werden, wenn die Steifen eine ausreichende seitliche Behinderung gegenüber den verschweißten Tafeln haben. Ist das nicht der Fall, gelten die Bestimmungen in 6.2.4.4.

Bemessung durch numerische Analyse 6.2.5

(1) Die in 5.5 und 6.1.4 für die *geometrisch und materiell nichtlineare Analyse mit Imperfektionen* (GMNIA) angegebenen Verfahren dürfen angewendet werden. Die GMNIA-Analyse darf, als Alternative zum Verfahren nach 6.2.3, durchgeführt werden, indem die Größtwerte der in 6.2.2 angegebenen Toleranzen als anfängliche geometrische Imperfektionen angenommen werden.

(2) Für geschweißte Konstruktionen sollte für den Werkstoff in der Wärmeeinflusszone ein Modell entwickelt werden, siehe 6.2.4.2, 6.2.4.3 und 6.2.4.4.

7 Grenzzustände der Gebrauchstauglichkeit

7.1 Allgemeines

(1) Die in EN 1999-1-1 für Grenzzustände der Gebrauchstauglichkeit angegebenen Regeln sollten auch auf Schalenkonstruktionen angewendet werden.

7.2 Durchbiegungen

(1) Die Durchbiegungen dürfen unter der Annahme elastischen Verhaltens errechnet werden.

(2) Die Grenzen für die Durchbiegungen sollten unter Bezug auf EN 1990, Anhang A, A.1.4, für jedes Projekt festgelegt und mit dem für das Projekt Verantwortlichen vereinbart werden.

Anhang A
(normativ)

Ausdrücke für Beuluntersuchungen in Schalenkonstruktionen

Unausgesteifte zylindrische Schalen mit konstanter Wanddicke A.1

Anmerkungen und Randbedingungen A.1.1

(1) Allgemeine Größen (Bild A.1)

l Länge des Zylinders zwischen oberer und unterer Begrenzung;

r Radius der Mittelfläche des Zylinders;

t Dicke der Schale:

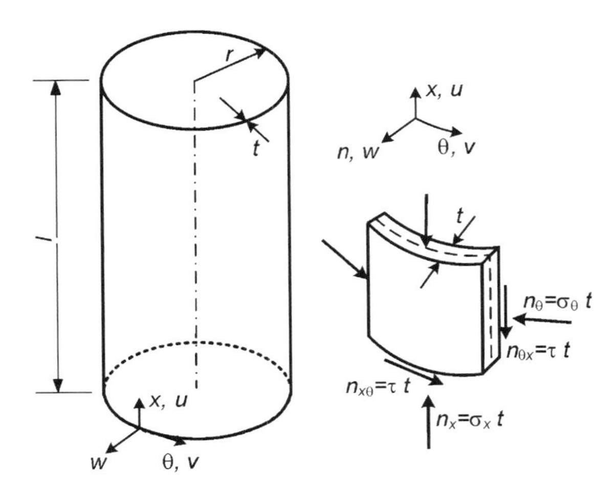

Bild A.1: Geometrie, Membranspannungen und Spannungsresultanten am Zylinder

(3) Die Randbedingungen werden in 5.2 und 6.2.1 festgelegt.

(Axialer) Druck in Meridianrichtung A.1.2

(1) Zylinder brauchen nicht auf Beulen in Meridianrichtung überprüft zu werden, wenn sie die folgende Gleichung erfüllen:

$$\frac{r}{t} \leq 0{,}03\frac{E}{f_0} \tag{A.1}$$

Ideale Beulspannungen in Meridianrichtung A.1.2.1

(1) Die folgenden Ausdrücke dürfen nur für Schalen mit den Randbedingungen BC 1 oder BC 2 an beiden Rändern angewendet werden.

(2) Die Länge des Schalenabschnitts wird durch den dimensionslosen Parameter ω gekennzeichnet:

$$\omega = \frac{l}{r}\sqrt{\frac{r}{t}} = \frac{l}{\sqrt{rt}} \tag{A.2}$$

(3) Die kritische Beulspannung in Meridianrichtung sollte unter Anwendung der Werte für C_x aus Tabelle A.1 nach folgender Gleichung errechnet werden:

$$\sigma_{x,cr} = 0{,}605\, E\, C_x \frac{t}{r} \tag{A.3}$$

Tabelle A.1: Faktor C_x für die kritische Beulspannung in Meridianrichtung

Zylinderschale	$\omega = \frac{l}{\sqrt{rt}}$	Faktor C_x
Kurze Länge	$\omega \leq 1{,}7$	$C_x = 1{,}36 - \frac{1{,}83}{\omega} + \frac{2{,}07}{\omega^2}$
Mittlere Länge	$1{,}7 < \omega < 0{,}5\frac{r}{t}$	$C_x = 1$
Große Länge	$\omega \geq 0{,}5\frac{r}{t}$	$C_x = 1 - \frac{0{,}2}{C_{xb}}\left(2\omega\frac{t}{r} - 1\right)$, aber für $C_x \geq 0{,}6$, wobei C_{xb} in Tabelle A.2 angegeben wird

Tabelle A.2: Parameter C_{xb} für den Einfluss der Randbedingungen für lange Zylinder

Fall	**Zylinderende**	**Randbedingung**	C_{xb}
1	Ende 1 Ende 2	BC 1 BC 1	6
2	Ende 1 Ende 2	BC 1 BC 2	3
3	Ende 1 Ende 2	BC 2 BC 2	1

ANMERKUNG BC 1 schließt sowohl BC1f als auch BC1r ein.

(4) Für die in Tabelle A.1 definierten langen Zylinder, die weitere, nachfolgend angegebene Bedingungen erfüllen:

$$\frac{r}{t} \leq 150 \text{ und } \frac{\omega t}{r} \leq 6 \text{ und } 500 \leq \frac{E}{f_0} \leq 1\,000 \quad \text{(A.4)}$$

darf der Faktor C_x auch nach folgender Gleichung ermittelt werden:

$$C_x = C_{x,N}\frac{\sigma_{x,N,Ed}}{\sigma_{x,Ed}} + \frac{\sigma_{x,M,Ed}}{\sigma_{x,Ed}} \quad \text{(A.5)}$$

Hierbei ist

$C_{x,N}$ der Parameter für einen langen Zylinder unter axialem Druck nach Tabelle A.1;

$\sigma_{x,Ed}$ der Bemessungswert für die Spannung in Meridianrichtung ($\sigma_{x,Ed} = \sigma_{x,N,Ed} + \sigma_{x,M,Ed}$);

$\sigma_{x,N,Ed}$ die Spannungskomponente aus dem axialen Druck (gleich bleibende Komponente in Umfangsrichtung);

$\sigma_{x,M,Ed}$ die Spannungskomponente aus der globalen Biegung rohrförmiger Elemente (Spitzenwert der veränderlichen Komponente in Umfangsrichtung).

A.1.2.2 Beulparameter in Meridianrichtung

(1) Der elastische Imperfektionsfaktor in Meridianrichtung sollte nach folgender Gleichung errechnet werden:

$$a_x = \frac{1}{1 + 2{,}60\left(\frac{1}{Q}\sqrt{\frac{0{,}6E}{f_0}}\left(\bar{\lambda}_x - \bar{\lambda}_{x,0}\right)\right)^{1{,}44}}, \text{ aber mit } a_x \leq 1{,}00 \quad \text{(A.6)}$$

Hierbei ist

$\overline{\lambda}_{x,0}$ der Schlankheitsparameter für die Quetschgrenze in Meridianrichtung;

Q der Toleranzparameter für den Druck in Meridianrichtung.

(2) Der Toleranzparameter Q sollte für die jeweils festgelegte Toleranzklasse aus Tabelle A.3 entnommen werden. Für Toleranzklasse 4 hängt der Toleranzparameter Q auch von den in Tabelle 5.1 definierten Randbedingungen ab.

(3) Der Legierungsfaktor und der Schlankheitsparameter für die Quetschgrenze in Meridianrichtung sollten nach der in EN 1999-1-1 definierten Beulklasse des Werkstoffs aus Tabelle A.4 entnommen werden.

Tabelle A.3: Toleranzparameter Q

Toleranzklasse	Wert für Q für die Randbedingungen	
	BC1r, BC2r	BC1f, BC2f
Klasse 1	16	
Klasse 2	25	
Klasse 3	40	
Klasse 4	60	50

Tabelle A.4: Werte für $\overline{\lambda}_{x,0}$ und μ_x für den Druck in Meridianrichtung

Beulklasse des Werkstoffs	$\overline{\lambda}_{x,0}$	μ_x
A	0,20	0,35
B	0,10	0,20

(4) Für lange Zylinder, die den Sonderbedingungen von A.1.2.1(4) entsprechen, darf der Schlankheitsparameter für die Quetschgrenze in Meridianrichtung nach folgender Gleichung errechnet werden:

$$\overline{\lambda}_{x,0,1} = \overline{\lambda}_{x,0} + 0,10\frac{\sigma_{x,M,Ed}}{\sigma_{x,Ed}} \tag{A.7}$$

Dabei sollte $\overline{\lambda}_{x,0}$ aus Tabelle A.4 entnommen werden, während $\sigma_{x,Ed}$ und $\sigma_{x,M,Ed}$ in A.1.2.1(4) angegeben werden.

A.1.3 Druckbeanspruchung in Umfangsrichtung (Ringspannung)

(1) Zylinder brauchen nicht auf Beulen in Umfangsrichtung überprüft zu werden, wenn sie die folgende Gleichung erfüllen:

$$\frac{r}{t} \leq 0,21\sqrt{\frac{E}{f_0}} \tag{A.8}$$

A.1.3.1 Kritische Beulspannungen in Umfangsrichtung

(1) Die folgenden Ausdrücke dürfen auf Schalen mit allen Randbedingungen angewendet werden.

(2) Die Länge des Schalenabschnitts wird durch den dimensionslosen Parameter ω gekennzeichnet:

$$\omega = \frac{l}{r}\sqrt{\frac{r}{t}} = \frac{l}{\sqrt{rt}} \tag{A.9}$$

(3) Die kritische Beulspannung in Umfangsrichtung sollte unter Anwendung der Werte für C_θ aus Tabelle A.5 für Zylinder mit mittlerer Länge und aus Tabelle A.6 für kurze Zylinder nach folgender Gleichung errechnet werden:

$$\sigma_{\theta,\mathrm{cr}} = 0{,}92\, E \frac{C_\theta}{\omega} \frac{t}{r} \tag{A.10}$$

Tabelle A.5: Außendruck-Beulfaktor C_θ für Zylinder mit mittlerer Länge ($20 < \omega / C_\theta < 1{,}63\, r/t$)

Fall	Zylinderende	Randbedingung	Faktor C_θ
1	Ende 1 Ende 2	BC 1 BC 1	1,5
2	Ende 1 Ende 2	BC 1 BC 2	1,25
3	Ende 1 Ende 2	BC 2 BC 2	1,0
4	Ende 1 Ende 2	BC 1 BC 3	0,6
5	Ende 1 Ende 2	BC 2 BC 3	0
6	Ende 1 Ende 2	BC 3 BC 3	0

Tabelle A.6: Außendruck-Beulfaktor C_θ für kurze Zylinder ($\omega / C_\theta \leq 20$)

Fall	Zylinderende	Randbedingung	Faktor C_θ
1	Ende 1 Ende 2	BC 1 BC 1	$C_\theta = 1{,}5 + \frac{10}{\omega^2} - \frac{5}{\omega^3}$
2	Ende 1 Ende 2	BC 1 BC 2	$C_\theta = 1{,}25 + \frac{8}{\omega^2} - \frac{4}{\omega^3}$
3	Ende 1 Ende 2	BC 2 BC 2	$C_\theta = 1{,}0 + \frac{3}{\omega^{1{,}35}}$
4	Ende 1 Ende 2	BC 1 BC 3	$C_\theta = 0{,}6 + \frac{1}{\omega^2} - \frac{0{,}3}{\omega^3}$

ANMERKUNG In den Tabellen A.5 und A.6 steht BC 1 sowohl für BC1f als auch für BC1r.

(4) Für lange Zylinder ($\omega / C_\theta \geq 1{,}63\, r/t$) sollte die Beulspannung in Umfangsrichtung nach folgender Gleichung errechnet werden:

$$\sigma_{\theta,\mathrm{cr}} = E \left(\frac{t}{r} \right)^2 \left(0{,}275 + 2{,}03 \left(\frac{C_\theta r}{\omega t} \right)^4 \right) \tag{A.11}$$

A.1.3.2 Beulparameter in Umfangsrichtung

(1) Der elastische Imperfektionsfaktor in Umfangsrichtung sollte nach folgender Gleichung errechnet werden:

$$\alpha_\theta = \frac{1}{1 + 0{,}2 \left(1 - \alpha_{\theta,\mathrm{ref}}\right)\left(\overline{\lambda}_\theta - \overline{\lambda}_\theta\right) / \alpha_{\theta,\mathrm{ref}}^2}, \text{ aber } \alpha_\theta \geq 1{,}00 \tag{A.12}$$

(2) Der Bezugs-Imperfektionsfaktor $\alpha_{\theta,\text{ref}}$ in Umfangsrichtung sollte für die festgelegte Toleranzklasse aus Tabelle 7 entnommen werden:

Tabelle A.7: Faktor $\alpha_{\theta,\text{ref}}$ in Abhängigkeit von der Toleranzklasse

Toleranzklasse	**Parameter** $\alpha_{\theta,\text{ref}}$
Klasse 1	0,50
Klasse 2	0,65
Klassen 3 und 4	0,75

(3) Der Legierungsfaktor und der Schlankheitsparameter für die Quetschgrenze in Umfangsrichtung sollten entsprechend der in EN 1999-1-1 festgelegten Beulklasse des Werkstoffs aus Tabelle A.8 entnommen werden.

Tabelle A.8: Werte für $\overline{\lambda}_{\theta,0}$ und μ_θ für Druck in Umfangsrichtung

Beulklasse des Werkstoffs	$\overline{\lambda}_{\theta,0}$	μ_θ
A	0,30	0,55
B	0,20	0,70

(4) Der aus der äußeren Windlast auf die Zylinder resultierte, ungleichmäßig verteilte Druck q_{eq} (siehe Bild A.1) darf im Rahmen des Beulsicherheitsnachweises für die Schale durch den folgenden äquivalenten gleichmäßigen Außendruck ersetzt werden:

$$q_{\text{eq}} = k_{\text{w}}\, q_{\text{w,max}} \tag{A.13}$$

Dabei ist $q_{\text{w,max}}$ der größte Winddruck, und k_{w} sollte nach folgender Gleichung errechnet werden:

$$k_{\text{w}} = 0{,}46\left(1 + 0{,}1\sqrt{\frac{C_\theta r}{\omega t}}\right) \tag{A.14}$$

mit einem Wert für k_{w} nicht außerhalb des Bereichs $0{,}65 \leq k_{\text{w}} \leq 1{,}0$ und mit C_θ, das entsprechend den Randbedingungen aus Tabelle A.5 entnommen wird.

(5) Der in 6.2.3.3 einzusetzende Bemessungswert für die Umfangsspannung wird nach folgender Gleichung errechnet:

$$\sigma_{\theta,\text{Ed}} = \left(q_{\text{eq}} + q_{\text{s}}\right)\frac{r}{t} \tag{A.15}$$

Dabei ist q_{s} der innere Saugzug, der durch Belüftung, inneres Teilvakuum oder andere Erscheinungen verursacht wird.

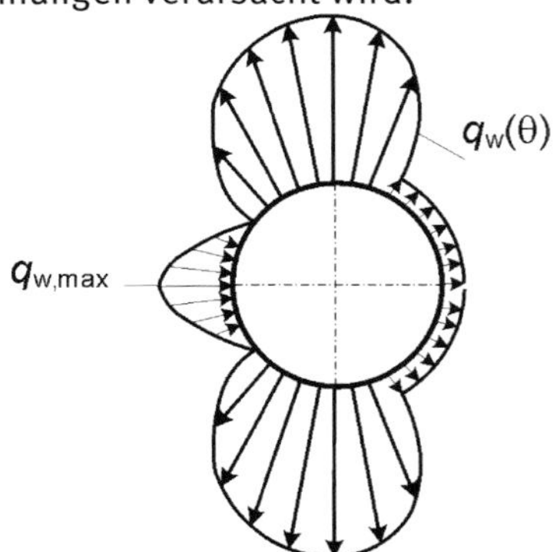

a) Winddruckverteilung am Umfang der Schale

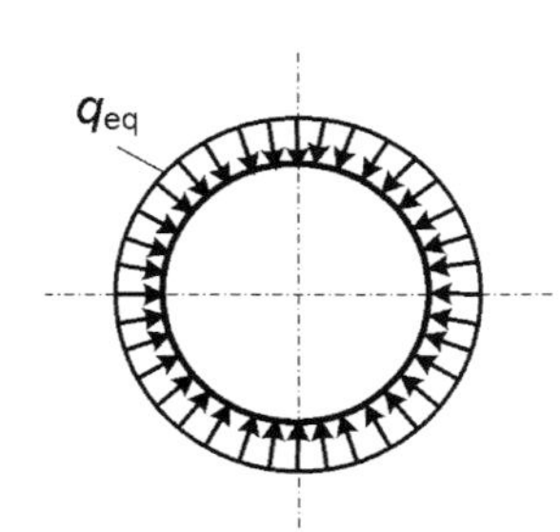

b) Äquivalente rotationssymmetrische Druckverteilung

Bild A.2: Transformation einer typischen Wind-Außendruckverteilung

A.1.4 Schubbeanspruchung

(1) Zylinder brauchen nicht auf durch Schubspannungen erzeugte Beulen überprüft zu werden, wenn sie die folgende Gleichung erfüllen:

$$\frac{r}{t} \leq 0{,}16 \left(\sqrt{\frac{E}{f_0}} \right)^{0{,}67} \tag{A.16}$$

A.1.4.1 Durch Schubbeanspruchung erzeugte kritische Beulspannungen

(1) Die folgenden Ausdrücke dürfen nur auf Schalen mit den Randbedingungen BC 1 oder BC 2 an beiden Rändern angewendet werden.

(2) Die Länge des Schalenabschnitts wird durch den dimensionslosen Parameter ω gekennzeichnet:

$$\omega = \frac{l}{r}\sqrt{\frac{r}{t}} = \frac{l}{\sqrt{rt}} \tag{A.17}$$

(3) Die durch Schub erzeugte kritische Beulspannung sollte unter Anwendung der Werte für C_τ aus Tabelle A.9 nach folgender Gleichung errechnet werden:

$$\tau_{cr} = 0{,}75\, E C_\tau \frac{t}{r} \tag{A.18}$$

Tabelle A.9: Faktor C_τ für die durch Schub erzeugte kritische Beulspannung

Zylinderschale	$\omega = \frac{l}{\sqrt{rt}}$	Faktor C_τ
Kurze Länge	$\omega \leq 10$	$C_\tau = \sqrt{1 + \frac{42}{\omega^3}}$
Mittlere Länge	$10 < \omega < 8{,}7\frac{r}{t}$	$C_\tau = 1$
Große Länge	$\omega \geq 8{,}7\frac{r}{t}$	$C_\tau = \frac{1}{3}\sqrt{\frac{\omega t}{r}}$

A.1.4.2 Schub-Beulparameter

(1) Der Schub-Imperfektionsfaktor sollte nach folgender Gleichung errechnet werden:

$$\alpha_\tau = \frac{1}{1 + 0{,}2\left(1 - \alpha_{\tau,\text{ref}}\right)\left(\bar{\lambda}_\tau - \bar{\lambda}_{\tau,0}\right) / \alpha_{\tau,\text{ref}}^2}, \text{ aber } \alpha_\tau \leq 1{,}00 \tag{A.19}$$

(2) Der Bezugs-Schub-Imperfektionsfaktor $\alpha_{\tau,\text{ref}}$ sollte für die festgelegte Toleranzklasse aus Tabelle 10 entnommen werden:

Tabelle A.10: Faktor $\alpha_{\tau,\text{ref}}$ in Abhängigkeit von der Toleranzklasse

Toleranzklasse	Parameter $\alpha_{\tau,\text{ref}}$
Klasse 1	0,50
Klasse 2	0,65
Klassen 3 und 4	0,75

(3) Der Legierungsfaktor und der Schlankheitsparameter für die Quetschgrenze in Schubrichtung sollten entsprechend der in EN 1999-1-1 festgelegten Beulklasse des Werkstoffs aus Tabelle A.11 entnommen werden.

Tabelle A.11: $\overline{\lambda}_{\tau,0}$- und μ_τ-Werte für Schub

Beulklasse des Werkstoffs	$\overline{\lambda}_{\tau,0}$	μ_τ
A	0,50	0,30
B	0,40	0,40

A.1.5 (Axiale) Druckbeanspruchung in Meridianrichtung mit gleichzeitig vorhandener Innendruckbeanspruchung

A.1.5.1 Kritische Beulspannung in Meridianrichtung unter Innendruck

(1) Es darf davon ausgegangen werden, dass die kritische Beulspannung in Meridianrichtung $\sigma_{x,cr}$ durch das Vorhandensein von Innendruck nicht beeinflusst wird; sie darf nach A.1.2.1 bestimmt werden.

A.1.5.2 Beulparameter in Meridianrichtung unter Innendruck

(1) Der Nachweis für die Beulfestigkeit in Meridianrichtung unter Innendruck sollte analog zu der Beulfestigkeit in Meridianrichtung ohne Innendruck nach 6.2.3.3 und A.1.2.2 durchgeführt werden. Der elastische Imperfektionsfaktor α_x ohne Innendruck darf jedoch durch den elastischen Imperfektionsfaktor $\alpha_{x,p}$ unter Innendruck ersetzt werden.

(2) Der kleinere der beiden folgenden Werte sollte als der elastische Imperfektionsfaktor $\alpha_{x,p}$ unter Innendruck angesehen werden:

$\alpha_{x,pe}$ ein Faktor, der die druckinduzierte elastische Stabilisierung erfasst;

$\alpha_{x,pp}$ ein Faktor, der die druckinduzierte plastische Stabilisierung erfasst.

(3) Der Faktor $\alpha_{x,pe}$ sollte nach folgender Gleichung errechnet werden:

$$\alpha_{x,pe} = \alpha_x + (1 - \alpha_x)\frac{\overline{p}}{\overline{p} + 0{,}3/\alpha_x^{0,5}} \tag{A.20}$$

$$\overline{p} = \frac{p\,r}{t\,\sigma_{x,cr}} \tag{A.21}$$

Hierbei ist

$\overline{p}$ der kleinste Wert für den Innendruck an dem zu bewertendem Punkt, der garantiert gleichzeitig mit dem Druck in Meridianrichtung auftritt;

α_x der elastische Imperfektionsfaktor in Meridianrichtung ohne Innendruck nach A.1.2.2;

$\sigma_{x,cr}$ die kritische elastische Beulspannung in Meridianrichtung nach A.1.2.1(3).

(4) Der Faktor $\alpha_{x,pe}$ sollte nicht auf Zylinder angewendet werden, die nach A.1.2.1(3), Tabelle A.1, als lang eingestuft werden. Er sollte weiterhin nicht angewendet werden, wenn nicht

- der Zylinder eine mittlere Länge nach A.1.2.1(3), Tabelle A.1 hat;
- der Zylinder nach A.1.2.1(3), Tabelle A.1 kurz ist und $C_x = 1$ in A.1.2.1(3) eingeführt wurde.

(5) Der Faktor $\alpha_{x,pp}$ sollte nach folgender Gleichung errechnet werden:

$$\alpha_{x,pp} = \left(1 - \frac{\overline{p}^2}{\overline{\lambda}_x^4}\right)\left(1 - \frac{1}{1{,}12 + s^{1,5}}\right)\frac{s^2 + 1{,}21\overline{\lambda}_x^2}{s(s+1)} \tag{A.22}$$

$$\overline{p} = \frac{pr}{t\,\sigma_{x,cr}} \tag{A.23}$$

$$s = \frac{r}{400\,t} \tag{A.24}$$

Hierbei ist

$\overline{p}$ der größte Wert für den Innendruck an dem zu bewertenden Punkt, der möglicherweise gleichzeitig mit dem Druck in Meridianrichtung auftritt;

$\overline{\lambda}_x$ der dimensionslose Schlankheitsparameter der Schale nach 6.2.3.2(3);

$\sigma_{x,cr}$ die kritische elastische Beulspannung in Meridianrichtung nach A.1.2.1(3).

A.1.6 Kombinationen von (axialer) Druckbeanspruchung in Meridianrichtung, Druckbeanspruchung in Umfangsrichtung (Ringspannung) und Schubbeanspruchung

(1) Die in 6.2.3.3(3) anzuwendenden Beul-Interaktionsparameter dürfen nach folgenden Gleichungen errechnet werden:

$$\begin{aligned} k_x &= 1{,}25 + 0{,}75\,\chi_x \\ k_\theta &= 1{,}25 + 0{,}75\,\chi_\theta \\ k_\tau &= 1{,}25 + 0{,}75\,\chi_\tau \\ k_i &= (\chi_x\,\chi_\theta)2 \end{aligned} \tag{A.25}$$

wobei χ_x, χ_θ und χ_τ die in 6.2.3.2 festgelegten Beul-Abminderungsfaktoren unter Anwendung der in A.1.2 bis A.1.4 angegebenen Beulparameter sind.

(2) Es sollte davon ausgegangen werden, dass die drei Membranspannungskomponenten an einem beliebigen Punkt der Schale mit Ausnahme der Ränder in kombinierter Interaktion stehen. Für alle Punkte innerhalb einer Zone, die von beiden Rändern des Zylinderabschnitts jeweils über die Länge l_s reicht, darf der Nachweis für eine Beul-Interaktion entfallen. Der Wert für l_s ist der kleinere der Werte, die nach den beiden folgenden Gleichungen bestimmt werden:

$$l_s = 0{,}1\,L \text{ und } l_s = 0{,}16\,r\sqrt{r/t} \tag{A.26}$$

(3) Falls es zu umständlich ist, die Beul-Interaktion für alle Punkte nachzuweisen, ist nach (4) und (5) eine einfachere konservative Bewertung möglich. Wenn der größte Wert einer der für Beulen relevanten Membranspannungen an den Enden einer Zylinderschale in einer der beiden Randzonen mit der Länge l_s auftritt, darf der Nachweis der Interaktion nach 6.2.3.3(3) unter Anwendung der in (4) definierten Werte durchgeführt werden.

(4) Falls die unter (3) genannte Bedingung erfüllt wird, darf für den Nachweis der Interaktion nach 6.2.3.3(3) der größte Wert für eine der für Beulen relevanten Membranspannungen angewendet werden, der innerhalb der freien Länge l_f auftritt, d. h. außerhalb der Randzonen (siehe Bild A.3a) und wobei gilt:

$$l_f = L - 2\,l_s \tag{A.27}$$

(5) Für die in A.1.2.1(3) in Tabelle A.1 festgelegten langen Zylinder dürfen die für eine Interaktion relevanten Gruppen, die für den Nachweis der Interaktion angewendet werden, weiter als in (3) und (4) eingeschränkt werden. Die Spannungen, die als der für die Interaktion relevanten Gruppe zugehörig angesehen werden, dürfen dann auf einen beliebigen Abschnitt der Länge l_{int} innerhalb der für den Interaktionsnachweis verbleibenden freien Länge l_f eingeschränkt werden (siehe Bild A.3b); dabei gilt:

$$l_{int} = 1{,}3\,r\sqrt{r/t} \tag{A.28}$$

(6) Falls in (3) bis (5) keine spezifischen Festlegungen zur Bestimmung der relativen Lagen oder zu Aussonderungen von interaktions-relevanten Gruppen von Membranspannungskomponenten getroffen werden und weiterhin eine einfache konservative Behandlung gefordert wird, darf für jede Membranspannung der größte Wert unabhängig von der Lage in der Schale in Gleichung (6.24) eingesetzt werden.

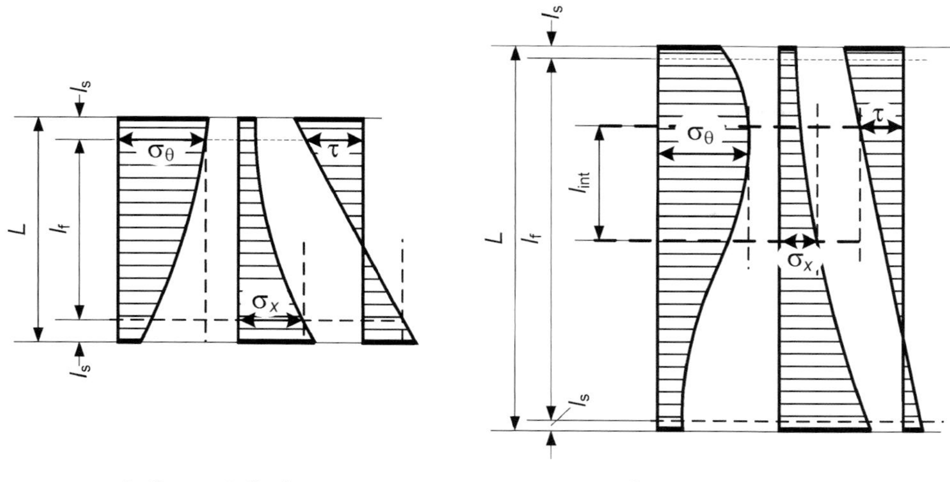

a) Kurzer Zylinder b) Langer Zylinder

Bild A.3: Beispiele für Gruppen von interaktions-relevanten Membranspannungskomponenten

Unausgesteifte Zylinderschalen mit gestufter Wanddicke — A.2

Allgemeines — A.2.1

Bezeichnungen und Randbedingungen — A.2.1.1

(1) In diesem Abschnitt werden folgende Bezeichnungen angewendet:

- L Gesamtlänge des Zylinders zwischen den Rändern;
- r Radius der Mittelfläche des Zylinders;
- j ganzzahliger Index zur Bezeichnung der einzelnen Zylinderabschnitte mit konstanter Wanddicke (von $j = 1$ bis $j = n$);
- t_j konstante Wanddicke des Abschnitts j des Zylinders;
- l_j Länge des Abschnitts j des Zylinders.

(2) Die folgenden Ausdrücke dürfen nur für Schalen mit den Randbedingungen BC 1 und BC 2 an beiden Rändern (siehe 5.2) angewendet werden, wobei zwischen ihnen kein Unterschied getroffen wird.

Geometrie und Absätze an Verbindungen — A.2.1.2

(1) Unter der Voraussetzung, dass die Wanddicke des Zylinders fortschreitend stufenweise vom oberen Rand bis zum Boden zunimmt (siehe Bild A.4a), dürfen die in diesem Abschnitt angegebenen Verfahren angewendet werden. Alternativ darf die *linear elastische Verzweigungsanalyse* (LBA) zur Berechnung der kritischen Beulspannung in Umfangsrichtung $\sigma_{\theta,cr,eff}$ in A.2.3.1(7) angewendet werden.

(2) Planmäßige Absätze e_0 zwischen den Platten benachbarter Abschnitte (siehe Bild A.4) dürfen als durch die folgenden Ausdrücke erfasst angesehen werden, vorausgesetzt, der vorgesehene Wert e_0 ist kleiner als der zulässige Wert $e_{0,p}$, der als der kleinere Wert nach einer der beiden folgenden Gleichungen bestimmt werden sollte:

$$e_{0,p} = 0{,}5(t_{max} - t_{min}) \text{ und } e_{0,p} = 0{,}5\, t_{min} \quad (A.29)$$

Hierbei ist

- t_{max} die Dicke der dickeren Platte an der Verbindung;
- t_{min} die Dicke der dünneren Platte an der Verbindung.

(3) Für Zylinder mit zulässigen planmäßigen Absätzen zwischen den Platten benachbarter Abschnitte nach (2) darf der Radius r als Mittelwert aus allen Abschnitten gebildet werden.

(4) Für Zylinder mit überlappenden Verbindungen (Überlappstößen) sollten die Bestimmungen für Konstruktionen mit Überlappstößen nach A.3 angewendet werden.

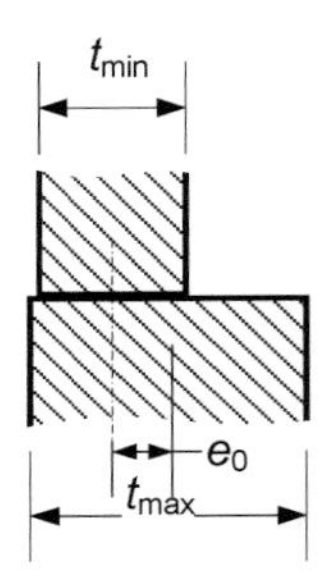

Bild A.4: Planmäßiger Absatz e_0 in einer Schale mit Stumpfstoß

A.2.2 Druckbeanspruchung in Meridianrichtung (Axialer Druck)

(1) Jeder Zylinderabschnitt j mit der Länge l_j sollte als ein äquivalenter Zylinder mit der Gesamtlänge $l = L$ und gleichmäßiger Wanddicke $t = t_j$ nach A.1.2 behandelt werden.

(2) Für die nach A.1.2.1(3), Tabelle A.1 festgelegten langen äquivalenten Zylinder sollte der Parameter C_{xb} konservativ als $C_{xb} = 1$ angenommen werden, sofern kein durch eine exaktere Analyse ermittelter besserer Wert verfügbar ist.

A.2.3 Druckbeanspruchung in Umfangsrichtung (Ringspannung)

A.2.3.1 Kritische Beulspannungen in Umfangsrichtung

(1) Wenn der Zylinder aus zwei Abschnitten mit unterschiedlicher Wanddicke besteht, sollte das Verfahren nach (4) bis (7) angewendet werden, siehe Bild A.5(II).

(2) Falls der Zylinder aus nur einem Abschnitt besteht (d. h. eine konstante Wanddicke hat), sollte A.1 angewendet werden.

(3) Wenn der Zylinder aus drei Abschnitten mit unterschiedlichen Wanddicken besteht, sollte das Verfahren nach (4) bis (7) angewendet werden, wobei zwei der drei fiktiven Abschnitte, a und b, als Abschnitte mit gleicher Dicke angesehen werden.

(4) Wenn der Zylinder aus mehr als drei Abschnitten mit unterschiedlichen Wanddicken besteht (siehe Bild A.5(I)), sollte er zunächst durch einen äquivalenten Zylinder mit den drei Abschnitten a, b und c ersetzt werden (siehe Bild A.5(II)). Die Länge seines oberen Abschnitts, l_a, sollte bis zum oberen Rand des ersten Abschnitts reichen, dessen Wanddicke größer als die 1,5-fache kleinste Wanddicke t_j ist; seine Länge sollte jedoch nicht mehr als die Hälfte der Gesamtlänge L des Zylinders betragen. Die Länge der beiden anderen Abschnitte, l_b und l_c, sollte nach folgender Gleichung errechnet werden:

$$l_b = l_a \text{ und } l_c = L - 2\,l_a \quad \text{wenn gilt: } l_a \leq L/3 \tag{A.30}$$

$$l_b = l_c = 0{,}5\,(L - l_a) \quad \text{wenn gilt: } L/3 < l_a \leq L/2 \tag{A.31}$$

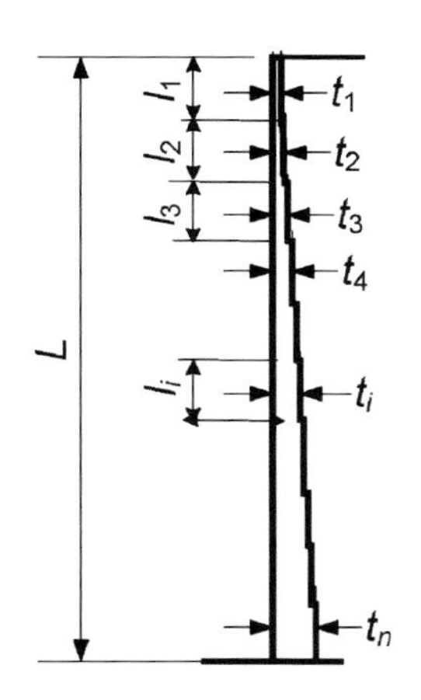

(I) Zylinder mit stufenweise veränderlicher Wanddicke

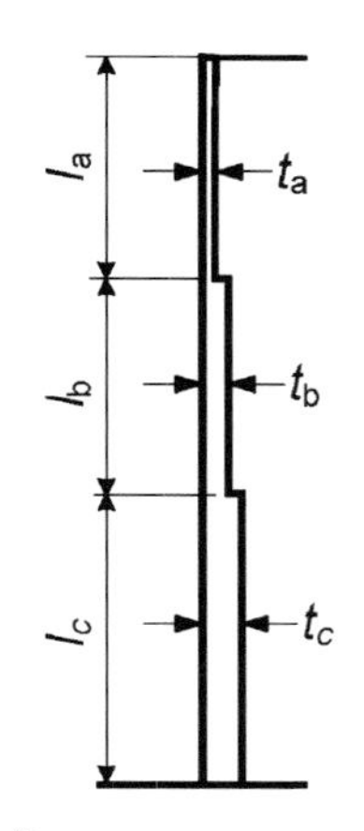

(II) Äquivalenter Zylinder mit drei Abschnitten

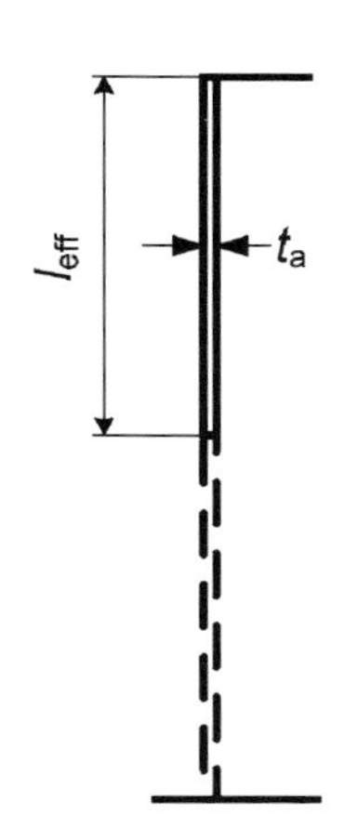

(III) Äquivalenter einziger Zylinder mit gleichmäßiger Wanddicke

Bild A.5: Transformation eines gestuften Zylinders in einen äquivalenten Zylinder

(5) Die fiktiven Wanddicken t_a, t_b und t_c der drei Abschnitte sollten als das gewichtete Mittel der Wanddicke für jeden der drei fiktiven Abschnitte bestimmt werden:

$$t_a = \frac{1}{l_a} \sum_a l_j t_j \tag{A.32}$$

$$t_b = \frac{1}{l_b} \sum_b l_j t_j \tag{A.33}$$

$$t_c = \frac{1}{l_c} \sum_c l_j t_j \tag{A.34}$$

(6) Der Zylinder mit drei Abschnitten (d. h. der äquivalente bzw. der tatsächliche Zylinder) sollte durch einen einzigen äquivalenten Zylinder mit der effektiven Länge l_{eff} und mit gleichmäßiger Wanddicke $t = t_a$ (siehe Bild A.5(III)) ersetzt werden. Die effektive Länge sollte nach folgender Gleichung errechnet werden:

$$l_{eff} = \frac{l_a}{\kappa} \tag{A.35}$$

wobei κ ein dimensionsloser Faktor ist, der aus Bild A.6 zu entnehmen ist.

(7) Für Zylinderabschnitte mit mittlerer oder kurzer Länge sollte die kritische Beulspannung in Umfangsrichtung für jeden Zylinderabschnitt j des ursprünglichen Zylinders mit stufenweise veränderlicher Wanddicke nach folgender Gleichung errechnet werden:

$$\sigma_{\theta,cr,j} = \frac{t_a}{t_j} \sigma_{\theta,cr,eff} \tag{A.36}$$

wobei $\sigma_{\theta,cr,eff}$ die kritische Beulspannung in Umfangsrichtung ist, die je nach Gültigkeit aus A.1.3.1(3), A.1.3.1(5) oder A.1.3.1(7) für den äquivalenten einzigen Zylinder mit der Länge l_{eff} nach (6) abgeleitet wird. Der Faktor C_θ sollte in diesen Ausdrücken den Wert $C_\theta = 1{,}0$ haben.

(8) Die Länge des Schalenabschnitts wird durch den dimensionslosen Parameter ω_j beschrieben:

$$\omega_j = \frac{l_j}{r} \sqrt{\frac{r}{t_j}} = \frac{l_j}{\sqrt{r\,t_j}} \tag{A.37}$$

(9) Falls ein langer Zylinderabschnitt j vorliegt, sollte zusätzlich eine zweite Bewertung der Beulspannung durchgeführt werden. Es sollte der kleinere der beiden aus (7) und (10) bestimmten Werte für den Beulsicherheitsnachweis des Zylinderabschnitts j verwendet werden.

(10) Der Zylinderabschnitt j sollte als lang angesehen werden, wenn gilt:

$$\omega_{\mathrm{j}} \geq 1{,}63\frac{r}{t_{\mathrm{j}}}, \tag{A.38}$$

und in diesem Fall sollte die kritische Beulspannung in Umfangsrichtung aus der folgenden Gleichung ermittelt werden:

$$\sigma_{\theta,\mathrm{cr,j}} = E\left(\frac{t_{\mathrm{j}}}{r}\right)^2\left(0{,}275 + 2{,}03\left(\frac{C_\theta r}{\omega_{\mathrm{j}} t_{\mathrm{j}}}\right)^4\right) \tag{A.39}$$

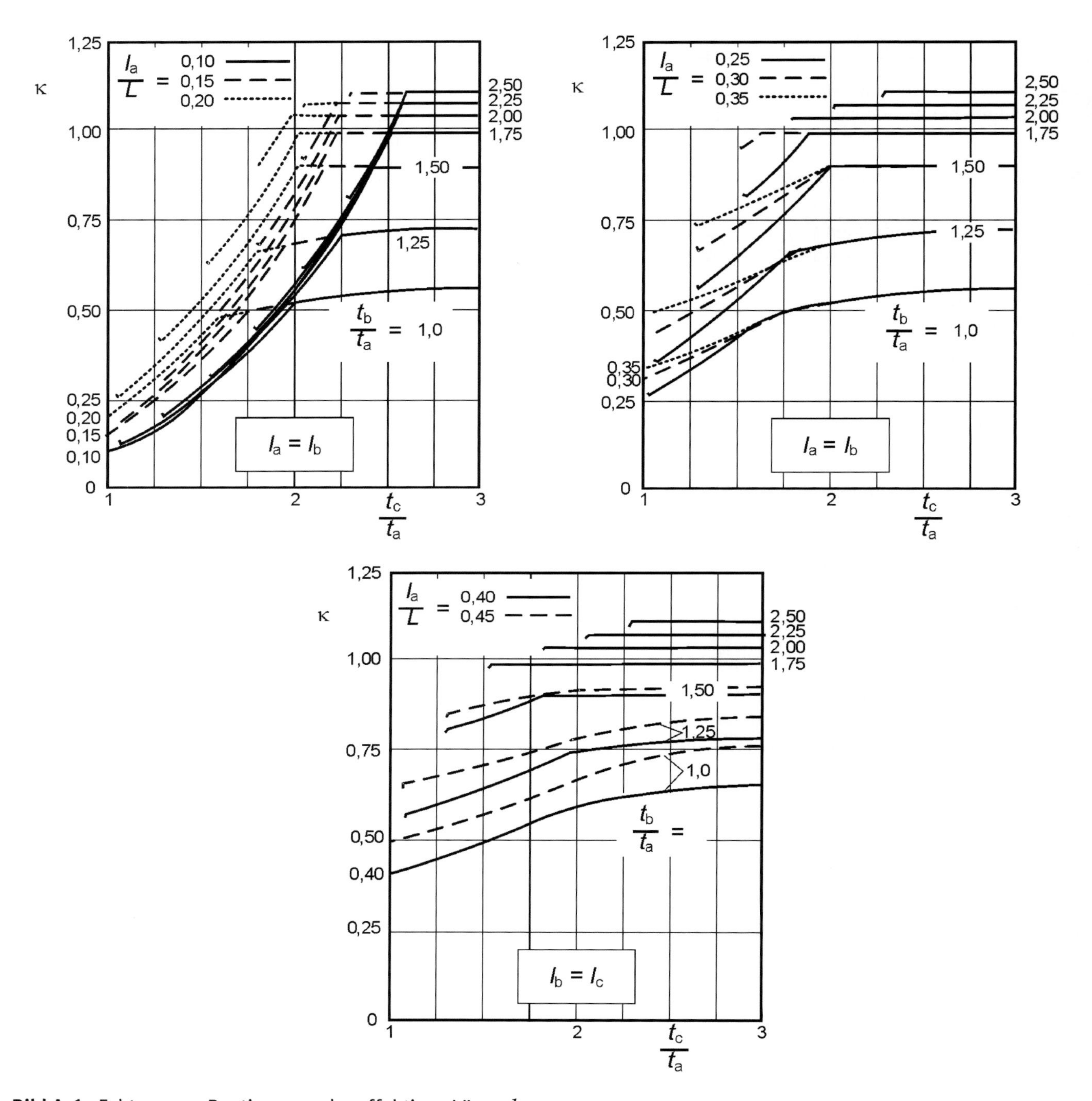

Bild A.6: Faktor κ zur Bestimmung der effektiven Länge l_{eff}

Nachweis der Beulfestigkeit bei Druckspannung in Umfangsrichtung A.2.3.2

(1) Für alle Zylinderabschnitte j sollten die Bedingungen von 6.2.3 erfüllt werden, und eine Überprüfung des folgenden Zusammenhanges sollte durchgeführt werden:

$$\sigma_{\theta,\text{Ed},j} \leq \sigma_{\theta,\text{Rd},j} \quad \text{(A.40)}$$

Hierbei ist

$\sigma_{\theta,\text{Ed},j}$ der Schlüsselwert für die Membran-Druckspannung in Umfangsrichtung, auf die in den folgenden Abschnitten ausführlich eingegangen wird;

$\sigma_{\theta,\text{Rd},j}$ der Bemessungswert für die Beulspannung in Umfangsrichtung, die aus der kritischen Beulspannung in Umfangsrichtung nach A.1.3.2 abgeleitet wird.

(2) Unter der Voraussetzung, dass der Bemessungswert für die Spannungsresultante in Umfangsrichtung $n_{\theta,\text{Ed}}$ über die Länge L konstant ist, sollte der Schlüsselwert für die Membran-Druckspannung in Umfangsrichtung im Abschnitt j nach folgender Gleichung bestimmt werden:

$$\sigma_{\theta,\text{Ed},j} \leq \frac{n_{\theta,\text{Ed}}}{t_j} \quad \text{(A.41)}$$

(3) Wenn der Bemessungswert der Spannungsresultanten in Umfangsrichtung $n_{\theta,\text{Ed}}$ innerhalb der Länge L schwankt, sollte als Schlüsselwert für die Membran-Druckspannung in Umfangsrichtung ein Ersatzwert $\sigma_{\theta,\text{Ed},j,\text{mod}}$ angenommen werden, der bestimmt wird, indem der größte Wert der Spannungsresultanten in Umfangsrichtung $n_{\theta,\text{Ed}}$ an einer beliebigen Stelle innerhalb der Länge L durch die örtliche Dicke t_j (siehe Bild A.7) dividiert wird:

$$\sigma_{\theta,\text{Ed},j,\text{mod}} = \frac{\max(n_{\theta,\text{Ed}})}{t_j} \quad \text{(A.42)}$$

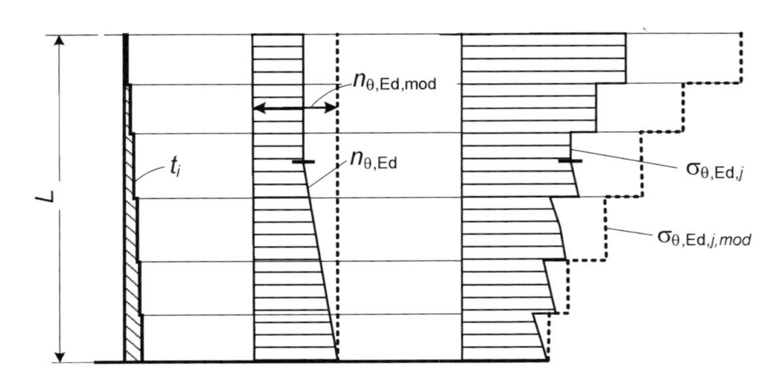

Bild A.7: Schlüsselwerte für die Membran-Druckspannung in Umfangsrichtung in den Fällen, in denen $n_{\theta,\text{Ed}}$ über die Länge L schwankt

Schubbeanspruchung A.2.4

Kritische, durch Schub erzeugte Beulspannung A.2.4.1

(1) Wenn für die Bewertung eines äquivalenten einzigen Zylinders mit gleichmäßiger Wanddicke keine spezielle Regel verfügbar ist, dürfen die Ausdrücke von A.2.3.1(1) bis (6) angewendet werden.

(2) Die weitere Bestimmung der kritischen, durch Schub erzeugten Beulspannungen darf grundsätzlich entsprechend A.2.3.1(7) bis (10) durchgeführt werden, wobei jedoch die Ausdrücke für die Druckspannung in Umfangsrichtung aus A.1.3.1 durch die jeweils zutreffenden Ausdrücke für die Schubspannung aus A.1.4.1 ersetzt werden.

Nachweis der Beulfestigkeit bei Schubbeanspruchung A.2.4.2

(1) Die Regeln von A.2.3.2 dürfen angewendet werden, wobei allerdings die Ausdrücke für die Druckspannung in Umfangsrichtung durch die jeweils zutreffenden Ausdrücke für die Schubspannung ersetzt werden.

A.3 Unausgesteifte Zylinderschalen mit Überlappstoß

A.3.1 Allgemeines

A.3.1.1 Definitionen

1. Überlappstoß in Umfangsrichtung

Stoß, der in Umfangsrichtung um die Schalenachse verläuft.

2. Überlappstoß in Meridianrichtung

Stoß, der parallel zur Schalenachse (in Meridianrichtung) verläuft.

A.3.1.2 Geometrie und Spannungsresultanten

(1) Falls eine zylindrische Schale unter Anwendung von Überlappstößen konstruiert wird (siehe Bild A.8), dürfen anstelle der Bestimmungen in A.2 die folgenden Bestimmungen verwendet werden.

(2) Die folgenden Bestimmungen gelten sowohl für Überlappstöße mit zu- als auch mit abnehmendem Mittelflächenradius der Schale. Wenn der Überlappstoß in Umfangsrichtung um die Schalenachse verläuft (Umfangs-Überlappstoß), sollten für Druck in Meridianrichtung die Bestimmungen von A.3.2 angewendet werden. Falls viele Überlappstöße in Umfangsrichtung um die Schalenachse verlaufen (Umfangs-Überlappstöße) und sich die Plattendicke über die Schale verändert, sollten die Bestimmungen von A.3.3 für Druck in Umfangsrichtung angewendet werden. Wenn ein einziger Überlappstoß parallel zur Schalenachse (Meridian-Überlappstoß) verläuft, sollten die Bestimmung von A.3.3 für Druck in Umfangsrichtung angewendet werden. In anderen Fällen brauchen keine besonderen Betrachtungen für den Einfluss der Überlappstöße auf die Beulbeanspruchbarkeit angestellt zu werden.

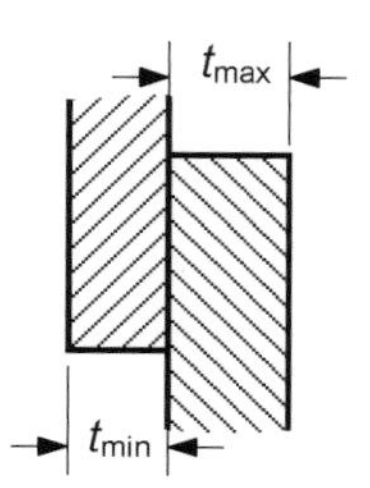

Bild A.8: Schale mit Überlappstoß

A.3.2 Druckbeanspruchung in Meridianrichtung (Axialer Druck)

(1) Wenn ein Zylinder mit meridionalen Überlappstößen einer Druckspannung in Meridianrichtung ausgesetzt wird, darf die Beulbeanspruchbarkeit je nach Gültigkeit wie für einen Zylinder mit gleichmäßiger oder gestufter Wanddicke bewertet werden, wobei jedoch der Bemessungswert für die Beanspruchbarkeit um den Faktor 0,70 verringert wird.

(2) Wenn eine Änderung der Plattendicke am Überlappstoß auftritt, darf als Bemessungswert der Beulbeanspruchung der gleiche Wert angenommen werden, der für die dünnere Platte nach (1) bestimmt wurde.

A.3.3 Druckbeanspruchung in Umfangsrichtung (Ringspannung)

(1) Wenn ein Zylinder mit Überlappstößen einer Druckspannung in Umfangsrichtung quer zu den meridionalen Überlappstößen ausgesetzt wird, darf der Bemessungswert für die Beulbeanspruchbarkeit je nach Gültigkeit wie für einen Zylinder mit gleichmäßiger oder gestufter Wanddicke bewertet werden, wobei jedoch ein Abminderungsfaktor von 0,90 angewendet wird.

(2) Wenn ein Zylinder mit über die Schale hinab veränderlicher Plattendicke und mit vielen Überlappstößen in Umfangsrichtung einem ebenfalls in Umfangsrichtung wirkenden Druck ausgesetzt wird, sollten das Verfahren von A.2 ohne die geometrischen Einschränkungen

der Stoßexzentritität und für den Bemessungswert der Beulbeanspruchbarkeit ein Abminderungsfaktor von 0,90 angewendet werden.

(3) Wenn Überlappstöße in beiden Richtungen mit gegeneinander versetzt angeordneten, meridionalen Überlappstößen in alternierenden Plattengängen oder Schüssen angewendet werden, sollte als Bemessungswert für die Beulbeanspruchbarkeit der kleinere der nach (1) oder (2) ermittelten Werte angewendet werden. Eine weitere Abminderung für die Beanspruchbarkeit ist nicht nötig.

Schubbeanspruchung A.3.4

(1) Wenn ein Zylinder mit Überlappstoß einer Membran-Schubspannung ausgesetzt wird, darf die Beulbeanspruchbarkeit je nach Gültigkeit wie für einen Zylinder mit gleichmäßiger oder gestufter Wanddicke festgelegt werden.

Unausgesteifte Kegelschalen A.4

Allgemeines A.4.1

Bezeichnungen A.4.1.1

(1) In diesem Abschnitt werden folgende Bezeichnungen angewendet:

- h Länge des Kegelstumpfes in axialer Richtung (Höhe);
- L Länge des Kegelstumpfes in Meridianrichtung;
- r Radius der Mittelfläche des Kegels, rechtwinklig zur Rotationsachse linear über die Länge;
- r_1 Radius am kleineren Ende des Kegels;
- r_2 Radius am größeren Ende des Kegels;
- β halber Kegelspitzenwinkel.

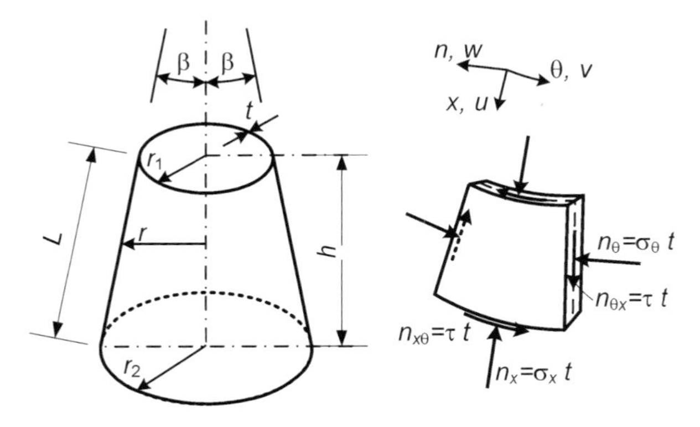

Bild A.9: Geometrie, Membranspannungen und Spannungsresultanten am Kegel

Randbedingungen A.4.1.2

(1) Die folgenden Ausdrücke sollten nur auf Schalen mit den Randbedingungen BC 1 oder BC 2 an beiden Rändern angewendet werden (siehe 5.2 und 6.2), wobei zwischen ihnen keine Unterscheidung getroffen wird. Sie sollten nicht für eine Schale mit der Randbedingung BC 3 angewendet werden.

(2) Die Regeln in diesem Abschnitt A.4.1 sollten nur auf die folgenden beiden Randbedingungen der Behinderungen für die radiale Verschiebung an beiden Enden des Kegels angewendet werden:

„Zylinderbedingung“ $\omega = 0$;

„Ringbedingung“ $u \sin \beta + \omega \cos \beta = 0$

A.4.1.3 Geometrie

(1) Die folgenden Regeln gelten nur für Kegelstümpfe mit gleichmäßiger Wanddicke und mit einem halben Kegelspitzenwinkel $\beta \leq 65°$ (siehe Bild A.9).

A.4.2 Bemessungswerte für Beulspannungen

A.4.2.1 Äquivalenter Zylinder

(1) Die Bemessungswerte für die Beulspannungen, die für den Nachweis der Beulfestigkeit nach 6.2.3 benötigt werden, dürfen an einem äquivalenten Zylinder hergeleitet werden, dessen Länge l_e und dessen Radius r_e von der Art der Spannung nach Tabelle A.12 abhängen.

Tabelle A.12: Länge und Radius des äquivalenten Zylinders

Belastung	Länge des äquivalenten Zylinders	Radius des äquivalenten Zylinders
Druckspannung in Meridianrichtung	$l_e = L$	$r_e = \dfrac{r}{\cos\beta}$
Druck in Umfangsrichtung (Ringspannung)	$l_e = L$	$r_e = \dfrac{r_1 + r_2}{2\cos\beta}$
Gleichmäßiger äußerer Druck q Randbedingungen: An beiden Enden entweder BC 1 oder BC 2	l_e ist der kleinere der Werte: $l_{e,1} = L$ und $l_{e,2} = \dfrac{r_2(0,53 + 0,125\beta)}{\sin\beta}$ (β in Radiant, siehe Bild A.9)	$r_e = \dfrac{0,55r_1 + 0,45r_2}{\cos\beta}$ falls $l_e = l_{e,1}$ (kürzere Kegel) $r_e = 0,71r_2 \dfrac{1 - 0,1\beta}{\cos\beta}$ falls $l_e = l_{e,2}$ (längere Kegel)
Schub	$l_e = h$	$r_e = \left(1 + \rho - \dfrac{1}{\rho}\right) r_1 \cos\beta$ mit $\rho = \sqrt{\dfrac{r_1 + r_2}{2r_1}}$
Gleichmäßige Torsion	$l_e = L$	$r_e = r_1 \cos\beta \left(1 - \rho^{2,5}\right)^{0,4}$ mit $\rho = \dfrac{L\sin\beta}{r_2}$

(2) Für Kegel unter einem gleichmäßigen Außendruck q sollte der Nachweis der Beulfestigkeit auf der Membranspannung basieren:

$$\sigma_{\theta,\mathrm{Ed}} = q\, r_e / t \tag{A.43}$$

A.4.3 Nachweis der Beulfestigkeit

A.4.3.1 Druckspannung in Meridianrichtung

(1) Der Nachweis der Beulfestigkeit sollte an dem Punkt an der Kegelspitze durchgeführt werden, an dem die Kombination der Bemessungswerte für die in Meridianrichtung wirkende Spannung und für die Beulspannung nach A.3.2.2 am kritischsten ist.

(2) Bei Druck in Meridianrichtung, der durch eine konstante axiale Kraft auf einen Kegelstumpf verursacht wird, sollten sowohl der kleine Radius r_1 als auch der große Radius r_2 als mögliche Lage der kritischsten Position angesehen werden.

(3) Bei Druck in Meridianrichtung, der durch ein konstantes globales Biegemoment auf den Kegel verursacht wird, sollte der kleine Radius r_1 als am kritischsten angesehen werden.

(4) Der Bemessungswert der Beulspannung sollte für den äquivalenten Zylinder nach A.1.2 bestimmt werden.

Druckbeanspruchung in Umfangsrichtung (Ringspannung) A.4.3.2

(1) Wenn der Druck in Umfangsrichtung durch einen gleichmäßigen Außendruck verursacht wird, sollte der Beulsicherheitsnachweis unter Anwendung des nach Gleichung (A.43) bestimmten, in Umfangsrichtung wirkenden Bemessungswertes der Spannung $\sigma_{\theta,\mathrm{Ed,env}}$ und des Bemessungswertes der Beulspannung nach A.3.2.1 und A.3.2.3 durchgeführt werden.

(2) Wenn der Druck in Umfangsrichtung nicht durch einen gleichmäßigen Außendruck, sondern durch andere Einwirkungen verursacht wird, sollte die errechnete Spannungsverteilung $\sigma_{\theta,\mathrm{Ed}}(x)$ durch eine Spannungsverteilung $\sigma_{\theta,\mathrm{Ed,env}}(x)$ ersetzt werden, die den errechneten Wert zwar überall überschreitet, aber aus einem fiktiven gleichmäßigen Außendruck abzuleiten sein würde. Der Beulsicherheitsnachweis sollte dann wie in (1), aber unter Anwendung von $\sigma_{\theta,\mathrm{Ed,env}}$ anstelle von $\sigma_{\theta,\mathrm{Ed}}$ durchgeführt werden.

(3) Der Bemessungswert der Beulspannung sollte für den äquivalenten Zylinder nach A.1.3 bestimmt werden.

Schubbeanspruchung und gleichmäßige Torsionsbeanspruchung A.4.3.3

(1) Für den Fall, dass die Schubspannung durch ein konstantes globales Drehmoment auf den Kegel verursacht wird, sollte der Beulsicherheitsnachweis unter Anwendung des wirkenden Bemessungswertes der Schubspannung τ_{Ed} an dem Punkt, an dem $r = r_{\mathrm{e}} \cos\beta$ ist, und des Bemessungswertes der Beulspannung τ_{Rd} nach A.3.2.1 und A.3.2.4 durchgeführt werden.

(2) Falls die Schubspannung nicht durch ein konstantes globales Drehmoment, sondern durch andere Einwirkungen verursacht wird (z. B. durch Einwirkung einer globalen Scherkraft auf den Kegel), sollte die errechnete Spannungsverteilung $\tau_{\mathrm{Ed}}(x)$ durch eine fiktive Spannungsverteilung $\tau_{\mathrm{Ed,env}}(x)$ ersetzt werden, die den errechneten Wert zwar überall überschreitet, aber aus einem fiktiven globalen Drehmoment abzuleiten sein würde. Der Beulsicherheitsnachweis sollte dann wie in (1), aber unter Anwendung von $\tau_{\mathrm{Ed,env}}$ anstelle von τ_{Ed} durchgeführt werden.

(3) Der Bemessungswert der Beulspannung τ_{Rd} sollte für den äquivalenten Zylinder nach A.1.4 bestimmt werden.

Ausgesteifte Zylinderschalen mit konstanter Wanddicke A.5

Allgemeines A.5.1

(1) Ausgesteifte Zylinderschalen können bestehen aus

- isotropen Wänden, die mit Steifen in Meridianrichtung und in Umfangsrichtung ausgesteift sind;
- profilierten Wänden, die mit Steifen in Meridianrichtung und in Umfangsrichtung ausgesteift sind.

(2) In beiden Fällen können Beulsicherheitsnachweise durchgeführt werden, indem angenommen wird, dass die ausgesteifte Wand sich nach den in A.5.6 angegebenen Regeln wie eine äquivalente orthotrope Schale verhält, sofern die in A.5.6 genannten Bedingungen erfüllt sind.

(3) Für in Umfangsrichtung gewelltes Blech ohne Steifen in Meridianrichtung kann die plastische Beulbeanspruchbarkeit nach den in A.5.4.2(3), (4) und (5) angegebenen Regeln errechnet werden.

(4) Falls vorausgesetzt wird, dass das Wellblech in Umfangsrichtung keine axiale Last trägt, kann die Beulbeanspruchbarkeit einer einzelnen Steife nach A.5.4.3 beurteilt werden.

A.5.2 Isotrope Wände mit Steifen in Meridianrichtung

A.5.2.1 Allgemeines

(1) Bei isotropen Wänden, die mit Steifen in Meridianrichtung (Längssteifen) versehen sind, sollte der Zwängungseinfluss der Wandverkürzung infolge Innendruck bei der Ermittlung der Druckbeanspruchung in Medianrichtung sowohl in der Wand als auch in den Steifen berücksichtigt werden.

(2) Die Bruchfestigkeit einer Naht in Meridianrichtung sollte wie für eine isotrope Schale bestimmt werden.

(3) Falls in einer konstruktiven Verbindung auch die Steife zur Übertragung von Umfangszugkräften beiträgt, sollte der Einfluss dieser Zugkraft beim Nachweis von Kraft und Bruchanfälligkeit der Steife berücksichtigt werden.

A.5.2.2 Druckbeanspruchung in Meridianrichtung (Axialer Druck)

(1) Die Wand sollte für die gleichen Beul-Kriterien unter axialem Druck wie die unausgesteifte Wand bemessen werden, sofern nicht der größte horizontale Abstand zwischen den Steifen $d_{s,max}$ (Bild A.10) kleiner ist als $2\sqrt{rt}$, wobei t die örtliche Wanddicke ist.

(2) Werden Steifen in Meridianrichtung in dichteren Abständen als $2\sqrt{rt}$ angeordnet, sollte die Beulbeanspruchbarkeit der kompletten Wand nach dem in A.5.6 angegebenen Verfahren beurteilt werden.

(3) Die Beulfestigkeit der Steifen gegen axialen Druck sollte nach den Bestimmungen in EN 1999-1-1 bewertet werden.

(4) Die Exzentrizität der Steifen gegenüber der Schalenwand sollte, wenn zutreffend, berücksichtigt werden.

A.5.2.3 Druckbeanspruchung in Umfangsrichtung (Ringspannung)

(1) Sofern keine genauere Berechnung erfolgt, ist der Beulsicherheitsnachweis wie für eine unausgesteifte Wand zu führen.

(2) Bei einer genaueren Berechnung dürfen die Steifen in Meridianrichtung „verschmiert" werden, damit eine orthotrope Wand erhalten wird, und die Beulspannung kann nach A.5.6 unter der Annahme errechnet werden, dass für die Dehnsteifigkeit $C_\phi = C_\theta = Et$ und für die Schubsteifigkeit der Membran $C_{\phi\theta} = 0{,}38\,Et$ gilt.

A.5.2.4 Schubbeanspruchung

(1) Falls größere Teile der Schalenwand unter einer Schubbeanspruchung stehen (z. B. aus exzentrischem Befüllen, aus Erdbebenbelastung usw.), sollte der Beulsicherheitsnachweis der Membran gegen Schubbeanspruchung wie für eine isotrope unausgesteifte Wand geführt werden (siehe A.1.4), möglicherweise jedoch mit durch die Steifen erhöhter Beulbeanspruchbarkeit. Zu diesem Zweck darf als äquivalente Schalenlänge l der schubbeanspruchten Schale der kleinere Wert aus der Höhe zwischen Versteifungsringen oder gehaltenen Rändern und dem zweifachen meridionalen Abstand der Steifen in Meridianrichtung eingesetzt werden, wobei vorausgesetzt wird, dass jede Steife für Meridianbiegung (um ihre Achse in Umfangsrichtung) eine größere als die nach der folgenden Gleichung errechnete Biegesteifigkeit EI_y hat:

$$EI_{y,min} = 0{,}1\,Et^3\sqrt{rl} \tag{A.44}$$

wobei für l und t die gleichen Werte wie bei der kritischsten Beulform gelten.

(2) Endet eine diskrete Steife innerhalb der Schalenwand, sollte die Steifenkraft rechnerisch gleichmäßig über eine Höhe von nicht mehr als $4\sqrt{rt}$ in die Schale eingeleitet werden.

(3) Der Schubbeulwiderstand für die lokale Schubübertragung aus einer Steife in die Schale nach dem vorstehenden Absatz sollte den in A.1.4 angegebenen Wert nicht überschreiten.

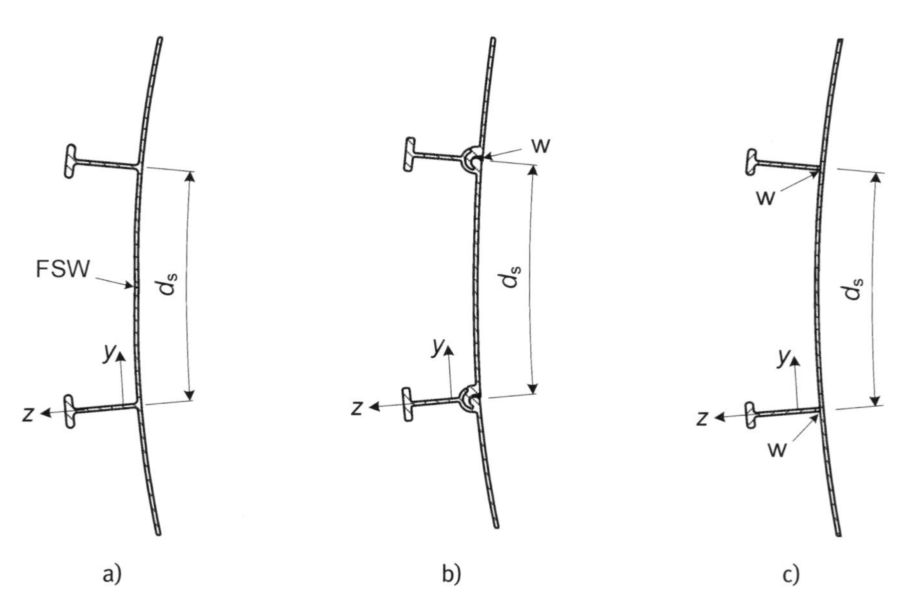

Legende

w Schweißnaht

FSW Reibschweißen

Bild A.10: Typische axial ausgesteifte Schalen aus (a) und (b) Strangpressteilen und (c) Platten und Strangpressteilen

Isotrope Wände mit Steifen in Umfangsrichtung A.5.3

(1) Für Beulsicherheitsnachweise gelten die in A.5.6 angegebenen Regeln unter der Annahme, dass sich die ausgesteifte Wand wie eine orthotrope Schale verhält.

In Umfangsrichtung profilierte Wände mit Steifen in Meridianrichtung A.5.4

Allgemeines A.5.4.1

(1) Die rechnerische Blechdicke ist ohne Überzüge und Beschichtungen (Kerndicke) und ohne geometrische Toleranzen anzusetzen.

(2) Für Wände aus Wellblech sollte die kleinste Kerndicke 0,68 mm nicht überschreiten.

(3) In horizontal profilierten Zylinderwänden mit Meridiansteifen sollten der profilierten Wand rechnerisch keine meridionalen Lasten zugewiesen werden, es sein denn, sie wird als orthotrope Schale nach A.5.6 behandelt.

(4) Besonders beachtet werden sollte, dass die Steifen in der Meridianebene rechtwinklig zur Wand kontinuierlich ausgebildet sein müssen, weil diese Ausbildung der Steifen wesentlich für die Beulbeanspruchbarkeit ist.

(5) Falls die Wand mit Steifen in Meridianrichtung ausgesteift ist, sollten die Verbindungsmittel zwischen Blechen und Steifen so dimensioniert werden, dass eine Einleitung der auf alle Teile der Wandbleche verteilten Schubbeanspruchung in die Steifen sichergestellt ist. Die Blechdicke sollte so ausgewählt werden, dass Bruchversagen an diesen Verbindungsmitteln verhindert wird, wobei auch die reduzierte Lochleibungstragfähigkeit an Verbindungen in Profilblechen zu berücksichtigen ist.

(6) Für die Bemessungswerte für Spannungsresultanten und Widerstände und für die Nachweise sollten die Festlegungen in Abschnitt 5, 6.1 und A.1 gelten, aber mit den in den vorstehenden Absätzen (1) bis (5) angegebenen zusätzlichen Regeln.

ANMERKUNG Beispiele für die Anordnung von Wandaussteifungen werden in Bild A.11 gezeigt.

(7) Schrauben an den Stößen zwischen Blechsegmenten sollten die Anforderungen von EN 1999-1-1 erfüllen. Als Schraubengröße sollte mindestens M8 ausgewählt werden.

(8) Die Stoßausbildung sollten auch den Anforderungen nach EN 1999-1-1 für geschraubte Scherverbindungen entsprechen.

(9) Der Schraubenabstand in Umfangsrichtung sollte nicht größer sein als 3°.

(10) An Wanddurchbrüchen für Luken, Türen, Bohrer oder andere Vorrichtungen sollte an den betreffenden Stellen ein dickeres Wellblech vorgesehen werden, damit nicht die durch Steifigkeitsabweichungen verursachten Spannungserhöhungen zu örtlichen Rissen führen.

ANMERKUNG Ein typisches Schraubenbild für eine Wellblechtafel wird in Bild A.12 gezeigt.

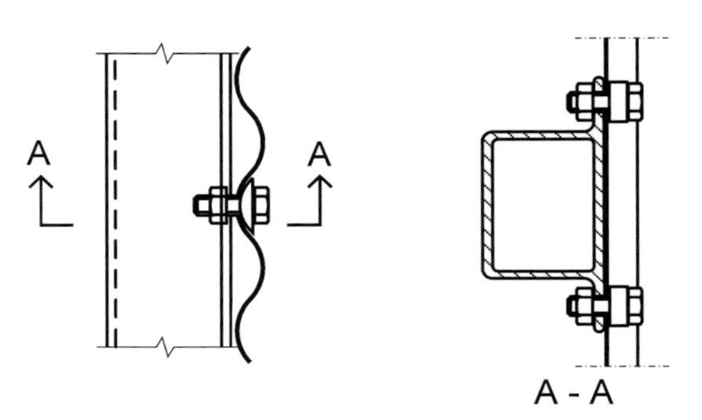

Bild A.11: Beispiel für die Anordnung von Steifen in Meridianrichtung an in Umfangsrichtung profilierten Schalen

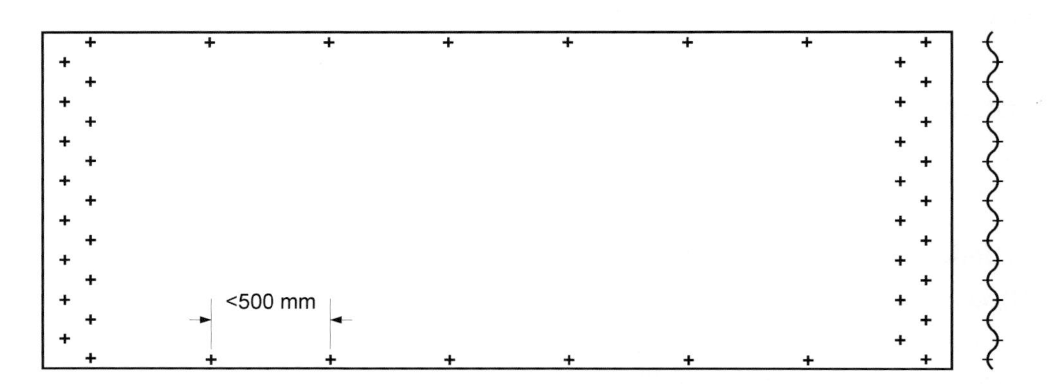

Bild A.12: Typische Schraubenanordnung in einer Wellblechtafel

A.5.4.2 Axiale Druckbeanspruchung

(1) Der Bemessungswert für die Beanspruchbarkeit gegen axialen Druck sollte an jeder Stelle der Schale ermittelt werden, und zwar unter Berücksichtigung der für die Ausführung festgelegten Toleranzklasse, der Größe des garantiert gleichzeitig wirkenden Innendruckes p und der Ungleichmäßigkeit der Druckspannung in Umfangsrichtung. Die Veränderlichkeit des Axialdruckes in Meridianrichtung darf nicht berücksichtigt werden, es sei denn, dieser Teil enthält dazu spezielle Angaben.

(2) Für den Beulsicherheitsnachweis einer in Meridianrichtung ausgesteiften Wand sollte eines der beiden alternativen Verfahren angewendet werden:

a) Beulen einer verschmiert-orthotropen Ersatzschale (nach A.5.6), sofern der meridionale Abstand zwischen den Steifen der Bedingung A.5.6.1(3) entspricht;

b) Knicken der einzelnen Steifen (die profilierte Wand nimmt zwar voraussetzungsgemäß keine Axialkräfte auf, stützt aber die Steifen) nach A.5.4.3, falls der horizontale Abstand zwischen den Steifen der Bedingung in A.5.6.1(3) nicht entspricht.

(3) Für eine profilierte Schale ohne Steifen in Meridianrichtung sollte als charakteristischer Wert des lokalen plastischen Beulwiderstandes der größere der beiden folgenden Werte bestimmt werden:

$$n_{x,Rk} = \frac{t^2 f_0}{2d} \quad (A.45)$$

und

$$n_{x,Rk} = \frac{r_\phi t f_0}{r} \quad (A.46)$$

Hierbei ist

t die Blechdicke;

d die Amplitude (Profilhöhe) von Wellental zu Wellenberg;

r_ϕ der örtliche Radius der Profilierung (siehe Bild A.14);

r der Radius des Zylinders.

Der lokale plastische Beulwiderstand $n_{x,Rk}$ sollte als unabhängig vom Wert des Innendruckes p_n angesetzt werden.

ANMERKUNG Der lokale plastische Beulwiderstand $n_{x,Rk}$ beschreibt den Widerstand der Profilierung gegen Kollaps oder „Zusammenfallen".

(4) Der Bemessungswert des lokalen plastischen Beulwiderstandes sollte nach folgender Gleichung bestimmt werden:

$$n_{x,Rd} = \frac{\alpha_x n_{x,Rk}}{\gamma_{M1}}, \quad (A.47)$$

dabei ist: $\alpha_x = 0{,}80$ und γ_{M1} wie in 2.7.2 angegeben.

(5) An allen Stellen des Tragwerks sollten die Bemessungsspannungen die folgende Bedingung erfüllen:

$$n_{x,Ed} \le n_{x,Rd} \quad (A.48)$$

A.5.4.3 Ausgesteifte Wand, als Reihe von Axialkraft tragenden Steifen behandelt

(1) Wird eine ausgesteifte Wellblechwand unter der Annahme berechnet, dass das Blech keine Axialkräfte trägt (Verfahren (b) in A.5.4.3), darf davon ausgegangen werden, dass es alle Knickverformungen der Steifen in der Wandebene verhindert, und der Knickwiderstand der Steifen sollte alternativ nach einem der beiden folgenden Verfahren errechnet werden:

a) Die Stützwirkung des Bleches für Knickverformungen rechtwinklig zur Wand wird vernachlässigt;

b) die elastische Stützwirkung durch die Steifigkeit des Bleches für Knickverformungen rechtwinklig zur Wand wird berücksichtigt.

(2) Bei Anwendung des Verfahrens (1)a) kann der Widerstand einer einzelnen Steife als der Widerstand gegen zentrischen Druck auf die Steife angenommen werden. Der Bemessungswert für die Beulbeanspruchbarkeit $N_{s,Rd}$ sollte nach folgender Gleichung errechnet werden:

$$N_{s,Rd} = \frac{\chi A_{eff} f_0}{\gamma_{M1}} \quad (A.49)$$

wobei A_{eff} die effektive Querschnittsfläche der Steife ist.

(3) Der Abminderungsfaktor χ sollte für Biegeknicken rechtwinklig zur Wand (um die Querschnittsachse in Umfangsrichtung) in Abhängigkeit von der Art der Legierung aus EN 1999-1-1 und unabhängig von der angewendeten Legierung nach Knickkurve 2 ($\alpha = 0{,}32$ und $\bar{\lambda}_0 = 0$) bestimmt werden. Als effektive Knicklänge zur Ermittlung des Abminderungsfaktors χ sollte der Abstand zwischen benachbarten Ringsteifen eingesetzt werden.

(4) Wenn die elastische Stützwirkung durch die Wand für das Knicken der Steife in Anspruch genommen wird, sollten die beiden folgenden Bedingungen erfüllt werden:

a) Als unterstützender Wandabschnitt sollte die Breite zwischen den beiden benachbarten Steifen an diesen gelenkig gelagert angenommen werden (siehe Bild A.13).

b) Eine mögliche Unterstützung durch die Steifigkeit des Schüttgutes sollte nicht in Anspruch genommen werden.

(5) Wenn keine genauere Berechnung durchgeführt wird, sollte die ideale elastische Verzweigungslast $N_{s,cr}$ nach der folgenden Gleichung unter der Annahme eines konstanten zentrischen Druckes errechnet werden:

$$N_{s,cr} = 2\sqrt{EI_s k} \tag{A.50}$$

Hierbei ist

EI_s die Biegesteifigkeit der Steife für Biegung rechtwinklig zur Wand (Nmm²);

k die Federsteifigkeit des Blechs (N/mm je Millimeter Wandhöhe) zwischen den in Meridianrichtung benachbarten Steifen, siehe Bild A.13.

(6) Die Federsteifigkeit k des Wandbleches sollte unter der Annahme bestimmt werden, dass das Blech als Einfeldplatte zwischen den auf jeder Seite meridional benachbarten Steifen gespannt und dort gelenkig gelagert ist, siehe Bild A.13. Der Wert für k kann nach folgender Gleichung errechnet werden:

$$k = \frac{6 D_\theta}{d_s^3} \tag{A.51}$$

Hierbei ist

D_θ die Biegesteifigkeit des Blechs bei Biegung in Umfangsrichtung;

d_s der Abstand der Steifen in Meridianrichtung.

(7) Für profilierte Bleche mit Bogen-Tangenten-Profil oder mit Sinusprofil darf der Wert für D_θ aus A.7(6) entnommen werden. Für andere Profilierungen sollte die Biegesteifigkeit bei Biegung in Umfangsrichtung für den tatsächlichen Querschnitt bestimmt werden.

(8) Für die Bemessungsspannungen der Steife sollte an allen Punkten die folgende Bedingung erfüllt werden:

$$N_{s,Ed} \leq N_{s,Rd} \tag{A.52}$$

(9) Die Beanspruchbarkeit der Steifen gegen lokales Beulen und gegen Biegedrillknicken sollte nach EN 1999-1-1 bestimmt werden.

A.5.4.4 Druckbeanspruchung in Umfangsrichtung (Ringspannung)

(1) Für die Nachweise der Beulsicherheit gelten die in A.5.6.3 angegebenen Regeln unter der Annahme, dass die ausgesteifte Wand sich wie eine orthotrope Schale verhält.

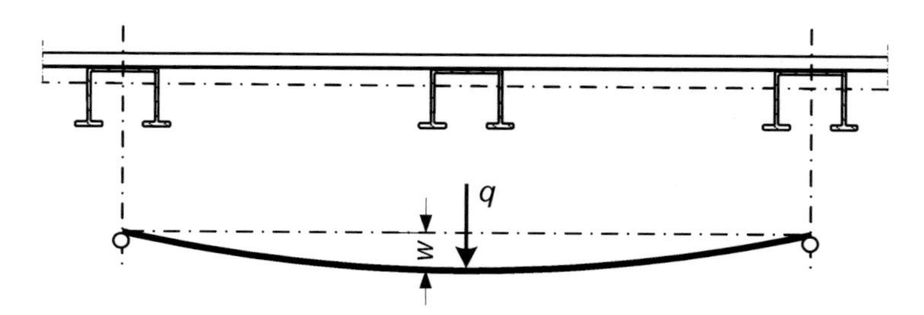

Bild A.13: Ermittlung der Stütz-Federsteifigkeit gegen Biegeknicken

A.5.5 Axial profilierte Wände mit Ringsteifen

A.5.5.1 Allgemeines

(1) In zylindrischen Wänden aus Profilblechen (Wellblechen) mit axial verlaufendem Profil sollten die beiden folgenden Bedingungen eingehalten werden:

a) Der profilierten Wand dürfen rechnerisch keine meridionalen Kräfte zugewiesen werden;

b) das profilierte Wandblech sollte als durchlaufend von Ring zu Ring zwischen den Ringmitten spannend angenommen werden.

(2) Die Blechstöße sollten so bemessen werden, dass die angenommene Biegekontinuität sichergestellt ist.

(3) Bei Ermittlung der axialen Druckkräfte in der Wand aus Wandreibung von Schüttgut sollten der gesamte Umfang der Schale und die Profilgeometrie berücksichtigt werden.

(4) Wenn das Profilblech bis zum Boden reicht, sollte die örtliche Biegebeanspruchung aus der Randstörung beachtet werden, wobei radial unverschiebliche Lagerung anzunehmen ist.

(5) Der profilierten Wand dürfen rechnerisch keine Umfangskräfte zugewiesen werden.

(6) Der Abstand der Ringsteifen ergibt sich aus einer Berechnung des Profilbleches als über die Ringe durchlaufenden Biegeträger, wobei möglicherweise der Einfluss unterschiedlicher radialer Verformungen von unterschiedlich großen Ringsteifen zu berücksichtigen ist. Die aus dieser Biegeberechnung resultierenden Spannungen sollten beim Beulsicherheitsnachweis für Axialdruckbeanspruchung zu den Normalkraftspannungen addiert werden.

ANMERKUNG Die Meridianbiegebeanspruchung des Profilbleches kann ermittelt werden, indem angenommen wird, dass das Blech ein an den Ringen elastisch gestützter Durchlaufträger ist. Die Auflagerfedersteifigkeit ergibt sich dabei aus der Steifigkeit des Ringes bei radialer Belastung.

(7) Die Ringsteifen sollten für die Aufnahme der meridionalen Belastung nach EN 1999-1-1 bemessen werden.

A.5.5.2 Axiale Druckbeanspruchung

(1) Im Rahmen der Beulsicherheitsnachweise gelten die in A.5.6.2 angegebenen Regeln unter der Annahme, dass die ausgesteifte Wand sich wie eine orthotrope Schale verhält.

A.5.5.3 Druckbeanspruchung in Umfangsrichtung (Ringspannung)

(1) Im Rahmen der Beulsicherheitsnachweise gelten die in A.5.6.3 angegebenen Regeln unter der Annahme, dass die ausgesteifte Wand sich wie eine orthotrope Schale verhält.

A.5.6 Als orthotrope Schale behandelte ausgesteifte Wand

A.5.6.1 Allgemeines

(1) Wenn die ausgesteifte, entweder isotrope oder profilierte Wand als orthotrope Schale angesehen wird, sollte die resultierende verschmierte Steifigkeit als gleichmäßig verteilt angenommen werden. Bei profilierten Wänden sollte die Steifigkeit des Blechs in unterschiedlichen Richtungen aus A.7 entnommen werden.

(2) Die Biege- und Dehneigenschaften der Ring- und Längssteifen und die Exzentrizitäten zwischen den Steifenachsen und aller Schalenmittelflächen sowie der Steifenabstand d_s sollten ebenfalls bestimmt werden.

(3) Der meridionale Abstand zwischen den Steifen d_s (Bild A.10) sollte $d_{s,max}$ nicht überschreiten, wobei der maximale Abstand nach folgender Gleichung zu errechnen ist:

$$d_{s,max} = 7{,}4 \left(\frac{r^2 D_y}{C_y} \right)^{0,25} \quad (A.53)$$

Hierbei ist

D_y die Biegesteifigkeit des Bleches je Längeneinheit in Umfangsrichtung (parallel zum Profil für in Umfangsrichtung profiliertes Blech);

C_y die Dehnsteifigkeit des Bleches je Längeneinheit in Umfangsrichtung (parallel zum Profil für in Umfangsrichtung profiliertes Blech).

A.5.6.2 Axiale Druckbeanspruchung

(1) Die kritische Beulspannungsresultante $n_{x,cr}$ je Umfangseinheit der orthotropen Schale sollte auf allen Höhenkoten der Schale ermittelt werden, indem der folgende Ausdruck hinsichtlich der kritischen Umfangswellenzahl j und der Beulhöhe l_i minimiert wird:

$$n_{x,cr} = \frac{1{,}2}{j^2 \omega^2} \left(A_1 + \frac{A_2}{A_3} \right) \quad \text{(A.54)}$$

mit:

$$A_1 = j^4 \left[\omega^4 C_{44} + 2\omega^2 (C_{45} + C_{66}) + C_{55} \right] + C_{22} + 2j^2 C_{25} \quad \text{(A.55)}$$

$$\begin{aligned} A_2 &= 2\omega^2 (C_{12} + C_{33})(C_{22} + j^2 C_{25})(C_{12} + j^2 \omega^2 C_{14}) - \\ &(\omega^2 C_{11} + C_{33})(C_{22} + j^2 C_{25})^2 - \omega^2 (C_{22} + \omega^2 C_{33})(C_{12} + j^2 \omega^2 C_{14})^2 \end{aligned} \quad \text{(A.56)}$$

$$A_3 = (\omega^2 C_{11} + C_{33})(C_{22} + C_{25} + \omega^2 C_{33}) - \omega^2 (C_{12} + C_{33})^2 \quad \text{(A.57)}$$

mit:

$$C_{11} = C_\phi + EA_s/d_s \qquad C_{22} = C_\theta + EA_r/d_r$$

$$C_{12} = \nu \sqrt{C_\phi C_\theta} \qquad C_{33} = C_{\phi\theta}$$

$$C_{14} = e_s E A_s/(r d_s) \qquad C_{25} = e_r E A_r/(r d_r)$$

$$C_{44} = \frac{1}{r^2}(D_\phi + EI_s/d_s) \qquad C_{55} = \frac{1}{r^2}(D_\theta + EI_r/d_r)$$

$$C_{45} = \frac{\nu}{r^2}\sqrt{D_\phi D_\theta} \qquad C_{66} = \frac{1}{r^2}\left[D_{\phi\theta} + 0{,}5(GI_{ts}/d_s + GI_{tr}/d_r) \right]$$

$$\omega = \frac{\pi r}{j l_i}$$

Hierbei ist

- l_i die Halbwellenlänge der potentiellen Beule in Meridianrichtung;
- j Anzahl der Beulwellen in Umfangsrichtung;
- A_s die Querschnittsfläche einer Längssteife;
- I_s das Flächenmoment 2. Grades (Flächenträgheitsmoment) einer Längssteife um ihre Querschnittsachse in Umfangsrichtung in der Schalenmittelfläche (Biegung in Meridianrichtung);
- d_s der Abstand zwischen den Längssteifen;
- I_{ts} das St. Venant'sche Torsionsträgheitsmoment einer Längssteife;
- e_s die Exzentrizität einer Längssteife nach außen, bezogen auf die Schalenmittelfläche;
- A_r die Querschnittsfläche einer Ringsteife;
- I_r das Flächenmoment 2. Grades (Flächenträgheitsmoment) einer Ringsteife um ihre Querschnittsachse in Meridianrichtung in der Schalenmittelfläche (Biegung in Umfangsrichtung);
- d_r der Abstand zwischen den Ringsteifen;
- I_{tr} das St. Venant'sche Torsionsträgheitsmoment einer Ringsteife;
- e_r die Exzentrizität einer Ringsteife nach außen, bezogen auf die Schalenmittelfläche;
- C_ϕ die Dehnsteifigkeit in axialer Richtung;
- C_θ die Dehnsteifigkeit in Umfangsrichtung;
- $C_{\phi\theta}$ die in der Membran erzeugte Schubsteifigkeit;
- D_ϕ die Biegesteifigkeit in axialer Richtung;
- D_θ die Biegesteifigkeit in Umfangsrichtung;
- $D_{\phi\theta}$ die Drillsteifigkeit bei Verdrehung;
- r der Radius der Schale.

ANMERKUNG 1 Für Wellblech beziehen sich die oben für Steifen angegebenen Querschnittsgrößen (A_s, I_s, I_{ts} usw.) nur auf den Querschnitt der Steife; eine Berücksichtigung von mittragenden Anteilen der Schalenwand ist nicht möglich.

ANMERKUNG 2 Dehnsteifigkeit und Biegesteifigkeit des Wellblechs, siehe A.5.7(5) und (6).

ANMERKUNG 3 Der untere Rand der Beule kann dort angenommen werden, wo sich entweder die Blechdicke oder der Querschnitt der Steife ändert; bei jeder dieser Änderungen muss die Beulbeanspruchbarkeit unabhängig überprüft werden.

(2) Der Bemessungswert für die Beulbeanspruchbarkeit $n_{x,Rd}$ für die orthotrope Schale sollte je nach Güteklasse der Schale nach A.1.2 und 6.2.3.2 bestimmt werden. Die kritische Beulbeanspruchbarkeit $n_{x,cr}$ sollte aus (1) ermittelt werden. Für ausgesteifte Schale mit isotropen Wänden darf ein erhöhter Gütefaktor $Q_{stiff} = 1{,}3\ Q$ angewendet werden.

Druckbeanspruchung in Umfangsrichtung (Ringspannung) A.5.6.3

(1) Die kritische Beulspannung bei einem gleichmäßigen Außendruck $p_{n,cr}$ sollte bewertet werden, indem der folgende Ausdruck hinsichtlich der kritischen Umfangswellenzahl j minimiert wird:

$$p_{n,cr} = \frac{1}{r\, j^2}\left(A_1 + \frac{A_2}{A_3}\right) \tag{A.58}$$

wobei A_1, A_2 und A_3 den Angaben in A.5.1.2(3) entsprechen.

(2) Ist der Steifenquerschnitt oder die Blechdicke über die Wandhöhe veränderlich, sollten verschiedene potentielle Beullängen l_i untersucht werden, um die kritischste Beullänge zu bestimmen, wenn von der Annahme ausgegangen wird, dass stets das obere Ende der potentiellen Beule am oberen Rand des dünnsten Blechschusses liegt.

ANMERKUNG Wenn oberhalb des dünnsten Blechschusses noch ein Bereich mit dickerem Blech liegt, kann das obere Ende der potentiellen Beule nicht nur am oberen Rand des dünnsten Blechschusses liegen, sondern auch am oberen Rand der Wand.

(3) Sofern keine genauere Berechnung durchgeführt wird, sollte bei der oben beschriebenen Berechnung als Blechdicke stets die Dicke des dünnsten Blechschusses eingeführt werden.

(4) Für Schalen ohne Dach unter Windlast sollte der vorstehend errechnete Beuldruck um einen Faktor 0,6 verringert werden.

(5) Der Bemessungswert der Beulspannung für die Wand sollte in Abhängigkeit von der Güteklasse der Schale nach 6.2.3.2 und A.1.3 bestimmt werden. Der kritische Beuldruck $p_{n,cr}$ sollte nach (1) ermittelt werden. Für den in A.1.3.1 angegebenen Koeffizienten C_θ sollte $C_\theta = 1$ angewendet werden.

Schubbeanspruchung A.5.6.4

(1) Es gelten die in A.5.2.4 angegebenen Regeln für isotrope Wände mit Steifen in Meridianrichtung.

Äquivalente orthotrope Eigenschaften des Wellblechs A.5.7

(1) Profilbleche als Teile eines Schalentragwerkes dürfen bei der Berechnung durch gleichmäßig orthotrope Platten bzw. Schalen ersetzt werden.

(2) Für Profilbleche mit Bogen-Tangenten-Profil oder mit Sinusprofil (Wellbleche) dürfen bei Spannungs- und Beulberechnungen die nachfolgenden Eigenschaften verwendet werden. Für andere Profilierungen sollten die entsprechenden Eigenschaften nach EN 1999-1-4 für den tatsächlichen Querschnitt errechnet werden.

(3) Die Eigenschaften eines Wellbleches sollten in einem x-y-Koordinatensystem definiert werden, wobei die y-Achse parallel zur Profilierung verläuft (Geraden auf der Oberfläche) und die x-Achse rechtwinklig dazu (Wellentäler und -berge). Die Profilgeometrie wird, unabhängig von der genauen Wellenprofilierung, durch folgende Parameter beschrieben, siehe Bild A.14, wobei sind:

d das Maß zwischen zwei Wellenbergen;

l die Wellenlänge des Profils;

r_ϕ der örtliche Radius am Wellenberg oder im Wellental.

(4) Alle Eigenschaften dürfen als eindimensional behandelt werden, d. h., es gibt keine Poisson-Effekte zwischen den beiden Richtungen.

(5) Für die Ersatzeigenschaften der Membran (Dehnsteifigkeit) darf angenommen werden:

$$C_x = Et_x = E\frac{2t^3}{3d^2} \tag{A.59}$$

$$C_y = Et_y = Et\left(1+\frac{\pi^2 d^2}{4l^2}\right) \tag{A.60}$$

$$C_{xy} = Et_{xy} = \frac{G\,2t}{1+\dfrac{\pi^2 d^2}{4l^2}} \tag{A.61}$$

Hierbei ist

t_x die Ersatzdicke für verschmierte Membrankräfte rechtwinklig zu den Profilierungen;

t_y die Ersatzdicke für verschmierte Membrankräfte parallel zu den Profilierungen;

t_{xy} die Ersatzdicke für verschmierte Membranschubkräfte.

(6) Für die Ersatzeigenschaften (Biegesteifigkeit), die nach der Richtung indiziert werden, in der das Moment eine Biegung erzeugt (nicht nach der Biegeachse), darf angenommen werden:

$$D_x = EI_x = \frac{Et^3}{12(1-\nu^2)}\frac{1}{1+\dfrac{\pi^2 d^2}{4l^2}} \tag{A.62}$$

$$D_y = EI_y = 0{,}13Etd^2 \tag{A.63}$$

$$D_{xy} = GI_{xy} = \frac{Gt^3}{12}\left(1+\frac{\pi^2 d^2}{4l^2}\right) \tag{A.64}$$

Hierbei ist

I_x das Ersatzflächenmoment 2. Grades (Ersatzträgheitsmoment) für verschmierte Biegung rechtwinklig zur Profilierung;

I_y das Ersatzflächenmoment 2. Grades (Ersatzträgheitsmoment) für verschmierte Biegung parallel zur Profilierung;

I_{xy} das Ersatzflächenmoment 2. Grades (Ersatzträgheitsmoment) für verschmierte Biegung für Drillung.

ANMERKUNG 1 Biegung parallel zur Profilierung aktiviert die Biegesteifigkeit des Profils und ist der eigentliche Grund für den Einsatz von Profilblechen.

ANMERKUNG 2 Alternative Ausdrücke für die orthotropen Ersatzsteifigkeiten profilierter Bleche werden in den in EN 1993-4-1 angegebenen Verweisungen genannt.

(7) In kreisförmigen Schalen mit in Umfangsrichtung verlaufender Profilierung sollten die Richtungen x und y in den vorstehenden Ausdrücken als axiale Koordinate ϕ bzw. als Umfangskoordinate θ genommen werden. Verläuft die Profilierung in Meridianrichtung, sollten die Richtungen x und y als Umfangskoordinate θ bzw. als axiale Koordinate ϕ genommen werden.

(8) Die Schubeigenschaften sollten als unabhängig von der Profilierungsrichtung angenommen werden. Für G darf ein Wert von $E/2{,}6$ angewendet werden.

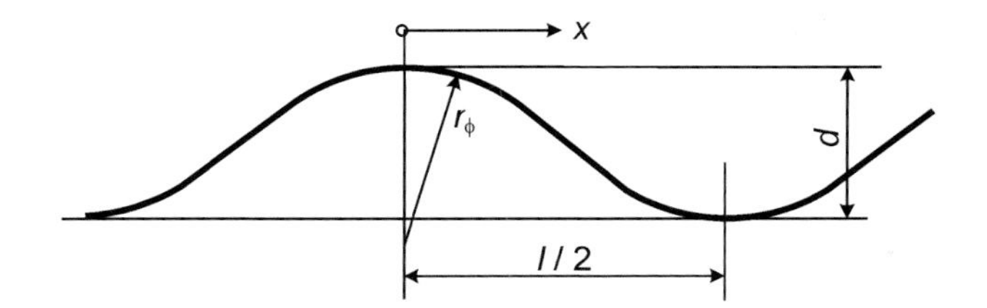

Bild A.14: Wellblechprofil und geometrische Parameter

Unausgesteifte kugelförmige Schalen unter gleichmäßigem Druck in Umfangsrichtung A.6

Bezeichnungen und Randbedingungen A.6.1

(1) Allgemeine Größen (Bild A.15):

r Radius der Mittelfläche der Kugel;

t Dicke der Schale:

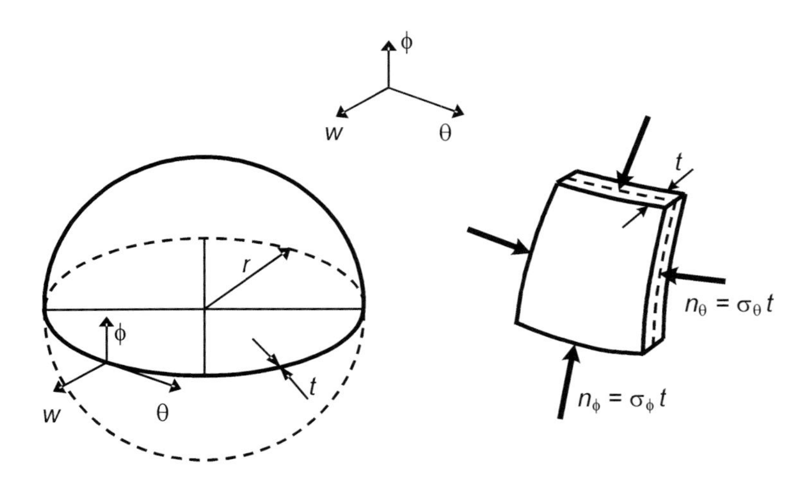

Bild A.15: Geometrie der Kugel sowie Membranspannungen und Spannungsresultanten

(2) Die Randbedingungen werden in 5.2 und 6.2.2 festgelegt.

Kritische Beulspannungen A.6.2

(1) Die folgenden Ausdrücke dürfen nur auf vollständige Kugeln oder Kugelkappen mit den Randbedingungen BC1r oder BC1f am unteren Rand angewendet werden.

(2) In Kugeln oder Kugelkappen entsteht ein gleichmäßiger Druck in Umfangsrichtung durch Einwirkung eines gleichmäßigen Außendrucks, oder er kann auf kreisförmige Silos oder Tankdächer wirken, wenn bei Auftreten einer Vertikallast (Falllast) eine Verblasungsaktion erfolgt.

(3) Für den Fall eines Druckes in Umfangsrichtung durch gleichmäßigen Außendruck p kann die entsprechende Spannung nach folgender Gleichung errechnet werden:

$$\sigma_\theta = \sigma_\phi = \frac{pr}{2t} \tag{A.65}$$

(4) Die kritische Beulspannung unter gleichmäßigem Druck in Umfangsrichtung sollte nach folgender Gleichung ermittelt werden:

$$\sigma_{\theta,\text{cr}} = \sigma_{\phi,\text{cr}} = 0{,}605\, E \frac{t}{r} \tag{A.66}$$

A.6.3 Beulparameter in Umfangsrichtung

(1) Der elastische Imperfektionsfaktor sollte nach folgender Gleichung errechnet werden:

$$\alpha_\theta = \frac{1}{1 + 2{,}60\left(\frac{1}{Q}\sqrt{\frac{0{,}6\,E}{f_0}}\left(\overline{\lambda}_\theta - \overline{\lambda}_{\theta,0}\right)\right)^{1{,}44}} \quad \text{aber } \alpha_\theta \leq 1{,}00 \tag{A.67}$$

Hierbei ist

$\overline{\lambda}_{\theta,0}$ der Schlankheitsparameter für die Quetschgrenze;

Q der Toleranzparameter.

(2) Der Toleranzparameter Q sollte für die jeweils festgelegte Toleranzklasse aus Tabelle A.13 entnommen werden.

(3) Der Legierungsfaktor und der Schlankheitsparameter für die Quetschgrenze sollten entsprechend der in EN 1999-1-1 festgelegten Beulklasse des Werkstoffs aus Tabelle A.14 entnommen werden.

Tabelle A.13: Toleranzparameter Q

Toleranzklasse	Q
Klasse 1	16
Klasse 2	25
Klassen 3 und 4	40

Tabelle A.14: Werte für $\overline{\lambda}_{\theta,0}$ und μ_0 für gleichmäßigen Druck in Umfangsrichtung

Beulklasse des Werkstoffs	$\overline{\lambda}_{\theta,0}$	μ_0
A	0,20	0,35
B	0,10	0,20

Anhang B
(informativ)

Beulberechnung torikonischer und torisphärischer Schalen

Allgemeines B.1

(1) Für die konischen und kugelförmigen Enden von Zylinderschalen oder ähnlichen Konstruktionen, die mit Hilfe eines Ringkörpers oder direkt ($r_T = 0$) mit dem Zylinder verbunden sind, gelten die in diesem Abschnitt angegebenen Regeln.

Bezeichnungen und Randbedingungen B.2

(1) In diesem Abschnitt werden die folgenden Bezeichnungen angewendet, siehe Bild B.1:

r Radius der Mittelfläche der Zylinderschale;

r_s Radius der Kugelschale;

α Winkel der Ringkörperschale oder halber Spitzenwinkel der Kegelschale;

r_T Radius des Ringkörpers;

t_T Dicke der Schale für Ringkörper, Kegel oder Kugel;

l Länge des anschließenden Zylinders;

t_C Wanddicke des anschließenden Zylinders.

(2) Die Regeln gelten bei konstantem Außendruck, der orthogonal auf die Oberfläche der Schale wirkt.

(3) Der folgende Anwendungsbereich gilt:

$$t_T \leq t_C \quad (B.1)$$

$$35 \leq r/t_C \leq 1\,250 \quad (B.2)$$

$$45° \leq \alpha \leq 75° \quad (B.3)$$

$$0 \leq r_T/r \leq 0{,}4 \quad (B.4)$$

$$1{,}2 \leq r_s/r \leq 3{,}0 \quad (B.5)$$

$$1 \leq 1\,000\, f_0/E \leq 4{,}0 \quad (B.6)$$

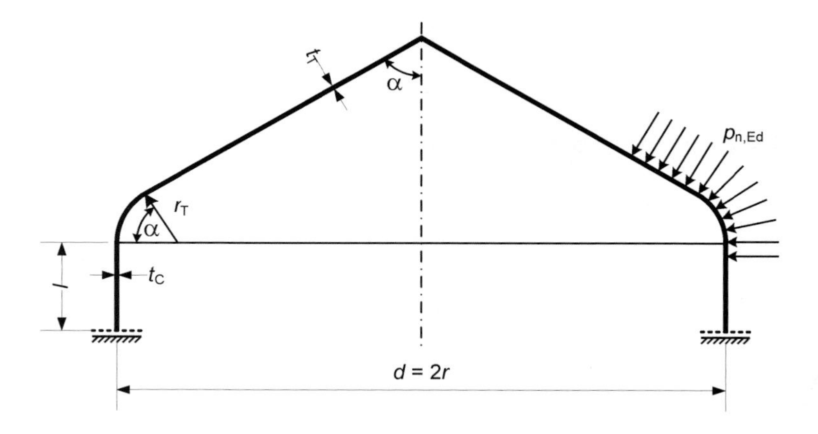

a) Torikonische Form

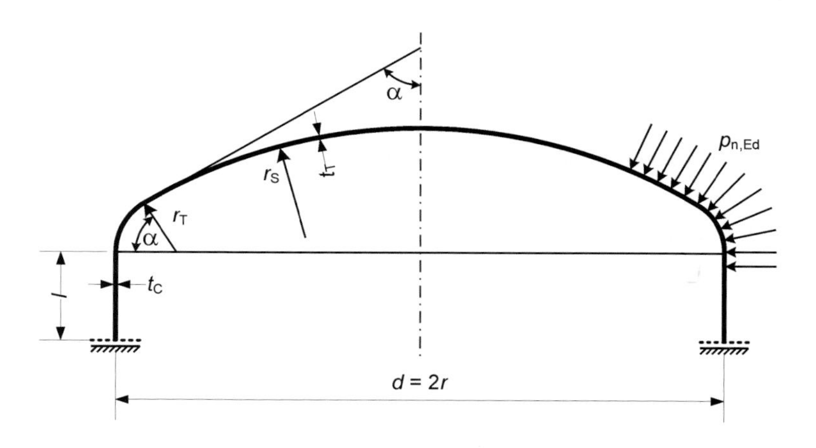

b) Torisphärische Form

Bild B.1: Geometrie und Lasten an den Enden des Zylinders

B.3 Außendruck

B.3.1 Kritischer Außendruck

(1) Für eine torikonische Schale wird der kritische Außendruck (Beuldruck) nach einer der folgenden Gleichungen errechnet:

$$p_{n,cr} = \frac{2{,}42}{\left(1-\nu^2\right)^{0{,}75}} E \sin\alpha \,(\cos\alpha)^{1{,}5} \left(\frac{t_T}{\overline{r}}\right)^{2{,}5} \tag{B.7}$$

oder

$$p_{n,cr} = 2{,}60\, E \sin\alpha \,(\cos\alpha)^{1{,}5} \left(\frac{t_T}{\overline{r}}\right)^{2{,}5} \quad \text{für } \nu = 0{,}3$$

Hierbei ist

$$\overline{r} = r - r_T(1-\cos\alpha) + \sqrt{r_T t_T}\sin\alpha \quad \text{mit } \overline{r} \le r$$

(2) Für eine torisphärische Schale wird der kritische Beul-Außendruck nach folgender Gleichung errechnet:

$$p_{n,cr} = 1{,}21 C_k\, E \left(\frac{t_T}{r_S}\right)^2 \tag{B.8}$$

mit:

$$C_k = (r_S/r)^2 \, \beta^{0,7\sqrt{r_S/r-1}}$$

wobei β der größere der folgendermaßen bestimmten Werte ist:

$$\beta = 0,105\left(\frac{t_C}{r}\right)^{0,19} \quad \text{und} \quad \beta = 0,088\left(\frac{r_T}{r}\right)^{0,23}$$

Gleichmäßiger Außendruck an der Quetschgrenze B.3.2

(1) Für torikonische und torisphärische Schalen darf der gleichmäßige Außendruck an der Quetschgrenze aus der graphischen Darstellung in Bild B.2 entnommen oder für $r_T = 0$ nach Gleichung (B.10) oder nach Gleichung (B.11) angenähert errechnet werden.

$$p_{n,Rk} = f_o\left(14,5 - 450\frac{f_o}{E}\right)\left(1 + 2\frac{r_T}{r} + 7,13\left(\frac{r_T}{r}\right)^2\right)\frac{\cos\alpha}{\left(\frac{2r}{t}\right)^{1,5}} \tag{B.9}$$

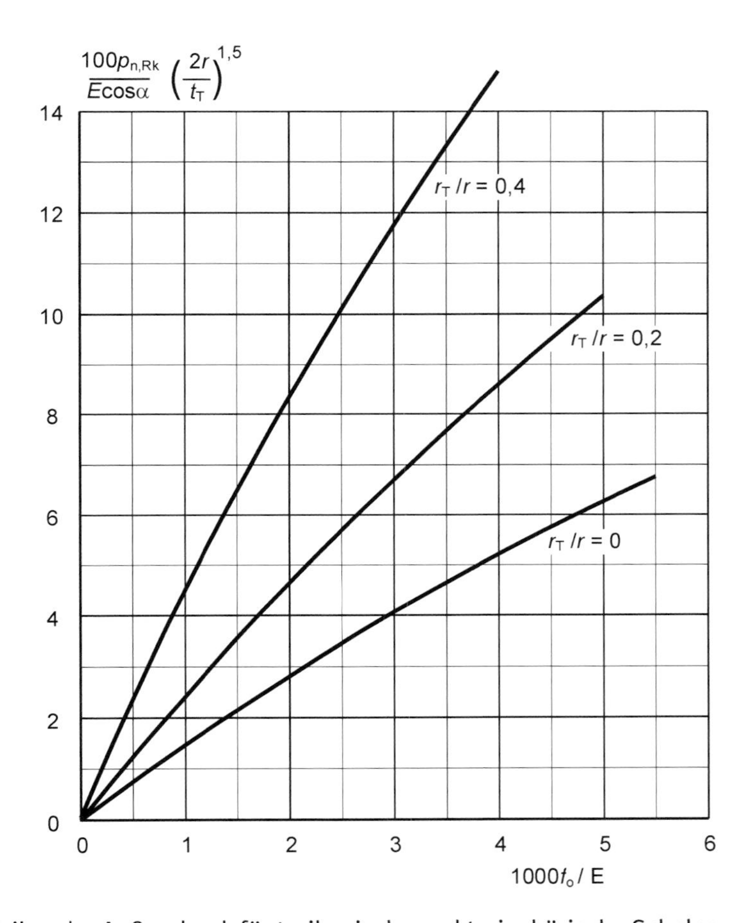

Bild B.2: Bleibender Außendruck für torikonische und torisphärische Schalen

– Für eine torikonische Schale:

$$p_{n,Rk} = 4,4\sqrt{\frac{t_T}{r}}\, f_0 \,\frac{t_T}{r/\cos\alpha} \tag{B.10}$$

– Für eine torisphärische Schale:

$$p_{n,Rk} = 4,4\sqrt{\frac{t_T}{r}}\, f_0 \,\frac{t_T}{r_S} \tag{B.11}$$

B.3.3 Beulparameter unter Außendruck

(1) Der elastische Imperfektionsfaktor sollte nach folgender Gleichung errechnet werden:

$$\alpha_\theta = \frac{1}{1+2{,}60\left(\frac{1}{Q}\sqrt{\frac{0{,}6\,E}{f_0}}\left(\overline{\lambda}_\theta - \overline{\lambda}_{\theta,0}\right)\right)^{1{,}44}} \quad \text{aber} \quad \alpha_\theta \leq 1{,}00 \qquad \text{(B.12)}$$

Hierbei ist

$\overline{\lambda}_{\theta,0}$ der Schlankheitsparameter für die Quetschgrenze;

Q der Toleranzparameter.

(2) Der Toleranzparameter Q sollte für die jeweils festgelegte Toleranzklasse aus Tabelle B.1 entnommen werden.

(3) Der Legierungsfaktor und der Schlankheitsparameter für die Quetschgrenze sollten entsprechend der in EN 1999-1-1 festgelegten Beulklasse des Werkstoffs aus Tabelle B.2 entnommen werden.

Tabelle B.1: Toleranzparameter Q

Toleranzklasse	Q
Klasse 1	16
Klasse 2	25
Klassen 3 und 4	40

Tabelle B.2: Werte für $\overline{\lambda}_{\theta,0}$ und μ_0 für Außendruck

Beulklasse des Werkstoffs	$\overline{\lambda}_{\theta,0}$	μ_0
A	0,20	0,35
B	0,10	0,20

B.4 Innendruck

B.4.1 Kritischer Innendruck

(1) Der kritische (Beul-)Inndruck für eine torikonische Schale ist

$$p_{\mathrm{n,cr}} = 1000\,E\left(\frac{56\,300}{\alpha^{2,5}} - 0{,}71\right)\left(\frac{t}{2r}\right)^3 \quad \text{wenn} \quad \frac{r_\mathrm{T}}{2r} = 0 \qquad \text{(B.13)}$$

$$p_{\mathrm{n,cr}} = 1000\,\eta\,E\frac{r_\mathrm{T}}{2r}\left(\frac{t}{2r}\right)^3 \quad \text{wenn} \quad \frac{r_\mathrm{T}}{2r} \neq 0 \qquad \text{(B.14)}$$

Wobei der Parameter η aus Bild B.3 entnommen werden sollte.

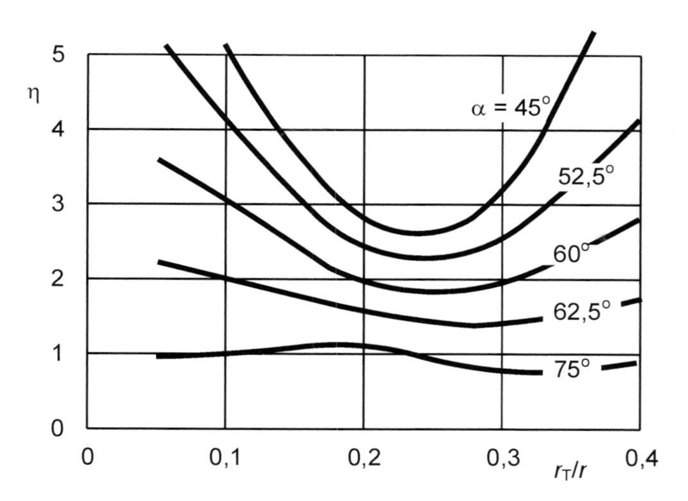

Bild B.3: Parameter für Ausdruck (B.14)

(2) Der kritische Beulinnendruck für eine torisphärische Schale ist

$$p_{n,cr} = 100E\left(1{,}85\frac{r_T}{r} + 0{,}68\right)\left(\frac{t}{r_S}\right)^{2{,}45} \tag{B.15}$$

Gleichmäßiger Innendruck an der Quetschgrenze B.4.2

(1) Der gleichmäßige Innendruck an der Quetschgrenze für torikonische und torisphärische Schalen ist durch den Ausdruck (B.16) gegeben oder kann dem Diagramm in Bild B.4 entnommen werden:

$$p_{n,Rk} = f_o\left(1{,}2 - 120\frac{f_o}{E}\right)\left(1 + 3{,}9\frac{r_T}{r} + 67\left(\frac{r_T}{r}\right)^2\right)\frac{\cos\alpha}{\left(\frac{2r}{t}\right)^{1{,}25}} \tag{B.16}$$

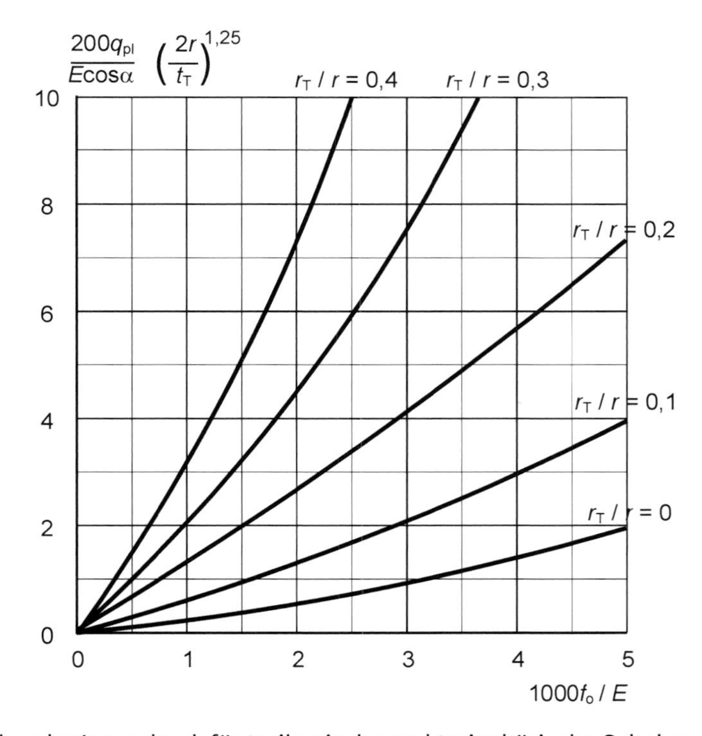

Bild B.4: Bleibender Innendruck für torikonische und torisphärische Schalen

B.4.3 Beulparameter unter Innendruck

(1) Der Imperfektionsfaktor sollte nach folgender Gleichung ermittelt werden:

$$\alpha_\theta = \frac{1}{1 + 2{,}60\left(\frac{1}{Q}\sqrt{\frac{0{,}6E}{f_o}}(\overline{\lambda}_\theta - \overline{\lambda}_{\theta,0})\right)^{1{,}44}} \quad \text{aber} \quad \alpha_\theta \leq 1{,}00 \tag{B.17}$$

Hierbei ist

$\overline{\lambda}_{\theta,0}$ der Schlankheitsparameter für die Quetschgrenze;

Q der Toleranzparameter.

(2) Der Toleranzparameter Q sollte für die jeweils festgelegte Toleranzklasse aus Tabelle B.3 entnommen werden.

(3) Der Legierungsfaktor und der Schlankheitsparameter für die Quetschgrenze sollten entsprechend der in EN 1999-1-1 festgelegten Beulklasse des Werkstoffes aus Tabelle B.4 entnommen werden.

Tabelle B.3: Toleranzparameter Q für Innendruck

Toleranzklasse	Q
Klasse 1	16
Klasse 2	25
Klassen 3 und 4	40

Tabelle B.4: Werte $\overline{\lambda}_{\theta,0}$ und μ_θ für Innendruck

Beulklasse des Werkstoffs	$\overline{\lambda}_{\theta,0}$	μ_θ
A	0,20	0,35
B	0,10	0,20